W0258684

Lecture Notes in Physics

Lecture Notes in Physics

Edited by H. Araki, Kyoto, J. Ehlers, München, K. Hepp, Zürich
R. Kippenhahn, München, H. A. Weidenmüller, Heidelberg
and J. Zittartz, Köln

Managing Editor: W. Beiglböck, Heidelberg

223

Heinrich Saller

Vereinheitlichte Feldtheorien der Elementarteilchen

Eine Einführung

Springer-Verlag Berlin Heidelberg GmbH

Autor

Heinrich Saller
Max-Planck-Institut für Physik und Astrophysik
Werner-Heisenberg-Institut für Physik
Föhringer Ring 6, D-8000 München 40, F.R.G.

CIP-Kurztitelaufnahme der Deutschen Bibliothek. Saller, Heinrich: Vereinheitlichte Feldtheorien
der Elementarteilchen: e. Einf. / Heinrich Saller. – Berlin; Heidelberg; New York; Tokyo:
Springer, 1985.
(Lecture notes in physics; Vol. 223)
ISBN 978-3-540-15188-3   ISBN 978-3-540-39277-4 (eBook)
DOI 10.1007/978-3-540-39277-4

NE: GT

2153/3140-543210

I N H A L T

<u>EINLEITUNG</u>

Das vorliegende Buch ist eine Einführung in ein Teilgebiet der theoretischen Elementarteilchenphysik. Es ist entstanden aus Spezialvorlesungen, die ich in den vergangenen Jahren an der Ludwig-Maximilian-Universität zu München vor Studenten in schon fortgeschrittenen Semestern gehalten habe. Es wendet sich vor allem an Studenten mit dem Studienschwerpunkt Elementarteilchenphysik; ich könnte mir jedoch vorstellen, daß auch ein Festkörperphysiker oder ein für die Teilchenphysik aufgeschlossener Physiker der Relativitätstheorie den darin besprochenen Themenkreisen mit Interesse gegenübersteht.

Das Buch ist - abgesehen vielleicht vom ersten Abschnitt und den jeweiligen Abschnittseinleitungen - wohl kaum für jemanden geeignet, der keine gute Erfahrung mit Quantenmechanik hat und sich nicht schon ein wenig mit relativistischer Quantenfeldtheorie auskennt. Bei der Feldtheorie sollte der Leser zumindest ein Problembewußtsein der Quantenelektrodynamik haben, so sollten beispielsweise die Begriffe "Vakuumpolarisation" oder "Selbstenergie des Elektrons" irgendwelche Vorstellungen bei ihm wecken. Andernfalls gibt es gute Bücher der Feldtheorie[7,34], die schon nach kurzer Lektüre es erlauben, auch in die Gedankenwelt des vorliegenden Buches einzudringen.

Das Buch ist eine Einführung, kein Übersichtsartikel, es erwähnt auch nicht noch die letzten Ideen und steigt nicht in Feinheiten ein. Theoretische Physik ist ein zyklischer Prozeß; der erste Umlauf des Verständnisses ist oft sehr weit gefaßt und mag in den nächsten schärferen Durchgängen nicht nur geklärt und präziser werden - oft wird er modifiziert oder gar für falsch erkannt. Dies erlebt nicht nur der einzelne, der historische Verständnisprozeß ist nicht anders. Auch die vorliegenden Ausführungen sind von der Art eines ersten Absteckens der Möglichkeiten, und es würde mich nicht wundern, wenn von den notwendigerweise mitzuliefernden Einzelheiten vieles wieder unterginge. Ich wäre jedoch höchlichst erstaunt, wenn die Prinzipien "Eichsymmetrie" und "Kondensation" nicht entscheidende und bleibende Sprossen auf der Verständnisleiter bildeten.

Bei der Darstellung hat es mir Schwierigkeiten bereitet, die Grenze zwischen dem zu finden, was man zum Verständnis der vereinheitlichten Feldtheorien

der Elementarteilchen noch mitnehmen soll und was man einem zweiten Durchgang
oder einem weitergehenden Literaturstudium [37] überlassen kann. Immer wieder
stellte sich auch heraus, daß beim Übergang von der Quantenmechanik zur Feldtheorie im Verständnis sich große Abgründe auftun - insbesondere bei Symmetrieüberlegungen, aber auch bei der formalen Handhabung des feldtheoretischen
Apparates etc. Mit der gewählten Beschränkung der Darstellung habe ich gewiß viele Aspekte ausgeblendet, die ein anderer als wichtig und notwendig
berücksichtigt hätte.

Theoretische Physik blüht und leidet in der Nachbarschaft zur Experimentalphysik und Mathematik. Sie ist bestimmt kein Wasserträger der Experimente, und
es wäre falsch, sie auf die Berechnung von experimentell nachprüfbaren Zahlen
reduzieren zu wollen. Theoretische Physik stellt, so finde ich, vor allem
ein strukturelles Element dar im Verständnis der Natur, wobei ich hierfür
etwa die Einführung des Feldbegriffs durch Michael Faraday, die Verbindung
von Geometrie und Dynamik durch Albert Einstein oder die Fassung des Obser-
vablenbegriffes in der Quantentheorie (Niels Bohr, Werner Heisenberg, u.a.)
als charakteristische Beispiele empfinde. Es ist aber andererseits auch das
Faszinierende an der theoretischen Physik, daß sie dann doch letztlich entscheidend an die Experimente angebunden ist, sie kann wirklich einen Treffer
landen oder ins Leere schlagen - dies Risiko gibt ihr einen eigentümlichen
Reiz und ein heilsam nüchternes Element. Ohne Experimente könnte sie zum
langweilig-esoterischen Glasperlenspiel degenerieren oder in ideologischen
Glaubenskriegen sich aufreiben.

Theoretische Physik nimmt auch an den strukturellen Faszinationen der Mathematik teil, wohl kein theoretischer Physiker kann sich beispielsweise der
inhärenten Schönheit der geometrischen Deutung der Relativitäts- oder Eichtheorien verschließen oder ohne Bewunderung auf die Cartansche Theorie der
Lie-Algebren blicken. Aber es wäre falsch - wie es oft bei fortgeschrittenen
Studenten anzutreffen ist -, sich blind der Kraft und Schönheit der Mathematik
anzuvertrauen. Mathematik ist - stark vereinfachend - für die theoretische
Physik wie ein zuverlässiger Schnellzug, lediglich wenn ich mich mit Kenntnis
des Bestimmungsortes in den rechten Zug hineinsetze, komme ich ans gewünschte Ziel.
Mathematik ist die Sprache der theoretischen Physik; aber Linguisten sind -
bei diesem Vergleich - die Physiker erst in zweiter Linie.

Auch das vorliegende Buch hat einen persönlich gefärbten Weg im Spannungs-
feld zwischen Mathematik und Experimentalphysik nehmen müssen.

Das Streben nach einer einheitlichen Beschreibung der physikalischen Na-
turgeschehnisse ist einer der wesentlichen Antriebe für die Forschung, obwohl
eine weitere Reflexion über mit der Einheit verknüpfte Begriffe wie Einfachheit, vielfache Vernetzung der Grundlagen, gedankliche Tiefe auf Kosten
quantitativer Breite es schwer macht, eine scharfe Definition von "Einheit"
zu geben. Aber die historische Erfahrung und selbstgewonnene Beispiele geben
uns wohl ein hinreichendes Vorverständnis des Begriffs und lassen das Streben
nach Einheit zu einer sinnvollen Tätigkeit werden.

Die Versuche, einen Schritt weiter hinsichtlich der einheitlichen Beschreibung der Physik zu tun, waren - ob erfolgreich oder gescheitert - eigentlich
immer fruchtbar. Ich bin auch nicht so sicher, ob man etwa die Versuche von
A. Einstein und W. Heisenberg [29] zu einheitlichen Feldtheorien - der eine ohne
Quantentheorie, der andere wesentlich unter deren Benutzung - so leichtweg
als gescheitert bezeichnen kann. Hierbei bezeichne ich nicht unbedingt als
weiterführend und nützlich die konkreten Einzelheiten - obwohl oft die schärf-
sten Kritiker nicht einmal diese verstehen -, sondern mehr die begrifflichen
Neubildungen und Verbindungen sowie das Wagnis, Neuland zu betreten. Selbstverständlich hat auch hier jeder Faust seinen Famulus Wagner, der dann hinter-
her schon alles besser wußte. Sternstunden der Physik treten natürlich dann
ein, wenn die gesuchten und vorgeschlagenen Theorien auch quantitativ experimentell voll und ganz stimmen, wie etwa bei J.C. Maxwell in seiner Vereinigung
von optischen, elektrischen und magnetischen Erscheinungen, A. Einstein bei
seiner Zusammenführung von Geometrie und Materie oder bei der Quantentheorie,
die letztlich Feld und Teilchen in Eines verschmolz.

Auch in den letzten Jahren scheint die Physik wieder eine ernsthafte An-
strengung zu unternehmen, einen Schritt vorwärts bei der einheitlichen Beschreibung zu tun. Ob sie erfolgreich sein wird, bleibt abzuwarten. Aber ganz bestimmt kommen bei diesen Bemühungen Begriffe und Strukturen in den Brennpunkt
der Aufmerksamkeit, die über ihre konkrete Anwendung hinweg wohl tiefe, möglicherweise noch nicht voll ausgelotete Bedeutung haben. Diese Konzepte, lokale Symmetrie und Kondensation, sind der Inhalt dieses Buches. Die folgenden
Abschnitte liefern hierfür vor allem konkretes Anschauungsmaterial und Beispiele aus dem Bereich der Elementarteilchenphysik, so daß sich auch grundsätzlich
hierüber - ohne allzuviel leeres Gerede - besser sprechen und nachdenken läßt.

Es ist vielleicht auch bei den folgenden Abschnitten nützlich, sich über den zyklischen Charakter unseres Verständnisprozesses klar zu sein. So können manche Abschnitte erstmal überschlagen oder nur mit grobem Raster gelesen werden, um später darauf schärfer zurückzukommen. Ich will deshalb die einzelnen Abschnitte kurz charakterisieren.

Der 1. Abschnitt, Quarks und Leptonen, ist allgemein gehalten und leicht verständlich. Er beschreibt die Grobstruktur der experimentellen Situation mit der derzeit landläufigen Deutung. Eine erste Klassifizierung der Struktur- und Bindeteilchen wird versucht, wobei das Verständnis hierzu im Laufe der folgenden Abschnitte vertieft werden soll.

Der kurze 2. Abschnitt, Fermionenmasse und Weyl Spinoren, ist technisch-- formal und - meines Erachtens - ziemlich langweilig. Er kann in einem ersten Durchgang übergangen werden. Dennoch habe ich feststellen müssen, daß die darin behandelten Begriffe der Helizitätskomponenten und der Chiralität im allgemeinen nicht gut vertraut sind. Sie sind jedoch später - etwa beim Verständnis des elektroschwachen Standardmodells - von großer Bedeutung, und spätestens an diesen späteren Abschnitten sollte man den Kopf frei haben zum Verständnis der wichtigen dort einzuführenden Konzepte.

Beim 3. Abschnitt, Symmetriegruppen, ist mir eine Beschränkung des Stoffes sehr schwer gefallen. Man sollte hierin vielleicht zuerst die expliziten Beispiele der auch später wichtigen Gruppen sich aneignen. Die allgemeinen Bemerkungen zu Beginn ordnen diese Beispiele in den großen Rahmen, der seine Krönung in der kurz angegebenen Cartanschen Klassifizierung der einfachen Lie-Algebren gefunden hat. Mit dem Minimalwissen aus diesem Abschnitt wird man das Weitere verstehen können, Symmetriegruppen und ihre Anwendung sind aber gewißlich eines tieferen Studiums wert.

Auch der 4. Abschnitt, Eichtheorien, ist eine sehr oberflächliche Einführung in ein weitverzweigtes Gebiet, für das ausführliche Darstellungen vorliegen. Ich habe versucht, für die einheitlichen Theorien wichtige Aspekte herauszupicken. Hierbei sollte man eigentlich - bis vielleicht auf den kurz erwähnten Aspekt der Eichfixierung in nichtabelschen Theorien - nichts weglassen, alles ist für das Weitere von Wichtigkeit.

Im 5. Abschnitt, Symmetriebrechung, der mir am meisten am Herzen lag, weil ich meine, daß in diesem Bereich das größte Potential für die Zukunft der einheitlichen Theorien liegt, sollte man im ersten Anlauf bestimmt die ersten drei Unterabschnitte über die Symmetriebrechung durch ad hoc Higgs-Felder verarbeiten. Die folgenden Unterabschnitte über dynamische Symmetriebrechung und nichtlineare Realisationen sind grundsätzlich wohl sehr wichtig, können aber einem späteren Studium überlassen bleiben.

Dasselbe gilt für den dritten Unterabschnitt des 6. Abschnittes über Massive Eichfelder, wogegen der Higgs-Feld-induzierte Mechanismus über das Zusammenwirken zwischen masselosen Goldstone- und Eichfeldern in den ersten beiden Unterabschnitten zur Grundausstattung gehört.

Der 7. und 8. Abschnitt, links-rechts-symmetrische Modelle und die große Vereinheitlichung bringen dann Anwendungen der ersten Abschnitte in vereinheitlichten Feldtheorien. Hierbei kann man sich herausholen, was Spaß macht. Der 7. Abschnitt ist interessant bzgl. des Neutrinomassenproblems und der Interpretation der Leptonen als einer Art vierter "Quarksorte". Der 8. Abschnitt bringt die im letzten Jahrzehnt interessanten Gruppen für die Vereinheitlichung, insbesondere die für alle Versuche wichtige Gruppe SU(5).

Zwei kleine Anhänge über Lagrangedichten und Feldgleichungen und Feynman-Integrationstechniken sind im wesentlichen um der Notation willen angehängt.

§ 1   LEPTONEN UND QUARKS

Bisher war – trotz mancher Unkenrufe – der atomistische Standpunkt
im Verständnis der Struktur der Materie immer wieder sehr erfolgreich. Das
Streben, die unteilbaren "kleinsten" Bausteine zu finden, erwies sich nach
vermeintlich erreichtem Ziel zwar stets als unerfüllt im Hinblick auf den
Anspruch, daß diese Stufe nun die letzte sei; es war jedoch bislang immer
erfolgreich bezüglich der Existenz einer Unterstruktur. Die Eigenschaften
der jeweiligen Bausteine wurden zwar – von Stufe zu Stufe – präziser for-
mulierbar, was die mathematische Sprechweise anbetrifft, diese Eigenschaften
wurden jedoch nicht unbedingt anschaulicher hinsichtlich der uns im täg-
lichen Leben vertrauten Begriffswelt (etwa die Charakterisierung von Masse
und Spin eines Teilchens als verbunden mit einer Darstellung der inhomo-
genen Lorentzgruppe).

Auf dem jahrtausendelangen Wege von den Grundbausteinen Feuer, Wasser,
Erde, Luft über die Moleküle und Atome, über die Elektronenhülle und die
aus Nukleonen aufgebauten Atomkerne sind die Experimentatoren heute bei
den Leptonen einerseits und den Bestandteilen der Nukleonen, nämlich den
Quarks, auf der anderen Seite als derzeit letzten Strukturteilchen ange-
langt. Und schon regt sich der Ruf nach einer nächsten Ebene der "Elementarität" [28]

Die Eigenschaften eines Systems durch das Verhalten seiner Teile zu
erklären und überhaupt von den Teilen einer Gesamtheit im physikalisch rea-
lisierbaren (nicht im mathematisch formalen) Sinne zu sprechen, erfordert
ein Maß dafür, inwieweit sich Teile und Gesamtheit unterscheiden. Ein Maß
dieser Art ist in der Atom- und Teilchenphysik sinnvoll gegeben durch das
Verhältnis der Bindungsenergie zu dem Energieäquivalent der Masse des Ge-
samtsystems. Um die Bindungsenergie größenordnungsmäßig abzuschätzen, ist
es nützlich und oft einfacher, die Energie zu Anregungen des gebundenen
Systems heranzunehmen. So hat das Wasserstoff-Atom als Proton-Elektron-System
etwa eine System-Masse von $M_s \simeq 1$ GeV, eine Anregungsenergie von ungefähr
$\Delta E \simeq 10$ eV, wobei dann mit dem kleinen "Verklebungsquotienten" $\Delta E / M_s \simeq 10^{-6}$
das Wasserstoffatom zum Verständnis seiner Eigenschaften sehr wohl aus Pro-
ton und Elektron zusammengesetzt betrachtet werden kann. Für die aus Protonen und Neutronen zusammengesetzten Kerne ist das relevante Verhältnis

etwa 10^{-2}, was das Attribut "zusammengesetzt" rechtfertigt. Bei den Quarks
als Nukleon-Konstituenten wird es schon kritisch. Die angeregten Zustände
der Protonen mit 1 GeV Masse haben Massen von der Größe 1.3 GeV bis 2 GeV,
d.h. mit $\Delta E/M_s$ von der Ordnung 1 ist es schwierig, die Teile im gebundenen
System noch wiederzufinden.

Nichtsdestotrotz hat sich die Quarkvorstellung [M] theoretisch und experimentell (z.B. in tief inelastischen Streuprozessen) als sehr erfolgreich
erwiesen. Der Preis für den Schritt über den "Rubikon" $\Delta E/M = 1$, den man
jedoch möglicherweise (das ist weder experimentell noch theoretisch abgeklärt)
zahlen muß, liegt in der Nichtrealisierbarkeit der Quarks als freie Teilchen (confinement). Vielleicht gibt es keine Teile mehr als herauslösbare
Bestandteile im alten Sinne, sondern lediglich noch als Basiselemente, die
es erlauben, Wechselwirkungen in einer lokalen Feldtheorie – vom Typ der
sehr erfolgreichen Quantenelektrodynamik – zu parametrisieren. Quarks könnten als Bestandteile genau so real und nützlich und genau so wenig frei
"herstellbar" sein wie beispielsweise die zweidimensionalen Seiten und
eindimensionalen Kanten eines Würfels. Die Frage nach dem endgültigen
Confinement der Quarks jedoch ist noch weitgehend offen und sie soll auch
im Weiteren nicht vertieft werden. Es ist aus dem Gesagten heraus auch
klar, daß die Angabe der Quarkmassen schlechthin problematisch ist, sie
läuft derzeit letztlich auf eine zugeordnete Parameterwahl in der Beschreibung von Experimenten heraus, womit es "Massen" verschiedener Art gibt
(Strommassen, Konstituentenmassen).

Die <u>Strukturteilchen</u>, Quarks und Leptonen, haben sich so vermehrt, daß
schon der oben erwähnte Ruf nach Unterstrukturen laut wurde. Derzeit hat man
sicher fünf Quarksorten ("flavors": up, down, charm, strange, bottom) und
sechs Leptonen (Elektron, Muon, Tauon mit ihrem jeweiligen Neutrino) ausgemacht

$$\text{Quarks:} \quad u, d, c, s, b, \dots$$

(1.1)   (1984)

$$\text{Leptonen:} \quad \nu_e, e, \nu_\mu, \mu, \nu_\tau, \tau, \dots$$

Weder experimentell noch theoretisch gibt es eine eindeutige Aussage,
ob und wie die Reihen der Strukturteilchen enden.

Alle diese Strukturteilchen unterliegen <u>Wechselwirkungen</u>, deren man derzeit fünf verschiedene gefunden hat

	(1) elektromagnetisch	(Photon)
	(2) schwach	(W-Bosonen)
(1.2)	(3) stark	(Gluonen)
	(4) superschwach	
	(5) gravitativ	(Gravitonen)

Die superschwachen und gravitativen Wechselwirkungen (mit nicht nachgewiesenen hypothetischen Gravitonen) werden im folgenden nicht weiter behandelt.

Bevor die drei ersten Kräfte angesprochen werden, soll zumindest nicht unerwähnt bleiben, daß jede Experimentauswertung ein Maß an Theorieglauben voraussetzt. Daher ist es wohl nicht immer so leicht, bei einer experimentellen Aussage mit Bestimmtheit anzugeben, inwieweit die Theorie einen "verleitet" hat, einige Ergebnisse stärker zu betonen, andere geringer zu schätzen. Im Weiteren soll die Interpretation der Experimente übernommen werden, die die meisten Theoretiker und ihre Kollegen der Experimentalphysik vornehmen.

Alle Strukturteilchen haben schwache und - mit Ausnahme der Neutrinos - elektromagnetische Wechselwirkung. Die <u>Quanten-Feld-Relation</u> beim Photon als Vermittler der elektromagnetischen Wechselwirkung ist altvertraut. Die dazugehörige Quantenfeldtheorie, die Quantenelektrodynamik, ist ungeheuer erfolgreich, was ihren quantitativen Bestätigungsgrad anbetrifft. Die Vorstellung, daß auch für die kurzreichweitigen schwachen Wechselwirkungen eine Quanten-Feld-Beziehung gilt und die W-Bosonen als Quanten mit einer nicht verschwindenden Masse die Kurzreichweitigkeit der schwachen Kräfte bewirken, ist eine in den letzten drei Jahrzehnten herausgearbeitete Erkenntnis. Das Photon und die drei experimentell ausgemachten schwachen Bosonen ($W^{\pm}$, W^{0}) sind danach die <u>Bindeteilchen</u> der "elektroschwachen" Wechselwirkungen (Quantenflavordynamik).

Elektromagnetische Wechselwirkung zu zeigen, hängt für ein Teilchen mit der Eigenschaft, nichtverschwindende Ladung zu haben, eng zusammen (der Aufbau des ungeladenen Neutrons aus geladenen Quarks hat das nichttriviale magnetische Moment des ladungslosen Neutrons mit deren Ladung direkt in Verbindung gebracht). Es ist eine Beschreibung von großer Klarheit und mit interessanten Folgerungen, daß jede Kraft (elektroschwach und stark) mit einer Eigenschaft des ihr unterliegenden Teilchens in Verbindung gebracht wird. So wird etwa die schwache Wechselwirkung mit den Eigenschaften schwacher Isospin und Chiralität korreliert, wobei vor allem dann der schwache Isospin in der Symmetriegruppe SU(2) (Einzelheiten in den nächsten Abschnitten) klar gefaßt wird.

Von den Leptonen unterscheiden sich viele hundert Teilchen (Nukleonen, Hyperonen, Pionen, Kaonen, etc.) dadurch, starke Wechselwirkung (z.B. Kernbindungskräfte) zu zeigen. Diese Teilchen heißen Hadronen. Bei der möglichen Zusammensetzung aller Hadronen aus Quarks erwies es sich als erfolgreich, eine Eigenschaft der Quarks, die als Color mit der Symmetriegruppe SU(3) [27] angesprochen wird, für die starke Kraft heranzuziehen. Diese Erkenntnis war keine Selbstverständlichkeit, sondern wurde gesteuert und vorangetrieben von theoretischen Überlegungen und experimentellen Fakten (z.B. Spin-Statistik Theorem, Pion-Zerfall), auf die wir jedoch nicht weiter eingehen. Daß den Color-Kräften, die – wie man hofft – die Kernbindungskräfte auf dem Nukleonenniveau als eine Art effektive van der Waals Wechselwirkung zurücklassen, auch Bindeteilchen entsprechen (Gluonen), die – zumindest in Jet-Struktur – experimentell beobachtet werden konnten, gab der Einführung der Color-Eigenschaft mit einer Quantenfeldtheorie auf subnuklearem Niveau (Quantenchromodynamik) [5,24] großen Auftrieb. Man muß jedoch sagen, daß auf dem Niveau der dem Confinement entkommenden Teilchen ohne Color (Hadronen) mit residueller starker Wechselwirkung die Color-SU(3)-Theorie bei weitem nicht den Bestätigungsgrad der elektroschwachen "Standard-Theorie" [20] von Glashow, Salam und Wein- [49,50] berg [57] erreicht hat.

Neben der Verknüpfung von Kräften mit Eigenschaften haben wir schon die Quanten-Feld-Relation zwischen Kräften und dazugehörigen Bindeteilchen erwähnt. Die Tatsache, daß alle diese Bindeteilchen von vektorieller Struktur sind (Spin 1-Teilchen), hat zu einem faszinierenden Ausblick bei der Beschreibung der Kräfte geführt. Da das aus der Elektrodynamik bekannte Eichprinzip es erlaubt, zu einer Eigenschaft (dort Ladung), die mit einer Symmetrie der Dynamik verknüpft ist, in einer minimalen Weise eindeutig eine vektorielle Kraft anzugeben, scheint als Möglichkeit für <u>alle Kräfte der Teilchenphysik</u> zu bestehen, daß sie <u>mit Symmetrien verbunden Eichkräfte</u> sind: Man kann für jede Wechselwirkung die sie charakterisierende Symmetrieeigenschaft

gruppentheoretisch fassen (Abschnitt 3): $U(1) \otimes SU(2)$ für die elektroschwache,
$SU(3)$ für die starke Wechselwirkung. Obwohl hier nicht weiter besprochen, kann
auch die Gravitation ähnlich interpretiert werden, wobei die relevanten Eigenschaften Energie und Impuls sind.

Quarks und Leptonen erscheinen in ihrer Vielzahl nicht ungeordnet. Bezüglich der starken Wechselwirkung treten nach der derzeitigen Theorie alle Quarks
(1.1) mit dreifachem Color-Freiheitsgrad auf (z.B. $\mathbf{u} = (u_1, u_2, u_3)$). Bezüglich
der schwachen geladenen Wechselwirkung gruppieren sie sich in sehr guter Näherung in Zweiergruppen

$$(1.3) \qquad \begin{pmatrix} u \\ d \end{pmatrix}_L, \begin{pmatrix} c \\ s \end{pmatrix}_L, \begin{pmatrix} t^{(?)} \\ b \end{pmatrix}_L, \dots$$

$$\begin{pmatrix} \nu_e \\ e \end{pmatrix}_L, \begin{pmatrix} \nu_\mu \\ \mu \end{pmatrix}_L, \begin{pmatrix} \nu_\tau \\ \tau \end{pmatrix}_L, \dots$$

wobei die Neutrinos ihre Zuordnung zu den geladenen Leptonen gerade aus dieser
schwachen (SU(2)-) Zweiergruppierung erhalten. Für das Bottom-Quark b haben
wir ein hypothetisches, bisher noch nicht zweifelsfrei entdecktes Top-Quark t
hinzugefügt, womit es möglich wird, alle bisher entdeckten Strukturteilchen
in – bis auf Masseneffekte – gleichgearteten "Familien" (auch "Generationen")
zu ordnen. Es gibt jedoch auch Theorien (Abschnitt 8.2), die nicht zu einer
solchen Zweierordnung, insbesondere bezüglich des Bottom-Quarks, führen müssen.

Der Index "L" in (1.3) soll anzeigen, daß die Zweierordnung aus der schwachen Wechselwirkung heraus eine zusätzliche noch genauer zu besprechende Pa-
ritäts-nichttriviale Eigenschaft dieser Kraft beachten muß. Nur die "linkshändigen" Teilchen (1.3) (Abschnitt 2) bilden Dubletts, die rechtshändigen ("R")
Partner – für massive geladene Teilchen notwendig (Abschnitt 2) – nehmen nicht
an den geladenen schwachen Wechselwirkungen teil – nur an den neutralen. Die
Aufdeckung und Parametrisierung dieser Aussagen und ihre möglichen Konsequenzen werden wesentlicher Inhalt der weiteren Abschnitte sein.

Würde man auch für die Neutrinos eine Rechts-Komponente annehmen
$(E_R, M_R, T_R, \dots)$

$$(1.4) \quad \begin{aligned} &u_R \,,\, c_R \,,\, t_R^{(?)} \,, \ldots \\ &d_R \,,\, s_R \,,\, b_R \,, \ldots \\ &E_R^{(?)} \,,\, M_R^{(?)} \,,\, T_R^{(?)} \,, \ldots \\ &e_R \,,\, \mu_R \,,\, \tau_R \,, \ldots \end{aligned}$$

so würden - bis auf die Color-Verdreifachung - Leptonen und Quarks eine sehr ähnliche Struktur aufzeigen. Offenbar haben jedoch- experimentell sehr gut bestätigt - die ladungslosen Neutrinos eine sehr kleine Masse (z.B. $m_\nu / m_e \lesssim 10^{-5}$), sie könnten auch - nach den Experimenten bisher - masselos sein; es besteht demnach keine Notwendigkeit, diese Teilchen (E_R, M_R, T_R, ...) ("Majorinos") einzuführen. Dennoch spielt in der Theorie die mögliche Asymmetrie bezüglich dieser Komponenten in der Quark-Leptonen Klassifizierung eine große Rolle (Abschnitt 7).

Nimmt man alle bisher noch nicht zweifelsfrei entdeckten oder hypothetischen Teilchen ($t_{L,R}$, E_R, M_R, ...) mit, so läßt sich bezüglich ihrer Wechselwirkungen eine Differenzierung der Strukturteilchen in Schema 1.1 fassen: Nach einer starken Aufspaltung ("s") (das "nach" kann man in Modellen klarer definieren, z.B. Abschnitt 7) mit der charakteristischen Gruppe SU(3) hat man den Unterschied zwischen Quarks und Leptonen etabliert, die schwache Aufspaltung ("w") mit der Gruppe SU(2) läßt Links- und Rechts-Komponenten sowie oben- und unten-Eigenschaft ("$\uparrow$,$\downarrow$ ") voneinander trennbar erscheinen. Die Familienaufspaltung ("f") führt dann zu den effektiven Strukturteilchen. Sie ist am wenigsten verstanden; hierfür existieren keine wirklich überzeugenden Parametrisierungen, z.B. durch eine Familiensymmetriegruppe, geschweige denn erfolgreiche Theorien.

Liest man das Schema im Sinne der in den Abschnitten 7 und 8 zu besprechenden vereinheitlichten Theorien, so mag jede Aufspaltung mit einer charakteristischen Massenskala verbunden sein, die mit einem in Abschnitt 5 zu erörternden Symmetriebrechungsphänomen zusammenhängt. Dann könnte man eine Richtung im Schema 1.1 von der starken zur schwachen Aufspaltung im Sinne fallender Massen einführen. Mit einer solchen Richtung ist es keineswegs klar, wo die Familienaufspaltung liegt, sie könnte im Extremfall sogar vor der "starken" Aufspaltung liegen (wogegen jedoch die Massenaufspaltung zwischen den Familien spricht, die höchstens von der Ordnung 10 GeV zu sein scheint).

Das suggestive Schema 1.1 ist in keiner Weise das einzig mögliche zur strukturellen Zusammenführung der Quarks und Leptonen in verschiedenen Schritten.

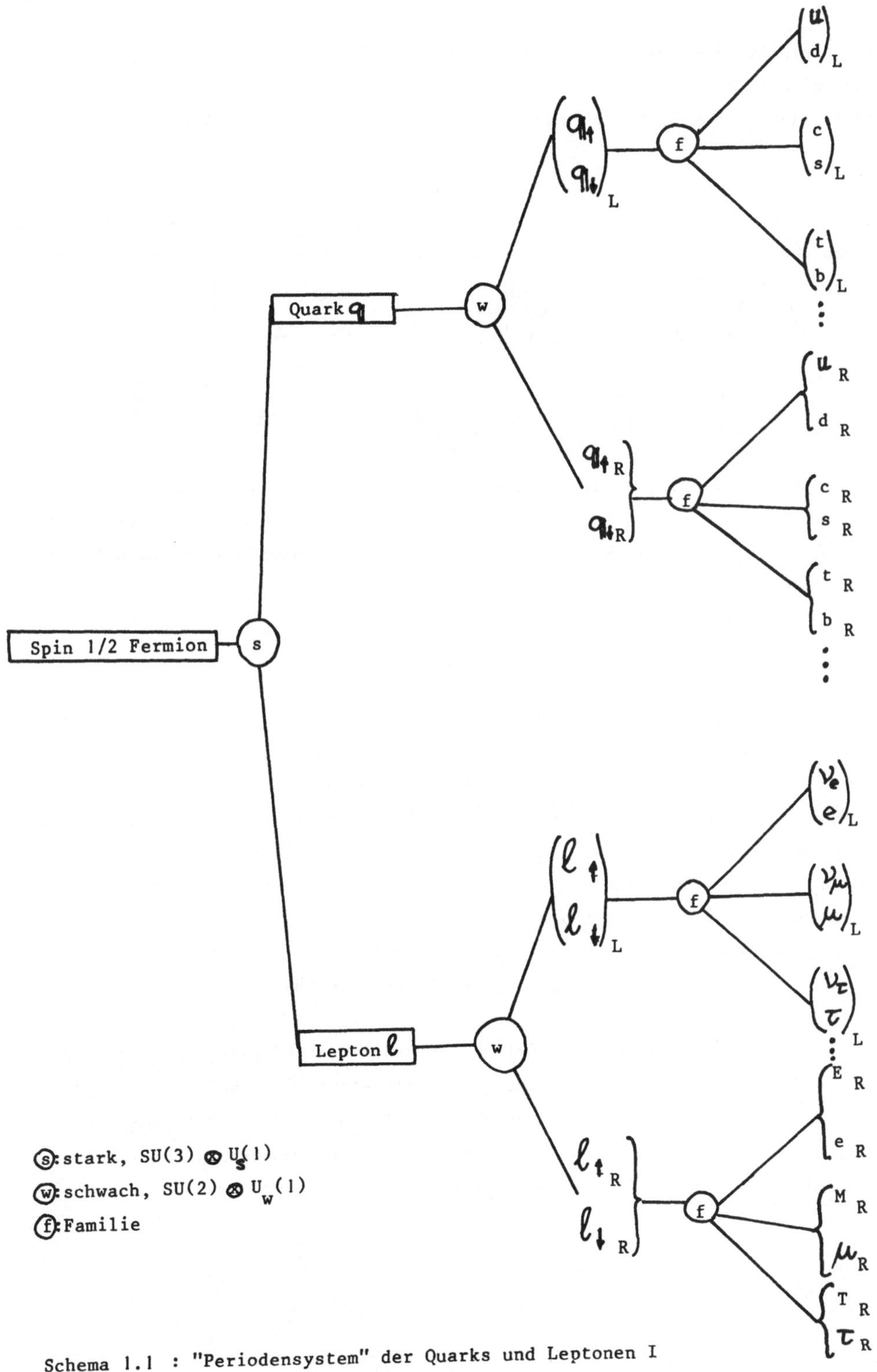

Schema 1.1 : "Periodensystem" der Quarks und Leptonen I

Es entspricht den links-rechtssymmetrischen Modellen, die in Abschnitt 7
näher diskutiert werden. Das in den vergangenen Jahren sehr populäre SU(5)-
Modell einer Quark-Lepton-Charakterisierung (Abschnitt 8) geht anders vor.

Zum Verständnis verschiedener Schemata von der Art des Schemas 1.1 ist
es nützlich, die grundsächlich sehr wichtige Eigenschaft der Ladung Q von
Quarks und Leptonen (stets in Einheiten der Elementarladung) zu diskutieren.

$$(1.5) \quad Q\left[\binom{u}{d}_L,\binom{c}{s}_L,\binom{?}{b}_L,...\right]=\binom{2/3}{-1/3} \;,\; Q\left[\begin{matrix}u_R\,c_R\,,?\\d_R\,,s_R\,,b_R\,,...\end{matrix}\right]=\begin{matrix}2/3\\-1/3\end{matrix}$$

$$Q\left[\binom{\nu_e}{e}_L,\binom{\nu_\mu}{\mu}_L,\binom{\nu_\tau}{\tau}_L,...\right]=\binom{0}{-1} \;,\; Q\left[e_R,\mu_R,\tau_R,...\right]=-1$$

Es ist bemerkenswert und bisher unverstanden, daß offenbar ein Zusammenhang
zwischen drittelzahliger Ladung und Color-Eigenschaft besteht (vereinheitlichte Modelle (Abschnitt 7, 8) parametrisieren diesen Zusammenhang). Berücksichtigt man die Color-Verdreifachung der Quarks, so stellt man die <u>Nullsummen-
eigenschaft der Ladung</u> fest

$$(1.6) \qquad \overline{Q} = \sum_{\text{Fermionen}} Q = 0$$

Diese Tatsache ist eines der großen Rätsel der Elementarteilchenphysik. Letztlich ist es das über fast ein Jahrhundert unverstandene Faktum der
verschwindenden Ladungssumme von Proton und Elektron. Es würde von der Theorie
her nichts dagegen sprechen, die Ladungsverteilung bei den Quarks etwa (5/6,
-1/6) und bei den Leptonen (+1/2, -1/2) anzunehmen. Die Eigenschaft (1.6)
deutet wohl in irgendeinem Sinne auf einen gemeinsamen Ursprung von Quarks
und Leptonen hin, der etwa durch die vereinheitlichten Theorien (Abschnitt 7,8)
oder durch gemeinsame Quark-Lepton Konstituenten gegeben sein könnte.

Nullsummen lassen sich am einfachsten dadurch in eine Theorie einbringen,
daß man die hiermit verbundene Eigenschaft mit einer nichtabelschen Gruppe
und den zugeordneten Generatoren beschreibt (Abschnitt 2). Neben diesem algebraischen Weg gibt es auch Möglichkeiten, durch Zusammensetzung aus "kleine-
ren" Bestandteilen dieses Faktum zu erreichen (Konstituentenmodelle).

Von (1.6) ausgehend ist es sinnvoll, eine mittlere Quark- und Leptonla-
dung zu definieren, die wir in Abschnitt 7 als "starke Hyperladung" Y_s wiederfinden werden

$$Y_s(\text{Quarks}) = \overline{Q}(\text{Quarks}) = -\frac{1}{6}$$

(1.7)

$$Y_s(\text{Leptonen}) = \overline{Q}(\text{Leptonen}) = +1/2$$

Bei den Leptonen ist es hierbei notwendig die schon erwähnten ladungslosen, rechtshändigen Partner (E_R, M_R, T_R, ...) (1.4) einzuführen und weiter
alle Familien als Reduplikation einer Grundfamilie, z.B. $\left\{ \begin{pmatrix} u \\ d \end{pmatrix}_L, u_R, d_R; \begin{pmatrix} \nu_e \\ e \end{pmatrix}_L, E_R, e_R \right\}$
zu betrachten.

Die Ladungen von Quarks und Leptonen streuen um die mittlere Ladung in
symmetrischer Weise

(1.8)
$$(Q - Y_s)\left[\begin{pmatrix} u \\ d \end{pmatrix}_L, \begin{matrix} u_R \\ d_R \end{matrix}, \begin{pmatrix} \nu_e \\ e \end{pmatrix}_L, \begin{matrix} E_R \\ e_R \end{matrix} \right] = \begin{pmatrix} +\frac{1}{2} \\ -\frac{1}{2} \end{pmatrix}$$

wobei ersichtlich wird, daß neben der Nullsummeneigenschaft von Y_s (1.7) eine
weitere Nullsummeneigenschaft für $Q-Y_s$ sowohl für die links- wie auch für die
rechtshändigen Quarks und Leptonen vorliegt.

Die Aufspaltung in Schema 1.1 nimmt die U(1) Eigenschaft der starken Hyperladung Y_s bei der starken Aufspaltung mit, die "linkshändige" SU(2) und eine
"rechtshändige" U(1) repräsentieren (wie noch in Abschnitt 7 näher zu erläutern sein wird) die Nullsummeneigenschaft für links- und rechtshändige Quarks
und Leptonen.

Man sieht jedoch, daß es auch - neben der Nullsumme der Ladungen für alle
Strukturteilchen - Teilmengen gibt, die die Ladungssumme Null haben. Betrachten
wir die linkshändigen Antiteilchen $\widetilde{u_R}, \widetilde{d_R}, \widetilde{e_R}$ der rechtshändigen Quarks und
Leptonen (Abschnitt 2), um einen Vergleich mit identischem Spin und Helicitäts-
eigenschaften zu haben, so erhalten wir

(1.9)
$$\sum_{u_L, d_L} Q = +1 \quad , \quad \sum_{\widetilde{u}_R} Q = -2 \quad , \quad \sum_{\widetilde{d}_R} Q = +1$$

$$\sum_{\nu_e, e_L} Q = -1 \quad , \quad \sum_{\widetilde{e}_R} Q = +1$$

wobei jetzt der rechtshändige Neutrinopartner fortgelassen wurde. Eine Möglichkeit der Nullsummenkombination (es gibt noch andere!)

$$(1.10) \qquad \sum_{u_L, d_L, \tilde{u}_R, \tilde{e}_R} Q = 0 \quad , \quad \sum_{\tilde{d}_R, \nu_e, e} Q = 0$$

führt zu einer Zusammenfassung der Strukturteilchen, die in der SU(5) Vereinheitlichung (Abschnitt 8) benutzt wird.

Mit den Nullsummen in (1.10) würde man statt Schema 1.1 etwa ein Aufspal-
tungsschema wie im Schema 1.2 annehmen. In einer ersten Spaltung ("superstark")
werden zwei Ladungssummenmultipletts, ein 5-plett: ($\tilde{d}_R$, ν_e, e_L) und ein
10-plett ($u_L, d_L, \tilde{u}_R, \tilde{e}_R$) gebildet, die dann in einer starken Aufspaltung nach einer SU(3) $\otimes$ SU(2) $\otimes$ U(1) Charakterisierung zerfallen. Auch
hier bleibt die - nicht aufgezeigte - Familienaufspaltung unklar - ist sie
vor der superstarken oder nach der starken Aufspaltung einzuordnen? Die su-
perstarke Aufspaltung hat nichts mit der Ladungseigenschaft zu tun - es ist
vorstellbar, daß das Schema schon mit einem 5-plett und 10-plett beginnt.

Wir werden sehen, wie die vereinheitlichten Modelle mit den Gruppen
SU(4) $\otimes$ SU(2) $\otimes$ SU(2) bzw. SU(5) und später dann auch SO(10) (Abschnitte 7,8)
Schemata der Art 1.1 und 1.2 zu deuten und zu konkretisieren versuchen.

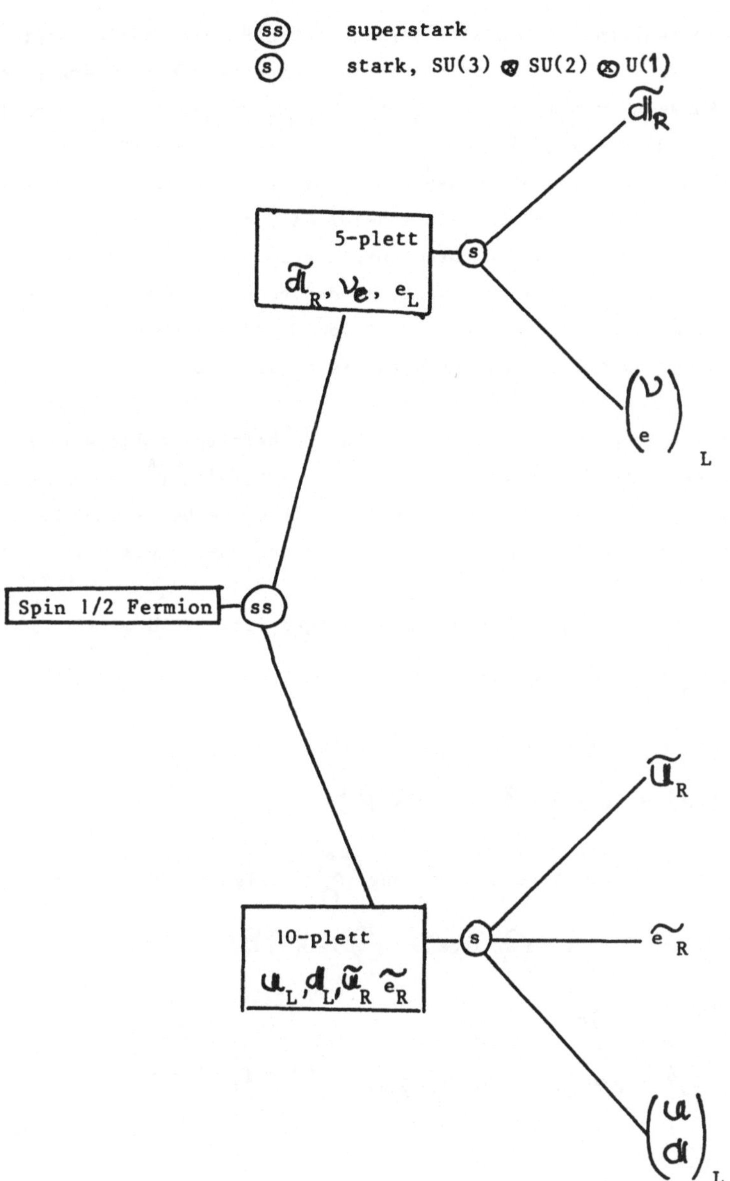

Schema 1.2 : "Periodensystem" der Quarks und Leptonen II

§ 2   FERMIONENMASSE UND WEYL-SPINOREN

Bis auf die Neutrinos haben alle fermionischen Strukturteilchen eine nicht
verschwindende Masse. Bei den Neutrinos ist die experimentelle Obergrenze für
eine mögliche Masse sehr tief ($m_{\nu_e} < 50$ eV), die Neutrinos könnten masselos
sein. Es gibt jedoch bislang kein überzeugendes theoretisches Prinzip, etwa
in Art der Eichinvarianz bei den masselosen Photonen, das die Neutrinos auf
Masse Null zwingen würde. Andererseits scheint es auch sehr schwierig zu sein,
eine sehr kleine Neutrinomasse in ihrem quantitativen Wert überzeugend auszurechnen. Hier liegen interessante Ansätze in den rechts-links symmetrischen
Modellen vor (Abschnitt 7), die aber sowohl vom Grundsätzlichen wie auch vom
Experimentellen her noch recht offene Vorschläge darstellen.

In diesen Paragraphen soll das Handwerkszeug bereitgestellt werden, mit
dem Masselosigkeit oder Massivität der Fermionen, Chiralität[*], rechts-links
Asymmetrie und Majorana-Felder angemessen beschrieben werden können. Weiterhin können einige der in diesem Buch benutzten Notationen eingeführt werden.

Die Dirac Gleichung für ein vierkomponentiges Dirac Feld $\psi(x)$

$$(2.1) \qquad (i\gamma^\mu \partial_\mu - m)\,\psi(x) = 0$$

leitet sich durch Variation aus der Lagrangedichte

$$(2.2) \qquad \mathcal{L}(\psi) = \bar{\psi}\,\tfrac{i}{2}\,\gamma^\mu \overleftrightarrow{\partial_\mu}\,\psi - m\,\bar{\psi}\psi$$

her. Hier benutzen wir die innere Ableitung $\overleftrightarrow{\partial_\mu}$, allgemein definiert durch

$$(2.3) \qquad A(x)\,\overleftrightarrow{\partial_\mu}\,B(x) = A(x)\,\partial_\mu B(x) - (\partial_\mu A(x))\,B(x)$$

und die Dirac Matrizen γ_μ

$$(2.4) \qquad \{\gamma_\mu, \gamma_\nu\} = 2\eta_{\mu\nu}, \quad \operatorname{diag}\eta_{\mu\nu} = (1,-1,-1,-1)$$

Mit der γ_5-Matrix

$$(2.5) \qquad \gamma_5 = i\gamma^0\gamma^1\gamma^2\gamma^3, \quad \gamma_5^2 = +\mathbb{1}$$

---

[*] $\chi\epsilon\iota\rho$ (griech.) = Hand

lassen sich zwei Projektoren konstruieren

$$(2.6) \qquad P_{\pm} = \frac{1\!\!1 \pm \gamma_5}{2} \quad , \quad P_{\pm}^2 = P_{\pm} \quad , \quad P_+ P_- = 0 \;,\; P_+ + P_- = 1\!\!1$$

Im Hinblick auf diese Projektoren kann man als Darstellung der Dirac Matrizen
wählen

$$(2.7) \qquad 1\!\!1_4 = \begin{pmatrix} 1\!\!1_2 & 0 \\ 0 & 1\!\!1_2 \end{pmatrix}, \quad \gamma_5 = \begin{pmatrix} -1\!\!1_2 & 0 \\ 0 & 1\!\!1_2 \end{pmatrix}, \quad \gamma_\mu = \begin{pmatrix} 0 & \sigma_\mu \\ \bar{\sigma}_\mu & 0 \end{pmatrix}$$

wobei $1\!\!1_N$ eine NxN Einheitsmatrix ist (in Zukunft lassen wir den Index N weg);
σ_μ und $\bar{\sigma}_\mu$ sind die Pauli-Matrizen zusammen mit einer $1\!\!1$ als nullter Komponente

$$(2.8) \qquad \sigma_\mu = (1\!\!1, +\vec{\sigma}) \;,\; \bar{\sigma}_\mu = (1\!\!1, -\vec{\sigma}) \;,\; \sigma_\mu \bar{\sigma}_\nu + \sigma_\nu \bar{\sigma}_\mu = 2\eta_{\mu\nu}$$

$$\frac{1\!\!1 + \gamma_5}{2} \gamma_0 \gamma_\mu = \begin{pmatrix} 0 & 0 \\ 0 & \sigma_\mu \end{pmatrix}, \quad \frac{1\!\!1 - \gamma_5}{2} \gamma_0 \gamma_\mu = \begin{pmatrix} \bar{\sigma}_\mu & 0 \\ 0 & 0 \end{pmatrix}, \quad \vec{\beta}\vec{\sigma} = \begin{pmatrix} \beta_3 & , \beta_1 - i\beta_2 \\ \beta_1 + i\beta_2 & , -\beta_3 \end{pmatrix}$$

Die zweikomponentigen Felder, die aus dem vierkomponentigen Dirac Feld heraus-
projeziert werden können

$$(2.9) \qquad \frac{1\!\!1 + \gamma_5}{2} \psi(x) = \begin{pmatrix} 0 \\ R(x) \end{pmatrix} \;,\; \frac{1\!\!1 - \gamma_5}{2} \psi(x) = \begin{pmatrix} L(x) \\ 0 \end{pmatrix}$$

heißen Rechts- und Linkskomponenten. R(x) und L(x) sind <u>Weyl-Spinoren</u>; wenn ψ(x)
eine 4dimensionale reduzible Darstellung der Lorentzgruppe* bildet, charakterisiert durch die darin enthaltenen beiden drehimpulsartigen Quantenzahlen

$$(2.10) \qquad \psi(x) : D(\tfrac{1}{2}, 0) \oplus D(0, \tfrac{1}{2})$$

so verkörpern die Weyl-Spinoren R(x) und L(x) eben die irreduziblen Bestandteile

$$(2.11) \qquad L(x) : D(\tfrac{1}{2}, 0) \;,\; R(x) : D(0, \tfrac{1}{2})$$

---

* Die Lorentzgruppe SO(3,1) ist der SO(4)=SO(3) $\otimes$ SO(3), dem direkten Produkt
zweier Drehimpulsgruppen SO(3), in manchem ähnlich. Für mehr Einzelheiten
siehe Lehrbücher.

Mit Hilfe der Weyl-Spinoren R(x), L(x) schreibt sich die Lagrangedichte des Dirac Feldes $\mathcal{L}(\psi)$ (2.2)

$$(2.12) \qquad \mathcal{L}(\psi) = L^* \bar{\sigma}^\mu \tfrac{i}{2} \overset{\leftrightarrow}{\partial_\mu} L + R^* \sigma^\mu \tfrac{i}{2} \overset{\leftrightarrow}{\partial_\mu} R - m \, (L^* R + R^* L)$$

und die Feldgleichung (2.1)

$$(2.13) \qquad i \bar{\sigma}^\mu \partial_\mu L(x) = m \, R(x) \quad , \quad i \sigma^\mu \partial_\mu R(x) = m \, L(x)$$

Die Fermionmasse koppelt also Rechts- und Linkskomponenten eines Dirac-Feldes.

Gruppentheoretisch läßt sich der Unterschied zwischen Links- und Rechtsfeldern auch in der Differenz ihrer Anzahl (Chiralität) fassen: Während die übliche Fermionzahl - $U_F(1)$ Transformation beide Bestandteile von $\psi(x)$ gleich behandelt

$$(2.14) \qquad U_F(1): \quad \begin{array}{l} L(x) \longmapsto \exp[-i\alpha] \, L(x) \\ R(x) \longmapsto \exp[-i\alpha] \, R(x) \end{array} \Bigg\} \quad \begin{array}{l} \psi(x) \longmapsto \exp[-i\alpha] \, \psi(x) \\ \bar{\psi}(x) \longmapsto \bar{\psi}(x) \, \exp[+i\alpha] \end{array}$$

transformiert die <u>chirale $U_c(1)$</u> sie entgegengesetzt

$$(2.15) \qquad U_c(1): \quad \begin{array}{l} L(x) \longmapsto \exp[+i\alpha_5] \, L(x) \\ R(x) \longmapsto \exp[-i\alpha_5] \, R(x) \end{array} \Bigg\} \quad \begin{array}{l} \psi(x) \longmapsto \exp[-i\alpha_5 \gamma_5] \, \psi(x) \\ \bar{\psi}(x) \longmapsto \bar{\psi}(x) \, \exp[-i\alpha_5 \gamma_5] \end{array}$$

In der $U_F(1)$ symmetrischen Lagrangedichte $\mathcal{L}(\psi)$ (2.12) bricht der Massenterm die chirale Invarianz.

$$(2.16) \qquad U_c(1): \quad \begin{array}{l} L^* \bar{\sigma}_\mu L \longmapsto L^* \bar{\sigma}_\mu L \\ R^* \sigma_\mu R \longmapsto R^* \sigma_\mu R \\ L^* R \longmapsto \exp[-2i\alpha_5] \, L^* R \\ R^* L \longmapsto \exp[+2i\alpha_5] \, R^* L \end{array} \Bigg\} \quad \begin{array}{l} \bar{\psi} \gamma_\mu \psi \longmapsto \bar{\psi} \gamma_\mu \psi \\ \bar{\psi} \gamma_\mu \gamma_5 \psi \longmapsto \bar{\psi} \gamma_\mu \gamma_5 \psi \\ \begin{pmatrix} \bar{\psi} \mathbb{1} \psi \\ \bar{\psi} i \gamma_5 \psi \end{pmatrix} \longmapsto \begin{pmatrix} \cos 2\alpha_5, & -\sin 2\alpha_5 \\ \sin 2\alpha_5, & \cos 2\alpha_5 \end{pmatrix} \begin{pmatrix} \bar{\psi} \mathbb{1} \psi \\ \bar{\psi} i \gamma_5 \psi \end{pmatrix} \end{array}$$

Ein masseloses Feld, möglicherweise die Neutrinos, braucht als Minimalausstattung nur zwei Komponenten zu seiner Darstellung

$$(2.17) \qquad \mathcal{L}(L) = L^* \tfrac{i}{2} \bar{\sigma}^\mu \overset{\leftrightarrow}{\partial_\mu} L$$

während ein 2x2 komponentiges Dirac-Feld unter Brechung der chiralen Invarianz massiv werden kann.

Es gibt jedoch auch die Möglichkeit - wieder unter Brechung der chiralen Invarianz, die für nur einen Weyl Spinor mit der Fermionzahlinvarianz übereinstimmt (2.17) - ein zweikomponentiges Feld massiv zu machen. Mit Hilfe der Konjugationsmatrix c_σ

$$(2.18) \qquad c_\sigma \, \bar\sigma_\mu^T \, c_\sigma^* = \sigma_\mu \; , \quad c_\sigma^* = -c_\sigma \; , \quad \text{z.B.} \; c_\sigma = \begin{pmatrix} 0 & 1 \\ -1 & 0 \end{pmatrix}, \; T \; \text{Transposition}$$

kann man von einem linkshändigen Feld $L(x)$ zu einem rechtshändigen $\tilde L(x)$ übergehen

$$(2.19) \qquad \tilde L(x) = c_\sigma L^{*T}(x) \; , \quad \tilde L(x) : D(0,\tfrac{1}{2})$$

Ein damit konstruierter Dirac-Spinor (Majorana Feld)

$$(2.20) \qquad \Psi(x) = \begin{pmatrix} L(x) \\ \tilde L(x) \end{pmatrix} = \begin{pmatrix} L(x) \\ c_\sigma L^{*T}(x) \end{pmatrix}; \quad \overline\Psi(x) = \Psi^\dagger \gamma_0 = (\tilde L^*(x), L^*(x)) = (L^T(x) c_\sigma^*, L^*(x))$$

hat nur zwei unabhängige komplexe Komponenten und erfüllt die Bedingungen

$$(2.21) \qquad \overline\Psi \, \gamma_\mu \, \Psi(x) = 0 \; , \quad \Psi(x) = C \overline\Psi^T(x) \; , \quad C = \begin{pmatrix} c_\sigma^T & 0 \\ 0 & c_\sigma \end{pmatrix}$$

Ein Massenterm verletzt natürlich die U(1)-Symmetrie

$$(2.22) \qquad m \, \overline\Psi \mathbb{1} \Psi = m \, (L^* \tilde L + \tilde L^* L) = m \, (L^* c_\sigma L^{*T} + L^T c_\sigma^* L)$$

Links- und Rechtskomponenten eines vierkomponentigen Dirac-Feldes erlauben weiterhin eine Darstellung der Paritätstransformation P

$$(2.21) \qquad P: \quad x_\mu = (x_0, \vec x) \longmapsto (x_0, -\vec x)$$

in der Form

$$(2.24) \qquad P: \quad \begin{aligned} \psi(x_0, \vec x) &\longmapsto \gamma_0 \, \psi(x_0, -\vec x) \\ \begin{pmatrix} L \\ R \end{pmatrix}(x_0, \vec x) &\longmapsto \begin{pmatrix} R \\ L \end{pmatrix}(x_0, -\vec x) \end{aligned}$$

Für ein Majoranafeld (2.20), das die Parität nicht darstellen kann, ist
die aus (2.24) übrigbleibende Transformation

$$(2.25) \qquad CP: \; L(x_0, \vec{x}) \longmapsto \tilde{L}(x_0, -\vec{x}) = C_\sigma L^{*T}(x_0, -\vec{x})$$

die CP Transformation (C Konjugation (2.19)).

§ 3   SYMMETRIEGRUPPEN

In den derzeitigen Feldtheorien der Elementarteilchen bilden Symmetrieüberlegungen eine ganz ausgezeichnete Rolle. Daß Invarianzen der dynamischen Ge-
setze wichtig sind, ist jedoch eine Erkenntnis, die schon mit Beginn der neu-
zeitlichen Physik im 17. Jahrhundert auftrat. Die Rolle von Inertialsystemen
in der Mechanik - mit der Galilei-Invarianz verknüpft - oder die entscheidende
Bedeutung der Lorentz-Symmetrie in den Maxwellschen Gleichungen ist hinreichend
bekannt. Die Überlegungen von Emmy Nöther [31,43] über den Zusammenhang von Invarianzen der Dynamik und Erhaltungsgrößen waren physikalisch begrifflich und formal
mathematisch ein großer Schritt vorwärts.

H. Weyl [60] und F. London erweiterten die mehr statisch-passive Rolle der Symmetrie, indem sie eine Methode fanden, die Symmetrie zum Ursprung von Kräften
zu machen. Ihre Idee der lokalen Symmetrien bestimmt in weitem Maße die derzeitigen theoretischen Versuche der Beschreibung der Elementarteilchendynamik.
Man kann ein wenig überspitzt sagen: Die gegenwärtige Tendenz deutet auf ein
Ziel hin, in dem es keine fundamentale Kraft (Wechselwirkung) gibt, die nicht
aus einer lokalen Symmetrie (Eichinvarianz*) entspringt und es gibt andererseits keine Symmetrie der Dynamik, die nicht zu einer damit verbundenen Eichwechselwirkung Anlaß gibt.

In jüngerer Vergangenheit (1955-1965) hat nach der Einführung der Isospin-
symmetrie durch W. Heisenberg in den 30er Jahren die Auffindung der seltsamen
Teilchen einen neuen Anstoß zu Symmetrieüberlegungen gegeben. Die Isospingruppe
SU(2) wurde zur Flavor-SU(3) erweitert [48], die zur Einführung von drei Quarks
durch M. Gell Mann [15] und G. Zweig** [62] Anlaß gab. Eine Fülle von gruppentheoreti-
scher Aktivität [9] wurde in den 60er Jahren auch etwas abfällig überdrüssig als
"Gruppenpest" bezeichnet.

---

* "Eichung" hat mit der Festlegung von Maßstäben und Gewichten zu tun. Die
  ursprüngliche Weylsche Idee war, die Elektrodynamik mit der lokalen Un-
  eichung von Maßstäben in Verbindung zu bringen. Dieser Versuch ist ein
  schönes Beispiel dafür, wie eine letztlich im konkreten Detail wohl falsche Idee durch ihre Methodik offenbar doch ungeheuer wichtig für den Fort-
  gang der theoretischen Physik war. M. Planck hat in ähnlichen Zusammenhängen darauf hingewiesen, daß oft nicht die Unterscheidung "richtig-falsch",
  sondern - wie er es nennt - "wertvoll-wertlos" angebracht ist.

** Zweig nannte sie "aces". Er muß damals schon Schwierigkeiten bei einem
   Skatspiel mit 3 Assen gehabt haben.

Mit der überraschenden Auffindung der bosonischenψ-Resonanzen (1973),
die am überzeugendsten dadurch gedeutet werden konnten, daß man den Rahmen
der drei SU(3) Quarks um ein zusätzliches Quark erweiterte, kam die "Flavor"-
SU(4)Symmetrie. Die Ausweitung der Zahl der Flavors führte schließlich unter
Berücksichtigung der Arbeiten von S. Glashow, A. Salam und S. Weinberg zu
einem qualitativen Umschwung. Die globalen stark gebrochenen Flavor-Symmetrie-
gruppen, die man heute als bislang unverstandene dynamische Zufälligkeiten
betrachtet ("Familienproblem"), machten den lokalen Eichsymmetrien Platz.
Heute ordnet man die verschiedenen Flavors mit Hilfe der für fundamentaler
angesehenen elektroschwachen SU(2)-Symmetrie.

In einem witzigen Schwenk hat die globale Flavor SU(3), SU(4) etc., der
lokalen Color SU(3) Platz gemacht. Ausgelöst durch statistische Probleme in
der Theorie, bestärkt durch experimentell gestützte Überlegungen (z.B. π-
Zerfall) war schon ziemlich bald nach Einführung der Quarks klar, daß diese
neuen Bestandteile in der Dynamik auch neuartige Eigenschaften haben mußten.
Die SU(3)-Color Symmetriegruppe mit der hiermit eingeführten Eichwechselwirkung
wurde durch Y. Nambu erstmals hierfür vorgeschlagen und hat schließlich zur
Quantenchromodynamik mit [5,24] ihren Erfolgen und Problemen (Confinement) geführt.

Wir wollen in diesem Abschnitt einiges gruppentheoretisches Material zu-
sammenstellen. Hierbei werden wir induktiv vorgehen, ganz konkret einige Gruppen besprechen, aber überhaupt nicht den Ehrgeiz haben, irgendeine Vollständig-
keit in diesem riesigen, auch mathematisch wunderschönen Gebiet anzustreben.
Die Klassifizierung der einfachen Lie-Algebra durch Cartan werden wir angeben.
Dieses Schema gibt einen Aufschluß darüber, was alles an gruppentheoretischen
Erweiterungen in der algebraischen Beschreibung der Wechselwirkungen der Elementarteilchen möglich ist.

Trotz der notwendigen Kürze und Kompaktheit dieses Abschnitts kommt hoffentlich das Gefühl auf, daß die Theorie der Lie-Gruppen und die Darstellungs-
theorie der Lie-Algebren eines längeren Studiums [19,23,39,59] wert ist.

3.1   Beispiele von wichtigen Lie-Algebren

Bei den für die Elementarteilchenphysik relevanten Lie-Gruppen ist in vielen Fällen vor allem die Struktur in der Umgebung der Gruppeneins, die Lie-Algebra, wichtig. So können global verschiedene Lie-Gruppen, z.B SU(2) und SO(3), "lokal isomorph" sein, d.h. die gleiche Lie-Algebra haben.

Eine Lie-Algebra L ist charakterisiert durch die Vertauschungsrelationen ihrer Generatoren T_i (i=1,....d)

$$(3.1) \qquad [T_j, T_k] = i\, f_{jk\ell}\, T_\ell$$

wobei die Generatoren hermitesch gewählt werden können und die Strukturkonstanten f_{ikl} total antisymmetrisch und reell. d heißt Dimension der Lie-Algebra. Die maximale Anzahl r vertauschbarer Generatoren heißt Rang der Lie-Algebra L, wir schreiben auch $_d L_r$. Eine nichtabelsche Lie-Algebra ohne echte nichttriviale Ideale, d.h. außer der Null und sich selbst, heißt einfach. Eine N dimensionale Darstellung von L ist ein Lie-Algebra Homomorphismus in einen N dimensionalen Vektorraum, also

$$(3.2) \qquad \begin{aligned} T_j &\longmapsto \mathcal{D}(T_j) \\ [\mathcal{D}(T_j), \mathcal{D}(T_k)] &= i\, f_{jk\ell}\, \mathcal{D}(T_\ell) \end{aligned}$$

Man kann die Lie-Algebren stets durch ihre Strukturkonstanten d-dimensional darstellen

$$(3.3) \qquad T_j \longmapsto [Ad(T_j)]_{ab} = i\, f_{ajb}$$

wie man mit Hilfe der für die Lie Klammer [,] geltenden Jacobi Identität $\sum_{\text{zyklisch}} [[T_j, T_k], T_l] = 0$ sofort sieht. Die d dimensionale Darstellung (3.3) nennt man die adjungierte. Sie spielt in Feldtheorien mit lokalen Symmetrien eine ausgezeichnete Rolle, da die Eichfelder immer eine adjungierte Darstellung bilden.

Gemäß dem Rang lassen sich die Vektoren zu einer Darstellung durch r reelle Quantenzahlen (Gewichte) charakterisieren, den Eigenwerten zu den Generatoren der maximalen abelschen Unteralgebra (Cartansche Teilalgebra). So kann man die Darstellungen mit Hilfe ihrer Gewichte als Schemata in einem $\mathbb{R}^r$ aufzeichnen. (Hierbei gibt es viele Konventionen und Normierungsvereinbarungen.) Dieser

Gewichtsraum $\mathbb{R}^r$ erlaubt es auch, r _fundamentale Gewichte_ zu definieren, die
es gestatten, alle anderen Gewichte mit Hilfe ganzer Zahlen linear zu kombinieren. Ohne hier mehr Einzelheiten zu erwähnen, wollen wir nur bemerken, daß
es also zu jeder r rangigen Lie-Algebra _r fundamentale Darstellungen_ gibt.
Nun besprechen wir einige konkrete wichtige Beispiele.

Die _Lie-Algebra_ $_3\underline{A}_1$ (also: Dimension 3, Rang 1) ist die infinitesimale
Struktur zur Lie-Gruppe SU(2) oder auch SO(3) und als Drehimpulsalgebra wohl-
bekannt. Charakterisiert durch ihre Strukturkonstanten

$$(3.4) \qquad [T_j, T_k] = i\,\epsilon_{jk\ell}\,T_\ell \quad , \quad \epsilon_{123} = 1$$

hat sie die zweidimensionale Fundamentaldarstellung

$$(3.5) \qquad T_j \longmapsto \frac{(\tau_j)_\alpha^{\;\beta}}{2} \qquad (j = 1,2,3)$$

mit den 2x2 _Pauli Matrizen_ τ_j , in einer viel verwandten expliziten Form

$$(3.6) \qquad \alpha_j \tau_j = \begin{pmatrix} \alpha_3 & , & \alpha_1 - i\alpha_2 \\ \alpha_1 + i\alpha_2 & , & -\alpha_3 \end{pmatrix} , \quad \tau_j \tau_k = \delta_{jk} + i\,\epsilon_{jk\ell}\,\tau_\ell$$

und die adjungierte Darstellung

$$(3.7) \qquad T_j \longmapsto i\,\epsilon_{AjB}$$

Der Gewichtsraum ist eindimensional und die Darstellungsvektoren werden
üblicherweise durch die Eigenwerte der dritten Komponenten T_3 charakterisiert,
etwa

$$(3.8)$$

fundamentale
Darstellung

adjungierte
Darstellung

Bei der Lie Algebra $_3A_1$ genügt die Dimensionalität zur Charakterisierung
der Darstellung. Sind zwei Darstellungen der Dimensionalität 2T'+1 und 2T''+1
gegeben, so erhält man - wie aus der Vektoraddition für den Drehimpuls bekannt -
bei der Ausreduktion des Produktes alle Darstellungen der Dimensionalität
2T+1, wobei T in ganzzahligen Schritten von $|T'-T''|$ bis T'+T'' läuft,
also z.B.

(3.9)
$$2 \otimes 2 = 1 \oplus 3$$
$$2 \otimes 2 \otimes 2 = 2 \oplus 2 \oplus 4 \qquad \text{etc.}$$

Bei der <u>Lie-Algebra $_8A_2$</u>, die der Gruppe SU(3) zugeordnet ist, entstehen schon kompliziertere Strukturen. Ihre Strukturkonstanten f_{jkl}

(3.10)
$$[T_j, T_k] = i f_{jke} T_e$$

können gegeben werden durch

(3.11)

jkl	123	147	156	246	257	345	367	458	678
f_{jkl}	1	1/2	-1/2	1/2	1/2	1/2	-1/2	$\sqrt{3}/2$	$\sqrt{3}/2$

Die Darstellung von $_8A_2$ durch die <u>Gell-Mann Matrizen</u>

(3.12)
$$T_j \longmapsto \frac{\lambda_j}{2} \qquad (j = 1, 2, \ldots 8)$$

(3.13)
$$\alpha_j \lambda_j = \begin{pmatrix} \alpha_3 + \frac{\alpha_8}{\sqrt{3}} , & \alpha_1 - i\alpha_2 , & \alpha_4 - i\alpha_5 \\ \alpha_1 + i\alpha_2 , & -\alpha_3 + \frac{\alpha_8}{\sqrt{3}} , & \alpha_6 - i\alpha_7 \\ \alpha_4 + i\alpha_5 , & \alpha_6 + i\alpha_7 , & -\frac{2\alpha_8}{\sqrt{3}} \end{pmatrix}$$

ist eine der zwei Fundamentaldarstellungen, bezeichnet durch ihre Dimensionalität 3. Die negativen konjugierten Matrizen $\check{\lambda}_i$

(3.14)
$$\check{\lambda}_i = -\overline{\lambda}_i$$

bilden die Darstellung $\overline{3}$ und sind, im Gegensatz zu der analogen Bildung für $_3A_1$, nicht äquivalent zu 3. Die kommutierenden λ_3 und λ_8 stellen die Cartansche Teilalgebra (T_3, T_8) dar, ihre Eigenwerte charakterisieren die Eigenvektoren. In ihrer Multiplikation haben die Gell-Mann Matrizen λ_i auch nichttriviale symmetrische Bestandteile

(3.15)
$$\lambda_j \lambda_k = \tfrac{2}{3} \delta_{jk} + d_{jke} \lambda_e + i f_{jke} \lambda_e$$

mit dem total symmetrischen d_{jkl}

jkl	d_{jkl}
118,228,338	$1/\sqrt{3}$
146,157,256,344,355	$1/2$
247,366,377	$-1/2$
448,558,668,778	$-1/2\sqrt{3}$
888	$-1/\sqrt{3}$

(3.16)

Der zweidimensionale Gewichtsraum zeigt hübsche Muster; wir tragen die Eigenwerte von T_3 und $T_8/\sqrt{3}$ auf, die zu Zeiten der Flavor-SU(3) als dritte Isospin-
komponente und Hyperladung eine Rolle spielten.

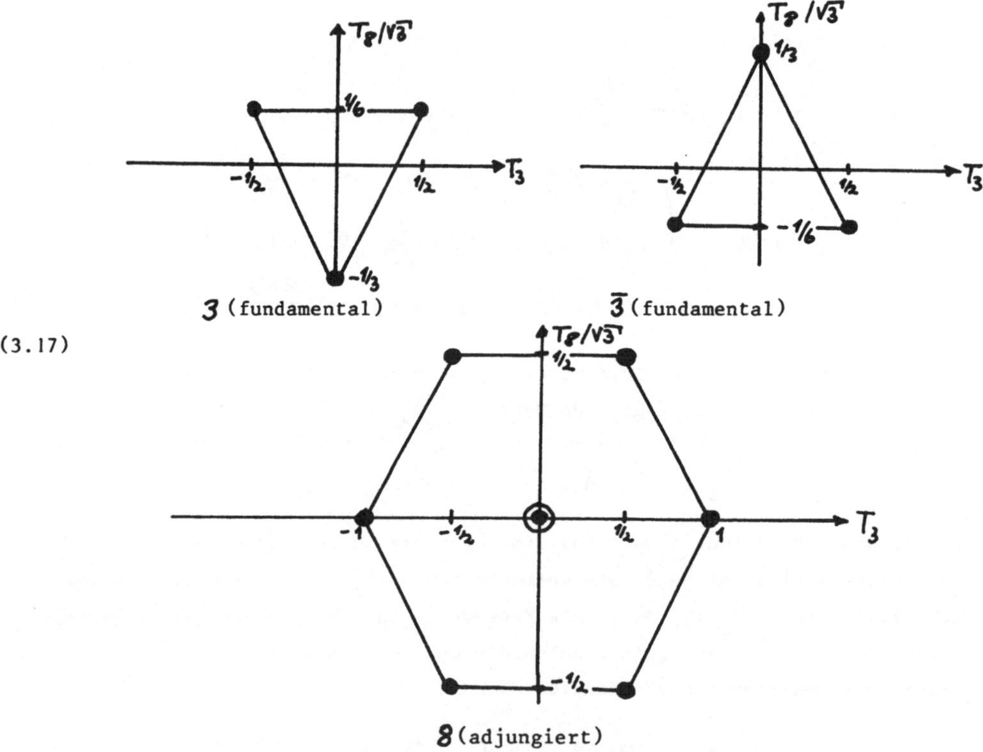

(3.17)

Bei der Charakterisierung der Darstellungen von Matrixgruppen sind die
Symmetrieklassen wichtig. So entspricht etwa bei SU(3) die Fundamentaldarstellung 3

einem Vektor mit 3 Komponenten χ_α ($\alpha=1,2,3$), die Fundamentaldarstellung $\bar{3}$ läßt sich durch die drei antisymmetrischen Komponenten von $\chi_{\alpha\beta}$ ($\alpha,\beta=1,2,3$) angeben. Für SU(3) hat der antisymmetrische Anteil von $\chi_{\alpha\beta\gamma}$ ($\alpha,\beta,\gamma=1,2,3$) nur eine Komponente und entspricht der Singlett-Darstellung. Den Symmetrieeigenschaften der so bildbaren Tensoren tragen die "Young Tableaus" Rechnung, die man den Darstellungen zuordnen

(3.18) $3 = \square$, $\bar{3} = $, $1 = $, $8 = $

und aus denen man die Symmetrieeigenschaften eines zugeordneten Tensors ablesen kann. "Vertikal" entspricht Antisymmetrisierung, "horizontal" führt zu Symmetrisierung. Wir wollen hier nicht genauer die Theorie der Young Tableaus ausführen; schon mit Kenntnis einiger Regeln für die Young Tableaus, die bei Darstellungen der SU(n) zugeordneten Lie-Algebren auftreten, lassen sie sich nützlich gebrauchen:

(1) Keine Reihe in einem Tableau darf länger sein als ihre darüberliegende, also etwa 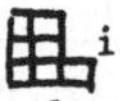   ist nicht erlaubt.

(2) Spalten mit mehr als n Kästchen treten nicht auf. Spalten mit genau n-Kästchen dürfen als triviale Darstellung weggelassen werden.

(3) Beim Auffinden der den Young Tableaus zugehörigen Tensoren hat man Indices in die Kästchen einzutragen und diese dann zuerst zu symmetrisieren (horizontal), dann zu antisymmetrisieren (vertikal).

(4) Die Dimensionalität d(Y) einer Darstellung, die einem Young Tableau Y zugeordnet ist, bestimmt sich als Quotient $d_n(Y)=N_n(Y)/Z(Y)$.

$N_n(Y)$ berechnet sich so: Schreibe n in die obere linke Ecke des Tableaus, dann gehe nach rechts in Einerschritten aufwärts und nach unten in Einerschritten abwärts. Das Produkt aller dieser ganzen Zahlen im Tableau liefert $N_n(Y)$. Z(Y) ist das Produkt aller "Hakenlängen" des Tableaus. Die Hakenlänge eines Kästchens ist die Summe der Kästchen, die nach rechts und nach unten sich im Diagramm befinden, einschließlich des betreffenden Kästchens.

Durch ein Beispiel wird diese ein wenig komplizierte Verfahrenweise klar: Man berechne etwa im Rahmen der SU(5) die Dimensionalität der Darstellung zum Young Tableau

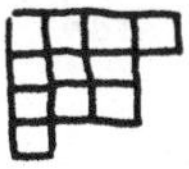

$N_n(Y)$:

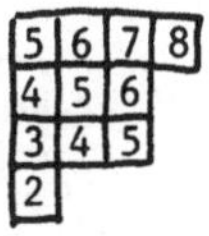

5	6	7	8
4	5	6
3	4	5
2

$N(Y)=8\cdot7\cdot6^2\cdot5^3\cdot4^2\cdot3\cdot2$

(3.19)

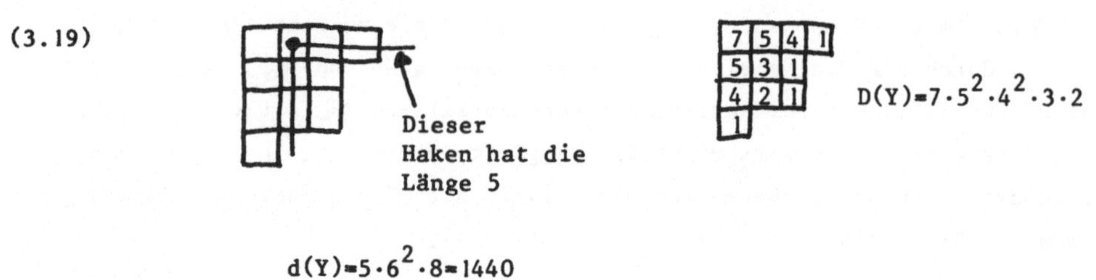

$$d(Y)=5\cdot 6^2\cdot 8=1440$$

Auch die Ausreduktion eines Produktes von Darstellungen z.B. für SU(3)

(3.20) $\square \otimes \begin{array}{c}\square\\\square\end{array} = \begin{array}{c}\square\\\square\\\square\end{array} \oplus \begin{array}{cc}\square&\square\\\square&\end{array}$, $3 \otimes \bar{3} = 1 \oplus 8$

und die Ausreduktion nach Untergruppen läßt sich mit den Young Tableaus bewerkstelligen, die Regeln hierfür sollen den einschlägigen Lehrbüchern entnom-
men werden.

Die Young Tableaus erlauben auch leicht, die "n-alität" einer Darstellung
von SU(n) zu bestimmen, etwa die Trialität bei SU(3), die mit den Darstellungen der Untergruppe $\mathbb{Z}$(n) zusammenhängt. Die Zahl der Kästchen eines Tableaus
modulo n ist die n-alität der Darstellung, etwa für SU(3) gibt es Trialität
-1,0,1, z.B.

Young Tableau	$\square$	$\begin{array}{c}\square\\\square\end{array}$	$\begin{array}{cc}\square&\square\\\square&\end{array}$
(3.21) Trialität	1	-1	0

Gemäß dem Rang 2 von $_8A_2$ lassen sich alle ihre Darstellungen durch 2 ganze
positive Zahlen charakterisieren, beispielsweise 3=D(1,0), $\bar{3}$=D(0,1), 8=D(1,1),
die die Koeffizienten der fundamentalen Gewichte in ihrer Linearkombination
angeben.

Für die Lie-Algebren $_{15}A_3$ und $_{24}A_4$ sollen nur einige wesentliche Punkte
explizit angeführt werden.

Die <u>Lie-Algebra</u>$_{15}A_3$ gehört zur Gruppe SU(4) oder SO(6), die also "lokal
isomorph" sind. Die drei Fundamentaldarstellungen mit ihren Dimensionen sind
gegeben über die Young Tableaus

(3.22) $d(\square) = 4,$ $d(\begin{array}{c}\square\\\square\end{array}) = 6,$ $d(\begin{array}{c}\square\\\square\\\square\end{array}) = \bar{4}$

wobei eine explizite Darstellung der 15 Generatoren in der 4-Darstellung gegeben ist durch

$$T_j \longmapsto \frac{\tau_j(4)}{2} \qquad (j=1,\ldots,15)$$

(3.23)

$$\alpha_j \tau_j(4) = \begin{pmatrix} \alpha_3 + \frac{\alpha_8}{\sqrt{3}} + \frac{\alpha_{15}}{\sqrt{6}} \,, & \alpha_1 - i\,\alpha_2 \,, & \alpha_4 - i\,\alpha_5 \,, & \alpha_9 - i\,\alpha_{10} \\[2mm] \cdot \,, & -\alpha_3 + \frac{\alpha_8}{\sqrt{3}} + \frac{\alpha_{15}}{\sqrt{6}} \,, & \alpha_6 - i\,\alpha_7 \,, & \alpha_{11} - i\,\alpha_{12} \\[2mm] \cdot \,, & \cdot \,, & -\frac{2\alpha_8}{\sqrt{3}} + \frac{\alpha_{15}}{\sqrt{6}} \,, & \alpha_{13} - i\,\alpha_{14} \\[2mm] \cdot \,, & \cdot \,, & \cdot \,, & -\frac{3\alpha_{15}}{\sqrt{6}} \end{pmatrix}$$

Die adjungierte Darstellung ist 15 dimensional

(3.24)
$$4 \otimes \bar{4} = 1 \oplus 15 \,, \qquad \square \otimes \begin{array}{c}\square\\\square\end{array} = 1 \oplus \begin{array}{c}\square\square\\\square\end{array}$$

Ein Vergleich der expliziten Darstellungen (2,3,4) von SU(2), SU(3), SU(4), gegeben in (3.6), (3.13) und (3.23), zeigt mit der Notation

(3.25)
$$\tau_j = \tau_j(2) \qquad (j=1,2) \qquad \text{Pauli Matrizen}$$
$$\lambda_j = \tau_j(3) \qquad (j=1,\ldots 8) \qquad \text{Gell-Mann Matrizen}$$

die allgemeine Systematik, die zu $\tau_j(n)$ $(j=1,\ldots n^2-1)$ führt. Diese n-dimensionalen
Darstellungsmatrizen von SU(n) erfüllen die Beziehungen

(3.26)
$$\left[\frac{\tau_j(n)}{2}\,,\,\frac{\tau_k(n)}{2}\right] = i\,f_{jk\ell}^{(n)}\,\frac{\tau_\ell(n)}{2}$$
$$\mathrm{Tr}\left[\tau_j(n)\,\tau_k(n)\right] = 2\,\delta_{jk} \quad,\quad \tau_j(n)\,\tau_j(n) = \frac{2(n^2-1)}{n}\,\mathbb{1}(n)$$

und mit der n-dimensionalen Einheitsmatrix $\mathbb{1}(n)$ die oft verwendeten Umkopplungs-
relationen

$$\psi(n)\,\psi(n) \underset{\text{Fierz}}{=\!=} \frac{1}{n}\,\psi(n)\,\psi(n) + \frac{1}{2}\,\tau_j(n)\,\tau_j(n)$$

$$(3.27)\qquad \tau_j(n)\,\tau_j(n) \underset{\text{Fierz}}{=\!=} \frac{2(n^2-1)}{n^2}\,\psi(n)\,\psi(n) - \frac{1}{n}\,\tau_j(n)\,\tau_j(n)$$

$$\tau_j(n)\,\tau_i(n)\,\tau_j(n) = -\frac{2}{n}\,\tau_i(n)$$

Hierbei ist $\overline{\overline{\text{Fierz}}}$ die "Fierz-Umordnung" der Matrizen, definiert allgemein für Matrizen A,B,C,D durch

$$(3.28)\qquad A_{\alpha\beta}\,B_{\gamma\delta} \underset{\text{Fierz}}{=\!=} \sum C_{\alpha\delta}\,D_{\gamma\beta}$$

In der expliziten Darstellung (3.23) sieht man sofort die Untergruppenbeziehung $SU(3) \otimes U(1) \subset SU(4)$. Für die Untergruppen $SU(3)$ und $U(1)$ ist

$$(3.29)\qquad \text{diag } \tau_{15}(4) = \sqrt{6}(1/6,1/6,1/6,-1/2)$$

darstellungstrivial. In einigen vereinheitlichten Theorien spielt $\frac{1}{\sqrt{6}}\,\tau_{15}(4)$ als "starke Hyperladung" der Quarks und Leptonen mit ihrer Nullsummeneigenschaft eine Rolle (Abschnitt 7).

Auch die Lie-Algebra $_{24}A_4$ zur Gruppe $SU(5)$ erweist sich in vereinheitlichten Theorien als wichtig. Ihre vier Fundamentaldarstellungen

$$(3.30)\qquad d(\,\square\,) = 5, \qquad d(\,\square\!\!\square\,) = 10, \qquad d(\,\square\!\!\square\!\!\square\,) = \overline{10}, \qquad d(\,\square\!\!\square\!\!\square\,) = \overline{5}$$

und ihre adjungierte Darstellung

$$(3.31)\qquad 5 \otimes \overline{5} = 1 \oplus 24, \qquad d(\,\square\,) = 24$$

finden in der vereinheitlichten $SU(5)$ Theorie Anwendungen. Die Untergruppen $SU(3)$, $U(1)$, $SU(2)$

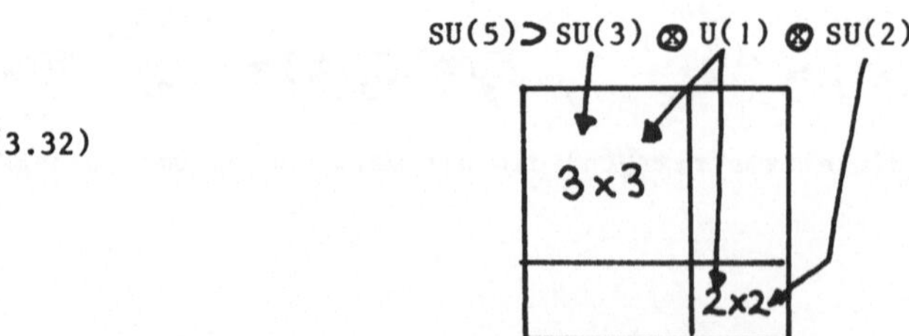

$$(3.32)$$

mit der "Scharniergruppe" $U(1)$ als Hyperladung führen zum Standardmodell zurück (Abschnitt 8).

Im Hinblick auf spätere Anwendung und als kleine Demonstration, in welche
Darstellungshöhen man leicht kommen kann, notieren wir die SU(5) Ausreduktionen
einiger Darstellungsprodukte

$$
\begin{aligned}
5 \otimes 5 &= 10_A \oplus 15_S \\
10 \otimes 10 &= \bar{5}_S \oplus \overline{45}_A \oplus \overline{50}_S \\
10 \otimes \overline{10} &= 1 \oplus 24 \oplus 75 \\
5 \otimes \overline{10} &= \bar{5} \oplus 45 \\
10 \otimes 10 \otimes 10 &= \bar{5}_M \oplus \bar{5}_M \oplus 45_S \oplus 45_M \oplus 45_M \\
&\quad \oplus 50_A \oplus \overline{70}_A \oplus \overline{175}_S \oplus \overline{280}_M \oplus \overline{280}_M \\
10 \otimes \overline{10} \otimes \overline{10} &= 10 \oplus 10 \oplus 10 \oplus 15 \oplus \overline{40} \oplus \overline{40} \\
&\quad \oplus 175 \oplus 175 \oplus 210 \oplus 315
\end{aligned}
\tag{3.33}
$$

Hierbei soll A,S und M bedeuten, daß – bei gleichen Darstellungen links – antisymmetrische, symmetrische und gemischte Tensoren entstehen. Diese Permutations-
symmetrie-Charakterisierung ist von Wichtigkeit, wenn etwa ein antikommutieren-
des Spin 1/2-Feld mit sich selbst gekoppelt wird (Abschnitte 7 und 8).

3.2   Cartan Klassifizierung der einfachen Lie-Algebren

In einer beeindruckenden Art hat E. Cartan alle einfachen Lie-Algebren klassifiziert. Dies ist nicht nur strukturell interessant, sondern auch handwerk-
lich sehr nützlich. Nicht allein Existenz- und Eindeutigkeitsbeweise wurden
gegeben, sondern es kann explizit jede Darstellung mit ihren Dimensionen,
Gewichten etc. hingeschrieben werden.

Alle einfachen Lie-Algebren sind gegeben im Schema 3.1.

Die zugeordneten klassischen Gruppen der vier <u>Hauptreihen</u> A,B,C,D, wobei
es immer genau eine kompakte Gruppe gibt, werden gegeben durch

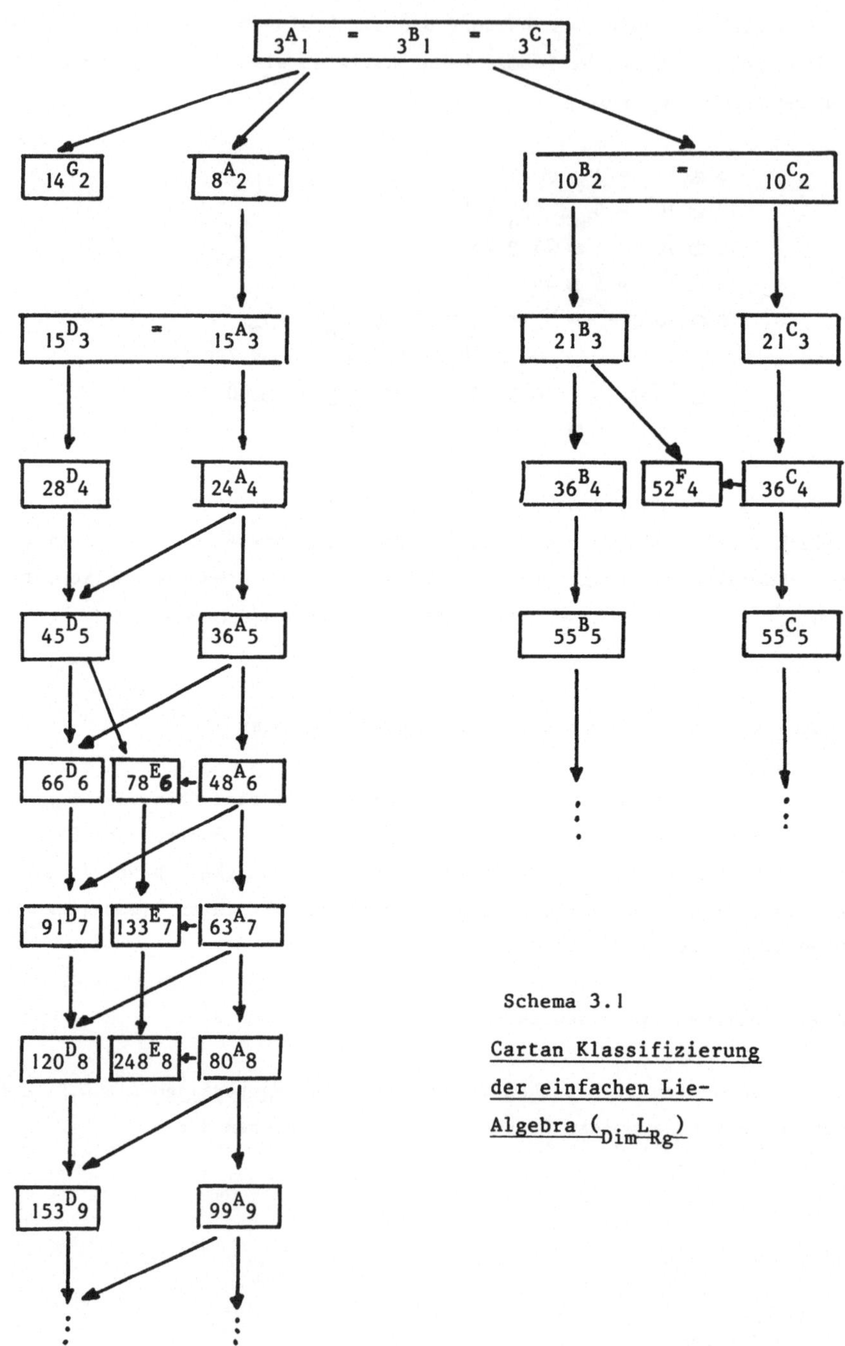

Schema 3.1

Cartan Klassifizierung der einfachen Lie-Algebra ($_{Dim}L_{Rg}$)

Standard Form	Gruppe	Kompakt
$r(r+2)^A{}_r$	$SU(r+1,\mathbb{C})$	ja
	$SU(r+1-s,s,\mathbb{C})$	nein
	$SL(r+1,\mathbb{R})$	nein
	$SL(\frac{r+1}{2},\mathbb{Q})$	nein
	$r+1$ gerade	
$r(2r+1)^B{}_r$	$SO(2r+1,\mathbb{R})$	ja
	$SO(2r+1-s,s,\mathbb{R})$	nein
$r(2r+1)^C{}_r$	$Sp(r,\mathbb{Q})$	ja
	$Sp(2r,\mathbb{R})$	nein
$r(2r-1)^D{}_r$	$SO(2r,\mathbb{R})$	ja
	$SO(2r-s,s,\mathbb{R})$	nein
	$SO(r,\mathbb{Q})$	nein

Hierbei haben wir der Deutlichkeit halber den Zahlenkörper, also $\mathbb{R}$ (reell),
$\mathbb{C}$ (komplex), $\mathbb{Q}$ (quaternionisch, $q = a_o + i\vec{a}\vec{\sigma}$), hinzugeschrieben. Alle angeführten
Gruppen sind Untergruppen der <u>nicht singulären linearen Gruppen</u> $GL(r; \mathbb{R}, \mathbb{C}, \mathbb{Q})$
mit $(r^2, 2r^2, 4r^2)$ reellen Parametern für $(\mathbb{R}, \mathbb{C}, \mathbb{Q})$. Die <u>speziellen linearen
Transformationen</u> mit Determinante Eins, $SL(r,\mathbb{K}) = GL(r,\mathbb{K})/\mathbb{K}$, haben entsprechend $(r^2-1, 2(r^2-1), 4(r^2-1))$ reelle Parameter. <u>Orthogonal</u>, $O(r_+, r_-, \mathbb{R})$,
heißen die Matrizen von $GL(r_+ + r_-, \mathbb{R})$, die die Metrik

$$(3.34) \qquad \left(\begin{array}{c|c} \mathbb{1}(r_+) & 0 \\ \hline 0 & -\mathbb{1}(r_-) \end{array} \right) \quad , \quad O(r_+, r_-, \mathbb{R})$$

invariant lassen, die entsprechenden Elemente von $GL(r_+ + r_-, \mathbb{C})$ heißen <u>unitär</u>
$U(r_+, r_-, \mathbb{C})$. <u>Symplektische</u> Gruppen $Sp(2r, \mathbb{R})$ oder $Sp(r, \mathbb{Q})$ lassen die Metrik

$$(3.35) \qquad \left(\begin{array}{c|c} 0 & E(r) \\ \hline -E(r) & 0 \end{array} \right) \quad , \quad E(r) = \left(\begin{array}{cc} 0 & {}^1\!\diagdown^1 \\ {}_1\diagup_1 & 0 \end{array} \right) \quad , \quad Sp(2r, \mathbb{R})$$

invariant, wobei man bei den Quaternionen $\mathbb{Q}$ ein wenig sorgfältig sein muß.

Wenn in Schema 3.1 mehr als eine Lie Algebra in einem Kästchen steht, so
haben wir lokale Isomorphismen der zugeordneten Gruppen, also etwa

$$(3.36) \qquad \begin{array}{l} A_1 = B_1 = C_1 \implies SU(2,\mathbb{C}) \approx SO(3,\mathbb{R}) \cong Sp(1,\mathbb{Q}) \\[1ex] B_2 = C_1 \implies \qquad\qquad SO(5,\mathbb{R}) = Sp(2,\mathbb{Q}) \\[1ex] A_3 = C_3 \qquad\quad \implies SU(4) \qquad \cong SO(6,\mathbb{R}) \end{array}$$

Die Pfeile im Schema 3.1 geben Teilalgebrarelationen an, die bei den Gruppen dann
Untergruppeneigenschaft bedeuten (evtl. bei globalen Eigenschaften aufpassen),
also etwa

$$(3.37) \qquad \begin{array}{ccc} & A_4 & \\ & \swarrow \quad \searrow & \\ D_5 & & A_5 \end{array} \qquad \implies \qquad \begin{array}{l} SU(5) \subset SO(10) \\[1ex] SU(5) \subset SU(6) \end{array}$$

Neben den vier unbeschränkt langen Hauptreihen gibt es noch die <u>Ausnahme-
algebren</u> G_2, F_4, E_6, E_7, E_8; wobei E_6, E_7, E_8 <u>diophantisch</u> genannt werden: Die bei
den regulären platonischen Körpern vorkommende diophantische Gleichung $\frac{1}{p} + \frac{1}{q} + \frac{1}{2} > 1$
für regelmässige p-Ecke, wobei an jeder Ecke q Seiten zusammenstoßen, hat die
Lösungen $(p,q) = (3,3)$, Tetraeder; $= (3,4)$ Oktaeder; $= (4,3)$ Hexaeder (Würfel);
$= (3,5)$ Ikosaeder; $= (5,3)$ pentagonaler Duododekaeder. $(3,3)$ ist selbstdual,
$(3,4)$ und $(4,3)$ bzw. $(3,5)$ und $(5,3)$ sind dual. Bei den Algebren hat E_6 einen
tetraedrischen, E_7 einen oktaedrischen und E_8 einen ikosaedrischen Wurzelraum.
Die Ausnahmealgebren E_6, E_7, E_8 spielen auch eine Rolle in den Versuchen zu
vereinheitlichten Feldtheorien (Abschnitt 8.2).

Die Cartan-Klassifizierung im Schema gibt schon Aufschluß darüber, wo die
algebraischen Vereinheitlichungen der relevanten Gruppen des Standardmodels
$SU(3) \otimes U(1) \otimes SU(2)$ zu suchen sind. Da die Gruppe $SU(3)$ mit der Lie-Algebra
$_8A_2$ stets eine Untergruppe der Vereinheitlichsgruppe G sein muß, ist nur die
linke Hälfte des Schemas 3.1 möglich. Weil die Gruppen $SU(3)$ und $SU(2)$ durch
die Ränge ihrer Lie-Algebren $2+1=3$ charakterisierende Quantenzahlen und $U(1)$
eine zusätzliche erfordert, muß G mindestens Rang 4 haben, d.h. für ein einfaches G

$$(3.38) \qquad \begin{array}{ccc} G \supset SU(5), & & SO(8) \\ \updownarrow & & \updownarrow \\ _{24}A_4 & & _{28}D_4 \end{array}$$

Die Gruppe SO(8) erlaubt keine komplexen Darstellungen, die die links- und rechtshändigen Quark-Triplets q_L und q_R bzw. die linkshändigen Anti-triplets $\tilde{q}_R = C_\sigma \, q_R^{*T}$ unterbringen können. Deshalb ist SU(5) in allen algebraischen Vereinheitlichungen durch eine einfache Gruppe enthalten und SU(5) selbst liefert die direkteste Vereinheitlichung (Abschnitt 8.1).

§ 4   EICHTHEORIEN

Wie zu Beginn des dritten Paragraphen bemerkt, ist die Tatsache, daß die Dynamik eines physikalischen Systems bestimmte Symmetrien aufweist, mit dem Konzept der lokalen Symmetrien (Eichsymmetrien) noch viel weitgehender verwandt worden. Hier ist das Symmetrieprinzip zur Ursache der Dynamik überhaupt gemacht worden: <u>Symmetrie und Dynamik bedingen sich gegenseitig</u>.

Die Rotationssymmetrie einer Kugel läßt sich "verfeinern", indem wir in jedem Punkt innerhalb der Kugel uns eine "kleine" Kugel vorstellen – dann kann nicht nur die Kugel als Ganzes, sondern auch jede einzelne kleine Kugel gedreht werden, ohne das Erscheinungsbild des Systems zu ändern. Die Wahl des lokalen Bezugssystems spielt keine Rolle. Dynamisch interessant wird es jedoch erst, wenn die einzelnen Kugeln miteinander in Verbindung stehen, dann erweist es sich als nötig, die möglicherweise verschiedenen lokalen Drehungen gegeneinander auszugleichen. Dies ermöglichen im Formalismus der Feldtheorie die Eichfelder, das dynamische Hilfsmittel, um die Eichsymmetrie herzustellen. Ihre charakteristische Eigenschaft, unter der Symmetrietransformation eine Ableitung des lokalen "Drehwinkels" – die Differenz zweier infinitesimal benachbarten Drehwinkel – zu produzieren und damit die Invarianz des Systems wieder herzustellen, zeigt, daß das Eichfeld von zwei Punkten "wissen" muß. Dieser Aspekt der Eichfelder wird offensichtlich in den derzeit intensiv verfolgten Gittereichtheorien, die jedoch hier nicht behandelt werden sollen. Auch auf die mathematische Struktur der Faserbündel, die die Geometrie der Eichtheorien auf hohem mathematischen Niveau behandelt, soll nur hingewiesen werden. Die dort verwendeten Begriffsbildungen werden ohnehin erst dann voll gewürdigt, wenn man gleichsam "zu Fuß" die Eichtheorien kennengelernt hat.

Ähnlich wie im 3. Abschnitt werden im folgenden einige wenige zum Verständnis der vereinheitlichten Theorien unerläßliche Aspekte der Eichtheorien besprochen. Die Eichtheorien für sich genommen sind sowohl mathematisch wie auch in ihrer sonstigen physikalischen Anwendung eines vertieften Studiums wert [6,46,54] (Lehrbücher).

4.1   Quantenelektrodynamik als U(1) Eichtheorie

Die Wechselwirkungen von Elektronen – beschrieben durch ein geladenes (komplexes) Spin 1/2 Dirac-Feld $\psi(x)$ – und Photonen – gegeben durch ein Vektorfeld $A_\mu(x)$ – ist experimentell sehr erfolgreich faßbar durch eine U(1)-Eichtheorie mit minimaler Kopplung. [7]

Damit die freie Elektronentheorie mit der Lagrangedichte

$$(4.1) \qquad \mathcal{L}^{0}(\psi) = \overline{\psi}\gamma^{\mu}\left(\tfrac{i}{2}\overleftrightarrow{\partial_{\mu}} - m\right)\psi$$

U(1,**loc**) invariant wird, ausgedrückt mit der Transformation

$$(4.2) \qquad \psi(x) \longmapsto \exp[-i\alpha(x)]\,\psi(x)$$

wird ein U(1) Eichfeld $A_{\mu}(x)$ eingeführt,

$$(4.3) \qquad A_{\mu}(x) \longmapsto A_{\mu}(x) + \partial_{\mu}\alpha(x)$$

das die unterschiedliche Phasenänderung in zwei verschiedenen Punkten, bedingt durch die Ableitung in (4.1), berücksichtigt

$$(4.4) \qquad (i\partial_{\mu} - A_{\mu})\psi(x) \longmapsto \exp[-i\alpha(x)]\,(i\partial_{\mu} - A_{\mu})\psi(x)$$

Die Lagrangedichte mit minimaler Kopplung, d.h. mit der kovarianten Ableitung (4.4)

$$(4.5) \qquad \mathcal{L}(\psi, A_{\mu}) = \overline{\psi}\gamma^{\mu}\left(\tfrac{i}{2}\overleftrightarrow{\partial_{\mu}} - A_{\mu}\right)\psi - m\overline{\psi}\psi - \frac{1}{4e^{2}}A_{\mu\nu}A^{\mu\nu}$$

enthält zusätzlich noch den U(1,**loc**) invarianten kinetischen Term für das Eichfeld

$$(4.6) \qquad A_{\mu\nu} = \partial_{\nu}A_{\mu} - \partial_{\mu}A_{\nu} \longmapsto A_{\mu\nu}$$

mit der Normierung e^{2}. Üblicherweise (durch Umbenennung $A_{\mu} \rightarrow eA_{\mu}$) ist e explizit als Kopplungskonstante zu sehen, was das Transformationsverhalten von A_{μ} (4.3) ein wenig seltsam aussehen läßt. Ohne mit der Darstellung (4.5) einen Tiefsinn zu verbinden, halten wir sie dennoch für bequem. Sie weist die Eichfeldkopplungskonstante als Normierung des kinetischen Terms aus. Numerisch ist

$$(4.7) \qquad \frac{e^{2}}{4\pi} = \alpha \simeq \frac{1}{137}$$

Sommerfelds Feinstrukturkonstante. Allein die Elektronenmasse m und die Eichfeldnormierung e^{2} sind die quantitativen Eingaben der so erfolgreichen Quantenelektrodynamik.

Mit Hilfe der Variationsableitungen

$$(4.8) \qquad \frac{\partial \mathcal{L}}{\partial \overline{\psi}} - \partial_{\mu}\frac{\partial \mathcal{L}}{\partial \partial_{\mu}\overline{\psi}} = 0 \qquad\qquad \text{etc.}$$

entstehen die Feldgleichungen

$$(4.9) \qquad (i\not{\partial}-m)\psi - \not{A}\psi = 0 \quad , \quad \not{\partial}=\gamma^\lambda\partial_\lambda \, , \quad \not{A}=\gamma^\lambda A_\lambda, \; etc.$$

$$(4.10) \qquad \frac{1}{e^2}(\eta_{\mu\nu}\partial^2 - \partial_\mu\partial_\nu)A^\nu - \bar\psi\gamma_\mu\psi = 0$$

Die Propagatoren der freien Felder lassen sich im wesentlichen durch die Greens-funktionen der Feldgleichungen angeben. So erhält man für die Elektronen

$$(4.11) \qquad G^0(x-y) = \langle 0|T\psi(x)\bar\psi(y)|0\rangle = \frac{i}{(2\pi)^4}\int dp\, \exp[-ip(x-y)]\, G^0(p)$$

$$(i\not{\partial}-m)G^0(z) = i\delta(z) \quad , \quad G^0(p) = \frac{1}{\not{p}-m-i\epsilon}$$

wobei T das wohlbekannte zeitgeordnete Produkt anzeigen soll, das sich in der entsprechenden Integrationsvorschrift niederschlägt. Dieses $i\epsilon$ lassen wir künftig weg. Bei der Konstruktion eines Photon Propagators

$$(4.12) \qquad D^0_{\mu\nu}(x-y) = \langle 0|TA_\mu(x)A_\nu(y)|0\rangle = \frac{i}{(2\pi)^4}\int dp\, \exp[-ip(x-y)]\, D^0_{\mu\nu}(p)$$

erhalten wir die Relation

$$(4.13) \qquad -\frac{1}{e^2}\left(\delta_\mu^\nu p^2 - p_\mu p^\nu\right)D^0_{\nu\varrho}(p) = \eta_{\mu\varrho}$$

die wegen der Projektoreigenschaft des auftretenden Impulsausdrucks

$$(4.14) \qquad P^{(1)}_{\mu\nu} = \eta_{\mu\nu} - \frac{p_\mu p_\nu}{p^2} \quad , \quad P^{(1)}_{\mu\nu}\, P^{(1)\nu}_{\quad\varrho} = P^{(1)}_{\mu\varrho}$$

nicht invertierbar ist. Das Auftreten des transversalen Projektors $P^{(1)}_{\mu\nu}$ ist eine Folge der Eichinvarianz. Jede Formulierung der Eichtheorien trifft auf ein zur Nichtinvertierbarkeit von (4.14) analoges Problem an irgendeiner Stelle (so etwa in einer Funktionalformulierung bei der Integration über unendlich große Hyperflächen).

Das Problem des Invertierens von (4.14) kann behandelt werden, wenn auch der ergänzende Projektor

$$(4.15) \qquad P^{(0)}_{\mu\nu} = \frac{p_\mu p_\nu}{p^2} \quad , \quad P^{(0)}_{\mu\nu} + P^{(1)}_{\mu\nu} = \eta_{\mu\nu}$$

ins Spiel gebracht wird, d.h. wir ändern (4.13) mit einem Parameter γ ab in

$$(4.16) \quad \left[-\frac{1}{e^2}(\delta_\mu^\nu p^2 - p_\mu p^\nu) + \frac{1}{\gamma e^2} p_\mu p^\nu \right] D^0_{\nu\varrho}(p) = \eta_{\mu\varrho}$$

$$D^0_{\mu\nu}(p) = e^2 \frac{\eta_{\mu\nu} - p_\mu p_\nu/p^2}{-p^2} + e^2 \gamma \frac{p_\mu p_\nu/p^2}{p^2}$$

Damit die Feldgleichung in (4.16) zur Lagrangedichte paßt, müssen γ-abhängige "eichfixierende Terme" zur alten Lagrangedichte (4.5) hinzugefügt werden

$$(4.17) \quad \tilde{\mathcal{L}}(\psi, A_\mu) = \mathcal{L}(\psi, A_\mu) + \mathcal{L}^{gf}$$
$$\mathcal{L}^{gf} = \frac{1}{2\gamma e^2}(\partial_\mu A^\mu)^2$$

Nun jedoch haben wir uns wegen der Brechung der Eichinvarianz, sichtbar in

$$(4.18) \quad \partial_\mu A^\mu \longmapsto \partial_\mu A^\mu + \partial^2 \alpha$$

den Ast abgesägt, auf dem die ganze Dynamik aufgebaut war.

Es läßt sich jedoch bei einer zusätzlichen Erweiterung von (4.17) eine neue Invarianz angeben, Becchi-Rouet-Stora Invarianz (BRS) genannt, die in einer Quantenfeldtheorie die Rolle der Eichinvarianz übernimmt. Diese Erweiterung ist im Falle der abelschen U(1) Eichtheorie ein unnötiger Luxus, erweist sich jedoch für Theorien mit nichtabelscher Eichgruppe als sehr nützlich. Obwohl wir nicht mit dieser Formulierung explizit arbeiten werden, sei sie ihrer Wichtigkeit halber dennoch kurz gestreift.

Die eichfixierenden Terme in der erweiterten Form

$$(4.19) \quad \mathcal{L}^{gf}(A_\mu, \lambda, \varphi) = -A_\mu \partial^\mu \lambda - \frac{\gamma e^2}{2} \lambda^2 - i(\partial_\mu \varphi_2)(\partial^\mu \varphi_0)$$

enthalten neben einem Lagrange-Multiplikator $\lambda(x)$

$$(4.20) \quad \gamma e^2 \lambda = \partial_\mu A^\mu$$

auch anticommutierende hermitesche skalare Felder $\varphi_0(x)$, $\varphi_2(x)$ ("Fadeev-Popov-

Geister"), die die übliche Spin-Statistik Relation (Spin ganzzahlig-kommutierend, Spin halbzahlig-antikommutierend) verletzen. Auf diese in einem Zustandsraum mit nicht positiv definiter Metrik mögliche Struktur und die ganze damit zusammenhängende Problematik der Unitarisierung der physikalischen Streumatrix sei hier nur hingewiesen. Die BRS Invarianz der gesamten Lagrangedichte

$$(4.21) \qquad \mathcal{L}(\psi, A_\mu, \lambda, \varphi) = \mathcal{L}(\psi, A_\mu) + \mathcal{L}^{gf}(A_\mu, \lambda, \varphi)$$

$$
\begin{aligned}
&\psi(x) \longmapsto \left[1 - i\,\hat{\alpha}\,\varphi_0(x)\right]\psi(x) \\
(4.22) \qquad &A_\mu(x) \longmapsto A_\mu(x) + \hat{\alpha}\,\partial_\mu \varphi_0(x) \\
&\lambda(x) \longmapsto \lambda(x) \\
&\varphi_0(x) \longmapsto \varphi_0(x) \\
&\varphi_2(x) \longmapsto \varphi_2(x) + i\,\hat{\alpha}\,\lambda(x)
\end{aligned}
$$

enthält einen anticommutierenden Grassmann-Parameter $\hat{\alpha}$ mit $\{\hat{\alpha}, \hat{\alpha}\} = 0$.

Man sieht, wie die Folge der Invarianzen auftritt

$$
\begin{aligned}
&\text{global:} && \psi(x) \longmapsto \exp[-i\alpha]\,\psi(x) && = [1 - i\alpha + \ldots]\,\psi(x) \\
(4.23) \quad &\text{lokal, klassisch:} && \psi(x) \longmapsto \exp[-i\alpha\alpha(x)]\,\psi(x) = [1 - i\alpha\alpha(x) + \ldots]\,\psi(x) \\
&\text{lokal, quantisiert:} && \psi(x) \longmapsto \left[1 - i\,\alpha_{op}(x)\right]\psi(x), \quad \alpha_{op}(x) = \hat{\alpha}\,\varphi_0(x) \\
&\quad\text{(BRS)}
\end{aligned}
$$

Da im abelschen Fall die Fadeev-Popov-Geister φ_0, φ_2 freien Gleichungen genügen

$$(4.24) \qquad \partial^2 \varphi_0 = 0, \qquad \partial^2 \varphi_2 = 0$$

nehmen sie hier - im Gegensatz zum nichtabelschen Fall - nicht an der Wechselwirkung teil.

Das System der Impulsraum-Greensfunktionen ist gegeben durch

$$
(4.25) \quad
\begin{array}{c|cc|cc}
 & A_\nu & \lambda & \varphi_0 & \varphi_2 \\
\hline
A_\mu & e^2 \dfrac{\eta_{\mu\nu} - p_\mu p_\nu / p^2}{-p^2} + e^2 \gamma\, \dfrac{p_\mu p_\nu / p^2}{p^2} \;,\; i\dfrac{p_\mu}{(p^2)^2} & & \varphi_0 \;\; 0 \quad \dfrac{i}{p^2} \\[2ex]
\lambda & -\,i\dfrac{p_\mu}{(p^2)^2} \qquad\qquad\qquad ,\quad 0 & & \varphi_2 \;\; -\dfrac{i}{p^2} \quad 0
\end{array}
$$

4.2 Nichtabelsche Eichtheorien

Feldtheorien mit lokaler Symmetrie bezüglich nichtabelscher Gruppen wurden zuerst durch C.N. Yang und R.L. Mills[61] im Jahre 1954 am Beispiel der SU(2,loc) formuliert. Im Gegensatz zur U(1,loc) invarianten Elektrodynamik führten diese Überlegungen mehr ein theoretisches Dasein ohne Anbindung an die Experimente. Diese Situation änderte sich grundlegend, als das SU(2,loc) $\otimes$ U(1,loc) invariante Modell der elektroschwachen Wechselwirkung von S. Glashow, A. Salam und S. Weinberg (GSW-Modell) ins Rampenlicht trat - sowohl experimentell als auch theoretisch, und als die SU(3,loc) invariante Quantenchromodynamik (QCD) als "führender Kandidat" für eine Theorie der starken Wechselwirkung vorgeschlagen wurde.

Will man eine globale SU(2)-Invarianz der freien Lagrangedichte für ein SU(2)-Dublett-Spin 1/2 Dirac Feld $\psi(x)$ (zur Gruppentheorie vgl. Abschnitt 3)

$$(4.26) \qquad \psi(x) \mapsto \exp\left[-i\,\frac{\vec{\tau}}{2}\vec{\alpha}\right]\psi(x) = \left[\mathbb{1} - i\,\alpha\right]\psi(x)$$
$$\text{(infinitesimal)}$$

$$(4.27) \qquad \alpha = \frac{\vec{\tau}}{2}\vec{\alpha}$$

$$(4.28) \qquad \mathcal{L}^{\circ}(\psi) = \overline{\psi}\left(\frac{i}{2}\overset{\leftrightarrow}{\partial\!\!\!/} - m\right)\psi$$

zur lokalen Invarianz, $\alpha(x)$, erweitern, so benötigt man ein SU(2)-Eichfeld $\vec{A}_\mu(x)$ in der adjungierten Darstellung, um die kovariante Ableitung

$$(4.29) \qquad iD_\mu\psi = \left(i\partial_\mu - \frac{\vec{\tau}}{2}\vec{A}_\mu\right)\psi = \left(i\partial_\mu - A_\mu\right)\psi$$

zu konstruieren. Mit α und $A_\mu = \frac{\vec{\tau}}{2}\vec{A}_\mu$ haben wir eine oft bequeme Matrix-Schreibweise eingeführt.

Die Eichfelder $\vec{A}_\mu$ transformieren sich infinitesimal

$$(4.30a) \qquad \vec{A}_\mu(x) \longmapsto \vec{A}_\mu(x) + \vec{\alpha}(x) \times \vec{A}_\mu(x) + \partial_\mu\vec{\alpha}(x)$$

$$(4.30b) \qquad A_\mu \longmapsto A_\mu - i\left[\alpha, A_\mu\right] + \partial_\mu\alpha$$

wobei der zweite Term rechts das globale Verhalten charakterisiert.

Um die Krümmung $\vec{A}_{\mu\nu}$ zu konstruieren, bemerkt man aus dem Transformationsverhalten der Schiefableitung

(4.31)
$$\partial_\nu A_\mu - \partial_\mu A_\nu$$
$$\mapsto \partial_\nu A_\mu - \partial_\mu A_\nu - i\,[\alpha, \partial_\nu A_\mu - \partial_\mu A_\nu] - i\,[\partial_\nu \alpha, A_\mu] + i\,[\partial_\mu \alpha, A_\nu]$$

daß die letzten zwei Terme rechts kompensiert werden müssen, um ein nur globales Transformationsverhalten zu erreichen. Man sieht sofort, daß ein zusätzlicher Term $i\,[A_\nu, A_\mu]$ das schafft, die Krümmung wird so der Kommutator der kovarianten Ableitung

(4.32a)
$$A_{\mu\nu} = \partial_\nu A_\mu - \partial_\mu A_\nu + i\,[A_\nu, A_\mu] = i\,[i\partial_\nu - A_\nu,\, i\partial_\mu - A_\mu]$$
$$\mapsto A_{\mu\nu} - i\,[\alpha, A_{\mu\nu}]$$

(4.32b)
$$A_{\mu\nu} = \frac{\vec{\tau}}{2}\,\vec{A}_{\mu\nu}$$
$$\vec{A}_{\mu\nu} = \partial_\nu \vec{A}_\mu - \partial_\mu \vec{A}_\nu + \vec{A}_\mu \times \vec{A}_\nu$$

Die Matrixdarstellung erlaubt, wie man sich leicht klarmacht, die Formulierung für allgemeine Gruppen: Ist A_j^μ das Eichfeld der Gruppe G in der adjungierten Darstellung und die Lie-Algebra charakterisiert durch

(4.33)
$$[T_j, T_k] = i\,f_{jk\ell}\,T_\ell$$

so ist mit irgendeiner Darstellung $\mathcal{D}\,(T_i)$ das Eichfeld in Matrixformulierung

(4.34)
$$A^\mu(x) = \mathcal{D}(T_j)\,A_j^\mu(x)$$

Es gilt dann die Krümmungsdarstellung (4.32a) oder

(4.35)
$$A_j^{\mu\nu} = \partial^\nu A_j^\mu - \partial^\mu A_j^\nu + f_{jk\ell}\,A_k^\mu\,A_\ell^\nu$$

mit dem Transformationsverhalten für Eichfeld und Krümmung (4.30b) und (4.32a).

Zur klassischen Lagrangedichte (wir beschränken uns auf SU(2), die Verallgemeinerung ist wiederum offenkundig)

$$(4.36) \qquad \mathcal{L}^{0}(\vec{A}_{\mu}) = -\frac{1}{4g^{2}} \vec{A}_{\mu\nu}^{2} = -\frac{1}{2g^{2}} Tr\left[A_{\mu\nu} A^{\mu\nu}\right]$$

sind zu einer Eichfixierung für eine quantisierte Theorie in einer BRS-invarianten Form die Terme zu addieren

$$(4.37) \qquad \mathcal{L}^{gf}(\vec{A}_{\mu}, \vec{\lambda}, \vec{\varphi}) = -\vec{A}_{\mu} \partial^{\mu}\vec{\lambda} - \frac{\gamma g^{2}}{2}\vec{\lambda}^{2} - i(\partial_{\mu}\vec{\varphi}_{2})(\partial^{\mu}\vec{\varphi}_{0} - \vec{A}^{\mu}\times\vec{\varphi}_{0})$$

mit dem Lagrangemultiplikator $\vec{\lambda}$ und den anticommutierenden Fadeev-Popov-Geistern in der adjungierten Darstellung $\vec{\varphi}_{0}$, $\vec{\varphi}_{2}$.

Die BRS Transformationen zur BSR-Invarianz lauten

$$(4.38) \qquad
\begin{aligned}
\psi &\mapsto \left[1 - i\frac{\vec{\tau}}{2}\hat{\alpha}\vec{\varphi}_{0}\right]\psi \\
\vec{A}_{\mu} &\mapsto \vec{A}_{\mu} + \hat{\alpha}\vec{\varphi}_{0}\times\vec{A}_{\mu} + \hat{\alpha}\partial_{\mu}\vec{\varphi}_{0} = \vec{A}_{\mu} + \hat{\alpha}(\partial_{\mu} - \vec{A}_{\mu}\times)\vec{\varphi}_{0} \\
\vec{\lambda} &\mapsto \vec{\lambda} \\
\vec{\varphi}_{0} &\mapsto \vec{\varphi}_{0} + \frac{\hat{\alpha}}{2}(\vec{\varphi}_{0}\times\vec{\varphi}_{0}) \\
\vec{\varphi}_{2} &\mapsto \vec{\varphi}_{2} + i\hat{\alpha}\vec{\lambda}
\end{aligned}$$

Im Gegensatz zur abelschen Eichtheorie sieht man eine Fülle von neuen Wechselwirkungen in (4.36) und (4.37), wobei nun auch die Fadeev-Popov-Geister aktiv ins Geschehen eingreifen

$$(4.39) \qquad \vec{A}_{\mu\nu}^{2} = (\partial_{\nu}\vec{A}_{\mu} - \partial_{\mu}\vec{A}_{\nu})^{2} + 2(\partial_{\nu}\vec{A}_{\mu} - \partial_{\mu}\vec{A}_{\nu})(\vec{A}^{\mu}\times\vec{A}^{\nu}) + (\vec{A}_{\mu}\times\vec{A}_{\nu})^{2}$$

$$(4.40) \qquad (\partial_\mu \vec{\varphi}_2 \times \vec{\varphi}_0)\, \vec{A}^\mu \qquad\qquad , \quad (\overline{\Psi}\gamma_\mu \tfrac{\vec{\tau}}{2}\Psi)\, \vec{A}^\mu$$

Hier haben wir eine Graphensymbolik eingeführt

$$(4.41) \qquad \psi(x): \text{———} \quad ; \quad \vec{\varphi}_0, \vec{\varphi}_2(x): \text{·······} \quad , \quad \vec{A}_\mu(x): \text{∿∿∿}$$

Die dynamische Mitwirkung der Fadeev-Popov-Geister ist sehr wichtig bei der Bestimmung des Renormierungsverhaltens der Eichfeldnormierung g^2 (Eichfeldkopplungskonstante) (Abschnitt 4.4). Dennoch werden wir in Zukunft den ganzen Eichfixierungssektor unterschlagen und annehmen, daß eine saubere, vollständige Theorie ihn selbstverständlich berücksichtigt.

Die Propagatoren $D^{0\mu}_{jk}(z)$ der Eichfelder sind in nullter Ordnung – bis auf ein δ_{jk} für die inneren Symmetrien, z.B. SU(2) – die der abelschen Theorie (4.25). Die Korrekturen 1. Ordnung usw. sind jedoch, insbesondere qualitativ, sehr unterschiedlich (Abschnitt 4.4).

4.3 Der Eichsektor des Glashow-Salam-Weinberg-Modells

Das GSW Modell [10,20,49,50,51] in seiner einfachsten Form für Leptonen einer Familie macht von folgenden experimentell gestützten Überlegungen Gebrauch

(i) Linkshändiges Elektron $e_L(x)$ und Neutrino $\nu_L(x)$ verhalten sich bezüglich schwacher Wechselwirkung wie ein SU(2) Dublett. Wir benutzen das Feld $\ell_L(x)$

$$\ell_L(x) = \begin{pmatrix} \nu_L(x) \\ e_L(x) \end{pmatrix} \longmapsto \exp\left[-i\,\vec{\tfrac{\tau}{2}}\,\vec{\beta}(x)\right]\ell_L(x)$$

Diese SU(2) Eigenschaft heißt schwacher Isospin.

(ii) Das rechtshändige Elektron $e_R(x)$ nimmt nicht an den geladenen schwachen Wechselwirkungen teil. Das Neutrino ist masselos, es hat keinen rechtshändigen Partner

$$e_R(x) \longmapsto e_R(x)$$

(iii) Die elektrische Ladung Q ist eine Summe aus der dritten Komponente T_3 des schwachen Isospins und der ("Zusatz"-) Hyperladung Y, die demnach arithmetischer Ladungsmittelpunkt eines schwachen Multipletts ist

(4.42)
$$Q = T_3 + Y$$

Weitergehende Überlegungen (z.B. massive Neutrinos) mögen diese drei Punkte aufweichen - aber in einer ersten Näherung bilden sie eine sehr gute Ausgangsposition.

Wenn wir - was experimentell auch unterstützt wird - die links- und rechtshändigen Quarks, $q_L(x)$ bzw. $u_R(x)$, $d_R(x)$, analog behandeln, d.h. linkshändiges Dublett und rechtshändige Singletts, so erhalten wir folgende $SU(3) \otimes SU(2) \otimes U(1)$ Charakterisierung

(4.43)
$$\ell_L(x): (1,2,-\tfrac{1}{2}) \quad , \quad q_L(x): (3,2,\tfrac{1}{6})$$
$$e_R(x): (1,1,-1) \quad , \quad u_R(x): (3,1,\tfrac{2}{3})$$
$$d_R(x): (3,1,-\tfrac{1}{3})$$

wobei die erste und zweite Zahl die SU(3) bzw. SU(2) Multiplizität angibt, die dritte Zahl ist die nach (4.42) ermittelte Hyperladung.

Wird die Gruppe SU(3) $\otimes$ SU(2) $\otimes$ U(1) als lokale Gruppe implementiert mit den 8+3+1=12 Eichfeldern

$$
\begin{aligned}
&SU(3): \quad G_\mu(x) = \frac{\tau_i(3)}{2} G_{i\mu}(x) \longmapsto G_\mu(x) - i[\gamma, G_\mu] + \partial_\mu \gamma \\
&\qquad\qquad \gamma = \frac{\tau_i(3)}{2} \gamma_i \\
&SU(2): \quad A_\mu(x) = \frac{\vec{\tau}(2)}{2} \vec{A}_\mu(x) \longmapsto A_\mu(x) - i[\beta, A_\mu] + \partial_\mu \beta \\
&\qquad\qquad \beta = \frac{\vec{\tau}(2)}{2} \vec{\beta} \\
&U(1): \qquad\qquad\quad C_\mu(x) \longmapsto C_\mu(x) + \partial_\mu \alpha
\end{aligned}
\tag{4.44}
$$

so erhält man mit dem auf Grund von (4.43) offenkundigen Transformationsverhalten

$$
\begin{aligned}
&\ell_L \longmapsto \exp\left[-i\beta + \tfrac{i}{2}\alpha\right] \ell_L \\
&e_R \longmapsto \exp\left[i\alpha\right] e_R \\
&q_L \longmapsto \exp\left[-i\gamma - i\beta - \tfrac{i}{6}\alpha\right] q_L \\
&u_R \longmapsto \exp\left[-i\gamma \quad - \tfrac{2i}{3}\alpha\right] u_R \\
&d_R \longmapsto \exp\left[-i\gamma \quad + \tfrac{i}{3}\alpha\right] d_R
\end{aligned}
\tag{4.45}
$$

die Lagrangedichte

$$
\begin{aligned}
\mathcal{L} =\;& \ell_L^* \bar{\sigma}^\mu \left[\tfrac{i}{2}\overleftrightarrow{\partial}_\mu - A_\mu + \tfrac{1}{2} C_\mu\right] \ell_L + e_R^* \hat{\sigma}^\mu \left[\tfrac{i}{2}\overleftrightarrow{\partial}_\mu + C_\mu\right] e_R \\
&+ q_L^* \bar{\sigma}^\mu \left[\tfrac{i}{2}\overleftrightarrow{\partial}_\mu - G_\mu - A_\mu - \tfrac{1}{6} C_\mu\right] q_L \\
&+ u_R^* \hat{\sigma}^\mu \left[\tfrac{i}{2}\overleftrightarrow{\partial}_\mu - G_\mu - \tfrac{2}{3} C_\mu\right] u_R + d_R^* \hat{\sigma}^\mu \left[\tfrac{i}{2}\overleftrightarrow{\partial}_\mu - G_\mu + \tfrac{1}{3} C_\mu\right] d_R \\
&- \frac{1}{2g_3^2} \operatorname{Tr} G_{\mu\nu}^2 - \frac{1}{2g_2^2} \operatorname{Tr} A_{\mu\nu}^2 - \frac{1}{4g_1^2} C_{\mu\nu}^2
\end{aligned}
\tag{4.46}
$$

Man mache sich klar, wie direkt und durchsichtig die Gruppeneigenschaften diese doch schon recht komplizierte Dynamik bestimmen!

Selbstverständlich kann die Lagrangedichte $\mathcal{L}$ (4.46) noch nicht die volle Wahrheit sein: Wo kommt die Masse der Elektronen und Quarks her? Woher die Kurzreichweitigkeit der schwachen Wechselwirkung? Auf diese Fragen kommen wir in Abschnitt 5 zurück.

Überhaupt nicht ist die Zahl der Familien in (4.46) eingebracht. Üblicherweise berücksichtigt man das durch eine triviale Vermehrfachung der Muster-Lagrangedichte (4.46) ("sequential family structure")

$$(4.47) \qquad \mathcal{L} = \mathcal{L}\left(\begin{smallmatrix} e\,\nu_e \\ u\,d \end{smallmatrix}\text{-Familie}\right) + \mathcal{L}\left(\begin{smallmatrix} \mu\,\nu_\mu \\ c\,s \end{smallmatrix}\text{-Familie}\right) + \ldots$$

Befriedigendere Ansätze gibt es leider noch nicht.

4.4 Renormierungsgleichungen der Eichfeldkopplungskonstante

In der Quantenelektrodynamik [7,34] koppeln die Elektronen an das Photonenfeld. Diese Kopplung gibt Anlaß zur Paarerzeugung und hat damit zur Folge, daß ein Photon virtuell aus einem Elektron-Positronpaar bestehen kann (Vakuumpolarisation). Das wiederum führt dazu, daß die Propagation eines Photons - so wie sie in der wechselwirkungsfreien Theorie vorgegeben ist und zur Störungstheorie verwendet wird - modifiziert werden muß. Der resultierende Propagator eines physikalischen Photons mit Wechselwirkung ist deshalb sehr viel komplizierter als der "nackte" Propagator. Insbesondere zeigt sich eine Energie-Impuls-Abhängigkeit der Kopplungskonstante, die in einer "Renormierung" der Feinstrukturkonstanten sichtbar wird.

Eine nichtabelsche Eichtheorie mit ihrer Eichfeldselbstwechselwirkung zeigt eine Vakuumpolarisation - auch ohne Ankopplung an zusätzliche Materiefelder (etwa Leptonen oder Quarks). Die Theorie der Renormierungsgruppe beschreibt all diese Phänomene, wir werden uns hier darauf beschränken, die in den Lehrbüchern ausführlich dargestellte Vakuumpolarisation der Quantenelektrodynamik kurz zu skizzieren und dann nach dieser Illustration die für die nichtabelschen Eichtheorien relevanten Resultate anzugeben.

Der "nackte" Propagator der Photonen $A_\mu(x)$ in der Quantenelektrodynamik ist gegeben durch (4.16)

$$(4.48) \qquad \text{[diagram]} = D^0_{\mu\nu}(x-y) = \frac{i}{(2\pi)^4} \int dp \, \exp[-ip(x-y)] \, D^0_{\mu\nu}(p)$$

Die Wechselwirkung mit den Elektronen $\psi(x)$ (4.11)

$$(4.49) \qquad \text{[diagram]} = G^0(x-y) = \frac{i}{(2\pi)^4} \int dp \, \exp[-ip(x-y)] \, G^0(p)$$

beschrieben durch die Wechselwirkungs-Lagrangedichte

$$(4.50) \qquad \mathcal{L}_{int} = -(\bar\psi \gamma_\mu \psi) A^\mu(x) = -J_\mu A^\mu(x) = \text{[diagram]}$$

mit dem Strom $J_\mu(x)$, gibt für den vollständigen Photonenpropagator

$$(4.51) \qquad \text{[diagram]} = \langle 0 | T A_\mu(x) A_\nu(y) | 0 \rangle = D_{\mu\nu}(x-y)$$

Anlaß zur störungstheoretischen Entwicklung

$$(4.52) \qquad \text{[diagram]}$$

$$D_{\mu\nu}(p) = D^0_{\mu\nu}(p) - \frac{1}{(4\pi)^2} D^0_{\mu\varsigma}(p) \, \Pi^{\varsigma\lambda}(p) \, D_{\lambda\nu}(p) + \dots$$

wobei $\Pi^{\varsigma\lambda}(p)$ die niederste nichttriviale Beschreibung der Vakuumpolarisation durch die virtuellen Elektron-Positron paare wiedergibt.

$$\Pi^{\varsigma\lambda}(p) = i(4\pi)^2 \int dz \, \exp[ipz] \langle 0 | T J^\varsigma(\tfrac{z}{2}) J^\lambda(-\tfrac{z}{2}) | 0 \rangle$$

$$(4.53)$$

$$= \text{[diagram]} = \frac{i}{\pi^2} \int_R dq \, \mathrm{Tr}[\gamma^\varsigma G^0(q_+) \gamma^\lambda G^0(q_-)], \quad q_\pm = q \pm p/2$$

Das – naiv genommen – divergente Integral sei durch eine eichinvariante Vorschrift "R" sinnvoll gemacht. Die Divergenz rührt daher, daß der Strom $J_\mu(x)$ in (4.50) nicht definiert ist für quantisierte Felder $\psi(x)$ aufgrund der lokalen Singularitäten von Operatorprodukten. Pauli-Villars Regularisierung oder Operatorproduktentwicklungen sind zwei von mehreren Möglichkeiten, $\Pi^{\varsigma\lambda}$ zu definieren.

Mit der Zerlegung in transversale und skalare Anteile unter Zuhilfenahme der Projektoren (4.14), (4.15)

$$(4.54)\qquad \begin{aligned} D_{\mu\nu}(p) &= \left(\eta_{\mu\nu} - \frac{p_\mu p_\nu}{p^2}\right)D_T(p^2) + \frac{p_\mu p_\nu}{p^2}\,D_S(p^2)\\[2mm] \Pi_{\mu\nu}(p) &= \left(\eta_{\mu\nu} - \frac{p_\mu p_\nu}{p^2}\right)\Pi_T(p^2) + \frac{p_\mu p_\nu}{p^2}\,\Pi_S(p^2) \end{aligned}$$

und der Parametrisierung der Transversalpropagatoren

$$(4.55)\qquad D_T^0(p^2) = \frac{e^2}{-p^2}\quad,\quad D_T(p^2) = \frac{e^2(p^2)}{-p^2}$$

erhält man in der Näherung (4.52)

$$(4.56)\qquad \frac{1}{a(p^2)} = \frac{1}{a} - \frac{\Pi_T(p^2)}{p^2}$$

wobei $a(p^2)$ die rationalisierte Eichfeldnormierung (Kopplungskonstante) ist.

$$(4.57)\qquad a(p^2) = \frac{e^2(p^2)}{(4\pi)^2}\quad,\quad a = \frac{e^2}{(4\pi)^2} \simeq \frac{1}{1720}$$

Mit Hilfe von Feynman Integrationstechniken (Anhang B) läßt sich die Vakuumpolarisation auf die Form bringen

$$(4.58)\qquad \Pi_T(p^2) = 4\int_{0}^{\infty}\!\!\!{}_{\mathcal{R}}\frac{d\mu}{\mu}\int_0^1 dx\left[\frac{im^2}{\mu} - m^2 - p^2 x(1-x)\right]\exp\left[i\mu\left(\frac{p^2}{m^2}x(1-x)-1+i\epsilon\right)\right]$$

wobei die Nichtdefiniertheit des Integrals für $\mu\to 0$ (das entspricht großen Impulsen) offensichtlich ist. Wegen der angenommenen Eichinvarianz muß jede Vorschrift "R" $\Pi_T(o) = 0$ liefern. Deshalb läßt sich nach partieller Integration unter Berücksichtigung von $\Pi_T(o) = 0$ schreiben

$$(4.59)\qquad \Pi_T(p^2) = -8p^2\int_{\mathcal{R}}^{\infty}\frac{d\mu}{\mu}\int_0^1 dx\; x(1-x)\exp\left[i\mu\left(\frac{p^2}{m^2}x(1-x)-1+i\epsilon\right)\right]$$

Die p^2-Abhängigkeit der Kopplungskonstante ergibt sich mit der Beziehung (4.56) aus

$$(4.60) \quad \frac{\partial}{\partial \log p^2}\left[\frac{1}{a(p^2)}\right] = -p^2 \frac{\partial}{\partial p^2}\left[\frac{\Pi_T(p^2)}{p^2}\right] = -8 \int_0^1 dx \, \frac{\frac{p^2}{m^2} x^2 (1-x)^2}{\frac{p^2}{m^2} x(1-x) - 1}$$

Somit folgt für große p^2, d.h. $p^2 \gg m^2$

$$(4.61) \quad \frac{\partial}{\partial \log}\left[\frac{1}{a(p^2)}\right] = -\frac{4}{3} < 0 \qquad \text{(Spin 1/2 Felder)}$$

$$\frac{1}{a(p^2)} = \frac{1}{a(\mu^2)} - \frac{4}{3}\log\frac{p^2}{\mu^2} \quad , \quad a(p^2) = \frac{a(\mu^2)}{1 - \frac{4}{3} a(\mu^2)\log p^2/\mu^2}$$

wobei $a(\mu^2)$ als Integrationskonstante gilt. Die Vakuumpolarisation durch die Fermionen läßt also die Kopplungskonstante vom Wert $a(\mu^2)$ bei $p^2 = \mu^2$ immer größer werden, wenn p^2 über μ^2 hinaus wächst.

In nichtabelschen Eichtheorien, etwa einer SU(2) Eichtheorie, wird das Vakuum auch durch den Strom der Eichfelder selbst polarisiert; dieser Strom ist explizit gegeben durch

$$(4.62) \quad \vec{J}_\mu (\vec{A}_3, \vec{\varphi}, \vec{\lambda}) = \vec{A}_{\mu\nu} \times \vec{A}^\nu - i\vec{\varphi}_0 \times \partial_\mu \vec{\varphi}_2 - \partial_\mu \vec{\lambda}$$

$$= (\partial_\nu \vec{A}_\mu - \partial_\mu \vec{A}_\nu) \times \vec{A}^\nu + (\vec{A}_\mu \times \vec{A}_\nu) \times \vec{A}^\nu - i\vec{\varphi}_0 \times \partial_\mu \vec{\varphi}_2 - \partial_\mu \vec{\lambda}$$

Interessanterweise wirken die Beiträge des Eichfeldsektors zur Vakuumpolarisation

$$(4.63)$$

in einem den Fermionen entgegengesetzten Sinne - sie tendieren zu einer Abschwächung der Kopplungskonstante[24]

$$(4.64) \quad \frac{\partial}{\partial \log p^2}\left[\frac{1}{a(p^2)}\right] > 0 \qquad \text{(Eichfelder)}$$

was man als asymptotische Freiheit (auftretend für $p^2 \to \infty$) bezeichnet, da $a(p^2)$ abfällt.

Man erhält in einer detaillierten Rechnung bei N_F ankoppelnden Spin 1/2-Feldern und N_S Skalarfelder für die Gruppen U(1), SU(2) und SU(3), die im Standardmodell eine Rolle spielen, die Renormierungsgruppengleichungen [16] für die impulsabhängigen (rationalisierten) Kopplungskonstanten $a_i(p^2)=g_i^2/(4\pi)^2$ (i=1,2,3)

$$\text{U(1):} \quad \frac{1}{a_1(p^2)} = \frac{1}{a_1(\mu^2)} + \log\frac{p^2}{\mu^2} \cdot \left(-\frac{4}{3}N_F - \frac{1}{5}N_S\right)$$

$$(4.65) \quad \text{SU(2):} \quad \frac{1}{a_2(p^2)} = \frac{1}{a_2(\mu^2)} + \log\frac{p^2}{\mu^2}\left(2\cdot\frac{22}{3} - \frac{4}{3}N_F - \frac{1}{3}N_S\right)$$

$$\text{SU(3):} \quad \frac{1}{a_3(p^2)} = \frac{1}{a_3(\mu^2)} + \log\frac{p^2}{\mu^2}\left(3\cdot\frac{22}{3} - \frac{4}{3}N_F - \frac{1}{3}N_S\right)$$

Wenn wir die Skalarfelder vernachlässigen, so sehen wir, daß beispielsweise bei SU(3) für $N_F < \frac{33}{2}$, d.h. für weniger als 17 Flavours, die Theorie asymptotisch frei ist.

Nimmt man für $a_i(p^2)$ im Standardmodell die phänomenologischen Werte, die sich ergeben bei $p^2 \simeq (10^2 \text{GeV})^2 = \mu^2$

$$a_2(\mu^2) = \frac{e^2}{(4\pi)^2}\cdot\frac{1}{\sin^2\theta_W} \simeq \frac{1}{1720}\cdot 4 \simeq \frac{1}{430}$$

$$(4.66) \quad a_1(\mu^2) = \frac{e^2}{(4\pi)^2}\cdot\frac{1}{\cos^2\theta_W}\cdot\frac{5}{3} \simeq \frac{1}{1720}\cdot\frac{20}{9} \simeq \frac{1}{770}$$

$$a_3(\mu^2) \qquad\qquad \simeq \frac{1}{20}\ldots\frac{1}{50}$$

wobei 5/3 ein später zu besprechender Faktor und θ_w der auch noch zu erläuternde (Abschnitt 6.2) Weinberg-Winkel ist ($\sin^2\theta_w \simeq \frac{1}{4}$), so sieht man, daß – ausgehend von μ^2 für wachsende p^2 – $a_1(p^2)$ von einem kleinen Wert ansteigt, $a_2(p^2)$ von einem größeren Wert abfällt und $a_3(p^2)$ von einem noch größeren Wert stärker abfällt. Deshalb werden sich je zwei Kopplungskonstanten in einem Punkt treffen – möglicherweise alle drei sogar in einem Punkt.

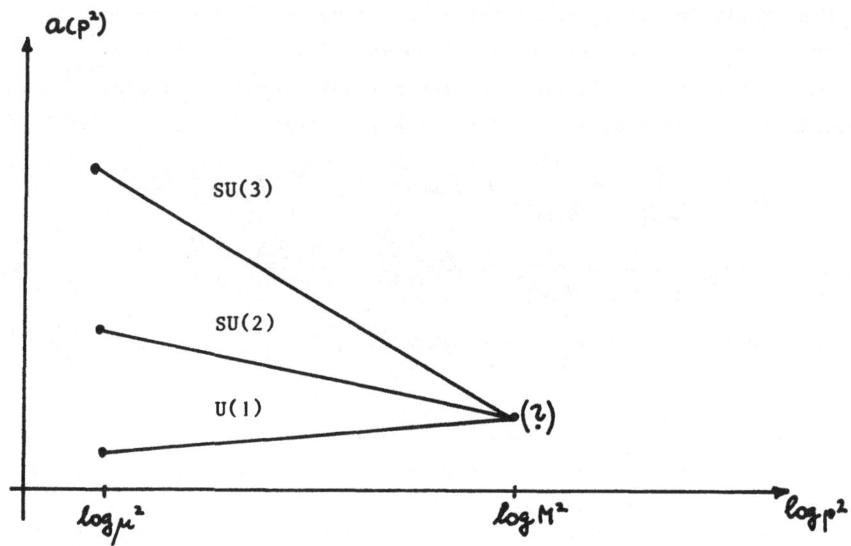

Verhalten der U(1), SU(2), SU(3) Kopplungskonstanten

Nimmt man M^2 als Treffpunkt für a_2 und a_3, so erhält man als Größenordnung für die involvierte Masse M

$$a_2(M^2) = a_3(M^2) \Rightarrow log\frac{M^2}{\mu^2} = \frac{3}{22}\left[\frac{1}{a_2(\mu^2)} - \frac{1}{a_3(\mu^2)}\right] \simeq 56 \ldots 52$$

$$M \simeq 10^{14} \, GeV$$

(4.67)

Damit läßt sich auch der Wert der Kopplungskonstanten dort bestimmen, wobei wir $N_F \simeq 6$ und $N_S \simeq 0$ annehmen

$$\frac{1}{a_2(M^2)} = \frac{1}{a_3(M^2)} = \frac{1}{a_2(\mu^2)} + log\frac{M^2}{\mu^2} \cdot \left(\frac{44}{3} - \frac{4}{3}N_F - \frac{1}{3}N_S\right)$$

$$\simeq 430 + 330 = 760$$

(4.68)

Setzen wir die Weinberg-Winkel Relationen von (4.66) in die Gleichungen (4.65) ein (mit $N_S = 0$)

$$\frac{\cos^2\theta_w(p^2)}{t\cdot a_o(p^2)} = \frac{1}{a_1(M^2)} + \log\frac{p^2}{M^2}\cdot\left(-\frac{4}{3}N_F\right), \quad a_o=\frac{e^2}{(4\pi)^2}, \quad t=\frac{5}{3}$$

$$(4.69) \qquad \frac{\sin^2\theta_w(p^2)}{a_o(p^2)} = \frac{1}{a_2(M^2)} + \log\frac{p^2}{M^2}\cdot\left(2\cdot\frac{22}{3} - \frac{4}{3}N_F\right)$$

$$\frac{1}{a_3(p^2)} = \frac{1}{a_3(M^2)} + \log\frac{p^2}{M^2}\cdot\left(3\cdot\frac{22}{3} - \frac{4}{3}N_F\right)$$

so ist mit den phänomenologischen Daten $N_F \simeq 6$ und

$$\mu \simeq 10^2 \text{GeV}, \quad a_o(\mu^2) = \frac{e^2(\mu^2)}{(4\pi)^2} \simeq \frac{1}{1720}$$

$$(4.70) \qquad a_3(\mu^2) \simeq \frac{1}{20} \cdots \frac{1}{50}$$

und der Bedingung für einen Schnittpunkt

$$(4.71) \qquad a_1(M^2) = a_2(M^2) = a_3(M^2) = a(M^2)$$

das Gleichungssystem (4.69) vollständig bestimmt und liefert

$$(4.72) \qquad \log\frac{M^2}{\mu^2} \simeq 45, \quad \frac{1}{a(M^2)} \simeq 660, \quad \sin^2\theta_w(\mu^2) \simeq 0.21$$

Insbesondere der so errechnete Wert für $\sin^2\theta_w(\mu^2)$ stimmt gut mit den Experimenten überein. Man sieht auch, daß der Zahlenfaktor $t=5/3$ dem Weinberg-Winkel $\theta_w(p^2)$ am Vereinheitlichungspunkt M^2 bestimmt

$$(4.73) \qquad t = \tan^2\theta_w(M^2) = \frac{5}{3}$$

Dieser Wert 5/3 ist der asymptotische Wert, den man im einfachsten Fall zu erwarten hat, wie - mit Kenntnis des GSW Modells - man sich folgendermaßen klarmacht: Es gilt für den Weinberg-Winkel (4.66) oder

$$(4.74) \qquad \sin^2\theta_w = \frac{e^2}{g_2^2} = \frac{1/a_2}{1/a_o}$$

mit der SU(2) Kopplungskonstante g_2 und der Kopplungskonstante des Photons e. Bei der direkten Berechnung der Renormierung der dritten Komponente des SU(2)

Eichfeldes (T_3 Eigenschaft) und des Photons (Q Ladungseigenschaft) erhält man
asymptotisch über die Vakuumpolarisationen

$$(4.75) \qquad \sin^2 \Theta_W(p^2) \longrightarrow \frac{\sum\limits_{f} T_3^2(f)}{\sum\limits_{f} Q^2(f)}$$

Hierbei ist über die dritten SU(2)-Komponentenwerte T_3 und über die Ladung Q
der an der Vakuumpolarisation beteiligten Felder zu summieren. Führt man die
Summation über alle Fermionenfelder (links- und rechtshändige Quarks und Leptonen) einer Familie aus (Abschnitt 4.3), so folgt

$$(4.76) \qquad \sin^2 \Theta_W(p^2) \longrightarrow \frac{4\left[(\tfrac{1}{2})^2 + (-\tfrac{1}{2})^2\right]}{2\left[(-1)^2 + 3(\tfrac{2}{3})^2 + 3(-\tfrac{1}{3})^2\right]} = \tfrac{3}{8} = 0.375$$

d.h. der asymptotische Wert θ_w von (4.73), den wir benutzt haben. Hätte man
nur die Leptonen berücksichtigt, so folgt $\sin^2\theta_{w\,\text{Leptons}} = 1/4 = 0.25$, für die
Quarks allein $\sin^2\theta_{w\,\text{Quarks}} = 9/20 = 0.45$.

Nun müßte man eigentlich in der Summation (4.75) auch Eichfelder, Higgs-
Felder etc. mitnehmen. In einer vereinheitlichten Theorie jedoch, in der
SU(3) ⊗ U(1) ⊗ SU(2) in einer Gruppe G aufgehen, liefert jedes nichttriviale
G-Multiplett den gleichen Wert für den asymptotischen Weinberg-Winkel. Wenn
also in dieser vereinheitlichten Theorie keine neuen T_3 und Q nichttrivialen
Fermionfelder hinzukommen, ist (4.76) das asymptotische Resultat.

Man möge sich bei allen Argumenten dieses Abschnitts klar machen, inwieweit
die Forderung einer vereinheitlichten Theorie in den Voraussetzungen eine Rolle
gespielt hat.

§ 5   SPONTANE SYMMETRIEBRECHUNG

Es erscheint als eine hochinteressante Entwicklung, daß eine mögliche Beschreibung der Elementarteilchendynamik sichtbar wird, bei
der alle Kräfte durch Symmetrien motivierte Eichwechselwirkungen sind
und bei der - vielleicht - nur solche Eigenschaften die Elementarteilchen (Quarks und Leptonen) auszeichnen, die mit Eichwechselwirkungen
zusammenhängen. Vielleicht ist dies nur eine Tendenz und nicht absolut,
z.B. läßt sich noch nicht klar absehen, ob letztendlich auch globale,
nicht geeichte Eigenschaften eine Rolle spielen.

Selbst bei Annahme nur symmetrieinduzierter Kräfte stellt man
offenkundig- auch im Rahmen der bisherigen Theorien- fest, daß die
angenommenen Symmetrien gebrochen sind. So ist etwa die Masse der beiden
Mitglieder des schwachen SU(2) Dubletts, Elektron und Neutrino, nicht
gleich. Weiter ist beispielsweise die Wirkung der aus der SU(2) $\otimes$ U(1)
Eichtheorie entspringenden Kräfte, elektromagnetische und schwache
Kraft, recht verschieden (langreichweitig bzw. kurzreichweitig). Man
könnte nun einfach sagen, daß dies ein Zeichen dafür ist, daß die
"Symmetrien" nur vorgetäuscht werden und letztlich eigentlich nicht
vorhanden sind. Dieser Versuch - auch etwa bei der schwachen und elektromagnetischen Wechselwirkung - wird immer wieder unternommen und zur
effektiven Beschreibung wird man natürlich nichts dagegen einwenden
können. Von einem mehr grundsätzlich philosophischen Standpunkt aus
mag man es jedoch als willkürlich empfinden, zwar einerseits hinreichend
viel Freiheitsgrade für eine Symmetrie zur Verfügung zu haben, andererseits aber die Symmetrie nicht zu verwirklichen. Weiterhin erscheint
es auch quantitativ unbefriedigend, immer neue fundamentale Parameter
zur Symmetriebrechung ad hoc zu erfinden.

Man weiß indes schon seit langem, daß zur Festlegung der nachprüfbaren Physik durch eine Theorie nicht nur die Angabe einer Dynamik
sondern auch die Fixierung der Randbedingungen gehört. Die Rolle der
Randbedingungen kann in einer Quantenfeldtheorie durch den Grundzustand,
d.h. den Zustand tiefster Energie eines Systems (das ist nicht etwa

das nackte, leere Vakuum!), übernommen werden. Hinsichtlich dieses
Grundzustandes werden z.B. alle Energien gemessen. Der Grundzustand
eines Systems ist durch die Dynamik weitgehend bestimmt und man weiß
aus vielen Beispielen, daß eine symmetrische Dynamik einen asymmetrischen Grundzustand bedingen kann. Obwohl beispielsweise die Kernkräfte
rotationssymmetrisch sind, gibt es rotationsasymmetrische Grundzustände
(Zustände tiefster Energie) von Kernen. Eine ähnliche Situation liegt
beim Ferromagneten vor. Dies alles ist nun eine grundsätzlich hochbefrie-
digende Form, Symmetrie der Dynamik und Asymmetrie der experimentell
beobachteten Erscheinungen zu vereinen. Da die Dynamik ihre Asymmetrie
selbst bestimmen kann, ist bei Vorgabe der symmetrischen Dynamik auch
eine Bestimmung des qualitativen und quantitativen Grades der Asymmetrie
im Bereich des Möglichen.

Die Realisierung eines asymmetrischen Grundzustandes bei vorge-
gebener symmetrischer Dynamik, diese Situation nennt man spontane Symmetriebrechung oder Kondensation. Wie wir sehen werden, ist das Wort
"Brechung" etwas eng gefaßt, vielleicht sollte man "Symmetrieverschlei-
erung" ("hidden symmetry") oder "Symmetrieumordnung" sagen.

Die spontane Symmetriebrechung war das entscheidende Element bei
der erfolgreichen theoretischen Beschreibung der Phänomene der Supraleitung durch J. Bardeen, L.N. Cooper und D.R. Schrieffer [4] 1957. Wir
werden die Phänomene der Supraleitung bzw. der nichtrelativistischen
Vielteilchenphysik [1,40,55] bisweilen - nur verbal - anklingen lassen. In die
Elementarteilchenphysik brachte die Analogieüberlegung von Y. Nambu
und G. Jona-Lasinio [42] 1961 das Phänomen der spontanen Symmetriebrechung
ein, wobei diese beiden und kurz danach auch J. Goldstone und A. Salam [21,22]
mit der Beschreibung der induzierten Masse-Null-Phänomene die Tür zu
einem Gebiet aufstießen, dessen Grenzen bezüglich der Anwendungsmöglich-
keiten wohl noch nicht abzusehen sind. Man sollte hierbei auch darauf
hinweisen, daß Elementarteilchenphysiker in vielen Fällen Phänomene
entdecken, die aus der Vielteilchenphysik vertraut sind.

5.1 U(1) Goldstone Modell

Als sehr einfaches Beispiel einer symmetrischen Dynamik mit möglicherweise asymmetrischem Grundzustand betrachten wir eine renormierbare U(1) Lagrangedichte für ein komplexes Skalarfeld $\varphi(x)$

$$(5.1) \qquad U(1): \quad \varphi(x) \longmapsto \exp[-i\alpha]\,\varphi(x)$$

$$(5.2) \qquad \mathcal{L}(\varphi) = (\partial_\lambda\varphi)(\partial^\lambda\varphi^*) - h_2 m^2 \varphi^*\varphi - h_4(\varphi^*\varphi)^2 - h_0$$
$$= |\partial_\lambda\varphi|^2 - V(\varphi)$$

Zur Beschränkung des Potentials $V(\varphi)$ nach unten sei stets $h_4 > 0$ gewählt. Je nach Vorzeichenwahl von h_2 hat man zwei verschiedene Situationen

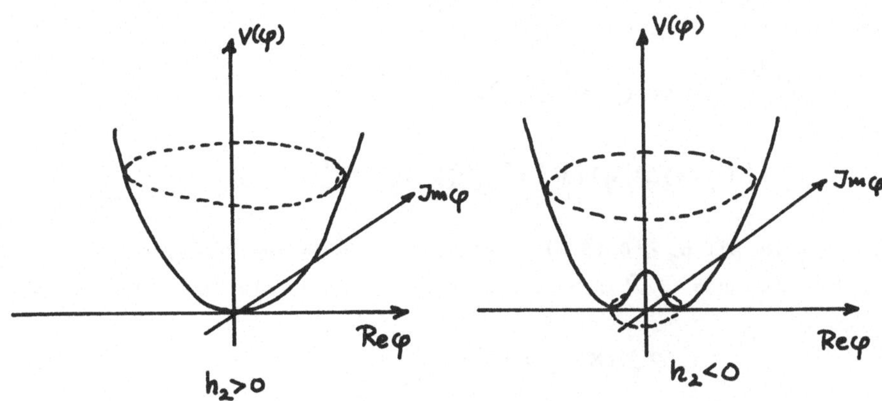

wobei die dynamisch unwesentliche Konstante h_0 so gewählt werde, daß das Minimum bei $V(\varphi_{min}) = 0$ liegt, d.h. wir schreiben für die beiden Möglichkeiten

$$(5.3) \qquad h_2 > 0: \quad V(\varphi) = m^2\varphi^*\varphi + \frac{h_4}{4}(\varphi^*\varphi)^2, \quad \varphi_{min} = \langle\varphi(x)\rangle = 0$$

$$(5.4) \qquad h_2 < 0: \quad V(\varphi) = \frac{h_4}{4}(\varphi^*\varphi - m^2)^2, \quad \varphi_{min} = \langle\varphi(x)\rangle = m\,e^{-i\alpha_0}$$

Mit der Hamiltondichte $\mathcal{H}(\varphi)$

$$(5.5) \qquad \mathcal{H}(\varphi) = |\partial_\mu \varphi|^2 + V(\varphi)$$

gibt φ_{min} den Zustand tiefster Energie an. Wir haben als quantenfeldtheo-
retische Sprechweise angeführt, daß das den Zustand tiefster Energie
charakterisierende Minimum für φ(x) den (c-Zahl)-Erwartungswert im
Grundzustand $|\Omega\rangle$ bezeichnet. Zu diesem nicht problemlosen Übergang
von klassischer zu quantisierter Feldtheorie wäre eigentlich viel zu
sagen.

$$(5.6) \qquad \langle \varphi(x) \rangle = \langle \Omega | \varphi(x) | \Omega \rangle$$

Für den "symmetrischen" Grundzustand, gegeben bei der Dynamik mit $h_2 > 0$
(5.3) erhält man ein massives komplexes Feld mit dem Propagator der
linearen Theorie

$$\mathcal{L}^{lin}(\varphi) = (\partial_\mu \varphi^*)(\partial^\mu \varphi) - m^2 \varphi^* \varphi$$

$$(5.7) \qquad \langle \Omega | T\varphi(x)\varphi^*(y) | \Omega \rangle = \frac{i}{(2\pi)^4} \int dp\, exp[-ip(x-y)] \frac{1}{p^2 - m^2 + i\epsilon}$$

Für die Dynamik mit $h_2 < 0$ (5.4) erhält man einen ganzen "Kreis" mög-
licher Grundzustände $|\Omega \alpha_0\rangle$ charakterisiert durch die "Radialbedingung"

$$(5.8) \qquad \langle \varphi^* \varphi(x) \rangle = m^2$$

Da die Dynamik U(1) invariant ist, ist jedes $(|\Omega \alpha_0\rangle, \ 0 \leq \alpha_0 < 2\pi)$ gleich-
berechtigt (entarteter Grundzustand), d.h. der Wert von α_0 bei der
Wahl eines festen Grundzustandes - und wir müssen einen aus dem "Kreis"
wählen - ist gleichgültig, zur Einfachheit wählen wir $\alpha_0 = 0$.

Auf den gewählten Grundzustand $|\Omega\rangle$ hin müssen nun die Zustände
in dieser Theorie betrachtet werden. Ähnlich wie schon aus der klassischen Mechanik bekannt, werden wir uns erst einmal um die kleinen Aus-
lenkungen aus der "Ruhelage" kümmern. Hier gibt es zwei Formalismen,
den R- und den U-Formalismus, die im Fall des U(1) Modells der Wahl
von cartesischen (Re φ, Jm φ) oder Kugelkoordinaten ($|\varphi|$, phase
(φ)) entsprechen.

Beim R-Formalismus wird der konstante Anteil des Feldes $\varphi(x)$ abge-spalten

$$(5.8) \quad \begin{aligned} \varphi(x) - \langle \varphi(x)\rangle &= \underline{\varphi}(x) \qquad \langle \underline{\varphi}(x)\rangle = 0 \\ \varphi^*(x) - \langle \varphi^*(x)\rangle &= \underline{\varphi}^*(x) \qquad \langle \underline{\varphi}^*(x)\rangle = 0 \end{aligned}$$

Die "ausgelaugten" Felder $\underline{\varphi}(x)$, $\underline{\varphi}^*(x)$ haben kein einfaches U(1) Transformationsverhalten mehr. Geschrieben in den Variablen $\underline{\varphi}$, $\underline{\varphi}^*$ ergibt sich die umgeordnete Lagrangedichte

$$(5.9) \quad \mathcal{L}(\underline{\varphi}) = (\partial_\mu \underline{\varphi})(\partial^\mu \underline{\varphi}^*) - \frac{h^2}{4} m^2 (\underline{\varphi} + \underline{\varphi}^*)^2 - \frac{h^2}{4} \underline{\varphi}\,\underline{\varphi}^* \left(2m\underline{\varphi} + 2m\underline{\varphi}^* + \underline{\varphi}\,\underline{\varphi}^*\right)$$

Der in $\underline{\varphi}$ quadratische Teil (linearisierter Anteil) mit den Variablen

$$(5.10) \quad \begin{aligned} \varphi_1(x) &= \frac{1}{\sqrt{2}} \left[\underline{\varphi}(x) + \underline{\varphi}^*(x)\right] \\ \varphi_2(x) &= \frac{1}{i\sqrt{2}} \left[\underline{\varphi}(x) - \underline{\varphi}^*(x)\right] \end{aligned}$$

führt zur linearisierten Form

$$(5.11) \quad \mathcal{L}^{lin}(\underline{\varphi}) = \frac{1}{2}(\partial_\mu \varphi_1)^2 + \frac{1}{2}(\partial_\mu \varphi_2)^2 - \frac{h^2}{2} m^2 \varphi_1^2$$

und damit zu den Impulsraumpropagatoren

$$\underline{\varphi_1 \varphi_1}(p) = \frac{1}{p^2 - m_0^2} \quad , \quad \underline{\varphi_2 \varphi_2}(p) = \frac{1}{p^2} \quad , \quad m_0^2 = h^2 m^2$$

$$(5.12) \quad \underline{\begin{pmatrix} \underline{\varphi} \\ \underline{\varphi}^* \end{pmatrix}(\underline{\varphi}, \underline{\varphi}^*)(p)} = \begin{pmatrix} \dfrac{p^2 - m_0^2/2}{p^2(p^2 - m_0^2)} & \dfrac{m_0^2}{p^2(p^2 - m_0^2)} \\[2ex] \dfrac{m_0^2}{p^2(p^2 - m_0^2)} & \dfrac{p^2 - m_0^2/2}{p^2(p^2 - m_0^2)} \end{pmatrix}$$

Das Ergebnis ist in mehrfacher Hinsicht bemerkenswert. Die "kleine Auslenkung" φ_2 in der Richtung der Rille, d.h. des entarteten Grundzustandes, ist mit Masse-Null-Moden verbunden, die Goldstone-Moden (gaplose Anregungen in der Vielteilchenphysik) heißen. In dieser Richtung verschwindet die Steigung des Potentials: Die Entartung des Grundzustandes für eine spontan gebrochene kontinuierliche Symmetrie wird durch die Masse-Null-Moden charakterisiert. Der nichtverschwindende Abstand der "Grundzustandsrinne" vom Nullpunkt liefert ein massives Teilchen φ_1 (Radial-Mode). Die Masse der Radial-Mode hat in der Vielteilchenphysik ihre Entsprechung in der Kohärenzlänge.

Zusätzlich zu den Propagatoren $\varphi\varphi^*(p)$, die auch für den symmetrischen Fall m = 0 existieren, treten "weichere" nichtdiagonale Propagatoren $\varphi\varphi(p)$, $\varphi^*\varphi^*(p)$ auf (anomale Greensfunktionen), die mit $1/(p^2)^2$ für $p^2 \to \infty$ zu Null gehen. φ_1 und φ_2 oder φ, φ^* haben die Propagatordimension 1, d.h. $\varphi_1\varphi_1(p) \to 1/p^2$ $(p^2 \to \infty)$ etc. Daher bleibt die nach der Umordnung übrigbleibende Wechselwirkung mit Kopplungskonstanten von nichtnegativer Massendimension manifest renormierbar (R-Formalismus). Die Felder φ, φ^* sind nicht unmittelbar mit den teilcheninterpretierbaren Polen der Propagatoren bei $p^2 = m_o^2$ und $p^2 = 0$ verknüpft.

Dies ist anders beim U-Formalismus, der die der Symmetrie des Problems adaptierten Koordinaten verwendet

$$
\begin{aligned}
\varphi(x) &= \varrho(x)\, U(x) \\
\varphi^*(x) &= \varrho(x)\, U^*(x) \quad,
\end{aligned}
\qquad
\begin{aligned}
\varrho(x) &= \sqrt{\varphi^*\varphi(x)} \\
U(x) &= \varphi(x)/\sqrt{\varphi\varphi^*(x)}
\end{aligned}
$$

$$
\begin{aligned}
U(x) &\longmapsto \exp[-i\alpha]\, U(x) \\
\varrho(x) &\longmapsto \varrho(x)
\end{aligned}
\tag{5.13}
$$

Da die Radialbedingung (5.8) gilt, d.h.

$$
\langle \varrho(x) \rangle = m
\tag{5.14}
$$

lassen sich $\varrho(x)$ und $U(x)$ auch für eine quantisierte Feldtheorie, zumindest als Reihenentwicklung um diesen konstanten Wert herum, konstruieren. $U(x)$ ist unitär

(5.15)
$$U(x)\,U^*(x) = 1$$

d.h. mit $\langle\varphi(x)\rangle = 1$ eine einfache Exponentialfunktion.

(5.16)
$$U(x) = \exp[-i\theta(x)]\,,\qquad \theta(x)\longmapsto \theta(x)+\alpha$$

Das Feld $\theta(x)$ "trägt" den gebrochenen U(1) Freiheitsgrad und daher
ist $U(x)$ eine vom Feld $\theta(x)$ getragene U(1) Transformation. Im U-Formalismus lautet die umgeordnete Lagrangefunktion

(5.17)
$$\mathcal{L}(\varphi) = (\partial_\mu\varrho)^2 + \varrho^2\,(\partial_\mu U)(\partial^\mu U^*) - \frac{h^2}{4}(\varrho^2 - m^2)^2$$
$$= (\partial_\mu\varrho)^2 + \varrho^2(\partial_\mu\theta)^2 - \frac{h^2}{4}(\varrho^2 - m^2)^2$$

Das c-Zahl freie Feld $\varrho(x)$

(5.18)
$$\varrho(x) = \varrho(x) - \langle\varrho(x)\rangle$$

(5.19)
$$\mathcal{L}(\varphi) = (\partial_\mu\varrho)^2 + m^2(\partial_\mu\theta)^2 - h^2 m^2 \varrho^2$$
$$+ (2m\varrho + \varrho^2)(\partial_\mu\theta)^2 - \frac{h^2}{4}\varrho^2(\varrho^2 + 4m\varrho)$$

und $\theta(x)$ bilden die Propagatoren der Radial- und Goldstone-Mode

(5.20)
$$\underset{\varrho\;\varrho}{\sqsubset\!\sqsupset}(p) = \frac{1/2}{p^2 - m_0^2}\,,\qquad \underset{\theta\;\theta}{\sqsubset\!\sqsupset}(p) = \frac{1}{m^2 p^2}$$

Die durch das Verhalten des Propagators für kleine Abstände eingeprägte
Dimension des Goldstone-Feldes $\theta(x)$ ist Eins - im Gegensatz zu seiner
naiven Dimension Null, aus der Bedingung (5.15) ersichtlich. Daher
ist es nützlich, zur Betrachtung der Renormierungseigenschaften der
in den Variablen $\varrho(x)$ und $\theta(x)$ geschriebenen Theorie (5.17) m$\theta(x) = \vartheta(x)$
als Variable einzuführen. Die übriggebliebene Wechselwirkung in (5.17)

(5.21)
$$\mathcal{L}^{int}(\varphi) = \left(\frac{1}{m^2}\varrho^2 + \frac{2}{m}\varrho\right)(\partial_\mu\vartheta)^2 - \frac{h^2}{4}\varrho^2(\varrho^2 + 4m\varrho)$$

enthält Kopplungskonstanten negativer Massendimension, sie ist daher
nicht manifest renormierbar. Es kann gezeigt werden, daß dennoch -

[38,53]

nach unendlichen Aufsummationen – die Renormierbarkeit vorliegt, wie
auf Grund der Ausgangsdynamik (5.2) zu erwarten war.

An diesem einfachen Beispiel sieht man die mit der spontanen Symmetriebrechung verknüpften Aspekte: Qualitativ – ein Masse Null Phänomen (langreichwertige Wechselwirkung) und eine Umordnung der Symmetrieeigenschaften, der Symmetriebrechung angepaßt, und quantitativ – die
Einführung eines Maßstabes, hier einer Masse m, die den Abstand der
Rinne vom Nullpunkt, d.h. die Stärke der Symmetriebrechung, bestimmt.

Wird die U(1)-Symmetrie des Modells (5.2) als chirale Symmetrie
einer Dynamik gedeutet (Abschnitt 2), die auch Dirac-Felder ψ enthält

$$(5.22) \qquad \mathcal{L}(\psi,\varphi) = \bar{\psi}\frac{i}{2}\gamma^{\mu}\overset{\leftrightarrow}{\partial}_{\mu}\psi - g\left[\left(\bar{\varphi}\frac{1+\gamma_5}{2}\psi\right)\varphi^* + \varphi\left(\bar{\psi}\frac{1-\gamma_5}{2}\psi\right)\right] + |\partial_{\mu}\varphi|^2 - \frac{h^2}{4}(\varphi^*\varphi - m^2)^2$$

$$(5.23) \qquad \begin{aligned} \varphi(x) &\longmapsto \exp[-2i\alpha_5]\,\varphi(x) \\ \psi(x) &\longmapsto \exp[-i\gamma_5\alpha_5]\,\psi(x) \end{aligned}$$

so liefert der durch die Kondensation (5.8) gegebene c-Zahl-Anteil des Skalarfeldes φ(x) über die Yukawa-Kopplung eine Masse für das Dirac-Feld ψ(x),
das in einer chiral invarianten Dynamik keinen genuinen Massenterm
haben darf.

Im R-Formalismus entsteht für den Dirac-Feld-Anteil die umgeordnete
Dynamik

$$(5.24) \qquad \begin{aligned} \mathcal{L}(\psi,\varphi) = \ &\bar{\psi}\,i\overset{\leftrightarrow}{\partial}\,\psi - gm\,\bar{\psi}\psi \\ &- g(\bar{\psi}\psi)\frac{\varphi+\varphi^*}{2} - g(\bar{\psi}i\gamma_5\psi)\frac{\varphi-\varphi^*}{2i} \\ &+ \mathcal{L}(\varphi) \end{aligned}$$

d.h. man erhält einen effektiven Fermionpropagator für ein massives
Spin $\frac{1}{2}$ Feld

$$(5.25) \qquad \psi\bar{\psi}(p) = \frac{1}{\not{p}-m_f} \quad , \quad m_f = gm$$

Im U-Formalismus ergibt sich

$$(5.26) \qquad \mathcal{L}(\psi,\varphi) = \bar{\psi}\, i\frac{\overleftrightarrow{\partial}}{2}\,\psi - g\varrho\left[(\bar{\psi}\tfrac{1+\gamma_5}{2}\psi)U^* + U(\bar{\psi}\tfrac{1-\gamma_5}{2}\psi)\right] + \mathcal{L}(\varphi)$$

Hier ist es nun notwendig, den Operator $U(x)$, d.h. das Goldstone-Feld $\Theta(x)$, durch Wahl einer neuen Fermion-Variablen zu absorbieren. Mit Hilfe der in Abschnitt 2 eingeführten Helizitätsbasis für Rechts- und Linkskomponenten

$$(5.27) \qquad \psi(x) = \begin{pmatrix} L(x) \\ R(x) \end{pmatrix}, \qquad \begin{array}{l} L(x) \mapsto \exp[+i\alpha_5]\,L(x) \\ R(x) \mapsto \exp[-i\alpha_5]\,R(x) \end{array}$$

läßt sich schreiben

$$(5.28) \qquad \begin{aligned} \mathcal{L}(\psi,\varphi) &= L^*\bar{\sigma}_\mu\tfrac{i}{2}\overleftrightarrow{\partial}^\mu L + R^*\sigma_\mu\tfrac{i}{2}\overleftrightarrow{\partial}^\mu R \\ &\quad - g\varrho\left[(L^*R)U^* + U(R^*L)\right] + \mathcal{L}(\varphi) \end{aligned}$$

Mit der Quadratwurzel aus $U(x)$

$$(5.29) \qquad \begin{aligned} v^2(x) &= U(x) \\ v^*v(x) &= 1 \end{aligned}, \qquad v(x) = \exp\left[-\tfrac{i}{2}\Theta(x)\right] \mapsto \exp[-i\alpha_5]\,v(x)$$

lassen sich chiral invariante Spin $\tfrac{1}{2}$-Felder einführen

$$(5.30) \qquad \begin{aligned} L_0(x) &= v(x)L(x) \mapsto L_0(x) \\ R_0(x) &= v^*(x)R(x) \mapsto R_0(x) \end{aligned}$$

$$\psi_0(x) = \begin{pmatrix} L_0(x) \\ R_0(x) \end{pmatrix} = \begin{pmatrix} v(x) & 0 \\ 0 & v^*(x) \end{pmatrix}\begin{pmatrix} L(x) \\ R(x) \end{pmatrix} = v(x)\psi(x)$$

Die Goldstone-Felder $\Theta(x)$ "umhüllen" die nackten Spin 1/2 Felder $\psi(x)$ und verbergen so in $\psi_0(x)$ den chiralen Freiheitsgrad. Mit den neuen angepaßten Variablen $\psi_0(x)$ bekommt die Lagrangedichte die Form

$$(5.31) \qquad \mathcal{L}(\psi,\varphi) = \bar{\psi}_0\gamma^\mu\left(\tfrac{i}{2}\overleftrightarrow{\partial}_\mu - v^*\tfrac{i}{2}\overleftrightarrow{\partial}_\mu v\right)\psi_0 - g\varrho(\bar{\psi}_0\psi_0) + \mathcal{L}(\varphi)$$

Mit Hilfe der Aufspaltung $\varrho(x) = m + \mathcal{g}(x)$ erhält man die Fermionmasse
wie oben. Zusätzlich wird eine Ableitungswechselwirkung an das Goldstone-Feld induziert

$$(5.32) \qquad \mathcal{L}^{int}(\psi,\theta) = -\bar{\psi}_0 \gamma^\wedge (v^* \tfrac{i}{2} \overleftrightarrow{\partial}_\mu w)\psi_0$$

$$= -(\bar{\psi}_0 \gamma^\wedge \gamma_5 \psi_0)(v\, i \partial_\mu v^*) = (\bar{\psi}_0 \gamma^\wedge \gamma_5 \psi_0)\, \partial_\mu \tfrac{\theta}{2}$$

Der Erzeugungsmechanismus von Fermionmassen über Yukawa-Kopplungen
durch chirale Symmetriebrechung ist ein zentraler Punkt in allen vereinheitlichten Modellen, wobei die chirale Invarianz meist in nichtabelschen
Gruppen, z.B. in $SU_L(2) \otimes U_R(1)$ (L,R = links, rechts) im Glashow-Salam-
Weinberg-Modell, untergebracht ist.

5.2 Symmetriebrechung in nichtabelschen Gruppen

Da offenbar auch nichtabelsche Symmetriegruppen, z.B. SU(2), in
den effektiven Theorien gebrochen sind, ist es nützlich, die Begriffsbildungen des vorigen Abschnitts auf diese Situationen anzuwenden. Als
Beispiel aus der Vielteilchenphysik mag man hierbei an das superfluide
Helium (He^3) mit der Symmetriegruppe $SO(3) \otimes SO(3) \otimes U(1)$ (Spin, Bahn-
drehimpuls, Teilchenzahl) denken.

Als einfachstes Beispiel nehmen wir als spontan gebrochene Gruppe
G die Gruppe SU(2), die mit Hilfe eines hermitischen Triplett $\vec{\varphi}(x)$
so gebrochen werde, daß als Symmetriegruppe H noch die Untergruppe U(1)
übrigbleibt. Im allgemeinen Schema

$$(5.28) \qquad G \rhd H$$

schreiben wir

$$(5.29) \qquad SU(2) \rhd U(1) \;,\; \langle\vec{\varphi}(x)\rangle = m\,\vec{e}_3 \;,\; \vec{e}_3 = (0,0,1)$$

wobei wir - wegen der SU(2)-Invarianz ohne Beschränkung der Allgemein-
heit - die verbleibende U(1)-Invarianz in die dritte Richtung im SU(2)-
Raum gelegt haben. Es sei betont, daß die Entartung des Grundzustandes

mit dem gebrochenen Anteil der Gruppe, also mit dem Coset-Raum G/H,
hier SU(2)/U(1), zusammenhängt. Im vorigen Abschnitt mit der abelschen
U(1) als ursprünglicher Symmetriegruppe war G/H die einparametrige
Gruppe U(1) selbst - hier bei SU(2) ist G/H keine Gruppe, sondern ein
zweidimensionaler Coset-Raum, die 2-Sphäre.

Eine Dynamik, die die Situation (5.29) realisiert, ist gegeben durch
die Lagrangedichte des SU(2)-Triplett Feldes (in der Vielteilchenphysik
entspricht dem symmetriebrechenden Feld ein "Ordnungsparameter")

$$(5.30) \qquad \mathcal{L}(\vec{\varphi}) = (\partial_r \vec{\varphi})^2 - \frac{h^2}{4}(\vec{\varphi}^2 - m^2)^2$$

Der R-Formalismus schreibt

$$(5.31) \qquad \vec{\varphi}(x) = m\,\vec{e}_3 + \vec{\varphi}(x)$$

und führt zur Umordung

$$(5.32) \qquad \mathcal{L}(\vec{\varphi}) = (\partial_r \vec{\varphi})^2 - h^2 m^2 (\vec{\varphi}\,\vec{e}_3)^2 - \frac{h^2}{4}\left[2m(\vec{\varphi}\,\vec{e}_3) + \vec{\varphi}^2\right]\vec{\varphi}^2$$

d.h. die Linearisierung liefert zwei masselose Goldstone-Moden $\varphi_{1,2}(x)$
und $\varphi_3(x)$ als massives Radialfeld. Die zwei Goldstone-Felder entsprechen
der zweidimensionalen SU(2)/U(1)-Entartung des Grundzustandes. Man sieht
also das allgemeine Schema

$$(5.33) \qquad G \triangleright H$$

G: n_G Parameter
H: n_H Parameter $\quad$; G/H : $n_G - n_H$ Parameter (Goldstone-Moden)

Um den U-Formalismus vollständig darzustellen, ist es nützlich,
das adjungierte SU(2) Triplett $\vec{\varphi}(x)$ in Form einer Matrix-Darstellung
zu schreiben

$$\varphi_\alpha{}^\beta(x) = \frac{\vec{\tau}_\alpha{}^\beta}{2}\,\vec{\varphi}(x) = \frac{1}{2}\begin{pmatrix} \varphi_3(x) & , & \varphi_1(x) - i\varphi_2(x) \\ \varphi_1(x) + i\varphi_2(x) & , & -\varphi_3(x) \end{pmatrix}$$

$$(5.34)$$

$$\varphi(x) \longmapsto \exp\left[-i\frac{\vec{\tau}}{2}\vec{\beta}\right]\varphi(x)\exp\left[+i\frac{\vec{\tau}}{2}\vec{\beta}\right]$$

$$(5.35) \qquad \mathcal{L}(\vec{\varphi}) = 2\,\mathrm{Tr}\,(\partial_\mu\varphi)^2 - \frac{h^2}{4}\left(2\,\mathrm{Tr}\,\varphi^2 - m^2\right)^2$$

wobei die SU(2) Transformationen mit Lie-Parametern $\vec{\beta}$ angegeben sind. Die Symmetriebrechung (5.29) erhält dann die Matrixform

$$(5.36) \qquad \langle \varphi(x) \rangle = m\,\frac{\tau_3}{2}$$

Die adaptierte "Polarkoordinaten"-Zerlegung benutzt – analog zum U(1)-Fall (5.13) – SU(2)-Rotationsmatrizen als Feld-Variable, d.h. wir schreiben

$$(5.37) \qquad \varphi_\alpha{}^\beta(x) = \varrho(x)\, S_\alpha{}^i(x)\, \frac{(\lambda_3)_i{}^j}{2}\, S^{*\beta}_j(x)$$

Hierbei ist $S_\alpha{}^i(x)$ eine SU(2)-Drehung

$$(5.38) \qquad \begin{aligned} S_\alpha{}^i(x)\, S^{*\beta}_i(x) &= \delta_\alpha^\beta \\ S_\alpha{}^i(x)\, S^{*\alpha}_j(x) &= \delta_j^i \end{aligned}$$

und $\varrho(x)$ die SU(2) invariante Radialvariable. λ_3 steht für die τ_3-Matrix in (5.36). Es lohnt sich hier, eine Unterscheidung zwischen dem ursprünglichen SU(2)-System (τ Matrizen, Indizes $\alpha, \beta, \ldots$) und dem durch die Symmetriebrechung (bis auf U(1)-Transformationen) definierten Grundzustandssystem (λ Matrizen, Indizes $i, j, \ldots$) einzuführen.

$\varrho(x)$ läßt sich leicht in Termen des ursprünglichen Feldes $\vec{\varphi}(x)$ ausrechnen

$$(5.39) \qquad \varrho^2(x) = 2\,\mathrm{Tr}\,\varphi^2 = \vec{\varphi}^2(x)$$

Um die SU(2)-Koordinaten $S_\alpha{}^i(x)$ explizit zu bestimmen, schreiben wir eine beliebige SU(2)-Matrix in der Form

$$(5.40) \qquad S_\alpha{}^i(x) = \begin{pmatrix} e^{i\gamma/2}\cos\frac{\theta}{2} & , & e^{-i\beta/2}\sin\frac{\theta}{2} \\ -e^{i\beta/2}\sin\frac{\theta}{2} & , & e^{-i\gamma/2}\cos\frac{\theta}{2} \end{pmatrix} \quad ; \quad \gamma(x), \beta(x), \theta(x)$$

und erhalten damit aus (5.37)

$$(5.41) \quad \begin{pmatrix} \check{\varphi}_3 & , \; \check{\varphi}_1 - i\check{\varphi}_2 \\ \check{\varphi}_1 + i\check{\varphi}_2 & , \; -\check{\varphi}_3 \end{pmatrix} = \begin{pmatrix} \cos\theta & , \; e^{i\frac{\gamma-\beta}{2}}\sin\theta \\ -e^{-i\frac{\gamma-\beta}{2}}\sin\theta & , \; -\cos\theta \end{pmatrix}$$

wobei das normierte Feld $\vec{\check{\varphi}}$ eingeführt wurde

$$(5.42) \quad \vec{\check{\varphi}} = \vec{\varphi} \big/ \sqrt{\vec{\varphi}^2} \quad , \quad \vec{\check{\varphi}}^2 = 1$$

Aus (5.41) läßt sich nun $\cos\frac{\theta}{2}$ und $e^{i\frac{\gamma-\beta}{2}}\sin\frac{\theta}{2}$ leicht bestimmen

$$(5.43) \quad \cos\frac{\theta}{2} = \sqrt{\frac{1+\check{\varphi}_3}{2}} \quad , \quad e^{i\frac{\gamma-\beta}{2}}\sin\frac{\theta}{2} = \frac{-\check{\varphi}_1 + i\check{\varphi}_2}{\sqrt{2(1+\check{\varphi}_3)}}$$

d.h. die induzierte SU(2)-Koordinate $S_\alpha^i(x)$ ist bis auf eine U(1) Rotation mit $\gamma(x)$ festgelegt

$$S_\alpha^i(x) \,\hat{=}\, \begin{pmatrix} \cos\frac{\theta}{2} & , \; e^{i\frac{\gamma-\beta}{2}}\sin\frac{\theta}{2} \\ -e^{-i\frac{\gamma-\beta}{2}}\sin\frac{\theta}{2} & , \; \cos\frac{\theta}{2} \end{pmatrix} \begin{pmatrix} e^{i\gamma/2} & 0 \\ 0 & e^{-i\gamma/2} \end{pmatrix}$$

$$(5.44)$$

$$= \frac{1}{\sqrt{2(1+\check{\varphi}_3)}} \begin{pmatrix} 1+\check{\varphi}_3 & , \; -\check{\varphi}_1 + i\check{\varphi}_2 \\ \check{\varphi}_1 + i\check{\varphi}_2 & , \; 1+\check{\varphi}_3 \end{pmatrix} \begin{pmatrix} e^{i\gamma/2} & 0 \\ 0 & e^{-i\gamma/2} \end{pmatrix}$$

Aufgrund der nach der Kondensation noch verbleibenden U(1)-Invarianz ist diese Unbestimmtheit klar.

Mit dem SU(2) Transformationsverhalten von φ (5.34) verhält sich $S_\alpha^i(x)$ unter SU(2) wie

$$(5.45) \quad S(x) \longmapsto \exp\left[-i\frac{\vec{\tau}}{2}\vec{\beta}\right] S(x)\, U$$

wobei für die zu bestimmende Matrix U nach Einsetzen in (5.37) gelten
muß

$$(5.46) \qquad U \lambda_3 U^* = \lambda_3 \; , \quad [U, \lambda_3] = 0$$

Also muß U von der Form sein, daß nur die verbleibenden U(1) Transformationen eine Rolle spielen, d.h.

$$(5.47) \qquad U = \exp\left[-i \frac{\lambda_3}{2} \varkappa_3\right]$$

Da $S_\alpha^i(x)$ bis auf eine U(1) Matrix explizit bekannt und das Transforma-
tionsverhalten von $\vec{\varphi}(x)$ festgelegt ist, läßt sich der entscheidende
Parameter $\varkappa_3$ in der Matrix U als eine Funktion von $\vec{\beta}$ und $\vec{\varphi}$ angeben.
Er ist i.a. Raum-Zeit abhängig und keine Konstante

$$(5.48) \qquad \varkappa_3(x) = \varkappa_3\left(\vec{\beta}, \vec{\varphi}(x)\right)$$

$\varkappa_3(x)$ kann explizit gegeben werden, wir wollen es nur in der niedersten
Ordnung ausrechnen: $S_\alpha^i(x)$ läßt sich auch schreiben mit zwei Variablen
θ_+, $\theta_-(x)$ definiert durch

$$(5.49) \qquad \varphi_3^2 + 4\,\theta_+\theta_- = 1 \; , \quad \theta_\pm(x) = \frac{-\varphi_2(x) \pm i\,\varphi_1(x)}{2}$$

und dann als Reihe in θ_+, θ_- entwickeln (wir setzen in der noch freien
Matrix in (5.44) $\gamma = 0$)

$$(5.50) \qquad S(x) = 1 - i\,\theta(x) + \ldots = \begin{pmatrix} 1 & , & -i\theta_- \\ -i\theta_+ & , & 1 \end{pmatrix} + \ldots$$

Ebenso läßt sich das Transformationsverhalten von $\vec{\varphi}$ entwickeln
(für infinitesimale $\vec{\beta}$)

$$(5.51) \qquad \begin{aligned} \theta_+(x) &\longmapsto \theta_+(x) + \frac{\beta_1 + i\beta_2}{2} = \theta_+'(x) \\ \theta_-(x) &\longmapsto \theta_-(x) + \frac{\beta_1 - i\beta_2}{2} = \theta_-'(x) \end{aligned}$$

so daß man aus dem Vergleich des allgemeinen SU(2)-Transformations-
verhaltens (5.45) mit den expliziten Ausdrücken (5.50), (5.51)

$$(5.52) \qquad \left(1 - i\,\tfrac{\vec{\tau}}{2}\vec{\beta}\right) S \left(1 + i\,\tfrac{\lambda_3}{2}\varkappa_3\right) = S\left(\vec{\varphi} + \vec{\beta}\times\vec{\varphi}\right)$$

den führenden Term für $\varkappa_3(\vec{\beta},\vec{\varphi})$ erhält

$$(5.53) \qquad \frac{\lambda_3}{2}\varkappa_3 = \frac{\vec{\tau}}{2}\vec{\beta} - (\Theta' - \Theta) + \ldots = \frac{\lambda_3}{2}(\beta_3 + \ldots)$$

Die SU(2)-Transformation $S_\alpha^i(x)$ ist von den Feldern $\theta_\pm(x)$ getragen,
die die masselosen Goldstone-Moden darstellen, wie wir im folgenden U-
Formalismus noch genauer sehen werden.

Mit der Zerlegung (5.37) des Skalarfeldes in die adaptierten Koordinaten $\varrho(x)$, $S_\alpha^i(x)$ erhält man für seinen kinetischen Term unter Benutzung der einsichtigen Relation $S^* \partial_\mu S = -(\partial_\mu S^*) S$ die Formen

$$\partial_\mu\varphi = \tfrac{1}{2} S\left\{\partial_\mu\varrho - \varrho\left[(\partial_\mu S^*)S - \lambda_3(\partial_\mu S^*)S\lambda_3\right]\right\}\lambda_3 S^*$$

$$= \tfrac{1}{2} S\lambda_3\left\{\partial_\mu\varrho + \varrho\left[(\partial_\mu S^*)S - \lambda_3(\partial_\mu S^*)S\lambda_3\right]\right\}S^*$$

$$\mathrm{Tr}(\partial_\mu\varphi)^2 = \tfrac{1}{4}\mathrm{Tr}\left[(\partial_\mu\varrho)^2 - \varrho^2\left[(\partial_\mu S^*)S - \lambda_3(\partial_\mu S^*)S\lambda_3\right]^2\right]$$

$$(5.54)$$

$$= \tfrac{1}{2}(\partial_\mu\varrho)^2 - \tfrac{1}{2}\varrho^2\,\mathrm{Tr}\left[(\partial_\mu S^*)S(\partial^\mu S^*)S - (\partial_\mu S^*)S\lambda_3(\partial^\mu S^*)S\lambda_3\right]$$

Mit Hilfe der Fierz Umkopplungsrelation $\delta_i^j\delta_k^\ell = \tfrac{1}{2}\left(\delta_i^\ell\delta_k^j + \vec{\lambda}_i^\ell\vec{\lambda}_k^j\right)$
(3.27) und der Vektorfelder $\vec{W}_\mu(x)$

$$(5.55) \qquad \vec{W}_\mu(x) = \mathrm{Tr}\left[(i\partial_\mu S^*)S\,\vec{\lambda}\right]\ ,\qquad \mathrm{Tr}\left[(i\partial_\mu S^*)S\right] = 0$$

läßt sich weiter schreiben

$$(5.56) \quad Tr\, (\partial_\mu \varphi)^2 = \tfrac{1}{2}(\partial_\mu S)^2 + \tfrac{1}{2} S^2 \left[(W_\mu^1)^2 + (W_\mu^2)^2 \right]$$

Unter der durch die Zerlegung (5.37) induzierten Raum-Zeit abhängigen U(1) Transformation, für S (x) gegeben durch $\exp[-i\tfrac{\lambda_3}{2}\varkappa_3(x)]$ (5.45), transformiert sich lediglich die dritte Komponente der drei Vektorfelder $\vec{W}_\mu(x)$ inhomogen

$$(5.57) \quad \vec{W}_\mu(x) \longmapsto \vec{W}_\mu(x) + \varkappa_3 \vec{e}_3 \times \vec{W}_\mu + \vec{e}_3 \partial_\mu \varkappa_3$$

$W_\mu{}^3(x)$ bildet somit ein <u>induziertes U(1)-Eichfeld</u>, obwohl wir lediglich von einer globalen SU(2)-Symmetrie ausgegangen sind.

Der kinetische Term $(\partial_\mu \varphi)^2$ läßt sich auch als U(1) eichvarianter kinetischer Term für die die Goldstone-Moden enthaltenden Felder $S_\alpha^2(x)$ schreiben. Mit den U(1)-kovarianten Ableitungen

$$(5.58) \quad \begin{aligned} i D_\mu S^* &= i \partial_\mu S^* - \tfrac{\lambda_3}{2} W_\mu^3 S^* \\ -i D_\mu S &= -i \partial_\mu S - S \tfrac{\lambda_3}{2} W_\mu^3 \end{aligned}$$

gilt (Übungsaufgabe!) für die ursprüngliche Lagrangedichte (5.30)

$$(5.59) \quad \mathcal{L}(\vec{\varphi}) = (\partial_\mu S)^2 + 2 S^2 Tr\, |i D_\mu S^*|^2 - \tfrac{h^2}{4}(S^2 - m^2)^2$$

Mit der Goldstone-Feld Entwicklung $S = 1 - i\theta$ (5.50) erhält man als Entwicklung für das induzierte U(1) Eichfeld W_μ^3

$$(5.60) \quad W_\mu^3 = \theta_+ i \partial_\mu \theta_- + \ldots , \quad W_\mu^1 = -\partial_\mu(\theta_+ + \theta_-), \quad W_\mu^2 = i \partial_\mu(\theta_+ - \theta_-) + \ldots$$

Durch solche Entwicklungen kann man zur Goldstone-Feld Formulierung (mit θ_+) der Lagrangedichte (5.59) übergehen.

Unter Beibehaltung von SU(2)-Darstellungen kann man jedoch auch eine Formulierung mit den Feldern $S_\alpha^i(x)$ verwenden. Da mit

$$S_\alpha^1(x) \hat{=} \begin{pmatrix} \cos\frac{\vartheta}{2} \\ -e^{-i\vartheta\frac{\beta}{2}}\sin\frac{\vartheta}{2} \end{pmatrix} \quad , \quad S_2^{*\alpha}(x) = \left(e^{-i\frac{\vartheta\beta}{2}}\sin\frac{\vartheta}{2}, \cos\frac{\vartheta}{2}\right)$$

$$(5.61) \qquad S_\alpha^1(x) = C_{\alpha\beta}\, S_2^{*\beta}(x) \quad , \quad C_{\alpha\beta} \hat{=} \begin{pmatrix} 0 & 1 \\ -1 & 0 \end{pmatrix}$$

die beiden Spalten der Matrix $S_\alpha^i(x)$ konjugiert zueinander sind, genügt es, das zweikomponentige normierte Feld

$$(5.62) \qquad S_\alpha(x) = S_\alpha^2(x) \quad , \qquad S^{*\alpha}S_\alpha(x) = 1$$

zu benutzen mit dem Resultat für die Lagrangedichte

$$\mathcal{L}(\vec{\varphi}) = (\partial_\mu S)^2 + 4S^2 (D^\mu S^{*\alpha})(D_\mu S_\alpha) - \frac{h^2}{4}(S^2 - m^2)^2$$

$$(5.63) \qquad i D_\mu S_\alpha = (i\partial_\mu + \frac{1}{2} W_\mu^3) S_\alpha$$

$$W_\mu^3 = S^{*\alpha} i \overleftrightarrow{\partial_\mu} S_\alpha$$

Im Fall der Symmetriebrechung von SU(2) $\triangleright U(1)$ lassen sich all die verwendeten Begriffsbildungen und Formalismen leicht explizit durchrechnen. Der SU(2)-Fall sollte daher als Illustration für kompliziertere Situationen gelten, wo zwar dieselben Strukturen vorhanden sind, eine explizite Darstellung jedoch sehr mühsam werden kann.

Nun wollen wir die nichtabelsche Situation um weitere Felder bereichern. Wenn, ähnlich zum abelschen Fall im vorigen Abschnitt, ein Dirac-SU(2)-Dublett Feld $\psi_\alpha(x)$

$$(5.64) \qquad \psi(x) \longmapsto \exp\left[-i\frac{\vec{\tau}}{2}\vec{\beta}\right]\psi(x)$$

zu dem Higgs-Feld $\vec{\varphi}$ (x) in einer Yukawa-Kopplung steht

$$\mathcal{L}(\psi,\vec{\varphi}) = \bar{\psi}\left(\frac{i}{2}\overleftrightarrow{\partial} - m_0\right)\psi - g\left(\bar{\psi}\frac{\vec{\tau}}{2}\psi\right)\vec{\varphi}$$

(5.65)

$$= \bar{\psi}\left(\frac{i}{2}\overleftrightarrow{\partial} - m_0\right)\psi - g\left(\bar{\psi}\varphi\psi\right)$$

so liefert die Symmetriebrechung (5.36) $\langle\varphi\rangle \sim \tau_3$ im R-Formalismus eine Massenaufspaltung für die beiden Komponenten des Fermions

$$\mathcal{L}^{lin}(\psi,\vec{\varphi}) = \bar{\psi}\left(\frac{i}{2}\overleftrightarrow{\partial} - m_0\right)\psi - g^m\left(\bar{\psi}\frac{\tau_3}{2}\psi\right)$$

(5.66)

$$m(\psi_{1,2}) = m_0 \pm g\frac{m}{2}$$

Im U-Formalismus führt die Yukawa-Kopplung

(5.67)
$$g\left(\bar{\psi}\varphi\psi\right) = g\,\varsigma\left(\bar{\psi}^\alpha S_\alpha^{\;i}\frac{(\lambda_3)_i^{\;j}}{2}S_{\;j}^{*\beta}\psi_\beta\right)$$

zur Einführung der nur noch U(1)-aktiven Felder $\mathcal{N}_j$(x) (hierbei ist $\varkappa_3$ von den SU(2) Parametern $\vec{\beta}$ abhängig, siehe auch den späteren Abschnitt 5.6)

(5.68)
$$\mathcal{N}_j(x) = S_{\;j}^{*\beta}(x)\psi_\beta(x)\;,\quad \mathcal{N}(x) \mapsto exp\left[-i\frac{\lambda_3}{2}\varkappa_3(x)\right]\mathcal{N}(x)$$

(5.69)
$$\mathcal{L}(\psi,\varphi) = \bar{\mathcal{N}}\left(\frac{i}{2}\overleftrightarrow{\partial} + \gamma^\mu S^{*}\frac{i}{2}\overleftrightarrow{\partial_\mu}S - m_0\right)\mathcal{N} - g\varsigma\bar{\mathcal{N}}\frac{\lambda_3}{2}\mathcal{N}$$

Es tritt eine zusätzliche Wechselwirkung an das induzierte U(1)-Eichfeld W_μ^3 und die Goldstone-Felder auf

$$-S^{*}\frac{i}{2}\overleftrightarrow{\partial_\mu}S = \frac{\vec{\lambda}}{2}\,Tr\left[\vec{\lambda}\,(i\partial_\mu S^{*})S\right]$$

(5.70)

$$= \frac{\lambda_3}{2}W_\mu^3 + \frac{\lambda_1}{2}W_\mu^1 + \frac{\lambda_2}{2}W_\mu^2$$

Der einfachste nichtabelsche SU(2) Fall hat schon die wichtigsten Strukturelemente der Symmetriebrechung aufgezeigt: Goldstone-Moden zum Coset Raum G/H (hier θ_μ(x)), Auftreten von durch Goldstone-Moden getragenen G-Transformationen (hier $S_\mu^i(x)$), die Möglichkeit, die nicht gebrochene Untergruppe H mit einem Eichfeld lokal zu implementieren (hier U(1) mit $W_\mu^3(x)$).

Als weitere Illustration und wegen einer späteren Anwendung in den rechts-links-Modellen (Abschnitt 7) betrachten wir ausgehend von der Symmetriegruppe SU(4) die Brechung

$$(5.71) \qquad SU(4) \rhd SU(3) \otimes U(1), \quad \langle \varphi_A^B(x) \rangle \neq 0$$

durch ein adjungiertes 15-komponentiges Higgs-Feld $\varphi_A^B(x)$ (Abschnitt 3)

$$(5.71) \qquad \langle \varphi(x) \rangle = M \frac{\tau_{15}(4)}{2}$$

mit der Diagonalmatrix $\tau_{15}(4)$ (3.23). Hier treten 15-8-1 = 6 Goldstone-Felder auf, die bezüglich der Restsymmetrie ein komplexes SU(3) Triplett bilden. Die verbleibende Symmetrie U(1) (3.29) liefert als Eigenwerte im wesentlichen die starke Hyperladung für Quarks und Leptonen. Alle obigen Überlegungen, für SU(2) $\rhd$ U(1) gezeigt, lassen sich genauso hier durchführen, sie sind lediglich bedeutend komplizierter in der expliziten Ausrechnung.

Als letztes Beispiel mit späterer Anwendung sei die Brechung

$$(5.73) \qquad SU(5) \rhd SU(3) \otimes U(1) \otimes SU(2), \quad \langle H_\alpha^\beta(x) \rangle \neq 0$$

durch ein 24 komponentiges Higgs-Feld $H_\alpha^\beta(x)$

$$(5.74) \qquad \langle H(x) \rangle = M \, \mathrm{diag}\left(\tfrac{1}{3}, \tfrac{1}{3}, \tfrac{1}{3}, -\tfrac{1}{2}, -\tfrac{1}{2} \right)$$

erwähnt, die im minimalen SU(5)-Vereinheitlichungsmodell eine Rolle spielt. Hier fungiert die verbleibende U(1) als Hyperladung.

5.3 Symmetriebrechung mit Scharnierfunktion

Bei der Symmetriebrechung $G \rhd H$ mag es sein, daß G eine Produktgruppe ist $G = G_1 \otimes G_2$ und die Untergruppe H beide Gruppen verbindet. Hierzu ist notwendig, daß H sowohl Bestandteil von G_1 als auch von G_2 ist: $H \subset G_1$, $H \subset G_2$. Die Symmetriebrechung "identifiziert" dann die H-Eigenschaften von G_1 und G_2.

Als Beispiel hierzu betrachten wir zuerst die Symmetriebrechung

$$(5.75) \qquad SU(2) \otimes U(1) \rhd U(1) \, , \qquad \langle \varphi_\alpha(x) \rangle \neq 0$$

bewirkt durch ein komplexes SU(2) Dublett-Feld $\varphi_\alpha(x)$

$$(5.76) \qquad \varphi(x) \mapsto \exp\left[-i \tfrac{\vec{\tau}}{2}\vec{\beta} - \tfrac{i}{2}\alpha\right] \varphi(x)$$

und durch ein Potential erzwungen, in der Form

$$(5.77) \qquad \mathcal{L}(\varphi) = |i\,\partial_\lambda \varphi|^2 - \tfrac{h^2}{4}(\varphi^*\varphi - M^2)^2$$

$$(5.78) \qquad \langle \varphi_\alpha(x) \rangle = M \begin{pmatrix} 0 \\ 1 \end{pmatrix}$$

Die Bedingung (5.78) läßt weiterhin eingeschränkte Symmetrietransformationen in (5.76) zu mit

$$(5.79) \qquad \vec{\beta} = (0, 0, \gamma) \, , \quad \alpha = \gamma$$

und identifiziert auf diese Weise die U(1)-Untergruppen von SU(2) und U(1). Man erwartet hier drei Goldstone Teilchen: Zwei, die mit den SU(2) Lie-Parametern von SU(2)/U(1) sich inhomogen transformieren und ein Goldstone-Teilchen, das sowohl aus SU(2) als auch aus U(1) seine Eigenschaften erhält.

Als Übung sei die Ausarbeitung des R- und U-Formalismus empfohlen.

Wenn das Higgs-Feld φ_α als Kopplung zwischen einem linkshändigen SU(2)-Dublett $L_\alpha(x)$ und einem rechtshändigen SU(2)-Singlett R(x) mit U(1)-Eigenschaften y_L und y_R wirkt

$$(5.80) \quad \begin{aligned} L(x) &\longmapsto \exp\left[-i\,\tfrac{\vec{\tau}}{2}\vec{\beta} - i\,y_L\alpha\right] L(x) \\ R(x) &\longmapsto \exp\left[-i\,y_R\alpha\right] R(x) \end{aligned}$$

durch die Yukawa-Kopplung in der Lagrangedichte

$$(5.81) \quad \begin{aligned} \mathcal{L}(L,R,\varphi) &= L^*\bar{\sigma}^{\wedge\,i}\,\tfrac{i}{2}\overleftrightarrow{\partial}_r L + R^*\sigma^{\wedge\,i}\,\tfrac{i}{2}\overleftrightarrow{\partial}_r R \\ &\quad - g\left[(L^{*\alpha}R)\varphi_\alpha + \varphi^{*\alpha}(R^*L_\alpha)\right] \end{aligned}$$

so muß für die U(1) Eigenschaften der Spin 1/2 Felder gelten

$$(5.82) \quad y_R = y_L - \tfrac{1}{2}$$

Die nach der Symmetriebrechung (5.78) verbleibende U(1)-Invarianz (5.79) transformiert die Spin 1/2 Felder mit

$$(5.83) \quad \begin{aligned} L(x) &\longmapsto \exp\left[-i\,\tfrac{1+\tau_3}{2}(y_L+\tfrac{1}{2})\gamma - i\,\tfrac{1-\tau_3}{2}(y_L-\tfrac{1}{2})\gamma\right] L(x) \\ R(x) &\longmapsto \exp\left[-i\,(y_L-\tfrac{1}{2})\gamma\right] R(x) \end{aligned}$$

Die Yukawa-Kopplung gibt den sich unter U(1) gleich transformierenden Komponenten $L_\downarrow(x)$ und R(x) eine Masse gM

$$(5.84) \quad \begin{aligned} \mathcal{L}^{lin}(L,R,\varphi) &= L^*_\uparrow\bar{\sigma}^{\wedge\,i}\,\tfrac{i}{2}\overleftrightarrow{\partial}_r L_\uparrow + L^*_\downarrow\bar{\sigma}^{\wedge\,i}\,\tfrac{i}{2}\overleftrightarrow{\partial}_r L_\downarrow + R^*\sigma^{\wedge\,i}\,\tfrac{i}{2}\overleftrightarrow{\partial}_r R \\ &\quad - gM\left(L^*_\downarrow R + R^*L_\downarrow\right) \end{aligned}$$

Mit $y_L=-\tfrac{1}{2}$ stellt die Lagrangedichte (5.81) den leptonischen Sektor (z.B. linkshändiges Neutrino und Elektron, rechtshändiges Elektron) des elektroschwachen Modells dar in bezug auf die Symmetriebrechungsstruktur,

wobei die verbleibende U(1)-Symmetrie mit der elektrischen Ladung übereinstimmt.

Als weiteres quantitativ schon recht kompliziertes Beispiel betrachten wir die Symmetriebrechung

$$(5.85) \qquad SU(4) \otimes SU(2) \rhd SU(3) \otimes U(1) \quad , \quad \langle \phi_{AB,ij}(x) \rangle \neq 0$$

die in den rechts-links symmetrischen vereinheitlichten Modellen eine
Rolle spielen wird (Abschnitt 7), durch ein SU(4) und SU(2) symmetri-
sches 30-komponentiges Higgs Feld, in einer redundanten (4x4) x (2x2)
Matrixschreibweise gegeben als

$$(5.86) \qquad \phi_{AB,ij}(x) = \phi_{BA,ij}(x) = \phi_{AB,ji}(x) \quad ; \quad \begin{aligned} A,B &= 1,2,3,4 \\ i,j &= 1,2 = \uparrow,\downarrow \end{aligned}$$

Bezüglich SU(2) ist also ϕ ein Triplett $(2^2 - \binom{2}{2} = 3)$, bzgl. SU(4) ein
Dekuplett $(4^2 - \binom{4}{2} = 10)$. ϕ transformiert sich folgendermaßen

$$\phi(x) \mapsto \exp\left[-i M_c \gamma_c - i \vec{T} \vec{\beta}\right] \phi(x)$$

$$(5.87) \qquad M_c \quad (c = 1, \dots, 15) \qquad \text{SU(4) Generatoren}$$

$$T_j \quad (j = 1,2,3) \qquad \text{SU(2) Generatoren}$$

wobei man mit den Matrizen aus Abschnitt 2 schreiben kann ($\mathbb{1}$ ist 4-
bzw. 2-dimensionale Einheitsmatrix)

$$(5.88) \qquad \begin{aligned} M_c &= \frac{\tau_c(4) \otimes \mathbb{1} + \mathbb{1} \otimes \tau_c(4)}{2} \\ \vec{T} &= \frac{\vec{\tau} \otimes \mathbb{1} + \mathbb{1} \otimes \vec{\tau}}{2} \end{aligned}$$

Sowohl $SU(4) \supset SU(3) \otimes U(1)$ als auch $SU(2) \supset U(1)$ enthalten eine U(1)
Untergruppe, die bei der Symmetriebrechung $\langle \phi(x) \rangle \neq 0$ identifiziert
werden sollen.

Bzgl. SU(3)$\otimes$ U(1) läßt sich ein SU(4) Dekuplett in folgender Weise
ausreduzieren

$$(5.89) \qquad 10 = (6,2y) \oplus (3,-2y) \oplus (1,-6y)$$

wobei die erste Zahl die SU(3)-Multiplizität und die zweite die U(1)-
Eigenschaft angibt. Man erhält (5.89) sofort, wenn man ein SU(4)-Quartett
mit der SU(3)$\otimes$ U(1) Zerlegung

$$(5.90) \qquad 4 = (3,y) \oplus (1,-3y)$$

symmetrisch mit sich selbst kombiniert.

Wir stellen uns nun ein nicht explizit hingeschriebenes Potential
für das Higgs-Feld ϕ mit folgenden Eigenschaften vor: Lediglich das
SU(3)-Singlett in (5.89) - es sei das SU(2)-Triplett $\phi_{44,ij}(x)$ - hat
einen nicht-trivialen Erwartungswert und hiervon bzgl. der SU(2)-Eigen-
schaften die $(i,j) = (\uparrow,\uparrow)$ Komponente

$$(5.91) \qquad \langle \phi_{44,\uparrow\uparrow}(x) \rangle = M$$

Unter solchen Umständen wird bei den U(1)$\otimes$U(1) $\subset$ SU(4) $\otimes$ SU(2) Transformationen

$$(5.92) \qquad \begin{aligned} \phi(x) &\mapsto \exp\left[-i\,M_{15}\,\gamma_{15} - i\,T_3\,\beta_3\right]\phi(x) \\ \phi_{44,\uparrow\uparrow}(x) &\mapsto \exp\left[i\,\sqrt{6}\,\gamma_{15} - i\,\beta_3\right]\phi_{44,\uparrow\uparrow}(x) \end{aligned}$$

für die spezielle Wahl der Parameter

$$(5.93) \qquad \gamma_c = (0,\dots,0,\gamma_{15}=\gamma/\sqrt{6}) \ , \ \beta_j = (0,0,\beta_3=\gamma)$$

die dazugehörige U(1)-Untergruppensymmetrie nicht gebrochen. Ebenfalls
nicht gebrochen werden die mit den SU(3)-Transformationen verbundenen
Symmetrien

$$(5.94) \qquad \gamma_c = (\gamma_1,\dots,\gamma_8,0,\dots 0)$$

da sie die kondensierende Komponente $\phi_{44,ij}$ offensichtlich nicht transformieren. Man erhält somit $(16+3) - (8+1) = 10$ Goldstone-Moden des Coset-Raums $SU(4) \otimes SU(2)/SU(3) \otimes U(1)$.

In einem erweiterten Modell mit einem $SU(4) \otimes SU(2)$ Quartett-Dublett Feld $R_{Ai}(x)$, das ein rechtshändiges Spin-1/2 Feld sein möge mit Yukawa-Kopplung an das besprochene Higgs-Feld ϕ , also

$$(5.95) \qquad \mathcal{L}^Y = -g\left[R_{Ai}\ \phi^{*AB,ij}\ C\ R_{Bj}\ +\ herm.conj.\right]$$

(mit der Konjugationsmatrix C (2.18)) erhält die SU(3)-Singlett und SU(2) - aufwärts Komponente $R_{4,\uparrow}(x)$ eine Masse gM. In links-rechts-symmetrischen Modellen stellt $R_{4,\uparrow}(x)$ ein Majorana-Neutrino dar (Abschnitt 7).

Die Symmetriebrechung mit Scharnierfunktion spielt auch in der Vielteilchenphysik eine Rolle. So ist etwa bei superfluidem Helium (He^3) die Symmetriegruppe der Dynamik $G = SO_L(3) \otimes SO_S(3) \otimes U_F(1)$ für Drehimpuls L, Spin S und Teilchenzahl F. Der Ordnungsparameter, der dem Higgs-Feld in der Teilchenphysik entspricht, ist ein komplexes Triplett-Triplett $\phi_{\alpha i}(x)$ ($\alpha, i = 1,2,3$). In den verschiedenen Phasen werden nun charakteristische Untergruppen H als verbleibende Grundzustandssymmetrien relevant, die die einzelnen Faktoren von G verknüpfen, z.B. $H = SO_{L,S}(3)$ (B-Phase, sphärisch), $H = U_{L_3,S_3}(1)$ (planar), $H = U_{L_3,F}(1) \otimes U_{S_3}(1)$ (A-Phase, axial), $H = U_{L_3,F}(1) \otimes U_{S_3,F}(1)$ (A_1-Phase). Man überlegt sich unschwer, welche Form der Ordnungsparameter in den einzelnen Phasen hat.

5.4 Dynamische Symmetriebrechung durch 4-Fermionen-Kopplung

In den vergangenen Abschnitten 5.1-5.3 war es immer ein Skalarfeld ("Higgs-Feld", "Ordnungsparameter" in der Vielteilchenphysik), das im Grundzustand einen nichtverschwindenden c-Zahl-Anteil hatte und dessen Symmetrieeigenschaften Aufschluß über die Art der Symmetriebrechung gaben. Es ist natürlich auch möglich, daß dies kondensierende Feld nicht elementar ist, sondern zusammengesetzt wird aus Feldern von etwa Spin 1/2 oder auch Spin 1. Gerade eine solche Situation war der Ursprung der mikroskopischen Theorie der Supraleitung von J. Bardeen, L.N.Cooper und D.R. Schrieffer.[5] In dieser Theorie bilden zwei Elektronen ein spinloses (skalares) "Cooper-Paar" mit doppelter Elementarladung (2e) und kondensieren im Grundzustand. Wie aus den Büchern über Supraleitung zu ersehen ist, liefert dieser Vorgang die Ursache für die interessanten Phänomene der Supraleitung.

Y. Nambu und G. Jona-Laninio[41] nahmen diese Gedanken der Paarbildung in der relativistischen Elementarteilchenphysik auf – bis in viele Details sogar – und ersetzten die Ladungssymmetrie U(1) durch eine chirale U(1).

Ein Dirac-Feld $\psi(x)$ kann durch Produkte ein skalares Feld mit nichttrivialer Chiralität bilden (vgl. Abschnitte 2 und 5.1)

$$\psi(x) \mapsto \exp[-i\gamma_5 \alpha_5]\,\psi(x)$$

(5.96)

$$\bar{\psi}\,\frac{1 \pm \gamma_5}{2}\,\psi(x) \mapsto \exp[\mp 2i\alpha_5]\,\bar{\psi}\,\frac{1 \pm \gamma_5}{2}\,\psi(x)$$

Eine paritätsinvariante nichttriviale Chiralitätskondensation liegt vor, falls

(5.97)
$$\langle \bar{\psi}\,1\,\psi(x)\rangle = M^3 \neq 0, \quad \langle \bar{\psi}\,\gamma_5\,\psi(x)\rangle = 0$$

wobei M^3 den entscheidenden Maßstab für das Kondensationsphänomen enthält. Eine chiralinvariante Dynamik allein der Diracfelder $\psi(x)$ mit Wechselwirkung erhält man, indem man das elementare Skalarfeld φ von Abschnitt 5.1 (5.22) einfach durch den Fermionenausdruck (5.96) ersetzt, der sich gleich transformiert

(5.98)
$$\varphi(x) = \frac{1}{\Lambda^2}\,\bar{\psi}\,\frac{1 + \gamma_5}{2}\,\psi(x)$$

Hierbei ist Λ^2 eine Masse, die die naive Dimension des Feldes φ richtig einstellt. Die resultierende Lagrangedichte

$$(5.99) \quad \mathcal{L}(\psi) = \bar{\psi}\tfrac{i}{2}\overleftrightarrow{\partial}\psi - \frac{g}{2\Lambda^2}\left[(\bar{\psi}\mathbb{1}\psi)^2 + (\bar{\psi}i\gamma_5\psi)^2\right]$$

ist chiralinvariant. Sie ist jedoch nicht renormierbar (Kopplungskonstante negativer Dimension) und im Gegensatz zur Supraleitung, wo die Debye-Frequenz einen physikalisch-interpretierbaren Cutoff für die zu verwendenden Frequenzen darstellt, gibt es bisher keine ähnlich physikalisch-sinnvolle Abschneideprozedur in der relativistischen Elementarteilchenphysik.

Die 4-Fermionenkopplung in (5.99) vom Typ

$$(5.100) \quad \frac{g}{2}(\bar{\psi}\,\Gamma^i\psi)(\bar{\psi}\,\Gamma^i\psi)$$

mit $\Gamma^i\otimes\Gamma^i = \mathbb{1}\otimes\mathbb{1} + i\gamma_5\otimes i\gamma_5$ ist chiralinvariant. Man kann nun allgemein 4-Fermionen-Kopplungen $\Gamma^i\otimes\Gamma^i$ untersuchen, die alle möglichen paritäts- und Lorentzinvarianten Kopplungen enthalten und zu kombinieren sind aus den 5 Möglichkeiten

$$(5.101) \quad \Gamma^i\otimes\Gamma^i : \quad
\begin{aligned}
&S = \mathbb{1}\otimes\mathbb{1} \quad, \quad v = \gamma_\mu\otimes\gamma^\mu \\
&P = i\gamma_5\otimes i\gamma_5, \quad a = i\gamma_5\gamma_\mu\otimes i\gamma_5\gamma^\mu \\
&\qquad t = \sigma_{\mu\nu}\otimes\sigma^{\mu\nu}, \quad \sigma_{\mu\nu} = \tfrac{1}{2i}[\gamma_\mu,\gamma_\nu]
\end{aligned}$$

Hierbei - und auch für sonstige Anwendungen - ist es nützlich, die Fierz-Umkopplungen bereit zu stellen (3.28)

$$(5.102) \quad
\begin{aligned}
4s &\underset{Fierz}{=} (s-p) + (v+a) + \tfrac{1}{2}t \\
4p &\underset{Fierz}{=} -(s-p) + (v+a) - \tfrac{1}{2}t \\
2a &\underset{Fierz}{=} 2(s+p) + (v-a) \\
2v &\underset{Fierz}{=} 2(s+p) - (v-a) \\
2t &\underset{Fierz}{=} 6(s-p) - t
\end{aligned}$$

die zu folgenden Fierz-symmetrischen und antisymmetrischen Kombinationen führen

$$2(s+p) + (v+a)$$
$$6(s-p) + t$$
$$\left.\right\} \quad \text{Fierz-symmetrisch}$$

(5.103)

$$2(s+p) - (v+a)$$
$$2(s-p) - t$$
$$v-a$$
$$\left.\right\} \quad \text{Fierz-antisymmetrisch}$$

Wegen der Antikommutationseigenschaften der Dirac-Felder sind –
bei fehlenden inneren Freiheitsgraden – lediglich Fierz-antisymmetrische
4-Fermion-Kopplungen als nichttrivial möglich. Man überlegt sich sofort
mit Hilfe der Helizitätskomponente von $\psi(x)$ (Abschnitt 2), daß nur die
Fierz-antisymmetrischen Formen von (v-a) und (v+a) für eine chiralinvariante Kopplung in Frage kommen. Die allgemeinste chiralinvariante
Kopplung ist daher in Fierz-antisymmetrischer Form gegeben durch

$$(5.104) \qquad \frac{g}{2} \Gamma^i \otimes \Gamma^i = g_1 \left[2(s+p) - (v+a) \right] + g_2 (v-a)$$

Im speziellen Fall (5.99), den wir wählen wollen, ist $g_2 = 0$, $g_1 = g/4$

$$(5.105) \qquad \frac{g}{2}\left[(\bar\psi \mathbb{1} \psi)^2 + (\bar\psi i\gamma_5 \psi)^2 \right] = \frac{g}{4}\left[(\bar\psi \mathbb{1}\psi)^2 + (\bar\psi i\gamma_5 \psi)^2 \right.$$
$$\left. - (\bar\psi \gamma_\mu \psi)^2 - (\bar\psi i\gamma_5 \gamma_\mu \psi)^2 \right]$$

Der R-Formalismus zur Kondensation (5.97) geht folgendermaßen vor:
Nach Herausziehen des c-Zahl-Anteils aus der Wechselwirkung erhält
man die Umordnung (die übrigbleibende Wechselwirkung sei gekennzeichnet
durch $[\ ]_0$)

$$(5.106) \qquad \mathcal{L}(\psi) = \bar\psi \tfrac{i}{2} \overleftrightarrow{\partial} \psi - \frac{g}{2\Lambda^2} M^3 (\bar\psi \mathbb{1} \psi) - \left[\frac{g}{2} (\bar\psi \Gamma^i \psi)^2 \right]_0$$

Die Linearisierung führt somit zur Zweipunktfunktion für ein massives
Dirac-Feld

$$(5.107) \qquad \langle \psi(x)\bar\psi(y) \rangle = \frac{i}{(2\pi)^4} \int dp \, \exp[-ip(x-y)] \, \frac{\not{p}+m}{p^2-m^2}, \qquad m = \frac{g}{2\Lambda^2} M^3$$

In der Sprache der Vielteilchenphysik wäre der (m/p^2-m^2)-Anteil die anomale
Greensfunktion, die die chirale Invarianz bricht.

Damit das Ergebnis (5.107) in niederster Ordnung mit der eingegebenen nichttrivialen Kondensation (5.97) übereinstimmt, hat man die Konsistenzgleichung (in der Supraleitung: Gap-Gleichung) zu fordern

$$(5.108) \qquad M^3 = \frac{2m\Lambda^2}{g} = \langle \bar{\psi}\,\mathbb{1}\,\psi(x) \rangle = \lim_{x \to y} \frac{(-i)}{(2\pi)^4} \int dp \, \exp[-ip(x-y)] \, \mathrm{Tr} \, \frac{1}{\not{p} - m}$$

Der rechtsstehende Limes ist divergent und benötigt eine Regularisierung $\mathcal{R}$. Wir schreiben kurz für (5.108)

$$(5.109) \qquad m = -\frac{2g}{\Lambda^2} \cdot \frac{i}{(2\pi)^4} \int_{\mathcal{R}} dp \, \frac{m}{p^2 - m^2}$$

An (5.109) sieht man, daß der chiralsymmetrische Grundzustand m = 0, also M^3 = 0, eine Lösung darstellt. Aber auch m ≠ 0 kann eine Lösung sein. Eine Betrachtung der Energie (oder Energiedichte) des Grundzustandes, die in der Supraleitung möglich ist, hätte über den Grundzustand als Zustand tiefster Energie zu entscheiden. Hier kann man von Unendlichkeiten geplagte Argumente dafür geben, daß für eine geeignet gewählte Kopplungskonstante g der asymmetrische Grundzustand (m ≠ 0) eine tiefere Energie hat. Wir gehen darauf hier nicht näher ein und nehmen m ≠ 0 an.

Um überhaupt etwas Konkretes vor Augen zu haben, benutzen wir zur Berechnung der Konsistenzgleichung ein chiralinvariantes Cutoff-Verfahren bei einer Masse $\Lambda_0^2 \gg m^2$ und erhalten die <u>Konsistenzbeziehung</u> (5.109) in der Form

$$(5.110) \qquad 1 = -\frac{2g}{\Lambda^2} \cdot \frac{i}{(2\pi)^4} \int dp \, \frac{1}{p^2 - m^2} \cdot \left(\frac{\Lambda_0^2}{\Lambda_0^2 - p^2} \right)^2 = -\frac{g \Lambda_0^4}{8\pi^2 \Lambda^2 (\Lambda_0^2 - m^2)} \left[1 - \frac{m^2}{\Lambda_0^2 - m^2} \log \frac{\Lambda_0^2}{m^2} \right]$$

Man kann nun die Wechselwirkung (in (5.99)), die mit $\frac{1}{\Lambda^2}$ multipliziert ist, in dem Maß wachsen lassen, indem man den Cutoff Λ_0^2 gegen Unendlich gehen läßt, und erhält so aus der Konsistenzgleichung

$$(5.111) \qquad \Lambda^2 = \Lambda_0^2 \to \infty \quad : \quad 1 = -\frac{g}{8\pi^2}$$

In diesem Fall hat man die dimensionslose Konstante g bestimmt, dafür hat man sich jedoch eine dimensionierte freie "Konstante" m eingehandelt (dimensionale Transmutation). Wir werden diesen Gedanken nicht weiterverfolgen.

Die Konsistenzgleichung (5.109) bildet im Vergleich zu Theorien
mit fundamentalen Skalarfeldern und linearer Symmetriebrechung, z.B. $\langle \psi \rangle \neq 0$
(5.4), ein neues Strukturelement. Sie erlaubt es potentiell, Massenverhältnisse (z.B. m^2/Λ_0^2 in (5.110) bei vorgegebenem g/Λ^2) zu
bestimmen, scheitert hier jedoch an den Divergenzen, d.h. der Nichtdefiniertheit der Theorie für kleine Abstände (große Impulse). In der
durch die Debye-Frequenz regularisierten Gap-Gleichung der Supraleitung
dagegen kann man das Verhältnis von Gap zur Debye-Frequenz explizit
bestimmen.

Selbstverständlich gibt es im Fall der Fermionpaarkondensation
auch einen U-Formalismus, der wie im Fall eines skalaren Higgs-Feldes
(Abschnitt 5.1) die chiralen Freiheitsgrade separiert durch die Zerlegung

$$\bar{\psi}\,\frac{1+\gamma_5}{2}\,\psi(x) = g(x)\,v^2(x)$$

$$\bar{\psi}\,\frac{1-\gamma_5}{2}\,\psi(x) = g(x)\,v^{*2}(x)$$

(5.112)
$$v\,v^*(x) = 1$$

$$g(x) \longmapsto g(x)$$

$$v(x) \longmapsto \exp[-i\alpha_5]\,v(x)$$

Man erhält für den Radial- und Chiralanteil

(5.113)
$$g(x) = \left[(\bar{\psi}\,\mathbb{1}\,\psi)^2 + (\bar{\psi}\,i\gamma_5\,\psi)^2 \right]^{1/2}$$

$$v(x) = \left[\bar{\psi}\,\frac{1+\gamma_5}{2}\,\psi \,\Big/\, \bar{\psi}\,\frac{1-\gamma_5}{2}\,\psi \right]^{1/4}$$

Wegen des angenommenen c-Zahl-Beitrags in $\bar{\psi}\,\mathbb{1}\,\psi(x)$ sind diese Bildungen
zumindest als Reihenentwicklungen um diesen c-Zahl-Anteil sinnvoll.

Durch Bildung des chiralinvarianten Dirac-Feldes $\psi_0(x) = v(x)\,\psi(x)$
erhält man die Lagrangedichte in der umgeordneten Gestalt

(5.114)
$$\mathcal{L}(\psi) = \bar{\psi}_0\,\gamma^\mu \left(\tfrac{i}{2}\,\overleftrightarrow{\partial}_\mu - v^*\,\tfrac{i}{2}\,\overleftrightarrow{\partial}_\mu\,v \right)\psi_0 - \frac{g}{2\Lambda^2}\,(\bar{\psi}_0\,\Gamma^i\,\psi_0)^2$$

Der Massenterm erscheint nun in der Form $m\bar{\psi}_0\psi_0$ - erzeugt durch Benützen der chiralinvarianten Radialbedingung $\langle\bar{\psi}_0\mathbb{1}\psi_0\rangle = M^3$, vom Goldstone-Feld bleibt die Ableitungskopplung in (5.114).

Da das Feld ψ_0 den chiralen Freiheitsgrad verloren hat, erfüllt es - zumindest im klassisch naiven Sinn - eine Bedingung, die wie man leicht aus (5.112) nachrechnet, gegeben ist durch

$$(5.115) \qquad \bar{\psi}_0\gamma_5\psi_0(x) = 0$$

Die masselose Goldstone-Mode $\theta_5(x)$ muß nun als aus Fermionen gebundener Zustand erscheinen. Man kann sie leicht in niederster Näherung bestimmen: Entwickelt man die chirale Koordinate $v(x)$ (5.113) so erhält man die Fermionendarstellung des Goldstone-Feldes

$$(5.116) \qquad v(x) = 1 - i\,\theta_5(x) + \ldots$$
$$= \left[\frac{\bar{\psi}\mathbb{1}\psi + \bar{\psi}\gamma_5\psi}{\bar{\psi}\mathbb{1}\psi - \bar{\psi}\gamma_5\psi}\right]^{1/4} = \left[\frac{M^3 + \bar{\psi}\gamma_5\psi + \ldots}{M^3 - \bar{\psi}\gamma_5\psi + \ldots}\right]^{1/4}$$
$$= 1 + \frac{1}{2M^3}\bar{\psi}\gamma_5\psi(x) + \ldots \quad , \quad \theta_5(x) = \frac{i}{2M^3}\bar{\psi}\gamma_5\psi(x) + \ldots$$

In der niedersten nichttrivialen Approximation (Paar-Approximation wie in der niedersten nichttrivialen Vakuumpolarisationsberechnung der Elektrodynamik) gilt für das Goldstone-Feld $\theta_5(x)$, das vom Grundzustand $|\Omega\rangle$ zum Goldstone-Zustand $|G\rangle$ überführt, die Gleichung

$$\langle\Omega|\theta_5(x)|G\rangle = i\int dy\,\langle\Omega|\theta_5(x)\mathcal{L}^{int}(y)|G\rangle + \ldots$$
$$(5.117)$$
$$= -\frac{ig}{2\Lambda^2}\int dy\,\langle\Omega|\frac{\bar{\psi}i\gamma_5\psi(x)}{2M^3}(\bar{\psi}\Gamma^i\psi)^2(y)|G\rangle + \ldots$$

Durch die Fermionpropagation (5.107) propagiert auch das bifermionsche Goldstone-Feld. Im Impulsraum gilt mit unmittelbar einsichtiger Notation ganz allgemein für eine Matrix $\Gamma^j = \mathbb{1}, \gamma_5$, etc.

$$(5.118) \qquad \int dx\,\exp[ipx]\,\langle\Omega|\bar{\psi}\Gamma^j\psi(x)|G(k)\rangle = \langle\Gamma^j\rangle(k)\,\delta(k-p)$$

$$(5.119) \qquad \langle\Gamma^j\rangle(k) = -\frac{gi}{(2\pi)^4\Lambda^2}\int dp\,\mathrm{Tr}\left[\Gamma^j\frac{1}{\not{p}_+ - m}\Gamma^i\frac{1}{\not{p}_- - m}\right]\langle\Gamma^i\rangle(k)$$
$$(p_\pm = p \pm k/2)$$

Wenn wir insbesondere $\Gamma^j = i\gamma_5$ setzen für den Goldstone-Fall (5.117), so erhalten wir explizit mit $\theta_5(k) = \frac{1}{2H^3}\langle i\gamma_5\rangle(k)$ die Eigenwertgleichung für das Goldstone-Teilchen als gebundenen Zustand

$$(5.120) \qquad \theta_5(k) = \frac{-g^i}{2(2\pi)^4\Lambda^2}\int_R dp\, \mathrm{Tr}\left[i\gamma_5\,\frac{1}{\not{p}_+ - m}\,i\gamma_5\,\frac{1}{\not{p}_- - m}\right]\theta_5(k)$$

Wie bei der Konsistenz-(Gap-)Gleichung für die Fermionmasse (5.109) ist das Integral in (5.120) quadratisch divergent (nicht definiert), das sei durch eine chiralinvariante Regularisierung $\mathcal{R}$ behoben. Dann läßt sich weiter explizit für dieses Integral schreiben

$$(5.121) \qquad \Pi(k^2) = \frac{-2g^i}{(2\pi)^4\Lambda^2}\int_R dp\,\frac{p_+\cdot p_- + m^2}{(p_+^2 - m^2)(p_-^2 - m^2)}$$

$$= -\frac{g^i}{8\pi^4\Lambda^2}\int_R dp\,\frac{1}{p^2 - m^2} + \frac{g^i k^2}{(2\pi)^4\Lambda^2}\int_R dp\,\frac{1}{(p_+^2 - m^2)(p_-^2 - m^2)}$$

Das erste Integral in (5.121) ist genau das in der Konsistenzgleichung auftretende (5.109). Wenn man die Näherung (5.117) – (5.121) ein wenig genauer betrachtet, stellt man fest, daß sogar eigentlich der gleiche Limes $x \to y$ wie in (5.108) auftritt. Die Singularität für $x \to y$ sollte aber gerade durch die Konsistenzgleichung bestimmt werden. Deshalb muß man in der Goldstone Feldgleichung (5.121) dieselbe Regularisierung wie in der Fermionengleichung wählen und erhält

$$(5.122) \qquad \Pi(k^2) = 1 + k^2 \Pi_o(k^2)$$

und damit die Goldstone-Feldgleichung (5.120) in niederster Approximation

$$(5.123) \qquad \begin{aligned} \theta_5(k) &= \left[1 + k^2\Pi_o(k^2)\right]\theta_5(k) \\ k^2\,\Pi_o(k^2)\,\theta_5(k) &= 0 \end{aligned}$$

$\Pi_o(k^2)$ ist das (noch logarithmisch divergente) Integral auf der rechten Seite in (5.121). In (5.123) steht eine Feldgleichung in Impulsraum schreibweise ($k^2 \leftrightarrow -\partial_\mu\partial^\mu$) für das Goldstone-Feld $\theta_5(k)$, die eine Lösung für $k^2 = 0$, d.h. für Masse Null hat.

Das diskutierte Beispiel war der erste Fall in der Teilchenphysik,
wo das Goldstone-Phänomen aufgezeigt wurde. Wir haben überdies in (5.120)
- der Einfachheit halber - die an die Divergenz des chiralen Stromes
koppelnden Terme weggelassen; sie ändern für $k^2 = 0$ das Bild nicht.

Leider sind alle diese Überlegungen durch das Divergenzproblem
geplagt, nichtsdestotrotz sind sie von ihrer qualitativen Struktur
her, z.B. bzgl. des niederenergetischen Masse-Null-Phänomens, aussage-
kräftig.

Mit der Kenntnis des Abschnittes 5.2 über Symmetriebrechung in
nichtabelschen Gruppen ist die Verallgemeinerung der dynamischen 4-Fer-
mionensymmetriebrechung für eine nichtabelsche Situation klar. So erhält man etwa für die Gruppe SU(2) bei der Brechung auf U(1)

$$(5.124) \qquad SU(2) \rhd U(1) \qquad , \quad \langle \bar{\psi} \tfrac{\vec{\tau}}{2} \psi(x) \rangle = M^3 \vec{e}_3$$

Mit dem zusammengesetzten Skalarfeld

$$(5.125) \qquad \varphi_\alpha{}^\beta(x) = \bar{\psi}^\beta \psi_\alpha(x) - \tfrac{1}{2} \delta_\alpha{}^\beta \bar{\psi}^\gamma \psi_\gamma(x)$$

folgt die SU(2) Koordinate $S_\alpha^i(x)$ wie in Abschnitt 5.2, $\varphi = \rho S \tfrac{\lambda_3}{2} S^*$.
Das "ausgeweidete" Fermion $\mathcal{N}_i(x)$ (5.68) erfüllt die Bedingungen (in
einer Quantentheorie als schwache Bedingungen, d.h. für Matrix-
elemente $\langle .. \rangle$ zu nehmen)

$$(5.126) \qquad \bar{\mathcal{N}} \lambda_3 \mathcal{N}(x) = \rho(x) \, , \quad \bar{\mathcal{N}} \lambda_{1,2} \mathcal{N}(x) = 0$$

Es ist offensichtlich, wie die Überlegungen von Abschnitt 5.2 in dieser
Situation gelten.

5.5 Dynamische Symmetriebrechung durch Eichfeldwechselwirkung

Nicht allein eine 4-Fermionenwechselwirkung kann zu einer symmetrie-
verletzenden Kondensation führen, auch andere Wechselwirkungen - etwa
eine Eichwechselwirkung kann dies bewirken. In der Supraleitung ist

es bei der Phonon-Formulierung die Wechselwirkung der Elektronen mit
den Phononen, die zur Cooperpaarbildung führt.

Wir betrachten hier als Beispiel die chirale Kondensation durch
eine Ladungseichwechselwirkung. Die Quantenelektrodynamik für ein masseloses Elektron $\psi(x)$

$$(5.127) \qquad \mathcal{L}(\psi, A_\mu) = \overline{\psi}\left(\tfrac{i}{2}\overleftrightarrow{\partial} - \gamma^\mu A_\mu\right)\psi - \frac{1}{4e^2} A_{\mu\nu}^2$$

ist $U(1) \otimes U(1,\mathrm{loc})$ invariant

$$(5.128) \qquad \begin{aligned} \psi(x) &\longmapsto \exp\left[-i\gamma_5\alpha_5 - i\alpha(x)\right]\psi(x) \\ A_\mu(x) &\longmapsto A_\mu(x) + \partial_\mu\alpha(x) \end{aligned}$$

M. Baker, K. Johnson und R. Willey [36] haben die Möglichkeit erörtert,
ob die Masse des Elektrons rein elektromagnetischen Ursprungs sein
könnte, d.h. ob man aus der Wechselwirkung in (5.127) durch Kondensation einen Massenterm erhalten könnte

$$(5.129) \qquad \mathcal{L}^{int}(\psi, A_\mu) = -(\overline{\psi}\gamma^\mu\psi)A_\mu = -m\overline{\psi}\psi + \dots$$

so ähnlich wie aus der 4-Fermionenwechselwirkung in Abschnitt 5.4 ein
Fermionmassenterm extrahiert wurde. Falls die Entwicklung (5.129) dynamisch bevorzugt ist (nicht erörterte Energieeigenschaften des Grundzustandes), erhält man mit dem durch die Linearisierung (5.129) massiven
Elektron die Konsistenzgleichung

$$(5.130) \qquad m = \left.\frac{i}{(2\pi)^4}\right|_{\slashed{q}=m} \int dp\, D^{\mu\nu}(p_-)\gamma_\mu\left[G(p_+) + G(-p_+)\right]\gamma_\nu \qquad p_\pm = p \pm q/2$$

Die Gleichung (5.130) ist nichts anderes als die Gleichung für die
Renormierung der Elektronmasse in der QED, nur daß jetzt die gesamte
Masse aus der Wechselwirkung herkommen soll. Sie ist genau an dem Wert
des durchlaufenden Impulses q_μ zu nehmen, der der Elektronenmasse entspricht ($\slashed{q} = m$). Mit dem transversalen Photon und dem Elektronpropagator
aus der Linearisierung

$$(5.131) \qquad D^{\mu\nu}(p) = \left(\eta^{\mu\nu} - \frac{p^\mu p^\nu}{p^2}\right)\frac{e^2}{-p^2} \quad , \quad G(p) = \frac{1}{\not{p}-m}$$

lautet die Konsistenzgleichung (5.130)

$$(5.132) \qquad m = 6\frac{e^2}{(4\pi)^2}\cdot\frac{i}{\pi^2}\int_R dp \frac{m}{(-p_-^2)(p_+^2-m^2)}$$

Im Vergleich zur 4-Fermionentheorie liegt nur noch eine logarithmische Divergenz vor, die Eichfeldwechselwirkung wirkt regularisierend.

Mit einem die verbleibende Divergenz regularisierenden Cutoff Λ^2/Λ^2-p^2 erhält man für $m^2 \ll \Lambda^2$ die Konsistenzgleichung

$$(5.133) \qquad m = 6\frac{e^2}{(4\pi)^2}\cdot m\cdot \log\frac{\Lambda^2}{m^2}$$

Der Limes $\Lambda^2 \to \infty$ gibt hier keinen Sinn. Man könnte (5.133) benutzen, um das Verhältnis Λ^2/m^2 bei vorgegebenem $e^2/(4\pi)^2$ zu bestimmen. All das ist jedoch wenig sinnvoll - zu einer numerisch sinnvollen Behandlung der dynamischen Symmetriebrechung ist es auch hier letztlich unumgänglich, das Verhalten der Theorie für kleine Abstände besser zu verstehen.

Die von M. Baker, K. Johnson und R. Willey initiierten Gedanken dieses Abschnittes haben neue Aktualität in den "Technifermion"-Schemata[52,58] erhalten. Hierbei ist das Spin 1/2 Feld $\psi(x)$ in (5.127) eine neue Sorte Fermionen ("Technifermionen"), die über einen nichtabelschen ungebrochenen Freiheitsgrad ("Technicolor") eichwechselwirken (d.h. A_μ in (5.127) wird ausgeweitet zu einem Satz von nichtabelschen Eichfeldern). Diese Technicolorwechselwirkungen können die Technifermionen massiv machen und damit weitere Symmetrien spontan brechen (ähnlich wie die gebrochene Chiralität in unserem einfachen Modell) - bei den Technifermionen ist die gebrochene Symmetrie die SU(2) $\otimes$ U(1) der elektroschwachen Wechselwirkung.

5.6 Nichtlineare Realisationen

Die spontane Symmetriebrechung, insbesondere der U-Formalismus
mit den adaptierten Feldvariablen eröffnet einen direkten Weg zu nichtlinearen Darstellungen (Realisationen) von Gruppen, die ursprünglich
in der Physik der niederenergetischen Pionenstreuungen eine Rolle gespielt, aber eine viel weitergehende grundsätzliche Bedeutung haben.

Eine nichtlineare Realisation einer Gruppe G ist eine Darstellung **[72,51,56]**
"besonderer Art", bei der lediglich eine Untergruppe $H \subset G$ linear dargestellt wird, die Elemente von G/H jedoch nicht. Wir werden die notwendigen Forderungen am Beispiel G/H = SU(2)/U(1) erläutern.

Als erstes braucht man eine Selbstdarstellungsmatrix von G, $S_\alpha^i(\theta)$,
die von irgendwelchen Feldern $\theta(x)$ aufgebaut sei. Damit ist durch
Produktbildung und Ausreduktion für jede lineare Darstellung $\mathcal{D}$ auch
$\mathcal{D}(S_\alpha^i)$ gegeben. Für SU(2) etwa sei S_α^i ($\alpha, i = 1, 2$) eine 2x2 Darstellung, dann ist $Tr[\lambda_i S^* \tau_a S]$ die 3x3 Darstellung, usw. Unter G transformiere sich S_α^i in folgender Weise

$$(5.134) \qquad S \xrightarrow{g} g\, S\, h^{-1}(g,S) \quad ; \quad g \in G,\ h \in H$$

In unserem Beispiel sieht das so aus

$$(5.135) \qquad S_\alpha^i \longmapsto \left(exp\left[-i\tfrac{\vec{\tau}}{2}\vec{\beta}\right]\right)_\alpha^\beta S_\beta^j \left(exp\left[+i\tfrac{\lambda_3}{2}x_3\right]\right)_j^i$$
$$x_3 = x_3(\vec{\beta}, S)$$

wobei h (bzw. x_3 im Beispiel) von den Gruppenparametern und der Matrix S
selbst abhängt.

$S(\theta)$ transformiert also von Gruppen G- nach Untergruppen H-Eigenschaften und sei deshalb <u>G/H-Transmutator</u> (auch: reducing matrix) genannt. Unter Transformationen der Untergruppe H transformiere sich der
Transmutator wie gewöhnlich linear

$$(5.136) \qquad S \xrightarrow{h} h\, S\, h^{-1} \quad ; \quad h \in H$$

d.h. im Beispiel

$$(5.137) \qquad \varkappa_3\,(0,0,\beta_3\,;s\,) = \beta_3$$

Für eine Darstellung $\mathcal{D}$ erhält man aus (5.134) für ein Gruppenelement g die Transformation

$$(5.138) \qquad \begin{aligned} \mathcal{D}(s) &\xrightarrow{\,g\,} \mathcal{D}(g)\,\mathcal{D}(s)\,\mathcal{D}\big(h^{-1}(g,s)\big) \\ \mathcal{D}(s^{-1}) &\xrightarrow{\,g\,} \mathcal{D}\big(h(g,s)\big)\,\mathcal{D}(s^{-1})\,\mathcal{D}(g^{-1}) \end{aligned}$$

Der Anteil $\mathcal{D}(h)$ ist nun die nichtlineare Realisation von g: Für jedes Element $g \in G$ gibt es eine in H lineare Darstellung, die nichtlinear in G/H ist; wir schreiben für diese nichtlineare Realisation $\mathbb{D}$

$$(5.139) \qquad g \longmapsto \mathbb{D}(g) = \mathcal{D}\big(h(g,s)\big)$$

wobei natürlich für die Untergruppe gilt

$$(5.140) \qquad \mathbb{D}(h) = \mathcal{D}(h) \quad ; \quad h \in H$$

Aus jedem sich nach einer linearen $\mathcal{D}$-Darstellung transformierenden Feld $\psi_\alpha(x)$ läßt sich hiermit eine nichtlineare Realisation transmutieren. Das transmutierte Feld $\mathcal{N}_i(x)$ gegeben durch

$$(5.141) \qquad \mathcal{N}(x) = \mathcal{D}\big(s^{-1}(\theta)\big)\,\psi(x)$$

im Beispiel für ein SU(2) Dublett $\psi_\alpha(x)$

$$(5.142) \qquad \mathcal{N}_i(x) = s^{*\,\alpha}_{\;i}\,\psi_\alpha(x)$$

transformiert sich dann mit der nichtlinearen $\mathbb{D}$-Darstellung folgendermaßen

$$(5.143) \qquad \begin{aligned} \mathcal{N}(x) &\xrightarrow{\,g\,} \mathcal{D}\big(h(g,s)\big)\,\mathcal{D}(s^{-1})\,\mathcal{D}(g^{-1})\,\mathcal{D}(g)\,\psi(x) \\ &= \mathcal{D}\big(h(g,s)\big)\,\mathcal{D}(s^{-1})\,\psi(x) = \mathbb{D}(g)\,\mathcal{N}(x) \end{aligned}$$

Im Beispiel für SU(2)/U(1) sieht das so aus

$$(5.144) \qquad \mathcal{N}_i(x) \xrightarrow{\vec{\beta}} \left(\exp\left[-i \frac{\lambda_3}{2} x_3 \right] \right)_i^{\ j} \mathcal{N}_j(x)$$

Im abstrakten Formalismus der nichtlinearen Realisationen ist der Transmutator ein nicht weiter hinterfragtes gegebenes Element, in der Formulierung des Transmutators mit Hilfe des U-Formalismus der spontanen Symmetriebrechung, wie im Beispiel von Abschnitt 5.2, ist er explizit durch das Feld der Kondensation gegeben (5.44).

Wie wir auch schon dort gesehen haben, induziert die U-Formulierung eine neue Eichwechselwirkung, die mit der nichtgebrochenen Untergruppe H zusammenhängt. Im allgemeinen Formalismus sieht man, daß die übliche Ableitung für das linear sich transformierende Feld $\psi(x)$ transmutiert wird für das Feld $\mathcal{N}(x)$ in folgender Weise

$$(5.145) \qquad \begin{aligned} \partial_\mu \psi &= \partial_\mu \mathcal{D}(s)\, \mathcal{D}(s^{-1})\, \psi \\ &= \mathcal{D}(s) \left[\partial_\mu + \mathcal{D}(s^{-1}) \partial_\mu \mathcal{D}(s) \right] \mathcal{N} \end{aligned}$$

Also könnte der in Klammer stehende Ausdruck als kovariante Ableitung fungieren, im expliziten SU(2)/U(1) Beispiel gegeben durch

$$(5.146) \qquad \begin{aligned} &\left[i \partial_\mu + s^* i \partial_\mu s \right] \mathcal{N} \\ &= \left[i \partial_\mu - \frac{\vec{\lambda}}{2}\, Tr \left[\vec{\lambda} (i \partial_\mu s^*) s \right] \right] \mathcal{N} \end{aligned}$$

Die Transmutatorenableitung ist jedoch ein Eichfeld nur für die Untergruppe H

$$(5.147) \qquad s^{-1} \partial_\mu s \longmapsto h\, (s^{-1} \partial_\mu s)\, h^{-1} + h\, \partial_\mu h^{-1}$$

Man beachte, daß — auch wenn die Transformationen der Gruppe G lediglich globale Transformationen sind, $\partial_\mu g = 0 \to h(g, s)$ jedoch über $\theta(x)$ eine lokale Transformation darstellt, $\partial_\mu h \neq 0$.

In nichtlinearen Realisationen wird mit (5.147) lediglich der auf
die Untergruppe H projizierte Anteil von $S^{-1}\partial_\mu S$ als Eichfeld   in
der kovarianten Ableitung mitgenommen, d.h. mit den G-Generatoren T_c

$$-S^{-1}\,i\partial_\mu S = W_\mu = -\sum_{T_c\in G} T_c\,(S^{-1}i\partial_\mu S)_c = W_\mu^{H} + W_\mu^{G/H}$$

$$(5.148)\qquad W_\mu^{H}(S) = -\sum_{T_c\in H} T_c\,(S^{-1}i\partial_\mu S)_c$$

schreibt man damit für die kovariante Ableitung, die durch nichtlineare
G/H Realisation induziert wird

$$(5.149)\qquad iD_\mu = i\partial_\mu - W_\mu^{H}(S)$$

Hierbei sind die entsprechenden Darstellungen $\mathcal{D}(T_c)$ ($T_c\in H$) zu nehmen, also im SU(2)/U(1) Beispiel für das Dublett $\mathcal{N}_i$: (5.142)

$$(5.150)\qquad iD_\mu\mathcal{N} = \left(i\partial_\mu - \frac{\lambda_3}{2}\,T_\nu\!\left[\lambda_3(i\partial_\mu S^*)S\right]\right)\mathcal{N}$$

Das Eichfeld läßt sich auch aus der trivialen Relation

$$(5.151)\qquad i\partial_\mu S^{-1} = W_\mu S^{-1}\,,\quad iD_\mu S^{-1} = \left(i\partial_\mu - W_\mu^{H}\right)S^{-1} = W_\mu^{G/H}S^{-1}$$

bestimmen, wobei nur die Anteile aus der nichtgebrochenen Untergruppe H
in der kovarianten Ableitung mitzunehmen sind.

Wegen der Transmutationseigenschaften von S läßt sich S stets
entwickeln in die Form

$$(5.152)\qquad S(\Theta) = \mathbb{1} - i\,\Theta$$

wobei das infinitesimale Transformationsverhalten der Goldstone-Matrix
Θ in G/H liegt

$$(5.153)\qquad g = \mathbb{1} - i\beta\,,\quad h = \mathbb{1} - i\alpha$$

$$(5.154)\qquad \Theta \mapsto \Theta + \beta - \alpha$$

Als weitere Illustration für diesen auf den ersten Blick etwas verwickelten Formalismus wollen wir das zur "soft pion"-Physik führende Beispiel mit der chiralen Gruppe $G = SU_L(2) \otimes SU_R(2)$ betrachten, die durch Nukleonmassenterme zur SU(2) gebrochen wird.

Im Rahmen der spontanen Symmetriebrechung starten wir von einem linear dargestellten links- und rechtshändigen SU(2) Dublett, L_α und R_a, die durch ein Skalarfeld φ_α^a mit Scharnierfunktion gekoppelt sind

$$\mathcal{L}(L_\alpha, R_a, \varphi_\alpha^a) = L^* \sigma^\wedge \frac{i}{2} \overleftrightarrow{\partial}_\mu L + R^* \sigma^\wedge \frac{i}{2} \overleftrightarrow{\partial}_\mu R$$

$$(5.155) \qquad - g(L^* \varphi R + R^* \varphi L)$$

$$+ |i\, \partial_\mu \varphi|^2 - \frac{h^2}{4}(\varphi^* \varphi - m^2)^2$$

Die $SU_L(2) \otimes SU_R(2)$ Transformationen sind gegeben durch

$$L(x) \mapsto \exp\left[-i\, \frac{\vec{\tau}(L)}{2}\, \vec{\beta}_L\right] L(x)$$

$$R(x) \mapsto \exp\left[-i\, \frac{\vec{\tau}(R)}{2}\, \vec{\beta}_R\right] R(x)$$

$$(5.156) \qquad \varphi(x) \mapsto \exp\left[-i\, \frac{\vec{\tau}(L)}{2}\, \vec{\beta}_L\right] \varphi \exp\left[+i\, \frac{\vec{\tau}(R)}{2}\, \vec{\beta}_R\right]$$

wobei $\vec{\tau}_\alpha^\beta(L)$, $\vec{\tau}_a^b(R)$ Pauli-Matrizen sind.

Die Symmetriebrechung

$$(5.157) \qquad SU_L(2) \otimes SU_R(2) \rightarrowtail SU(2) \; , \qquad \langle \varphi_\alpha^a(x) \rangle = m\, \delta_\alpha^a$$

erlaubt die Konstruktion von unitären $SU_L(2)/SU(2)$ und $SU_R(2)/SU(2)$ Transmutatoren, wobei SU(2) die nach der Kondensation verbleibende Symmetrie ist.

$$\varphi_\alpha^a(x) = S_m(x)\, \Lambda_\alpha^{\;i}(x)\, \delta_i^{\;j}\, S_{\;j}^{*a}(x)$$

$$(5.158)$$

$$\varphi_a^{*\alpha}(x) = S_m(x)\, S_a^{\;j}(x)\, \delta_j^{\;i}\, \Lambda_{\;i}^{*\alpha}(x)$$

$$\lambda^{*}\lambda(x) = \lambda\lambda^{*}(x) = 1\!\!1 \quad , \quad \varrho^{*}\varrho(x) = \varrho\varrho^{*}(x) = 1\!\!1$$

$$(5.159) \qquad \lambda(x) \mapsto \exp\left[-i\,\tfrac{\vec{\tau}^{(L)}}{2}\vec{\beta}_L\right]\lambda(x)\,\exp\left[+i\,\tfrac{\vec{\tau}}{2}\vec{\pi}(x)\right]$$

$$\varrho(x) \mapsto \exp\left[-i\,\tfrac{\vec{\tau}^{(R)}}{2}\vec{\beta}_R\right]\varrho(x)\,\exp\left[+i\,\tfrac{\vec{\tau}}{2}\vec{\pi}(x)\right]$$

Die SU(2) Parameter $\vec{\pi}(x)$ hängen von $\vec{\beta}_L, \vec{\beta}_R$ und $\varphi(x)$ ab.

Die nichtlinearen $SU_L(2) \otimes SU_R(2)/SU(2)$ Realisationen

$$\ell(x) = \lambda^{*}(x)\,L(x) \;\longmapsto\; \exp\left[-i\,\tfrac{\vec{\tau}}{2}\vec{\pi}(x)\right]\ell(x)$$

$$(5.160) \qquad r(x) = \varrho^{*}(x)\,R(x) \;\longmapsto\; \exp\left[-i\,\tfrac{\vec{\tau}}{2}\vec{\pi}(x)\right] r(x)$$

geben mit dem konstanten Anteil der Radialvariablen $\langle\varrho_m(x)\rangle = m$ die umgeordnete Lagrangedichte

$$(5.161) \qquad \mathcal{L}(L,R,\varphi) = \ell^{*}\bar{\sigma}^{\wedge}\left(\tfrac{i}{2}\overleftrightarrow{\partial_\mu} + \lambda^{*}\tfrac{i}{2}\overleftrightarrow{\partial_\mu}\lambda\right)\ell \;-\; gm(\ell^{*}r + r^{*}\ell) + \ldots$$
$$+ r^{*}\sigma^{\wedge}\left(\tfrac{i}{2}\overleftrightarrow{\partial_\mu} + \varrho^{*}\tfrac{i}{2}\overleftrightarrow{\partial_\mu}\varrho\right)r$$

Führen wir nun ein Dirac-Feld mit den Links- und Rechtskomponenten l(x) und r(x) ein

$$(5.162) \qquad \mathcal{N}(x) = \begin{pmatrix}\ell(x)\\ r(x)\end{pmatrix} \longmapsto \exp\left[-i\,\tfrac{\vec{\tau}}{2}\vec{\pi}(x)\right]\mathcal{N}(x)$$

so erhält man

$$(5.163) \qquad \mathcal{L}(L,R,\varphi) = \bar{\mathcal{N}}\gamma^{\wedge}\left(\tfrac{i}{2}\overleftrightarrow{\partial_\mu} - A_\mu - \gamma_5\,C_\mu\right)\mathcal{N} - gm\,\bar{\mathcal{N}}\mathcal{N} + \ldots$$

Hierbei entsteht eine Wechselwirkung mit den induzierten Eichfeldern zur nichtgebrochenen SU(2)

$$(5.164) \qquad A_\mu = -\tfrac{1}{2}\left(\lambda^{*}\tfrac{i}{2}\overleftrightarrow{\partial_\mu}\lambda + \varrho^{*}\tfrac{i}{2}\overleftrightarrow{\partial_\mu}\varrho\right) \mapsto A_\mu - i[\varkappa, A_\mu] + \partial_\mu\varkappa$$
$$, \; \varkappa = \tfrac{\vec{\tau}}{2}\vec{\pi}$$

und weiter die Goldstone-Feld-Ankoppelung zur gebrochenen chiralen SU(2)

$$(5.165) \qquad C_\mu = -\tfrac{1}{2}\left(\lambda^{*}\tfrac{i}{2}\overleftrightarrow{\partial_\mu}\lambda - \varrho^{*}\tfrac{i}{2}\overleftrightarrow{\partial_\mu}\varrho\right)$$

Man macht sich leicht klar, daß die Goldstone-Matrix in der Entwicklung der Transmutatoren $\lambda(x)$, $\mathcal{S}(x)$ lautet

$$(5.166) \qquad \begin{aligned} \lambda(x) &= \mathbb{1} - i\,\frac{\vec{\tau}}{2}\,\vec{\pi}(x) + \dots \\ \mathcal{S}(x) &= \mathbb{1} + i\,\frac{\vec{\tau}}{2}\,\vec{\pi}(x) + \dots \end{aligned} \qquad \varphi(x) = \mathcal{S}_m(x)\left[\mathbb{1} - i\,\vec{\tau}\,\vec{\pi}(x) + \dots\right]$$

mit masselosen Pionen als den drei Goldstone-Feldern $\vec{\pi}(x)$, die bezüglich der nichtgebrochenen SU(2) ein Triplett darstellen und sich unter den Transformationen von $SU_L(2) \otimes SU_R(2)/SU(2)$ inhomogen verhalten. (Das auch entstehende U(1) Goldstone-Feld (Abschnitt 5.1) haben wir weggelassen.) Mit den Entwicklungen (5.166) errechnet man die folgenden Entwicklungen nach den Goldstone-Feldern

$$(5.167) \qquad \begin{aligned} \lambda^*\,\frac{i}{2}\,\overset{\leftrightarrow}{\partial_r}\,\lambda &= \frac{\vec{\tau}}{2}\,\partial_r\vec{\pi} - \frac{\vec{\tau}}{4}\,(\vec{\pi}\times\partial_r\vec{\pi}) + \dots \\ \mathcal{S}^*\,\frac{i}{2}\,\overset{\leftrightarrow}{\partial_r}\,\mathcal{S} &= -\frac{\vec{\tau}}{2}\,\partial_r\vec{\pi} - \frac{\vec{\tau}}{4}\,(\vec{\pi}\times\partial_r\vec{\pi}) + \dots \\ A_r &= \frac{\vec{\tau}}{4}\,(\vec{\pi}\times\partial_r\vec{\pi}) + \dots \\ C_r &= -\frac{\vec{\tau}}{2}\,\partial_r\vec{\pi} + \dots \end{aligned}$$

Damit kann unter Vernachlässigung der Radialmode $\mathcal{S}_m(x)$ (und des U(1) chiralen Goldstone-Feldes) die umgeordnete Lagrangedichte in den ersten Termen explizit gegeben werden durch

$$(5.168) \qquad \mathcal{L}(L,R,\varphi) = \bar{\mathcal{N}}\gamma^r\left[\frac{i}{2}\,\overset{\leftrightarrow}{\partial_r} - \frac{\vec{\tau}}{4}\,(\vec{\pi}\times\partial_r\vec{\pi}) + \gamma_5\,\frac{\vec{\tau}}{2}\,\partial_r\vec{\pi}\right]\mathcal{N} - gm\,\bar{\mathcal{N}}\mathcal{N} + 2m^2(\partial_r\vec{\pi})^2 + \dots$$

Die Axialvektorkopplung an $\partial_r\vec{\pi}$ entspricht den Vektorfeldern (5.148), die bei den nichtlinearen Realisationen mit den Generatoren aus G/H zusammenhängen und keine Eichfelder darstellen.

5.7 Allgemeine Relativitätstheorie als nichtlineare GL(4,R)/SO(3,1) Realisation

In diesem Abschnitt soll die Sprache der nichtlinearen Realisationen verwandt werden, um die allgemeine Relativitätstheorie Einsteins zu formulieren.[22] Dieser Seitenblick führt ganz sicher über den Rahmen der üblicherweise betrachteten vereinheitlichten Feldtheorien hinaus. Da er sich jedoch so direkt an das in den vorigen Abschnitten Gesagte anschließt und da diese Formulierung der Relativitätstheorie zwar sehr wenig bekannt, jedoch möglicherweise grundsätzlich wichtig ist, kann ich mich nicht dazu entschließen, sie wegzulassen.

Die allgemeine Relativitätstheorie ist eine koordinatenunabhängige Theorie der 10-komponentigen reellen symmetrischen Metrik $g_{\mu\nu}(x)$ einer reellen vierdimensionalen Mannigfaltigkeit, d.h. insbesondere, sie ist GL(4,R) invariant. Weiter soll die Metrik $g_{\mu\nu}(x)$ eine wohldefinierte Signatur mit $\eta_{\mu\nu} \hat{=} (1,-1,-1,-1)$ haben, an jedem Punkt läßt sich $g_{\mu\nu}(x)$ durch geeignete Koordinatenwahl auf die Form $\eta_{\mu\nu}$ bringen. Die hierzu führenden GL(4,R) Transformationen heißen Vierbeine (Tetrad) $h_\mu{}^i(x)$ und das oben Gesagte bedeutet, daß für die Metrik gilt

$$(5.169) \qquad g_{\mu\nu}(x) = h_\mu{}^i(x)\, \eta_{ij}\, h_\nu{}^j(x)$$

Dies ist nun eine - wie im U-Formalismus auftretende - Wahl der Feldvariablen, die mit einer "Symmetriebrechung" ("flache Raum-Näherung")

$$(5.170) \qquad g_{\mu\nu}(x) = \eta_{\mu\nu} + \underline{g}_{\mu\nu}(x)\;,\quad \langle g_{\mu\nu}(x)\rangle = \eta_{\mu\nu}$$

zusammenhängt. Die verbleibende Invarianzgruppe von $\eta_{\mu\nu}$ ist

$$(5.171) \qquad SO(3,1) \subset GL(4,R)$$

In diesem Sinne läßt sich das Vierbein-Feld $h_\mu{}^i$ als ein GL(4,R)/SO(3,1) Transmutator deuten, der effektiv 16 - 6 = 10 masselose "Goldstone"-Moden (langreichweitige Wechselwirkungen) enthalten sollte

$$(5.172) \qquad h_\mu^{\ i} \longmapsto a_\mu^{\ \nu} h_\nu^{\ j} \Lambda_j^{\ i} \qquad , \qquad a_\mu^{\ \nu} \in GL(4,\mathbb{R})$$
$$\Lambda_j^{\ i} \in SO(3,1)$$

$\Lambda_j^{\ i}$ ist eine nichtlineare Realisation von $GL(4,\mathbb{R})$, linear für $SO(3,1)$ – man hat die Abhängigkeit der nichtlinearen Realisationen

$$(5.173) \qquad \Lambda = \Lambda(a,h)$$

Eine zusätzliche in Abschnitt 6 zu besprechende Komplikation liegt nun darin, daß die $GL(4,\mathbb{R})$ Transformationen auch lokal sind – dies ist jedoch leicht miteinzubeziehen.

Um das induzierte $SO(3,1)$-Eichfeld, das mit den ungebrochenen Symmetrien zusammenhängt, zu konstruieren, starten wir von der Bedingung für das Verschwinden der induzierten kovarianten Ableitung des Transmutators (5.151), also hier von der Relation

$$(5.174) \qquad \partial_\mu h_\nu^{\ i} - \Gamma_{\mu\nu}^{\ \ \lambda} h_\lambda^{\ i} + h_\nu^{\ j} (C_\mu)_j^{\ i} = 0$$

Das induzierte $SO(3,1)$-Eichfeld ist $C_\mu^{\ ji}$; die $GL(4,R)$ Konnektion $\Gamma_{\mu\nu}^{\ \ \lambda}(x)$ muß wegen der zusätzlich geforderten lokalen $GL(4,\mathbb{R})$-Invarianz als entsprechendes Eichfeld mitgenommen werden.

Um aus (5.174) die Eichfelder explizit auszurechnen, benutzen wir das inverse Tetrad $h_j^{\ \nu}(x)$

$$(5.175) \qquad h_i^{\ \nu} h_\nu^{\ j}(x) = \delta_i^{\ j} \qquad , \qquad h_i^{\ \nu} h_\mu^{\ i}(x) = \delta_\mu^{\ \nu}$$

das durch das Tetrad $h_\mu^{\ i}$ selbst ausgedrückt werden kann

$$(5.176) \qquad h_j^{\ \nu}(x) = \frac{\frac{1}{4!} \epsilon^{\nu\mu\sigma\lambda} \epsilon_{ji\kappa\ell} h_\mu^{\ i} h_\sigma^{\ \kappa} h_\lambda^{\ \ell}}{(\det h_\alpha^{\ m})} \qquad , \qquad \det h_\alpha^{\ m} \neq 0$$

Um $\left(\det h^{m}_{\alpha}\right)^{-1}$ zu konstruieren, darf die Determinante der Metrik, $\det g_{\mu\nu}$, nirgends verschwinden, was mit der lokalen Minkowski-Form (5.170) gewährleistet ist, bzw. durch die nichtsinguläre Metrik $g_{\mu\nu}$.

Mit dem inversen Tetrad erhält man aus (5.174) das induzierte SO(3,1) Eichfeld

$$(5.177) \qquad (C_{\mu})^{i}_{.j} = h^{\nu}_{j}\left(\partial_{\mu} h^{i}_{\nu} - \Gamma^{\lambda}_{\mu\nu} h^{i}_{\lambda}\right)$$

Um nun schließlich auch noch das GL(4,$\mathbb{R}$)-Eichfeld $\Gamma^{\lambda}_{\mu\nu}$ zu bestimmen, wenden wir (5.174) auf die Darstellung von $g_{\mu\nu}$ (5.169) an. Mit der Asymmetrie $C_{\mu}^{ij} = -C_{\mu}^{ji}$ für das SO(3,1) Eichfeld liefert dieses Vorgehen die Beziehung

$$(5.178) \qquad \partial_{\lambda} g_{\mu\nu} - \Gamma^{\varrho}_{\lambda\mu} g_{\varrho\nu} - \Gamma^{\varrho}_{\lambda\nu} g_{\mu\varrho} = 0$$

Wenn man jetzt noch folgende Symmetrieforderung stellt

$$(5.179) \qquad \Gamma^{\varrho}_{\lambda\mu} = \Gamma^{\varrho}_{\mu\lambda}$$

so sind – in üblicher Weise – $\Gamma^{\varrho}_{\lambda\mu}$ und damit über die expliziten Tetrad-Darstellungen für C_{μ}^{ij} (5.177) und für $g_{\mu\nu}$ (5.169) alle Felder ausgedrückt durch das Tetrad-Feld und sein inverses

$$\Gamma^{\lambda}_{\mu\nu} = \frac{g^{\lambda\alpha}}{2}\left(\partial_{\mu} g_{\nu\alpha} + \partial_{\nu} g_{\mu\alpha} - \partial_{\alpha} g_{\mu\nu}\right)$$

$$(5.180) \qquad C_{\mu}^{ij} = \tfrac{1}{2} h^{\lambda i} h^{\nu j}\left(h_{\mu\kappa}\partial_{[\lambda} h^{\kappa}_{\nu]} + h_{\lambda\kappa}\partial_{[\mu} h^{\kappa}_{\nu]} - h_{\nu\kappa}\partial_{[\mu} h^{\kappa}_{\lambda]}\right)$$

Hierbei ist $g^{\lambda\alpha}$ der inverse metrische Tensor (5.176). In der Formel für C_{μ}^{ij} haben wir lediglich SO(3,1)-Indizes mit η_{ij}, η^{ij} herauf- und heruntergezogen.

Um eine GL(4,$\mathbb{R}$) invariante dynamische Theorie mit dem GL(4,$\mathbb{R}$)/ SO(3,1) Transmutator h_μ^i zu erhalten , bietet sich als einfachstes die SO(3,1) Krümmung an

$$(5.181) \qquad C_{\mu\nu}^{ij} = \partial_{[\rho} C_{\mu]}^{ij} - C_{[\rho}^{ik} \eta_{k\ell} C_{\mu]}^{\ell j}$$

Hiermit führt die GL(4,$\mathbb{R}$) invariante Wirkung

$$(5.182) \qquad \int d^4x \, (\det h_\alpha^m)\left[\Lambda^2 \, h_i^\mu h_j^\nu \, C_{\mu\nu}^{ij} + M^4 \right]$$

zur einzig möglichen, maximal zwei Ableitungen enthaltenden Theorie des Transmutators h_μ^i. Mit $\Lambda^2 = \frac{1}{16\pi G}$, G Gravitationskonstante, ist dies Einsteins Theorie der Metrik, wobei der M^4-Term den kosmologischen Term darstellt. Mit $\hbar = 1$, c = 1 haben Λ, M die Dimension von Massen.

Spin-1/2 Felder, etwa Dirac-Felder, sind in dieser Formulierung nichtlineare GL(4,$\mathbb{R}$)/SO(3,1) Realisationen.

Um Mißverständnissen vorzubeugen: Die GL(4,$\mathbb{R}$) invariante Theorie des GL(4,$\mathbb{R}$)/SO(3,1) Transmutators $h_\mu^i(x)$ (5.182) ist nichts anderes als Einsteins Theorie, es liegt lediglich ein anderer Zugang als üblich vor. Dieser Zugang jedoch kann die Vermutung aufkommen lassen, die Gravitationstheorie - überhaupt die Metrik der Raum-Zeit-Struktur - als Kondensationsphänomen zu begreifen mit der Planckschen Masse $\Lambda_p \sim 10^{19}$ GeV als charakteristischen Größe (d.h. der Planckschen Länge 10^{-34} cm als Kohärenzlänge eines Kondensationsphänomen). Bei einer solchen Interpretation würde man dann bei den - in terrestrischen Experimenten unerreichbaren - Energien über Λ_p hinaus, d.h. jenseits der hiermit verbundenen Planckschen Länge, eine neuartige Phase ohne Metrik oder sonst irgendetwas Dramatisches erwarten. Auch hier könnte eine Festkörperanalogie existieren: Wenn man einen Kristall als Kondensationsphänomen auffaßt, so erhält man bei Überschreiten der Schmelztemperatur eine dramatische Änderung der "Raum"-Struktur. Dies alles jedoch ist derzeit Spekulation und mag nur als Anregung für Denkmöglichkeiten dienen.

§ 6   MASSIVE EICHFELDER

Wenn man die vorangehenden Abschnitte über Eichtheorien und spontane Symmetriebrechung ohne jede Kenntnis ihrer Anwendung in der elektroschwachen Wechselwirkung
und den vereinheitlichten Feldtheorien gelesen hätte, so könnte man diese Überlegungen wohl für mathematisch strukturell interessant, aber für physikalisch
völlig verfehlt halten. Wo treten, außer dem Photon in der wohlformulierten
U(1) Eichtheorie, langreichweitige Vektorwechselwirkungen auf - zumal mit
nichtabelschem Charakter, etwa geladene Wechselwirkungen vermittelt durch
masselose Teilchen? Wo treten masselose Felder mit Spin Null auf? Es hat auch
einige Zeit danach ausgesehen, als ob die Theorie der nichtabelschen Eichfelder und der Goldstone-Moden keine physikalisch fundamentale Anwendung in der
Elementarteilchenphysik finden könnte. All das hat sich grundlegend geändert
- derzeit ist die Theorie nichtabelscher Eichfelder unter den Umständen einer
symmetriebrechenden Kondensation das Herzstück des Verständnisses der Wechselwirkungen der Elementarteilchen. Die entscheidende Verbindung zwischen beiden
masselosen Strukturen - Masse-Null-Eichfelder und Goldstone-Moden - lieferte
der Anderson-Higgs[3] Mechanismus, der gleichsam den Teufel mit dem Beelzebub
austrieb, indem er "Eichfelder" kurzreichweitig (massiv) machte, dadurch daß
sie mit den masselosen Goldstone-Moden in raffinierter Weise kooperieren.

Von den Phänomenen der Supraleitung war dieser Mechanismus bekannt, experimentell nachweisbar in der endlichen Eindringtiefe eines elektromagnetischen
Feldes in einen Supraleiter: Die langreichweitigen Felder klingen im Substrat
mit Kondensation exponentiell ab. Eine Vielzahl von Elementarteilchenphysi-
kern entdeckte in der ersten Hälfte der 60er Jahre dieses Phänomen aufs Neue
(Brout, Englert,[13] Guralnik, Hagen,[26] Higgs,[30] Kibble,[36] vielleicht noch eine Menge
anderer), wir werden in Zukunft ungerechterweise vom Higgs-Phänomen (-Mecha-
nismus) sprechen.

Selbst als S. Weinberg und A. Salam dieses Phänomen in der Theorie der
elektroschwachen Wechselwirkung als entscheidend vorschlugen, war noch nicht
das ganz große Interesse entfacht. Erst als gezeigt wurde, daß einerseits
experimentelle Vorhersagen über schwache neutrale Ströme, die aus diesen Überlegungen folgten, sich bestätigten, daß andererseits theoretische Vermutungen

über die Renormierbarkeit solcherart konstruierter Theorien sich erfüllten und
damit das lang ausstehende Problem einer renormierbaren Formulierung der schwachen Wechselwirkung lösten, war der Bann gebrochen. Das Anderson-Higgs-etc.-
Phänomen ist nicht mehr aus der derzeitigen und möglicherweise auch nicht aus
der noch ausstehenden endgültigen Formulierung der Theorie der Wechselwirkungen von Quarks und Leptonen wegzudenken.

§ 6.1   Anderson-Higgs-etc.-Mechanismus

Am einfachsten Beispiel, der Dynamik eines komplexen Skalarfeldes $\varphi, \varphi^*(x)$
mit lokaler U(1) Symmetrie wollen wir den Higgs Mechanismus erläutern. Es ist
klar, daß – wenn die U(1) Symmetrie gebrochen wird durch einen entarteten
Grundzustand – Kooperationsphänomene der beiden potentiell langreichweitigen
(Masse Null) Strukturen auftreten werden, des masselosen Eichfeldes und der
masselosen Goldstone-Moden.

Die minimal gekoppelte U(1,loc) invariante renormierbare Lagrangedichte
eines Skalarfeldes $\varphi(x)$

$$(6.1) \qquad \begin{aligned} \varphi(x) &\longmapsto \exp[-i\alpha(x)]\,\varphi(x) \\ A_\mu(x) &\longmapsto A_\mu(x) + \partial_\mu \alpha(x) \end{aligned}$$

mit dem Potential einer Symmetriebrechung ist gegeben durch

$$(6.2) \qquad \mathcal{L}(\varphi, A_\mu) = |\,(i\partial_\mu - A_\mu)\varphi\,|^2 - \frac{h^2}{4}(\varphi^*\varphi - m^2)^2 - \frac{1}{4e^2} A_{\mu\nu}^2$$

Dies ist das Analogon zur phänomenologischen Ginzburg-Landau-Theorie für den
Supraleiter.

Im R-Formalismus

$$(6.3) \qquad \langle \varphi(x) \rangle = m \,, \qquad \varphi(x) = m + \varphi(x)$$

ergibt sich die umgeordnete Form

$$(6.4) \qquad \begin{aligned} \mathcal{L}(\varphi, A_\mu) = {} & |\,i\partial_\mu \varphi\,|^2 - \frac{h^2}{4} m^2 (\varphi + \varphi^*)^2 - \frac{h^2}{4}\varphi\varphi^*(2m\varphi + 2m\varphi^* + \varphi\varphi^*) \\ & - \frac{1}{4e^2} A_{\mu\nu}^2 + A_\mu^2 (m^2 + 2m\varphi + 2m\varphi^* + \varphi\varphi) \\ & - A_\mu \big[m\, i\partial^\mu(\varphi - \varphi^*) + \varphi^* i \overleftrightarrow{\partial}^\mu \varphi \big] \end{aligned}$$

Führen wir im linearisierten Anteil von (6.4) die Variablen $\varphi_{1,2}$ (5.10) ein, so erhalten wir

$$(6.5) \qquad \mathcal{L}^{lin}(\varphi, A_\mu) = \tfrac{1}{2}(\partial_\mu \varphi_1)^2 + \tfrac{1}{2}(\partial_\mu \varphi_2)^2 - \tfrac{h^2}{2}m^2\varphi_1^2 - \tfrac{1}{4e^2}A_{\mu\nu}^2 + m^2 A_\mu^2 + m\sqrt{2}\,A_\mu \partial^\mu \varphi_2$$

$\varphi_1(x)$ bleibt wie im global U(1) symmetrischen Fall die massive Mode. Das "möchte-gern" Goldstone Feld $\varphi_2(x)$ jedoch koppelt an das Eichfeld. Man kann nun die neue Variable $W_\mu(x)$

$$(6.6) \qquad W_\mu(x) = A_\mu(x) + \frac{1}{m\sqrt{2}}\partial_\mu \varphi_2(x) \;,\quad W_{\mu\nu}(x) = A_{\mu\nu}(x)$$

einführen und erhält die Form

$$(6.7) \qquad \mathcal{L}^{lin}(\varphi, A_\mu) = \tfrac{1}{2}(\partial_\mu \varphi_1)^2 - \tfrac{h^2}{2}m^2\varphi_1^2 - \tfrac{1}{4e^2}W_{\mu\nu}^2 + m^2 W_\mu^2$$

mit den dazugehörigen Propagatoren

$$(6.8) \qquad \underbrace{\varphi_1 \varphi_1}(p) = \frac{1}{p^2 - m_0^2} \;,\quad \underbrace{W_\mu W_\nu}(p) = e^2 \frac{\eta_{\mu\nu} - p_\mu p_\nu / m_w^2}{-p^2 + m_w^2}$$

$$m_0^2 = h^2 m^2, \quad m_w^2 = 2e^2 m^2$$

$\varphi_2(x)$ scheint völlig verschwunden! Das Eichfeld dagegen, in der geänderten Form $W_\mu(x)$, ist massiv geworden. Ein masseloses Vektorfeld mit Spin 1 hat nur zwei Polarisationsrichtungen, d.h. die dritte Komponente des Spins hat $S_3 = \pm 1$ zu sein. Ein massives Vektorfeld dagegen hat drei Komponenten $S_3 = \pm 1, 0$. Das Eichfeld hat, wie man oft sagt, das Goldstone Feld "aufgefressen" und ist massiv geworden. Wenn diese Charakterisierung des Higgs-Phänomens wirklich durchgehend, d.h. für alle Energien, zuträfe, wäre der ganze Mechanismus für die Katz, was die Renormierbarkeit betrifft. Wir werden weiter unten sehen, was in einer quantisierten Theorie, bei der man eine Eichfixierung in der Basisdynamik (6.2) zu berücksichtigen hat, im einzelnen geschieht, um die Renormierbarkeit zu bewahren.

Um die Gruppenstruktur besser zu beleuchten, wollen wir jedoch zuerst den symmetrischen U-Formalismus betrachten: Unter Abspaltung der U(1)-Koordinate $\varphi(x) = \varrho(x)\, u(x)$, $u(x) = \exp[-i\theta(x)]$, (5.13), gilt

$$(6.9) \qquad (i\partial_\mu - A_\mu)\varphi = U\left[i\partial_\mu \varrho - \varrho(A_\mu - u^* i\partial_\mu u)\right]$$

wobei $W_\mu(x)$

$$(6.10) \qquad W_\mu(x) = A_\mu - U^* i \partial_\mu U = A_\mu - \partial_\mu \theta \longmapsto W_\mu(x)$$

eine U(1,loc) invariante Variable ist mit gleicher Krümmung wie das Eichfeld $A_\mu(x)$

$$(6.11) \qquad A_{\mu\nu} = \partial_{[\nu} A_{\mu]} = \partial_{[\nu} W_{\mu]} = W_{\mu\nu}$$

(Hierbei haben wir $(\partial_\nu \partial_\mu - \partial_\mu \partial_\nu)$ u(x) als verschwindend vorausgesetzt. Wir wollen nicht auf Theorien mit Vortex- oder Soliton-artigen Lösungen eingehen, auf die das nicht zuzutreffen hat). Die umgeordnete Lagrangedichte

$$(6.12) \qquad \mathcal{L}(\varphi, A_\mu) = (\partial_\mu \varrho)^2 + \varrho^2 W_\mu^2 - \frac{h^2}{4}(\varrho^2 - m^2)^2 - \frac{1}{4e^2} W_{\mu\nu}^2$$

liefert mit der c-Zahl freien Variablen $\varrho(x) = \varrho(x) - m$ die Resultate wie oben (6.8) und in Abschnitt 5.1. Die Masse des Feldes $W_\mu(x)$ bricht nicht die Eichvarianz.

Wie in Abschnitt 4 diskutiert, braucht eine quantisierte Eichtheorie eine Eichfixierung, wir addieren also zu $\mathcal{L}(\varphi, A_\mu)$ (6.2) die eichfixierenden Terme

$$(6.13) \qquad \mathcal{L}^{gf}(A_\mu, \lambda) = -A_\mu \partial^\mu \lambda - \frac{\chi e^2}{2} \lambda^2$$

Für nichtabelsche Eichtheorie spielt der Fadeev-Popov-Sektor keine Rolle. Nach der symmetrischen Umordnung (6.10) erhält man für den linearen Eichfeldanteil

$$(6.14) \quad \mathcal{L}^{lin}(A_\mu, \lambda, U) = m^2 \left(A_\mu - U^* i \partial_\mu U\right)^2 - \frac{1}{4e^2} A_{\mu\nu}^2 - A_\mu \partial^\mu \lambda - \frac{\chi e^2}{2} \lambda^2$$

$$= m^2 W_\mu^2 - \frac{1}{4e^2} W_{\mu\nu}^2 - W_\mu \partial^\mu \lambda - (U^* i \partial_\mu U) \partial^\mu \lambda - \frac{\chi e^2}{2} \lambda^2$$

Man kann sich drehen, wie man will - das Goldstone-Feld $\theta(x)$, $U^* i \partial_\mu U = \partial_\mu \theta$ bleibt als Variable in der Theorie.

In der (A_μ, θ, λ) Formulierung erhält man damit die Propagatoren

(6.15)

	A_ν	θ	λ
A_μ	$\dfrac{e^2(\eta_{\mu\nu}-p_\mu p_\nu/p^2)}{-p^2+m_W^2}-\gamma\,\dfrac{e^2 p_\mu p_\nu/p^2}{p^2}$	$i\gamma\,\dfrac{e^2 p_\mu}{(p^2)^2}$	$i\,\dfrac{p_\mu}{p^2}$
θ	$-\,i\gamma\,\dfrac{e^2 p_\nu}{(p^2)^2}$	$\dfrac{1/m_W^2}{p^2}+\gamma\,\dfrac{e^2}{(p^2)^2}$	$\dfrac{1}{p^2}$
λ	$-\,i\,\dfrac{p_\nu}{p^2}$	$\dfrac{1}{p^2}$	0

wobei allgemein die Impulsraumpropagatoren definiert wurden

$$(6.16)\qquad \langle O_1(x)\,O_2(y)\rangle = \frac{i}{(2\pi)^4}\int dp\,\exp[-ip(x-y)]\;\underline{O_1 O_2}(p)$$

Man sieht deutlich - und das ist wichtig für die Renormierbarkeit-, daß das
Verhalten des Eichfeldpropagators für große Impulse nicht geändert wurde.
Das Zusammenspiel der Spin 0 Propagatoren in $\partial_\mu A^\mu$, θ und λ ist kompliziert
und enthält für eine Eichung $\gamma\neq 0$ sogar Dipole, deren Eichabhängigkeit
sie jedoch als unphysikalisch ausweist. Lokal, d.h. für kleinste Abstände,
kann das Goldstone Feld die Eichabhängigkeit des A_μ-Feldes nicht abschirmen.

In der (W_μ, θ, λ) Basis erhält man die Propagatoren

(6.17)

	W_ν	θ	λ
W_μ	$\dfrac{e^2(\eta_{\mu\nu}-p_\mu p_\nu/m_W^2)}{-p^2+m_W^2}$	$-\dfrac{i}{m_W^2}\cdot\dfrac{p_\mu}{p^2}$	0
θ	$\dfrac{i}{m_W^2}\cdot\dfrac{p_\nu}{p^2}$	$\dfrac{1}{m_W^2}\cdot\dfrac{1}{p^2}+\gamma\,\dfrac{e^2}{(p^2)^2}$	$\dfrac{1}{p^2}$
λ	0	$\dfrac{1}{p^2}$	0

mit den ultraviolett gefährlichen W_μ-Propagatoren. Es soll nicht diskutiert
werden, wie die Theorie in dieser Formulierung bzgl. der Renormierbarkeits-
struktur behandelt werden muß.

6.2 Glashow-Salam-Weinberg Modell ("Standard-Modell")

Das Zusammenwirken von gruppentheoretisch motivierter Eichdynamik und
Goldstone Moden aufgrund eines entarteten Grundzustandes wurde – in der Elementarteilchenphysik – zu einer experimentell nachprüfbaren Theorie im vereinheitlichten Modell von S. Glashow, A. Salam und S. Weinberg. Dieses Modell
fiel nicht überraschend vom Himmel, es hatte viele Vorstudien hierzu gegeben
(z.B. CVC: "conserved vector currents theory"), weiterhin wurde das Modell
bei seinem Erscheinen 1967 auch nicht direkt mit großer Begeisterung begrüßt.
Zwei Begebenheiten verhalfen ihm schließlich zum Durchbruch, nachdem es etwa
von 1967 bis 1971 nur Fachleuten bekannt war. Zum ersten wurden experimentelle
Konsequenzen der darin vorhandenen Struktur für schwache neutrale Ströme nach-
gewiesen, zum zweiten konnte die – etwa von Weinberg nur als Vermutung ange-
gebene – Renormierbarkeit gezeigt werden.

Das "GSW-Modell" ist ein großer interessanter Fortschritt. Wie man jedoch
sehen wird, läßt es noch viele Fragen offen – Fragen qualitativer und quantitativer Art. Es kann daher kein Zweifel bestehen, daß das GSW Modell nicht das
letzte Wort beim Verständnis der elektroschwachen Wechselwirkung ist.

Der $SU(3) \otimes SU(2) \otimes U(1)$ Eichsektor des GSW Modells wurde in Abschnitt 4.3
besprochen. Zusammen mit links- und rechtshändigen Fermionen mit den
$SU(3) \otimes SU(2) \otimes U(1)$ Eigenschaften

$$(6.18) \qquad \mathbb{L}(x) : (1,2,y) \qquad\qquad \begin{aligned} R_1(x) &: (1,1,y+\tfrac{1}{2}) \\ R_2(x) &: (1,1,y-\tfrac{1}{2}) \end{aligned}$$

ist er gegeben durch

$$(6.19) \qquad \begin{aligned} \mathcal{L} \ =\ & \mathbb{L}^* \bar{\sigma}^\mu \left(\tfrac{i}{2}\overleftrightarrow{\partial_\mu} - A_\mu - y\, C_\mu\right) \mathbb{L} \\ & + R_1^* \sigma^\mu \left(\tfrac{i}{2}\overleftrightarrow{\partial_\mu} - (y+\tfrac{1}{2})\, C_\mu\right) R_1 + R_2^* \sigma^\mu \left(\tfrac{i}{2}\overleftrightarrow{\partial_\mu} - (y-\tfrac{1}{2}) C_\mu\right) R_2 \\ & - \frac{1}{2 g_2^2}\, \mathrm{Tr}\, A_{\mu\nu}^2 - \frac{1}{4 g_1^2}\, C_{\mu\nu}^2 \end{aligned}$$

Hierbei haben wir die für den Augenblick nicht interessierenden SU(3) Freiheitsgrade weggelassen. y ist der Wert der "starken" Hyperladung

$$(6.20) \qquad y \begin{pmatrix} \text{Quarks} \\ \text{Leptonen} \end{pmatrix} = \begin{pmatrix} 1/6 \\ -1/2 \end{pmatrix}$$

Nimmt man nur die Leptonen ($y = -1/2$), so hat das Feld R_1 keinerlei Eichwechselwirkung mehr. Es stellt ein weiteres "Neutrino" dar, das – von den bisherigen Experimenten her gesehen – weggelassen werden kann und auch in der ursprünglichen Fassung von Weinbergs "Model of Leptons" nicht vorhanden war. Die vereinheitlichten Theorien werden sich auch danach charakterisieren lassen, ob sich solch ein "Neutrino" vorhersagen läßt oder nicht.

Nimmt man Quarks und Leptonen, so sind eine Lagrangedichte für $y = -1/2$ und drei durch SU(3) verbundene für die Quarks mit $y = -1/6$ zu addieren (Abschnitt 4.3).

Die Lagrangedichte (6.19) enthält immer noch zwei Kopplungskonstanten g_2, g_1 für die SU(2) $\otimes$ U(1) Eichfelder. Deshalb ist es letztlich nicht richtig, sie als Dynamik einer einheitlichen Theorie zu bezeichnen, etwa im Sinne von Maxwells Vereinigung der elektrischen und magnetischen Felder in den Lorentz-invarianten Maxwell-Gleichungen.

Die SU(2) $\otimes$ U(1) Symmetriegruppe wird durch ein komplexes Skalarfeld $\varphi_\alpha(x)$ mit "Scharnierfunktion" (Abschnitt 5.3) zur U(1) herabgebrochen

$$(6.21) \qquad \mathcal{L}(\varphi) = \left| \left(i\partial_\mu - A_\mu - \tfrac{1}{2} C_\mu \right) \varphi \right|^2 - \frac{h^2}{4} \left(\varphi^* \varphi - H^2 \right)^2$$

Die Hyperladung (U(1)-Eigenschaft) von φ ist $(+1/2)$. Daher (und genau so wurden die rechtshändigen Felder $R_{1,2}(x)$ gebaut) ist eine Yukawa-Kopplung möglich.

$$(6.22) \qquad \mathcal{L}^Y = -g \left[(L^* R_2) \varphi + \varphi^* (R_2^* L) \right]$$

Mit dem konjugierten Higgs Feld $\tilde{\varphi}_\alpha(x)$

$$(6.23) \qquad \tilde{\varphi}_\alpha(x) = C_{\alpha\beta} \varphi^{*\beta}(x) , \qquad C_{\alpha\beta} \stackrel{\wedge}{=} \begin{pmatrix} 0 & 1 \\ -1 & 0 \end{pmatrix}$$

$$(6.24) \qquad \varphi(x) : (1, 2, +\tfrac{1}{2})$$
$$\tilde{\varphi}(x) : (1, 2, -\tfrac{1}{2})$$

läßt sich das SU(2)-Dublett $\underline{L}$ (x) auch an das SU(2)-Singlett R_1(x) koppeln

$$(6.25) \qquad \mathcal{L}^{\prime Y} = -g^{\prime}\left[(\underline{L}^{*}R_1)\tilde{\varphi} + \tilde{\varphi}^{*}(R_1^{*}\underline{L})\right]$$

Die Dynamik mit $\mathcal{L}$ (6.19) zeigt eine globale U(1) $\otimes$ U(1) $\otimes$ U(1) Invarianz

$$(6.26) \qquad \underline{L} \longmapsto exp\left[-i\alpha_L\right]\underline{L} \quad , \quad \begin{array}{l} R_1 \longmapsto exp\left[-i\alpha_{R_1}\right]R_1 \\ R_2 \longmapsto exp\left[-i\alpha_{R_2}\right]R_2 \end{array}$$

wovon eine Kombination in der Hyperladungs-U(1) geeicht wird. Unter Hinzunahme der Yukawa-Kopplung $\mathcal{L}^{Y}$ (6.22) muß sich das Skalarfeld φ transformieren wie

$$(6.27) \qquad \varphi \longmapsto exp\left[-i(\alpha_L - \alpha_{R_2})\right]\varphi$$

Bei Erweiterung durch die weitere Yukawa-Kopplung $\mathcal{L}^{\prime Y}$ (6.25) müssen R_1 und R_2 entgegengesetzte U(1) Eigenschaften haben

$$(6.28) \qquad \alpha_{R_1} = -\alpha_{R_2}$$

Die Asymmetrie des Grundzustandes (Abschnitt 5.3)

$$(6.29) \qquad \langle \varphi_\alpha(x) \rangle \mathrel{\hat{=}} M \begin{pmatrix} 0 \\ 1 \end{pmatrix}$$

gibt über die Yukawa-Kopplungen $\mathcal{L}^{Y}$, $\mathcal{L}^{\prime Y}$ den Feldern ($\underline{L}_1$, R_1), ($\underline{L}_2$, R_2) eine Masse. Für den leptonischen Faktor ist das bezüglich des Neutrinos $\underline{L}_1$ experimentell nur zulässig, wenn diese Masse $\sim$g'M sehr klein ist. Dann bildet jedoch das Neutrino mit den Komponenten ($\underline{L}_1$, R_1) ein massives Dirac Feld. Da es experimentell danach keineswegs aussieht, ist für den Leptonensektor $\mathcal{L}^{\prime Y}$ nicht gut zu gebrauchen. Man überlegt sich leicht, daß dagegen für den Quarksektor sowohl $\mathcal{L}^{Y}$ als auch $\mathcal{L}^{\prime Y}$ nützlich sein könnten. Wir werden in Abschnitt 7.1 besprechen, wie man dies unterschiedliche Massenverhalten von Quarks und Leptonen in links-rechts-symmetrischen Modellen unter einen Hut bekommen kann.

Zur Umordnung bei Symmetriebrechung benutzen wir den U-Formalismus, der R-Formalismus sei als leichte Übung empfohlen.

Mit der Zerlegung

$$\varphi_\alpha(x) = \varrho(x)\, S_\alpha(x) \quad,\quad S^{*\alpha}(x)\, S_\alpha(x) = 1$$

(6.30)
$$S(x) \longmapsto \exp\left[-i\,\frac{\vec{\tau}}{2}\vec\beta(x) - \frac{i}{2}\alpha(x)\right] S(x)$$

sind die SU(2) $\otimes$ U(1) Koordinaten eingeführt. Es ist nützlich eine 2x2 Matrix-Form für s_α (x) zu wählen

(6.31)
$$\tilde\varphi_\alpha(x) = \varrho(x)\, \tilde S_\alpha(x)$$
$$S_\alpha^1(x) = \tilde S_\alpha(x) \quad,\quad S_\alpha^2(x) = S_\alpha(x)$$
$$S_\alpha^i\, S_i^{*\beta}(x) = \delta_\alpha^\beta \quad,\quad S_\alpha^i\, S_j^{*\alpha}(x) = \delta_j^i$$

Strukturen solcher Art sind von den nichtlinearen Realisationen her vertraut (Abschnitte 5.2, 5.6) mit dem konzeptionellen Unterschied, daß hier die U(1)-Gruppe als SU(2) unabhängig (dort als SU(2) Untergruppe) behandelt wird.

(6.32)
$$S(x) \longmapsto \exp\left[-i\,\frac{\vec{\tau}}{2}\vec\beta(x)\right] S(x)\, \exp\left[+i\,\frac{\lambda_3}{2}\alpha(x)\right]$$

λ_3 wirkt als Pauli-Matrix im "(i, j)-Raum". Mit der Zerlegung (6.30) schreibt sich der kinetische Higgs-Feld Term

(6.33)
$$i\partial_\mu\varphi - A_\mu\varphi + \varphi\,\frac{\lambda_3}{2}\,C_\mu$$
$$= S\left[i\partial_\mu\varrho + \varrho\left(S^*i\,\partial_\mu S - S^* A_\mu S + \frac{\lambda_3}{2}C_\mu\right)\right]$$

(6.34)
$$\varphi_\alpha^i(x) = \varrho(x)\, S_\alpha^i(x) \,\hat=\, \begin{pmatrix}\tilde\varphi_\alpha(x)\\ \varphi_\alpha(x)\end{pmatrix}$$

Hierbei entsteht das auf nichttriviale U(1)-Eigenschaften reduzierte Vektorfeld

(6.35)
$$W_\mu = \frac{\vec\lambda}{2}\vec W_\mu = S^* A_\mu S - S^* i\partial_\mu S$$
$$W_\mu \longmapsto W_\mu - i\left[\alpha\,\frac{\lambda_3}{2}\,,\,W_\mu\right] + \frac{\lambda_3}{2}\partial_\mu\alpha$$

wobei die dritte Komponente W_μ^3 sich genauso wie C_μ unter der verbleibenden U(1) transformiert und daher die in (6.33) entstehende Kombination U(1) invariant ist.

Mit (6.33) erhält man nun für die Lagrangedichte des skalaren Feldes $\varphi(x)$

$$(6.36) \qquad \mathcal{L}(\varphi) = (\partial_\mu \varrho)^2 + \frac{\varrho^2}{4} \, \mathrm{Tr}\, (W_\mu + \tfrac{\lambda_3}{2} C_\mu)^2 - \frac{h^2}{4} (\varrho^2 - M^2)^2$$

Mit der c-Zahl Abspaltung $\varrho(x) = M + \underline{\varrho}(x)$ ergibt dies als linearisierten Anteil der Eichfeld Lagrangedichte

$$(6.37) \qquad \mathcal{L}^{lin}(\vec{A}_\mu, C_\mu) = -\frac{1}{4 g_2^2} \vec{W}_{\mu\nu}^2 - \frac{1}{4 g_1^2} C_{\mu\nu}^2$$
$$+ \frac{M^2}{4} \left[(W_\mu^1)^2 + (W_\mu^2)^2 + (W_\mu^3 - C_\mu)^2 \right]$$

Wegen des Charakters der $S_\alpha^i(x)$ als SU(2)-Transformationen gilt für die Krümmung

$$(6.38) \qquad W_{\mu\nu} = \partial_{[\nu} W_{\mu]} + i \, [W_\nu, W_\mu] = S^* A_{\mu\nu} S$$
$$\mathrm{Tr}\, W_{\mu\nu}^2 = \mathrm{Tr}\, A_{\mu\nu}^2$$

Der Massenterm in (6.37) bewirkt einen niederenergetischen SU(2) $\otimes$ U(1) Basiswechsel, wobei das unter der verbleibenden U(1) trivial sich transformierende Feld in (6.33)

$$(6.39) \qquad Z_\mu(x) = - \mathrm{Tr}\left[\lambda_3 \, S^* (\tfrac{i}{2} S' - A_\mu + \tfrac{\lambda_3}{2} C_\mu) S \right] = W_\mu^3(x) - C_\mu(x)$$

auftritt. Das massive Vektorfeld $Z_\mu(x)$ und die hierzu orthogonale masselose Komponente, das Photon-Eichfeld $\Gamma_\mu(x)$, sind die der Symmetriebrechung angepaßten Felder. Mit dem Weinberg-Winkel φ_W dreht man die mit ihrer Normierung g_2, g_1 versehenen Eichfelder (W_μ^3, C_μ) in die neue Massenbasis (Z_μ, Γ_μ), normiert mit g_z und e,

$$(6.40) \qquad \begin{pmatrix} \frac{1}{g_z} Z_\mu(x) \\ \frac{1}{e} \Gamma_\mu(x) \end{pmatrix} = \begin{pmatrix} \cos\varphi_W & -\sin\varphi_W \\ \sin\varphi_W & \cos\varphi_W \end{pmatrix} \begin{pmatrix} \frac{1}{g_2} W_\mu^3(x) \\ \frac{1}{g_1} C_\mu(x) \end{pmatrix}$$

Hieraus liefert der Vergleich mit (6.39) für die verwendeten Konstanten

$$(6.41) \qquad g_z^2 = g_1^2 + g_2^2 \quad , \quad \tan\varphi_W = g_1/g_2$$

$$(6.42) \qquad \Gamma_\mu(x) = \frac{e}{g_z \cos\varphi_w \sin\varphi_w} \left[\sin^2\varphi_w \, W_\mu^3(x) + \cos^2\varphi_w \, C_\mu(x) \right]$$

Damit sich das masselose Feld $\Gamma_\mu(x)$, das Photon, im Sinne unserer Normierung unter der verbleibenden Ladungs-U(1) richtig transformiert, d.h.

$$(6.43) \qquad \Gamma_\mu(x) \longmapsto \Gamma_\mu(x) + \partial_\mu \alpha(x)$$

normieren wir

$$(6.44) \qquad e^2 = g_z^2 \cos^2\varphi_w \sin^2\varphi_w = \frac{g_1^2 g_2^2}{g_1^2 + g_2^2} = g_2^2 \sin^2\varphi_w$$

Die linearisierte Eichfeld-Lagrangedichte $\mathcal{L}^{lin}(\vec{A}_\mu, C_\mu)$ (6.37)

$$(6.45) \qquad \mathcal{L}^{lin}(\vec{A}_\mu, C_\mu) = -\frac{1}{4g_2^2}\left[(W_{\mu\nu}^1)^2 + (W_{\mu\nu}^2)^2\right] - \frac{1}{4g_z^2} Z_{\mu\nu}^2 - \frac{1}{4e^2} \Gamma_{\mu\nu}^2$$
$$+ \frac{M^2}{4}\left[(W_\mu^1)^2 + (W_\mu^2)^2 + Z_\mu^2\right]$$

liefert die Massen der Vektorfelder

$$(6.46) \qquad m_W^2 = \frac{M^2}{2} g_2^2 \;,\; m_Z^2 = \frac{M^2}{2} g_z^2 = \frac{M^2}{2}(g_1^2 + g_2^2) \;,\; m_\Gamma^2 = 0$$
$$m_W^2 / m_Z^2 = \cos^2\varphi_w$$

Die adaptierten Spin 1/2 Felder (Quarks und Leptonen)

$$(6.47) \qquad L_i(x) = S_i^{*\alpha}(x)\, \mathbb{L}_\alpha(x) \longmapsto \exp\left[-i\,\tfrac{\lambda_3}{2}\alpha(x)\right] L(x)$$

zeigen die folgende Wechselwirkung mit den Vektorfeldern

$$(6.48) \qquad \begin{aligned} \mathcal{L}(L, R) &= L^* \bar\sigma^\mu (\tfrac{i}{2}\overleftrightarrow{\partial}_\mu - W_\mu - y\,C_\mu) L \\ &\quad + R^* \sigma^\mu (\tfrac{i}{2}\overleftrightarrow{\partial}_\mu - (y + \tfrac{\lambda_3}{2})C_\mu) R \\ &= L^* \bar\sigma^\mu \left[\tfrac{i}{2}\overleftrightarrow{\partial}_\mu - \tfrac{\lambda_1}{2} W_\mu^1 - \tfrac{\lambda_2}{2} W_\mu^2 - (\tfrac{\lambda_3}{2}\cos^2\varphi_w - y\sin^2\varphi_w)Z_\mu - (y + \tfrac{\lambda_3}{2})\Gamma_\mu\right] L \\ &\quad + R^* \bar\sigma^\mu \left[\tfrac{i}{2}\overleftrightarrow{\partial}_\mu + (y + \tfrac{\lambda_3}{2})\sin^2\varphi_w \, Z_\mu - (y + \tfrac{\lambda_3}{2})\Gamma_\mu\right] R \end{aligned}$$

Mit der Ladung $y + \tfrac{\lambda_3}{2}$ koppeln die Rechts- und Linkskomponenten gleichmäßig an das masselose Photon Γ_μ. Die übrigbleibenden kurzreichweitigen – also über massive Vektorteilchen verlaufenden - Wechselwirkungen lassen sich mit den Dirac-Feldern

$$(6.49) \qquad \psi_i(x) = \begin{pmatrix} L_i(x) \\ R_i(x) \end{pmatrix}, \quad i = 1,2$$

schreiben als

$$
\begin{aligned}
(6.50) \qquad \mathcal{L}(L,R) =\ & \bar\psi_1 \left[\tfrac{i}{2} \overleftrightarrow{\partial} - \gamma^\lambda (y+\tfrac{1}{2}) \Gamma_\lambda \right] \psi_1 + \bar\psi_2 \left[\tfrac{i}{2} \overleftrightarrow{\partial} - \gamma^\lambda (y-\tfrac{1}{2}) \Gamma_\lambda \right] \psi_2 \\[4pt]
& - \tfrac{1}{2\sqrt{2}} \left[\bar\psi_1 \gamma^\lambda (1-\gamma_5) \psi_2 \, W_\lambda^+ + \bar\psi_2 \gamma^\lambda (1-\gamma_5) \psi_1 \, W_\lambda^- \right] \\[4pt]
& - \tfrac{1}{4} \bar\psi_1 \gamma^\lambda \left[1 - 4\sin^2\varphi_W (y+\tfrac{1}{2}) - \gamma_5 \right] \psi_1 \, Z_\lambda \\[4pt]
& + \tfrac{1}{4} \bar\psi_2 \gamma^\lambda \left[1 + 4\sin^2\varphi_W (y-\tfrac{1}{2}) - \gamma_5 \right] \psi_2 \, Z_\lambda
\end{aligned}
$$

Wie zu erwarten, entkoppelt für $y=-1/2$ die $R_1(x)$ Komponente von der schwachen neutralen Wechselwirkung mit Z_μ. Nur die Linkskomponenten koppeln an die schwachen geladenen Bosonen $W_\mu^\pm$

$$(6.51) \qquad W_\mu^\pm = \frac{W_\mu^1 \mp i\, W_\mu^2}{\sqrt{2}}$$

Die sogenannte 4-Fermionenwechselwirkung, die von E. Fermi für die geladene schwache Wechselwirkung erstmals angeschrieben wurde, ist der niederenergetische Limes der durch die schwachen Bosonen $W_\mu^\pm$ vermittelten Kraft: Aus der Feldgleichung für $W_\mu^{1,2}$ (wir vernachlässigen die Spin 1, Spin 0 Aufspaltung, was - wie man sich überlegt - erlaubt ist für kleine Energien)

$$(6.52) \qquad \frac{1}{g_2^2} (\partial^2 + m_W^2) W_\mu^{1,2} = L^* \bar\sigma_\mu \frac{\lambda_{1,2}}{2} L$$

erhält man die Strom-Feld Relation (als Integralbeziehung zu lesen)

$$(6.53) \qquad W_\mu^{1,2} = \frac{g_2^2}{\partial^2 + m_W^2} L^* \bar\sigma_\mu \frac{\lambda_{1,2}}{2} L$$

Diese niederenergetische Strom-Feld-Relation entspricht einer analogen Relation in der phänomenologischen London-Theorie der Supraleitung. Die

Eindringtiefe eines elektromagnetischen Feldes in einen Supraleiter hat ihr Analogon in der Reichweite der schwachen Wechselwirkung.

Wird die Strom-Feld-Relation (6.53) in die schwache geladene Wechselwirkung in (6.50) eingesetzt,

$$(6.54) \quad -\frac{1}{2\sqrt{2}}\,\bar{\psi}_1 \gamma^\lambda (1-\gamma_5)\psi_2\, W_\lambda^+ = \frac{1}{(2\sqrt{2})^2}\left[\bar{\psi}_1 \gamma^\lambda (1-\gamma_5)\psi_2\right] \frac{g_2^2}{\partial^2 + m_W^2}\left[\bar{\psi}_2 \gamma_\lambda (1-\gamma_5)\psi_1\right]$$

so liefert sie für niedere Energie-Impulsüberträge $(-\partial^2 \sim p^2 \to 0)$ die effektive 4-Fermionenform

$$(6.55) \quad \left[\bar{\psi}_1 \gamma^\lambda (1-\gamma_5)\psi_2\right] \frac{g_2^2}{8 m_W^2}\left[\bar{\psi}_2 \gamma_\lambda (1-\gamma_5)\psi_1\right] \quad (p^2 \ll m_W^2)$$

Der Faktor zwischen den beiden schwachen Strömen in (6.55) ist die experimentell meßbare Fermikonstante G_F und zwar

$$(6.56) \quad \frac{g_2^2}{8 m_W^2} = \frac{1}{4 M^2} = \frac{1}{4 \langle \phi^\dagger \phi \rangle} = \frac{G_F}{\sqrt{2}}$$

Der Eich- und Higgsfeldsektor des GSW Modells enthält die numerischen Parameter

$$(6.57) \quad h^2 \,,\; M^2 = \langle \phi^\dagger \phi \rangle \,,\; g_2^2 \,,\; g_1^2 = g_2^2 \tan^2 \varphi_W$$

Experimentell ist schon seit langem bekannt

$$(6.58) \quad e^2 = g_2^2 \sin^2 \varphi_W \simeq \frac{4\pi}{137} \simeq \frac{1}{10.9}$$
$$\frac{1}{G_F} = 2\sqrt{2}\, M^2 \simeq (290\ \text{GeV})^2$$

Eine experimentelle Festlegung des Weinberg-Winkels, etwa durch Experimente mit schwachen neutralen Wechselwirkungen (6.50), für die auch eine niederenergetische 4-Fermionenform sich leicht hinschreiben läßt (Übung!), legt schließlich die Konstanten des Modells im wesentlichen fest, die sich auf die Eichwechselwirkungen beziehen. Die Konstante h^2, die zur massiven Radialmode führt und die Massen auf dem Fermionsektor bilden abgetrennte Bereiche. Mit dem experimentellen Wert

(6.59) $\qquad \sin^2\varphi_W \simeq 0.2$

erhält man also die auf die Eichfelder bezogenen Konstanten des GSW-Modells

(6.60) $\qquad M^2 \simeq (170\ \text{GeV})^2 , \quad \frac{g_2^2}{4\pi} \simeq \frac{1}{27} , \quad \frac{g_1^2}{4\pi} \simeq \frac{1}{110}$

Damit ergeben sich die Strukturen der schwachen Wechselwirkungen (6.50) bis
in alle Details (Spin, Helizität, etc.). Für die schwachen Bosonen folgen als
Massen

(6.61) $\qquad m_W \simeq 82\ \text{GeV} , \quad m_Z \simeq 92\ \text{GeV}$

Natürlich ist dies alles hier nur in einfachster Näherung bestimmt worden, Strah-
lungskorrekturen etc. ändern das Bild noch ein wenig.

Schon vor der glänzenden experimentellen Bestätigung – insbesondere der
Existenz der schwachen Bosonen W_μ und Z_μ mit den vorhergesagten Massen –
bekamen S. Glashow, A. Salam und S. Weinberg den Nobelpreis für ihren Vorschlag zum Verständnis der elektroschwachen Wechselwirkung.

Das Modell sagt nichts aus über den numerischen Wert der Quark- und Lepton-
massen. Die Yukawa-Kopplungen $\mathcal{L}^Y$ (6.22), $\mathcal{L}'^Y$ (6.25) sind ad hoc eingeführt
und die darin enthaltenen Kopplungskonstanten durch nichts festgelegt, sie sind
im wesentlichen die Fermionmassen. So hat man etwa für eine Elektron-Elektron-
Neutrino-Situation mit $\mathcal{L}'^Y$ (6.25)=0 für die Massen

(6.62) $\qquad m_e = g_e \langle\varphi\rangle = g_e M , \quad g_e = \frac{m_e}{M} \simeq 2.9 \cdot 10^{-6} ; \quad m_{\nu_e} = 0$

und ganz allgemein für Elektron, Müon, Tauon, etc.

(6.63) $\qquad m_e : m_\mu : m_\tau \dots = g_e : g_\mu : g_\tau : \dots$

Mit dem GSW Modell hat sich auch eine quantitative Verschiebung der Massenskala für die Brechung der SU(2)-Isospinsymmetrie aufgedrängt. Während man
früher dachte, daß die Masse des Elektrons (0.511 MeV) (oder auch die des Müons)
oder etwa die Neutron-Proton Massendifferenz (1.3 MeV) ein Maß für die SU(2)-

Brechung sei, nimmt man heute für die SU(2)-Brechung die Fermi Masse $\langle\varphi\rangle \cdot M \simeq 170$ GeV als ausschlaggebend an. Diese Verschiebung bringt sofort ein Hierarchieproblem auf: das Verständnis der riesengroßen dimensionslosen Massenverhältnisse der Fermi Masse M zu den Lepton-Quark Massen. Für diese Massenverhältnisse (6.62) weiß das GSW-Modell keine Erklärung.

§ 6.3 Dynamischer Higgs-Mechanismus

Das im vorigen Abschnitt besprochene GSW-Modell läßt viele Fragen offen – qualitativer und quantitativer Art. Ein Bereich dieser Fragen hat mit dem Higgs-Feld zu tun, dessen Aufgabe es ist, die Symmetrie zu brechen, das jedoch auf diesem Wege eine Flut von freien Parametern (Potentialparameter, Yukawa-Kopplungen) nach sich zieht. Letztlich erträumt man sich eine Theorie, die – nach Setzung eines Massenstabes – es erlaubt, alle weiteren Massen durch ihre Verhältnisse zur "Urmasse" und alle Kopplungskonstanten zu bestimmen. Von diesem Ziel ist man noch weit entfernt – man weiß nicht, ob dieses Ziel überhaupt realistisch ist und wenn, dann ist es fraglich, wo diese "Urmasse" anzusiedeln ist.

Wir haben in den Abschnitten 5.4 und 5.5 bei der dynamischen Symmetriebrechung Mechanismen kennengelernt, die – zumindest der Struktur nach – es ermöglichen könnten, die Parameter der Symmetriebrechung in ihrer Anzahl zu vermindern oder sie gar durch Konsistenzgleichungen zu bestimmen. Alle diese Überlegungen krankten jedoch an der Unbestimmtheit der Theorien für kleinste Abstände (Divergenzproblem). Nichtsdestotrotz wollen wir auch – um der Struktur willen – in einem Beispiel zeigen, wie ein dynamischer Higgs-Mechanismus für massive Vektorfelder aussehen könnte.

Wir knüpfen an das Modell der spontanen Symmetriebrechung durch Eichfelder in Abschnitt 5.5 an und betrachten eine $U(1,\text{loc}) \otimes U_5(1,\text{loc})$ invariante Lagrangedichte

$$(6.64) \qquad \mathcal{L}(\psi, A_\mu, A_{5\mu}) = \bar{\psi}\gamma^\mu\left(i\tfrac{1}{2}\overleftrightarrow{\partial} - A_\mu - \gamma_5 A_{5\mu}\right)\psi - \frac{1}{4g^2}A_{\mu\nu}^2 - \frac{1}{4g_5^2}A_{5\mu\nu}^2$$

$$(6.65) \qquad \begin{aligned} &\psi(x) \mapsto \exp\left[-i\alpha(x) - i\gamma_5\alpha_5(x)\right]\psi(x) \\ &A_\mu(x) \mapsto A_\mu(x) + \partial_\mu\alpha(x), \quad A_{5\mu}(x) = A_{5\mu}(x) + \partial_\mu\alpha_5(x) \end{aligned}$$

Die Wechselwirkung mit $A_\mu(x)$ mag nun Anlaß zur spontanen chiralen Symmetriebrechung geben, die sich in einer Fermionmasse m und einer Vektorfeldmasse
m_W bemerkbar macht

$$(6.66) \qquad -(\bar\psi\gamma^\lambda\psi)A_\rho - (\bar\psi\hat\gamma\hat\gamma_5\psi)A_{5\rho} = -m\bar\psi\psi + M^2 A_{5\rho}^2 + \ldots$$

und zu den effektiven Propagatoren führt

$$(6.67) \qquad \psi\bar\psi(p) = \frac{1}{\not{p}-m} \quad , \quad A_\mu^5 A_\nu^5(p) = g_5^2\,\frac{\eta_{\mu\nu}-p_\mu p_\nu/p^2}{-p^2+m_W^2} \quad , \quad m_W^2 = 2g_5^2 M^2$$

In niederster Approximation der Selbstkonsistenz für die Massenerzeugung entsteht die Masse m durch die Fermionenselbstenergie

$$(6.68) \qquad m \underset{\substack{\uparrow\\ q^2=m}}{=} \frac{6}{(4\pi)^2}\cdot\frac{i}{\pi^2}\int_\alpha dp\,\frac{m}{p_+^2-m^2}\left(\frac{g^2}{-p_-^2} - \frac{g_5^2}{-p_-^2+m_W^2}\right) \quad , \quad p_\pm = p \pm q/2$$

und die Eichfeldmasse m_W durch die Vakuumpolarisation Π_T^5 mit dem massiven Fermion (vgl. Abschnitt 4.4)

$$(6.69) \qquad \frac{g_5^2}{-q^2+m_W^2} \underset{\substack{=\\ q^2=m_W^2}}{} \frac{g_5^2}{-q^2+\frac{g_5^2}{(4\pi)^2}\Pi_T^5(q^2)}$$

also - unter Vernachlässigung der Eichfeldrenormierung

$$(6.70) \qquad M^2 \underset{\substack{=\\ q^2=m_W^2}}{} \frac{1}{(4\pi)^2}\cdot\frac{i}{4\pi^2}\int_\alpha dp\,\mathrm{Tr}\left[\gamma^5\gamma_5\frac{1}{\not{p}_+-m}\gamma_5\gamma_5\frac{1}{\not{p}_--m}\right]$$

Man könnte nun annehmen, daß die quadratische Unbestimmtheit des (divergenten)
Integrals in (6.70) dadurch bestimmt ist, daß der analoge Ausdruck für $A_\mu(x)$
bei $q^2=0$ verschwindet. Dies stimmt mit der Forderung der Eichinvarianz (transversale Vakuumpolarisation) überein. Subtrahiert man also dieses Integral auf
der rechten Seite von (6.70) und betrachtet dann beide Integrale (6.68) und
(6.70) für $q^2=0$ - was bei einer Regularisierungsmasse $\Lambda^2 \gg m^2$, m_W^2 gerecht-
fertigt ist, so folgen die Konsistenzgleichungen

$$m = m \cdot \frac{6}{(4\pi)^2} \cdot \frac{i}{\pi^2} \int_R d\rho \left[\frac{q^2}{(-p^2)(p^2-m^2)} - \frac{g_5^2}{(-p^2+m_w^2)(p^2-m^2)} \right] \cdot \frac{\Lambda^2}{\Lambda^2-p^2}$$

(6.71)

$$2m_w^2 = m^2 \frac{(-8)}{(4\pi)^2} \cdot \frac{i}{\pi^2} \int_R d\rho \, \frac{g_5^2}{(p^2-m^2)^2} \cdot \frac{\Lambda^2}{\Lambda^2-p^2}$$

die die symmetrische Lösung ($m=0$, $m_w=0$) aufweisen. Für $m\neq0$, $m_w\neq0$, läßt sich durch geeignete Subtraktion eine endliche Relation für das Verhältnis m^2/m_w^2 herleiten, gegeben durch

(6.72)
$$\frac{1}{6} - \frac{m_w^2}{4m^2} \cdot \frac{q^2-g_5^2}{g_5^2} = \frac{1}{(4\pi)^2} \cdot \frac{i}{\pi^2} \int d\rho \left[\frac{q^2-g_5^2}{(p^2-m^2)^2} - \frac{q^2}{p^2(p^2-m^2)} + \frac{g_5^2}{(p^2-m_w^2)(p^2-m^2)} \right]$$

Hier sollten wir einhalten. Wir haben gesehen, welche Schwierigkeiten die Divergenzen bereiten und welche ad hoc Annahmen nötig waren, um irgendwie weiterzukommen. Wir haben auch die Renormierung der Eichfeldkopplungskonstanten außer Acht gelassen. Deshalb sollte man vorerst auf keinen Fall irgendwelche quantitativen Folgerungen aus Gleichungen wie (6.72) ziehen. Lernen soll man durch diese Illustration bloß, wie eine dynamische Symmetriebrechung auch im Higgs-Mechanismus wirksam werden kann und die Möglichkeit in sich birgt, Massenverhältnisse (hier m^2/m_w^2) zu bestimmen.

Es soll bemerkt werden, daß bei der Bestimmung der nichtlokalen Strom-Feld-Beziehungen bei Supraleitern des Pippard-Typs[4] genau die Impulsabhängigkeit der Vakuum-Polarisation durch die Elektronen eine entscheidende Rolle spielt.

Ein noch radikaleres Programm einer dynamischen Symmetriebrechung besteht darin, die 4-Fermionenkopplung des Modells von Nambu-Jona Lasinio etwa so auszuweiten, daß sie selbst als Eichfeldkopplung fungiert. Hierzu muß man die Basiseigenschaft der Eichfelder aufgeben und sie als aus Fermionfeldern zusammengesetzt betrachten. Ein solches Programm wurde von W. Heisenberg[29] eingeleitet. Es soll hier aber wegen der zahlreichen ihm spezifischen Probleme, die vor allem wieder mit der Divergenzstruktur zu tun haben, nicht weiter diskutiert werden.

§ 7 LINKS-RECHTS-SYMMETRISCHE MODELLE

Nicht nur bei einer Durchsicht der Experimente, auch bei Betrachtung des
Standard-GSW-Modells scheint das Neutrino (i.a. die Neutrinos) eine ausgezeichnete Rolle bei den Spin-1/2 Feldern (Leptonen und Quarks) zu spielen. Zum einen
ist es ladungslos, d.h. es zeigt keine elektromagnetische Wechselwirkung. Zum
anderen scheint es - nach allen bisherigen Experimenten - masselos zu sein.
Ist das wirklich so, zum ersten experimentell - zum zweiten jedoch auch theoretisch fundiert? Bis die Experimente zur Masse der Neutrinos weitere Auf-
schlüsse geben - und glücklicherweise werden einige solche Experimente mit
Nachdruck durchgeführt - können wir uns ein wenig grundsätzliche Gedanken
machen und haben die Chance, wohlfundierte Vorhersagen zu machen. Solche Vorhersagen und theoretische Spekulationen sind der Inhalt dieses Abschnitts.

Als erstes läßt sich wohl sagen, daß ein Masse-Null-Phänomen immer auch
eine grundsätzliche qualitative Aussage für eine Theorie ist. Das wissen wir
von den Eichfeldern oder den Goldstone-Moden, wo gruppentheoretisch interessante Sachverhalte zugrundeliegen. Gibt es etwas Ähnliches für das Neutrino -
ist etwa das Neutrino ein Eichfeld oder ein Goldstone-Teilchen? Versuche in
dieser Richtung wurden - aber ohne überzeugenden Erfolg bislang - etwa anfäng-
lich im Rahmen der Supersymmetrie unternommen. Derzeit läßt sich sagen, daß
kein überzeugendes qualitativ-theoretisches Argument die Neutrinos auf Masse
Null zwingt.

Experimentell ist die Schranke für die Neutrinomasse schon sehr tief ge-
drückt worden - für die Elektronneutrinos bewegt sich die Obergrenze im 10-50 eV
Bereich. Nun stellt aber auch eine endliche, jedoch sehr kleine Masse ein qua-
litatives Problem dar: Was drückt diese Masse so tief, im Vergleich etwa zur
Masse der geladenen Leptonen? Ein hübscher Mechanismus, der dies bewerkstel-
ligt, wird unten besprochen werden.

Es mag sein, daß die nächsten beiden Abschnitte, die dem Neutrino eine [41,44]
kleine Masse zusprechen, sich als experimentell nicht richtig erweisen. Im
Augenblick zwar sind diese Modelle noch so gebaut, daß der entscheidende Mas-
senparameter, der letztlich für die Neutrinomasse relevant ist, experimentell
nicht anderweitig fixiert ist und es deshalb - durch Adjustieren dieses Para-
meters - möglich bleibt, die Neutrinomasse beliebig klein zu machen. Dieser

Parameter mag jedoch eines Tages durch andere Experimente (etwa CP-Verletzung, zusätzliche schwache neutrale Wechselwirkung) bestimmbar werden und dann sind die angeführten Modelle über ihre Aussagen zur Neutrinomasse falzifizierbar, womit sie physikalisch relevante Versuche darstellen. Bis dahin mögen sie uns den Blick für das Neutrinomassenproblem und die ausgezeichnete Stellung des Neutrinos schärfen.

§ 7.1   Starke und schwache Hyperladung im SU(2) $\otimes$ SU(2) $\otimes$ U(1) Modell

Das ursprüngliche GSW-Modell geht bezüglich der Leptonen von einer rechts-links asymmetrischen Situation aus. Das massive Elektron hat Rechts- und Linkskomponenten, das masselose Neutrino hat nur eine Linkskomponente – die Linkskomponenten tragen eine $SU_L(2)$ Symmetrie. Ergänzt man nun das Neutrino mit einer Rechtskomponente E(x), so hat man die folgenden Felder auf dem Leptonensektor (eine Familie)

$$(7.1) \qquad \begin{pmatrix} \nu_e(x) \\ e(x) \end{pmatrix}_L \longleftrightarrow \begin{pmatrix} L_1(x) \\ L_2(x) \end{pmatrix} , \quad \begin{pmatrix} E(x) \\ e(x) \end{pmatrix}_R \longleftrightarrow \begin{pmatrix} R_1(x) \\ R_2(x) \end{pmatrix}$$

Für die Quarks sind die dem E(x) entsprechenden Felder die Rechtskomponenten des Up-Quarks.

Das Schema (7.1) erlaubt die Darstellung einer $SU_L(2)$ $\otimes$ $SU_R(2)$ Produktgruppe

$$(7.2) \qquad \begin{aligned} L(x) &\mapsto \exp\left[-i\, \frac{\vec{\tau}(L)}{2} \vec{\beta}_L\right] L(x) \\ R(x) &\mapsto \exp\left[-i\, \frac{\vec{\tau}(R)}{2} \vec{\beta}_R\right] R(x) \end{aligned}$$

Die Ladung läßt sich dann durch links- und rechtshändigen Isospin ausdrücken

$$(7.3) \qquad Q = Y_s + T_3(L) + T_3(R)$$

wobei mit der Elektronladung Q(e) = -1 sich ergibt

$$(7.4) \qquad Y_s(L, R) = -1/2 , \quad Q(E) = 0$$

d.h. das zusätzliche Feld E(x) ist ladungslos.

Y_s nennen wir aus im Abschnitt 7.2 ersichtlichen Gründen "starke Hyperladung", $T_3(R)$ heiße "schwache Hyperladung" (Abschnitt 1).

Die starke Hyperladung ist die mittlere Ladung der Leptonen, bzw. der Quarks, also

(7.5)
$$Y_s(\text{Leptonen}) = \frac{1}{2\cdot 2}\,[0 + (-1) + 0 + (-1)] = -\frac{1}{2}$$
$$Y_s(\text{Quarks}) \;\; = \frac{2\cdot 3}{2\cdot 2\cdot 3}\,[\,\frac{2}{3} + (-\frac{1}{3})] = +\frac{1}{6}$$

Ein $SU_L(2) \otimes SU_R(2) \otimes U(1)$ Modell nimmt nun die Eichung dieser Gruppe vor, d.h. - in selbstverständlicher Schreibweise - es geht aus von der Dynamik für den Leptonensektor

(7.6)
$$\mathcal{L}(L, R, \vec{A}_L^{\mu}, \vec{A}_R^{\mu}, g^{\mu})$$
$$= L^* \bar{\sigma}^{\mu}[\tfrac{i}{2}\overleftrightarrow{\partial}_{\mu} - \tfrac{\vec{\tau}(L)}{2}\vec{A}_{L\mu} + \tfrac{1}{2}g_{\mu}]L$$
$$+ R^* \sigma^{\mu}[\tfrac{i}{2}\overleftrightarrow{\partial}_{\mu} - \tfrac{\vec{\tau}(R)}{2}\vec{A}_{R\mu} + \tfrac{1}{2}g_{\mu}]R$$
$$- \frac{1}{4g_L^2}\vec{A}_{L\mu\nu}^2 - \frac{1}{4g_R^2}\vec{A}_{R\mu\nu}^2 - \frac{1}{4g_s^2}g_{\mu\nu}^2$$

Die Symmetriebrechung erfolgt in zwei Stufen: Zuerst wird $T_3(R)$ und Y_s mit einer "Scharnierbrechung" identifiziert

(7.7)
$$SU_L(2) \otimes SU_R(2) \otimes U_S(1) \;\triangleright\; SU_L(2) \otimes U_Y(1)\ ,$$

dann wird die bekannte Symmetriebrechung, die $T_3(R)$ und die Hyperladung Y identifiziert, angeschlossen

(7.8)
$$SU_L(2) \otimes U_Y(1) \;\triangleright\; U_Q(1)$$

Selbstverständlich müssen die Higgs-Felder, die dazu ad hoc benutzt werden, als Darstellungen der Gruppe $SU_L(2) \otimes SU_R(2) \otimes U_S(1)$ klassifiziert werden.

Nun kann man natürlich sehr komplizierte Higgssektoren einführen. Es gibt jedoch - auch im Hinblick auf eine später vielleicht anzustrebende dynamische Symmetriebrechung durch Fermionenpaare - ein einfaches Auswahlkriterium: Die benutzten Higgs-Felder sollen zumindest die Transformationseigenschaften von Lorentz-skalaren Fermion-paaren haben ("bifermionische Higgs-Felder"). Im vorliegenden Fall ergeben sich damit die folgenden Möglichkeiten für die $SU_L(2) \otimes SU_R(2) \otimes U(1)$ Eigenschaften der bifermionischen Higgs-Felder

(7.9)

	$L(2,1,-1/2)$	$R^*(1,2,+1/2)$
$L(2,1,-1/2)$	$(3,1,-1)$	$(2,2,0)$
$R^*(1,2,+1/2)$	$(2,2,0)$	$(1,3,+1)$

wobei in der Klammer die $(SU_L(2),\ SU_R(2),\ U_S(1))$ Eigenschaften stehen.

Da für ein Spin 1/2-Feld ein Lorentz-skalares Paar eine antisymmetrische Kopplung erfordert, d.h. (vgl. Abschnitt 2)

$$(7.10) \qquad L_a(x)\,(C_\sigma^*)^{ab}\,L_b(x)\ ,\quad R^{*a}(x)\,(C_\sigma)_{ab}\,R^{*b}(x)\ ;\quad (C_\sigma)_{ab} = -(C_\sigma)_{ba}$$

muß die Kopplung für antikommutierende gleiche Felder, z.B. LL, RR, im internen Raum symmetrisch sein, also zu SU(2) Tripletts führen, somit

$$(7.11) \qquad L_{a\alpha}(x)\,(C_\sigma^*)^{ab}\,\big(\vec{\tau}(L)\big)^{\alpha\beta}\,L_{b\beta}(x) \qquad ,\qquad \vec{\tau}^{\,\alpha\beta} = \vec{\tau}^{\,\beta\alpha}$$

$$R^{*ai}(x)\,(C_\sigma)_{ab}\,\big(\vec{\tau}(R)\big)_{ij}\,R^{*bj}(x) \qquad ,\qquad \vec{\tau}_{ij} = \vec{\tau}_{ji}$$

Hierbei sind $\vec{\tau}$ bzw. $\vec{\tau}$ die symmetrischen SU(2) Clebsch-Gordon Koeffizienten, die zwei Isospin 1/2 Darstellungen zum Isospin 1 verkoppeln. Sie sind mit den üblichen Pauli-Matrizen folgendermaßen verbunden.

$$(7.12) \qquad \vec{\tau}^{\,\alpha\beta} = (C_\tau)^{\alpha\gamma}\,\vec{\tau}_\gamma^{\,\beta} \qquad ,\qquad \vec{\tau}_{ij} = \vec{\tau}_i^{\,k}\,(C_\tau^*)_{kj}$$

wobei C_τ die Konjugationsmatrix im SU(2) Raum ist, also

$$(7.13) \qquad (C_\tau)^{\alpha\gamma} \triangleq \begin{pmatrix} 0 & 1 \\ -1 & 0 \end{pmatrix} \quad ,\quad (C_\tau^*)_{kj} \triangleq \begin{pmatrix} 0 & -1 \\ 1 & 0 \end{pmatrix}$$

Man erhält somit drei mögliche bifermionische Higgs-Felder in (7.9)

$$(7.14) \qquad \vec{\phi}_L\,(3,1,-1)\ ,\quad \varphi(2,2,0)\ ,\quad \vec{\phi}_R^{\,*}\,(1,3,+1)$$

Ein $SU_R(2)$-Triplett Feld $\vec{\phi}_R(x)$ kann die Symmetriebrechung $SU_R(2) \otimes U_S(1) \triangleright U_Y(1)$ (7.7) bewerkstelligen, wobei - damit die Kombination $T_3(R)+Y_S$ erhalten bleibt - die Komponente mit $T_3(R)=+1$ in $\vec{\phi}_R(1,3,-1)$ kondensieren muß, d.h.

$$(7.15) \qquad \langle \vec{\phi}_R(x) \rangle = \Lambda \, \vec{e}_+ \quad , \quad \vec{e}_+ = \begin{pmatrix} 1 \\ 0 \\ 0 \end{pmatrix} \qquad \text{(sphärische Koordinaten)}$$

$\vec{\phi}_R(x)$ kann - nach Konstruktion - in einer Yukawa Kopplung an die Spin-1/2 Felder folgendermaßen auftreten

$$(7.16) \qquad \mathcal{L}^Y(\vec{\phi}_R) = g_R \left[(R^* \vec{\tau}_{(R)} R^*) \vec{\phi}_R + (R \vec{\tau}_{(R)} R) \vec{\phi}_R^* \right]$$

Die Symmetriebrechung (7.15) bedeutet in Matrixform

$$(7.17) \qquad \langle \vec{\tau}_{(R)} \vec{\phi}_R(x) \rangle = \Lambda \begin{pmatrix} -1 & 0 \\ 0 & 0 \end{pmatrix} , \quad \langle \vec{\tau}_{(R)} \vec{\phi}_R^*(x) \rangle = \Lambda \begin{pmatrix} -1 & 0 \\ 0 & 0 \end{pmatrix}$$

Die Yukawa-Kopplung erlaubt es, dem zusätzlich eingeführten Spin 1/2-Feld $R_1(x)=E(x)$ eine Masse zu geben

$$(7.18) \qquad \mathcal{L}^Y(\vec{\phi}_R) = -g_R \Lambda \left[R_1^* R_1^* + R_1 R_1 \right] + \ldots$$

Dies ist - wie in Abschnitt 2 diskutiert - eine Masse für ein Majorana-Feld. Hiermit ist die zusätzliche Komponente $E(x)$, der rechtshändige Partner des Neutrinos, massiv und damit vom linkshändigen Neutrino $L_1(x)=\nu_L(x)$ getrennt; $E(x)=R_1(x)$ soll künftig Majorino heißen.

Wie konstruiert, verknüpft die Symmetriebrechung (7.15) $SU_R(2)$ und $U_S(1)$ und läßt noch eine verbindende $U_Y(1)$ als Symmetrie. Damit werden die Eichfelder $A_{R\mu}^{1,2}(x)$ und $Z_{R\mu}(x)=A_{R\mu}^3(x) - \mathcal{G}_\mu(x)$ massiv, die orthogonale Kombination $C_\mu(x)=\sin^2 \varphi_R A_{R\mu}^3 + \cos^2 \varphi_R \mathcal{G}_\mu$ mit einem Mischungswinkel φ_R - analog zum Standard GSW-Modell - $\tan \varphi_R = g_S/g_R$ bleibt masselos. Man überlegt sich leicht, daß alle die Überlegungen von Abschnitt 6.2, insbesondere die Rotation der Eichfelder, hier analog auch gelten.

Mit der Matrixdarstellung für das Higgs-Feld $\vec{\phi}_R(x)$

$$(7.19) \qquad \phi_R(x) = \frac{\vec{\tau}(R)}{2}\,\vec{\phi}_R(x)\,, \qquad \phi_R^*(x) = \frac{\vec{\tau}(R)}{2}\,\vec{\phi}_R(x)$$

$$\langle \phi_R(x)\rangle = \frac{\Lambda}{2}\begin{pmatrix} 0 & 1 \\ 0 & 0 \end{pmatrix}$$

schreiben wir explizit für seinen kinetischen Term

$$(7.20) \qquad \begin{aligned} \mathcal{L}^0(\phi_R) &= Tr\left| i\,\partial\!\!\!/\,\phi_R + g_r\,\phi_R - [A_{R\mu},\phi_R]\right|^2 \\ &= \frac{\Lambda^2}{4}\,Tr\left| \begin{pmatrix} 0 & g_r \\ 0 & 0 \end{pmatrix} + \begin{pmatrix} \frac{1}{2}(A_{R\mu}^1+iA_{R\mu}^2), & -A_{R\mu}^3 \\ 0, & -\frac{1}{2}(A_{R\mu}^1+iA_{R\mu}^2) \end{pmatrix}\right|^2 + \ldots \\ &= \frac{\Lambda^2}{8}\left[(A_{R\mu}^1)^2 + (A_{R\mu}^2)^2 + 2(A_{R\mu}^3 - g_r)^2\right] + \ldots \end{aligned}$$

Hieraus kann man dann die Massen ablesen

$$(7.21) \qquad m^2\!\left(A_{R\mu}^{1,2}\right) = g_R^2\cdot\frac{\Lambda^2}{4}\quad,\quad m^2\!\left(A_{R\mu}^3 - g_r\right) = \left(g_s^2 + g_R^2\right)\frac{\Lambda^2}{2}$$

Nehmen wir – nach der ersten Symmetriebrechung (7.15) – in der neuen Basis $(A_{R\mu}^{1,2},\ Z_{R\mu},\ C_\mu)$ lediglich das masselose Feld C_μ in der umgeordneten Lagrangedichte für die Leptonen explizit mit, so erhalten wir

$$(7.22) \qquad \begin{aligned} \mathcal{L}\!\left(L, R, \vec{A}_L^\mu, \vec{A}_R^\mu, g^\mu\right) &= L^*\bar{\sigma}^\mu\left[\frac{i}{2}\overleftrightarrow{\partial}_\mu - \frac{\vec{\tau}(L)}{2}\vec{A}_{L\mu} + \frac{1}{2}C_\mu + \ldots\right]L \\ &+ R^*\sigma^\mu\left[\frac{i}{2}\overleftrightarrow{\partial}_\mu + \frac{1-\tau_3(R)}{2}C_\mu + \ldots\right]R \\ &- \frac{1}{4g_L^2}\vec{A}_{L\mu\nu}^2 - \frac{1}{4g_1^2}C_{\mu\nu}^2 \end{aligned}$$

Die Normierung von C_μ (vgl. Abschnitt 6.2) ist gegeben durch

$$(7.23) \qquad g_1^2 = \frac{g_s^2\,g_R^2}{g_s^2 + g_R^2}$$

In der Approximation (7.22) erkennt man sofort das GSW-Modell für Leptonen wieder, das sich als Niederenergienäherung für Energien klein gegen Λ^2 – die relevante Skala für die Brechung der rechtshändigen SU(2) – darstellt. Wenn M die relevante Massenskala für die $SU_L(2) \otimes U_Y(1)$ Brechung des GSW-Modells ist ($M = O(10^2 \text{GeV})$), so muß also gelten, damit das Modell mit den derzeitigen Experimenten nicht in Widerspruch steht

$$(7.24) \qquad M^2 \left[SU_L(2) \right] \ll \Lambda^2 \left[SU_R(2) \right]$$

Die Felder $A_{R\mu}^{1,2}(x)$, $Z_{R\mu}(x)$ und $R_1(x)$ haben Massen, die proportional zu Λ sind. Für den Grenzfall $\Lambda^2 \to \infty$ werden sie unendlich schwer und daher effektiv von den Feldern $\vec{A}_{L\mu}(x)$, $C_\mu(x)$, $L_{1,2}(x)$, $R_2(x)$ abkoppeln.

Die Symmetriebrechung $SU_L(2) \otimes U_Y(1) \rhd U_Q(1)$ (7.8), die nur noch die Ladungs-$U_Q(1)$ übrigläßt und etwa den Elektronen im Standard GSW-Modell ihre Masse gibt, läßt sich durch das bifermionische Higgs-Feld $\varphi(2,2,0)$ (7.9) bewerkstelligen. Dieses Higgs-Feld erlaubt die Yukawa-Kopplung

$$(7.25) \qquad \mathcal{L}^Y(\varphi) = -g \left(L^{*\alpha} \varphi_\alpha^{\ i} R_i + R^{*i} \varphi_i^{*\alpha} L_\alpha \right)$$

Seine kovariante Ableitung ist gegeben durch

$$(7.26) \qquad i D_\mu \varphi = i \partial_\mu \varphi - \frac{\vec{\tau}(L)}{2} \vec{A}_{L\mu} \varphi + \varphi \frac{\vec{\tau}(R)}{2} \vec{A}_{R\mu}$$

Die Symmetriebrechung (7.7) hat den Effekt, daß $SU_R(2)$-Multipletts sich für Energien, die klein sind gegen Λ, wie Singletts darstellen. Damit sieht es für diesen Fall so aus, als ob die Komponenten des Higgs-Feldes $\varphi(2,2,0)$, $\varphi_\alpha^1(x)$ und $\varphi_\alpha^2(x)$, zwei $SU_L(2) \otimes U_Y(1)$ Dubletts sind, die sich wie die Felder ($\tilde{\varphi}_\alpha(x) = \varphi^{*\beta}(x)(C_\tau)_{\beta\alpha}$, $\varphi_\alpha(x)$) des Standard-Modells verhalten, jedoch zusätzlich noch über die sehr massiven Eichfelder $A_{R\mu}^{1,2}$, $Z_{R\mu}$ wechselwirken. Man überlegt man sich mit diesen Bemerkungen leicht, daß die Struktur des GSW-Modells für kleine Energien ($\ll \Lambda^2$) entsteht.

Lediglich die Yukawa-Kopplung (7.25) im Verein mit dem zusätzlich eingeführten massiven Majorino $E(x) = R_1(x)$ liefert ein interessantes neues Element. Mit der "schwachen" Symmetriebrechung (7.8), bewirkt durch

$$(7.27) \qquad \langle \varphi_\alpha^1(x) \rangle = M \begin{pmatrix} 1 \\ 0 \end{pmatrix}, \quad \langle \varphi_\alpha^2(x) \rangle = M \begin{pmatrix} 0 \\ 1 \end{pmatrix}$$

entsteht als linearisierte Lagrangedichte für die Spin 1/2 Leptonen

$$\mathcal{L}^{lin}(L,R) = L^* \bar{\sigma}^\mu \tfrac{i}{2} \overleftrightarrow{\partial}_\mu L + R^* \sigma^\mu \tfrac{i}{2} \overleftrightarrow{\partial}_\mu R$$
$$(7.28) \qquad - g_R \Lambda \left(R_1^* C R_1^* + R_1^* C R_1 \right) - g M \left(L_1^* R_1 + L_2^* R_2 + R_1^* L_1 + R_2^* L_2 \right)$$

in der nun im Gegensatz zum Standard-Modell auch das linkshändige Neutrino L_1 - ebenso wie das Elektron L_2 - an den rechtshändigen Sektor (R_1, R_2) koppelt und damit eine Masse bekommt. Das Majorino Feld $R_1(x)$ jedoch wirkt hier als entscheidendes Strukturelement. Während das Elektron (L_2, R_2) ganz einfach wie im Standard GSW-Modell eine Masse

$$(7.29) \qquad m_e = gM$$

bekommt, erfordert der (L_1, R_1) Sektor eine Diagonalisierung im Hinblick auf die folgenden Majorana Felder (Abschnitt 2)

$$(7.30) \qquad \psi_1(x) = \begin{pmatrix} L_1(x) \\ c_\sigma L_1^{*T}(x) \end{pmatrix} , \qquad \psi_1'(x) = \begin{pmatrix} R_1^T(x) c_\sigma \\ R_1(x) \end{pmatrix}$$

$$(7.31) \qquad \mathcal{L}^{kin}(L_1, R_1) = \frac{1}{2} \left(\overline{\psi_1} \frac{i}{2} \overleftrightarrow{\partial\!\!\!/} \psi_1 + \overline{\psi_1'} \frac{i}{2} \overleftrightarrow{\partial\!\!\!/} \psi_1' \right)$$
$$+ g_R \Lambda \, \overline{\psi_1'} \psi_1' - \frac{gM}{2} \left(\overline{\psi_1'} \psi_1 + \overline{\psi_1} \psi_1' \right)$$

Die relevanten Massen und die dazugehörigen Feldkombinationen ergeben sich durch eine einfache Drehung, d.h.

$$\mathcal{L}^{kin}(L_1, R_1) = \frac{1}{2} \left(\overline{\nu} \frac{i}{2} \overleftrightarrow{\partial\!\!\!/} \nu + \overline{E_0} \frac{i}{2} \overleftrightarrow{\partial\!\!\!/} E_0 - m_\nu \overline{\nu}\nu - \Lambda_0 \overline{E_0} E_0 \right)$$

$$(7.32) \qquad \begin{pmatrix} \nu(x) \\ E_0(x) \end{pmatrix} = \begin{pmatrix} \cos\alpha & \sin\alpha \\ -\sin\alpha & \cos\alpha \end{pmatrix} \begin{pmatrix} \psi_1(x) \\ \psi_1'(x) \end{pmatrix}$$

mit den Masseneigenwerten m_ν und Λ_0 sowie dem Mischungswinkel α

$$\frac{1}{2}(\Lambda_0 + m_\nu) = -g_R\Lambda \ , \quad \frac{1}{2}(\Lambda_0 - m_\nu) = -\sqrt{(g_R\Lambda)^2 + (gM)^2}$$

$$(7.33) \qquad \tan 2\alpha = gM \big/ g_R\Lambda$$

$$\Lambda_0 = -2g_R\Lambda \left[1 + O\left(\tfrac{M^2}{\Lambda^2}\right) \right] \ , \quad m_\nu = \frac{(gM)^2}{2g_R\Lambda} \left[1 + O\left(\tfrac{M^2}{\Lambda^2}\right) \right]$$

Hierbei sind die ersten Terme der Entwicklungen für $M^2 \ll \Lambda^2$ hingeschrieben. Für diesen Fall bleibt eine Masse Λ_0 von der Größenordnung Λ für das Feld $E_0(x)$; dies ist im wesentlichen das Majorino $\psi_1'(x)$ (7.30) mit kleinen Beimischungen von $\psi_1(x)$ der Ordnung $\frac{M}{\Lambda}$. Die zweite Masse m_ν ist nicht nur klein von der Ordnung M, sondern zusätzlich mit $\frac{M}{\Lambda}$ gedämpft; sie gehört zum Neutrino, das im wesentlichen aus dem Feld $\psi_1(x)$ besteht

$$(7.34) \qquad m_\nu = m_e \cdot O(\tfrac{M}{\Lambda})$$

Natürlich sind alle Yukawafaktoren g, g_R unbestimmt und könnten die entstehende hierarchische Massenstruktur verzerren. Für $M^2 < \Lambda^2$ erhält das Neutrino also eine sehr kleine Masse in diesem "Wipp-Mechanismus" ("seesaw mechanism"), wobei die Masse Λ^2 wiederum mit den Massen der bzgl. des Standard Modells zusätzlichen Eichfelder eng zusammenhängt (7.21).

§ 7.2   Leptonen als vierte Farbe im SU(2) $\otimes$ SU(2) $\otimes$ SU(4) Modell

Die Einbeziehung des Majorinos und die damit verbundene Betrachtung der rechtshändigen SU(2) hat zur Einführung einer starken Hyperladung Y_S in der Ladungszerlegung (7.3) $Q = Y_S + T_3(L) + T_3(R)$ geführt. Diese starke Hyperladung für Quarks q und Leptonen

$$(7.35) \qquad Y_S\,(q,q,q;\ell) = \tfrac{1}{6}\,(1,1,1;-3)$$

ist nun wegen ihrer Nullsummeneigenschaft

$$(7.36) \qquad \sum_{\substack{\text{Quarks}\\ \text{Leptonen}}} Y_S = 0$$

wie dazu geschaffen, als Generator einer nichtabelschen Gruppe interpretiert zu werden - etwa ähnlich wie der $T_3(L)$- oder $T_3(R)$-Anteil der Ladung in die Gruppe SU(2) eingebaut ist.

Die mit Hinzunahme der Quarks zusätzlich zu berücksichtigende SU(3)-Struktur macht diesen - ursprünglich von J. Pati und A. Salam[44] vorgeschlagenen - Weg noch verlockender: Leptonen und Quarks tragen diesem Vorschlag nach eine SU(4)-Struktur, die durch Symmetriebrechung sich niederenergetisch als SU(3) $\otimes$ $U_S(1)$ darstellt

$$(7.37) \qquad SU(4) \quad \rhd \quad SU(3) \otimes U_S(1)$$

Da die SU(4)-Struktur einen SU(3) trivialen Partner auch für die rechtshändigen Quarks erfordert, ist ein SU(4) $\otimes$ SU$_L$(2) $\otimes$ SU$_R$(2) Modell hier ein adäquater Rahmen mit den Spin-1/2 Quarks und Leptonen

$$(7.38) \qquad \begin{aligned} L &= q_L + \ell_L \\ (4;2,1) &= (3,+1/6;2,1) \oplus (1,-1/2;2,1) \\ R &= q_R + \ell_R \\ (4;1,2) &= (3,1/6;1,2) \oplus (1,-1/2;1,2) \end{aligned}$$

wobei wir eine (SU(4); SU$_L$(2), SU$_R$(2)) Charakterisierung der Felder in ihre (SU(3), U$_S$(1); SU$_L$(2), SU$_R$(2)) Inhalte zerlegt haben.

Mit den Notationen von Abschnitt 3 schreiben wir mit den notwendigen SU(4), SU$_L$(2) und SU$_R$(2) Eichfeldern $\mathcal{G}_\mu^C$ (c=1,...15), $\vec{A}_{L\mu}$ und $\vec{A}_{R\mu}$ die Lagrangedichte

$$(7.39) \qquad \begin{aligned} &\mathcal{L}(L,R,\vec{A}_{L\mu},\vec{A}_{R\mu},\mathcal{G}_\mu^C) \\ &= L^*\sigma^\mu\left[i\tfrac{1}{2}\vec{\partial} - \tfrac{\vec{\tau}_c(4)}{2}\mathcal{G}_\mu^C - \tfrac{\vec{\tau}(L)}{2}\vec{A}_{L\mu}\right]L \\ &+ R^*\sigma^\mu\left[i\tfrac{1}{2}\vec{\partial} - \tfrac{\vec{\tau}_c(4)}{2}\mathcal{G}_\mu^C - \tfrac{\vec{\tau}(R)}{2}\vec{A}_{R\mu}\right]R \\ &- \tfrac{1}{4g_L^2}\vec{A}_{L\mu\nu}^2 - \tfrac{1}{4g_R^2}\vec{A}_{R\mu\nu}^2 - \tfrac{1}{4g_4^2}(\mathcal{G}_{\mu\nu}^C)^2 \end{aligned}$$

Das Eichfeld $\mathcal{G}_\mu^{15}(x)$ entspricht dem starken Hyperladung – U$_S$(1) Eichfeld $\mathcal{G}_\mu$ von Abschnitt 7.1. Zum Vergleich der Normierungen erhält man mit der Diagonalmatrix $\tau_{15}(4)$

$$(7.40) \qquad \mathrm{diag}\,\frac{\tau_{15}(4)}{2}\,\mathcal{G}_\mu^{15} = \frac{\sqrt{6}}{2}\left(\tfrac{1}{6},\tfrac{1}{6},\tfrac{1}{6},-\tfrac{1}{2}\right)\mathcal{G}_\mu^{15}$$

die Beziehungen zwischen Abschnitt 7.1 und hier durch

$$(7.41) \qquad \mathrm{dort}\begin{cases} \mathcal{G}_\mu & \sqrt{\tfrac{3}{2}}\,\mathcal{G}_\mu^{15} \\ -\tfrac{1}{4g_S^2}\mathcal{G}_{\mu\nu}^2 & \longleftrightarrow -\tfrac{1}{4g_4^2}(\mathcal{G}_{\mu\nu}^{15})^2 \end{cases} \text{hier} \;,\; g_S^2 = \tfrac{3}{2}g_4^2$$

Auch nun läßt sich die Symmetriebrechung allein über bifermionische Higgs-Felder gestalten

(7.42)

	L(4,2,1)	$R^*(\bar{4},1,2)$
L(4,2,1)	(6,1,1) (10,3,1)	(1,2,2) (15,2,2)
$R^*(\bar{4},1,2)$	(1,2,2) (15,2,2)	(6,1,1) $(1\bar{0},3,1)$

Da bei der Symmetriebrechung die Color- SU(3) erhalten bleiben soll, ist es notwendig, sich die SU(3) $\otimes$ U$_S$(1) Inhalte wie schon bei (7.38) anzusehen, also die Zerlegungen

$$\begin{aligned}
6 &= (3,-1/3) \oplus (\bar{3},\ 1/3) \\
(7.43) \qquad 10 &= (6,1/3) \oplus (3,-1/3) \oplus (1,-1) \\
15 &= (8,0) \oplus (\bar{3},-1/3) \oplus (1,0)
\end{aligned}$$

Die (1,-1) Komponente des SU(4)-Dekupletts kann als SU(3)-Singlett kondensieren und in der SU$_R$(2)-Triplettform

$$(7.44) \qquad \not{\phi}_{A,B',\,ij}(x) \qquad\qquad A,B = 1,\ldots 4 \\
i,j = 1,2$$

(A,B-symmetrisch, i,j-symmetrisch) die Symmetriebrechung

$$(7.45) \qquad SU(4) \otimes SU_R(2) \rhd SU(3) \otimes U_S(1) \ , \quad \langle \not{\phi}(x) \rangle \sim \Lambda$$

durchführen. Diese Situation wurde ausführlich schon in Abschnitt 5.3 erörtert.

Hierbei erhalten die 2x3 Eichfelder $\mathcal{G}_\mu^{9,\ldots,14}(x)$ vom (SU(3), U$_S$(1)) Typ (3,1/3) und $(\bar{3},-1/3)$ Massen von der Ordnung Λ. Die (8,0)-Eichfelder $\mathcal{G}_\mu^{1,\ldots 8}(x)$ bilden die masselosen SU(3) Gluonen. Die Komponente $R_{4\uparrow}(x)$ wird als Majorino massiv.

Bifermionische Higgs-Feldern $\varphi_1(1,2,2)$ und $\varphi_{15}(15,2,2)$ können die weitere vom Standard-Modell vertraute U$_S$(1) $\otimes$ SU$_L$(2) $\rhd$ U$_Q$(1) Brechung durchführen mit einer Masse $M^2 \ll \Lambda^2$, wobei wegen der zwei Felder φ_1 und φ_{15} keine Relation zwischen Lepton- und Quark-Massen fixiert wird.

Die 6 massiven Vektorfelder $\mathcal{G}_\mu^{\,9,\cdots,14}(x)$ führen zwar von Quark zu Leptonen über. Da jedoch die globale $U_F(1)$-Symmetrie der Quarks

$$(7.46) \qquad F(q_{L,R}) = 1, \quad F(\ell_{L,R}) = 0$$

die in offenkundiger Weise auch für die anderen Felder zu definieren ist, nicht gebrochen ist (das kondensierende $(1,-1)$ Higgs-Feld hat F=0), liefern diese Vektorfelder schließlich keinen Zerfall von SU(3)-Singletts mit F≠0, z.B. Protonen, zu SU(3) Singletts mit F=0, z.B. Leptonen, wenn SU(3)-Confinement gilt. Dies wird anders sein im SU(5)-Modell (Abschnitt 8.1).

Da alle wesentlichen Elemente dieses Modells schon besprochen wurden, lohnt es sich nicht, explizit noch die Umordnungen nach der Symmetriebrechung niederzuschreiben, dies sei als Übung gelassen. Wir wollen nur eine Bemerkung bzgl. der Eichfeldnormierungen anfügen. Die Normierung der Eichfelder beginnt mit drei freien Konstanten für die drei Faktoren in der lokalen Symmetriegruppe $SU_L(2) \otimes SU_R(2) \otimes SU(4)$

$$(7.47) \qquad \vec{A}_{L\mu}(g_L^2), \quad \vec{A}_{R\mu}(g_R^2), \quad \mathcal{G}_\mu^c(g_4^2), \quad \mathcal{G}_\mu^{15}(g_5^2 = \tfrac{3}{2} g_4^2)$$

Die Eichfeldnormierung steht in Klammer.

Die Symmetriebrechung (7.45) liefert für die neue Basis

$$(7.48) \qquad \vec{A}_{L\mu}(g_L^2), \vec{A}_{R\mu}(g_R^2), Z_{R\mu}(g_5^2 + g_R^2), C_\mu\left(\frac{g_5^2 g_R^2}{g_5^2 + g_R^2}\right)$$
$$\mathcal{G}_\mu^{1,\cdots,14}(g_4^2)$$

Die nachfolgende "schwache" Symmetriebrechung etabliert den Weinbergwinkel

$$(7.49) \qquad \tan^2 \varphi_W = \frac{g_5^2 g_R^2}{g_L^2(g_5^2 + g_R^2)} = \frac{3 g_4^2 g_R^2}{g_L^2(3 g_4^2 + 2 g_R^2)}$$

Erst zusätzliche (Symmetrie-) Bedingungen - können dann den Weinbergwinkel festlegen (etwa für $g_L = g_R = g_4$ folgt $\tan^2 \varphi_W = 3/5$).

Wenn man auch nichtbifermionische Higgs-Felder zuläßt, z.B. ein Higgs-Feld
vom Typ (15,0,0), so läßt sich selbstverständlich die Symmetriebrechung komplizierter gestalten, etwa indem man noch eine $SU(4) \triangleright SU(3) \otimes U_S(1)$ Brechung
ohne Scharniereffekt mit einbezieht

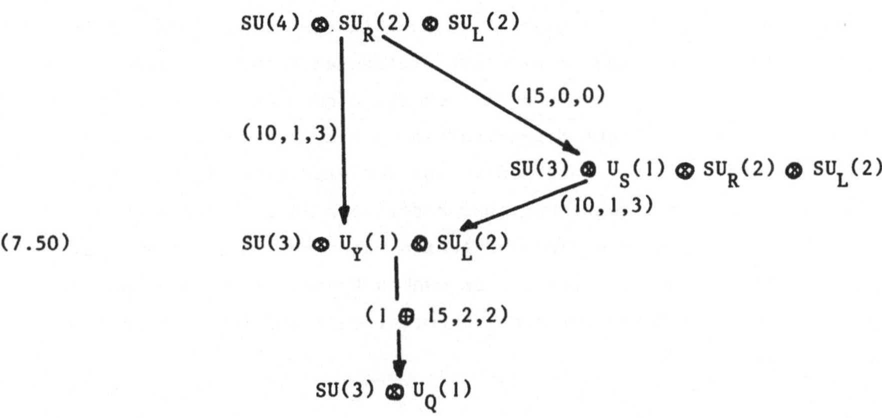

Einer der beiden Wege in (7.50) ist dann zu wählen. Wir werden solche verzweig-
ten Symmetriebrechungsketten in Abschnitt 8, speziell im Fall der SO(10)-
Vereinheitlichung, noch erwähnen.

§ 8   DIE GROSSE VEREINHEITLICHUNG (GUT)

Das SU(2) ⊗ U(1) Modell für die elektroschwachen Wechselwirkungen war ein
glänzender Erfolg - zuerst in der Theorie, dann gestützt durch die Experimente.
Wie ausführlich besprochen, ist es ein Modell, das die kooperierenden Phänomene der Eichsymmetrie und der Symmetriebrechung in einem realistischen Zusammenhang anwendet. Damit wurde ein feldtheoretisches Schema für zwei Wechselwirkungen angegeben, das nicht nur einfach ist, indem es in der dem Eichprinzip inneliegenden Art direkt Eigenschaften in Kräfte umsetzt, sondern
das auch so wohl definiert ist, wie man es von der extrem erfolgreichen
Quantenelektrodynamik her gewohnt war. Das Modell erwies sich insbesondere
als renormierbar, d.h. daß auch die Divergenzen unter Kontrolle waren. Als
man noch um die Jahreswende 1982/83 die schwachen Bosonen ausmachen konnte,
war der experimentelle Stützungsgrad des theoretischen Modells doch schon
recht groß geworden.

Es sollte jedoch nicht vergessen werden, daß es stets Stimmen gab, die
der Meinung waren, die experimentell nachprüfbaren Aussagen des Modells seien
im wesentlichen niederenergetischer Natur und der Eichcharakter des Modells,
der über die elektromagnetische $U_Q(1)$ hinausgeht, d.h. insbesondere auch alles,
was mit der spontanen Symmetriebrechung zusammenhängt, sei in keiner Weise jetzt
etabliert. So wies z.B. J.J. Sakurai [8,32] bis zu seinem Tode stets darauf hin, daß
lediglich der 4-Fermionencharakter der schwachen Wechselwirkung bestätigt sei:
Als die Auffindung der schwachen Bosonen nach seinem Tod - über die 4-Fer-
mionen-Struktur hinaus führte, brauchte diese Position nicht eigentlich auf-
gegeben zu werden. Auch Modelle zusammengesetzter nicht eichartiger Vektorbo-
sonen - in Art der früher bekannten Vektordominanztheorien für die starke Wechselwirkung - lassen Interpretationen der schwachen Wechselwirkungen als eine
Art van der Waals Wechselwirkung zu, die niederenergetisch effektiv mit dem
experimentellen Material nicht in Widerspruch stehen.

Abgesehen von diesem anderen Zugang wäre es jedoch ziemlich betrüblich,
wenn das Standard GSW-Modell der elektroschwachen Wechselwirkung mit zusätzlicher SU(3)-Struktur - oder auch Theorien wie in Abschnitt 7 - die fundamentale
nicht weiter erklärbare Ebene der Elementarteilchenphysik darstellte. Hiernach
sieht es glücklicherweise auch gar nicht aus.

Sowohl quantitativ wie qualitativ spricht viel dafür, daß es jenseits des Standard-Modells noch viel zu erklären gibt.

Das Standard GSW-Modell enthält zum ersten eine Fülle von in ihm nicht festgelegten numerischen Parametern. Da sind die Eichfeldnormierungen (3 Parameter), die Yukawa-Kopplungen (für jede Familie drei bzw. mit Majorino vier), die Higgs-Feld Potentialparameter und schließlich für mehr als eine Familie noch eine Reihe von Winkeln (z.B. Cabibbo-Winkel), die die Familien miteinander mischen, wenn man von einer "Strombasis" auf eine "Massenbasis" umrechnet. Irgendwie sollte es doch eines Tages auch möglich sein, etwa das Proton-Elektron Massenverhältnis zu verstehen.

Zum zweiten hat die Standardgruppe $SU(3) \otimes U(1) \otimes SU(2)$ eine Faktorstruktur und man mag nicht glauben, daß die benutzten Faktoren nicht miteinander in irgendeinem Sinne korreliert sind. Zwar existiert jetzt schon zwischen $U(1)$ und $SU(2)$ die niederenergetische Ladungsverbindung, aber etwa die Color-$SU(3)$ steht isoliert da. Es ist insbesondere das "Ladungssummenproblem" (Abschnitt 1), das einer Erklärung harrt. Die Ladungen von Proton und Elektron sind - mit unglaublicher Genauigkeit - umgekehrt gleich. Hierfür besteht im Standardmodell keinerlei Notwendigkeit - wenn man von einer technischen Schwierigkeit der Dreieckanomalien absieht. Wir haben im SU(4) Modell (Abschnitt 7.2) gesehen, wie die Ladungssumme Null für Quark und Leptonen in einer Zusammenführung dieser Strukturfelder in einer höheren Gruppe sich parametrisieren läßt. Man kann es sich vom Ladungssummenproblem her nicht vorstellen, daß Quarks und Leptonen nicht "in tiefster Seele" (d.h. für sehr kleine Abstände) irgendwie voneinander wissen und "verwandt" sind. Ein weiterer Punkt ist das Familienproblem, wo im Standardmodell bislang die Familien als unkorrelierte (bis auf unverstandene Mischungswinkel) Reduplikationen nebeneinanderstehen. Wieviel Familien gibt es? Warum genau so viele?

Ein in den letzten Jahren verfolgter Weg, die obigen offenen Fragen anzugehen, bestand nun darin, die Faktoren der Standardgruppe in eine große gemeinsame Eichgruppe G einzubauen

$$(8.1) \qquad G \supset G_{st} = SU(3) \otimes U(1) \times SU(2)$$

und hierbei von der einen lokalen Gruppe G alle "nichtdiagonalen" Anteile G/G_{st}

mit Hilfe eines geeigneten Higgs-Sektors zu hohen Massen zu schieben und
so effektiv zu unterdrücken. Die niederenergetisch verbleibenden kleinen
G/G_{st}-Wechselwirkungen bilden einen wichtigen Prüfstein für solche Theorien.

Bekannte, bewährte Methoden - wie hier Eichsymmetrie und spontane Symme-
triebrechung - zu übernehmen und sein Glück noch einmal hiermit zu versuchen,
ist nicht nur in der Physik eine beliebte Verfahrensweise. Aber, auch in der
Physik garantiert dies manchmal ein wenig phantasielose Vorgehen keinen Erfolg.
Bislang läßt sich auch noch nichts über die Gültigkeit der "grand unified
theories" (GUT) [13] sagen. Nichtsdestotrotz sind diese Theorien - zumindest vom
Handwerklichen her - attraktiv und als ein Gebiet interessant, wo sich die
Grundprinzipien der Eichsymmetrie und Kondensation anwenden lassen. Zum weiteren schärfen sie wieder einmal den Blick für relevante Probleme und erlauben
es, klare Fragen zu formulieren, was in sich selbst oft einen Fortschritt darstellt.

Die einfachsten GUT-Modelle betrachten lediglich eine Familie von Quarks
und Leptonen und addieren dann die übrigen Familien als reduplizierte Sektoren
hinzu, bei denen bzgl. der G-Wechselwirkungen alles beim alten bleibt und
lediglich auf dem - bisher unverstandenen - Massensektor neue ad hoc Parameter
eingeführt werden. Es gibt weitere Ansätze, auch den Familien freiheitsgrad
in eine ("horizontale") Gruppenstruktur zu fassen, die mit den bewährten Prinzipien wieder niederenergetisch das bisher experimentell Beobachtete liefert.
Schließlich gibt es dann Ansätze mit Riesengruppen, z.B. SO(6+4n), die n Familien mit der Standardgruppenwechselwirkung und einer Horizontalgruppe
vereinen. Wir werden hierauf nicht eingehen, da diese Ansätze bisher keine
besonders erregenden Erkenntnisse gebracht haben und sie mit Kenntnis der
Grundprinzipien leicht verständlich sind. Aber im derzeitigen Stand - stark
überzeugt davon, daß ein Mehrfamilien-Standardmodell nicht der Weisheit
letzter Schluß ist - haben alle Überlegungen und Wege, die die offenen Probleme beleuchten, ihre Berechtigung.

Vor der detaillierteren Besprechung einiger GUT-Ansätze sollte ein Para-
dox nicht unerwähnt bleiben. Die gute Übereinstimmung des Standard GSW-Modells
mit allen Experimenten, die Tatsache, daß keinerlei Widerspruch bisher aufge-
treten ist, erscheint in einer Hinsicht hinderlich: Man weiß nicht recht, wo
man ansetzen soll, um die Theorie zu verbessern und damit die offenen Fragen
(keine Widersprüche oder Inkonsistenzen) zu lösen.

§ 8.1   SU(5) Georgi-Glashow Modell

Wenn man eine einfache Lie-Gruppe G sucht, die die Standard Gruppe G_{st} umfaßt, so muß die Algebra dieser Gruppe – wie schon in Abschnitt 3 erwähnt – mindestens Rang 4 haben. Aus den verbleibenden Rang 4 Lie-Algebren, $_{28}D_4$ und $_{24}A_4$, die die Lie Algebra von SU(3), $_8A_2$, enthalten, läßt lediglich $_{24}A_4$, die Lie Algebra von SU(5), komplexe Darstellungen zu, die zur Darstellung der Quarks notwendig sind. Damit ist SU(5), bzw. $_{24}A_4$, die erste Gruppe, die einer Untersuchung [17] wert ist (Produktgruppen wie $[SU(2)]^4$ oder $[SU(3)]^2$ mit zusätzlichen diskreten Symmetrien seien außer acht gelassen).

Wenn man die 4 Fundamentaldarstellungen von SU(5) nach ihrem (SU(3), SU(2), U(1)) Inhalt zerlegt, wobei die Normierung a der abelschen U(1) Eigenschaft frei ist, erhält man

$$
\begin{aligned}
5 &= (3,1,-\tfrac{a}{3}) \oplus (1,2,\tfrac{a}{2}) \\
\overline{5} &= (\overline{3},1,\tfrac{a}{3}) \oplus (1,\overline{2},-\tfrac{a}{2}) \\
10 &= (3,2,\tfrac{a}{6}) \oplus (\overline{3},1,-\tfrac{2a}{3}) \oplus (1,1,a) \\
\overline{10} &= (\overline{3},\overline{2},-\tfrac{a}{6}) \oplus (3,1,\tfrac{2a}{3}) \oplus (1,1,-a)
\end{aligned}
$$

(8.2)

Wie wir gleich sehen werden, ist es nützlich, die (äquivalenten) Dublett-Darstellungen von SU(2), 2 und $\overline{2}$, $(\overline{2})^{\alpha} = (c_v)^{\alpha\beta} (2)_{\beta}$, zu unterscheiden. Wir vergleichen nun mit (8.2) die Eigenschaften der Quarks und Leptonen einer Familie (u,d,e,ν_e), wobei wir die rechtshändigen Felder in konjugierter Form als linkshändige aufschreiben (Abschnitt 2)

$$
\begin{aligned}
q_L &= \binom{u}{d}_L = (3,2,1/6) \quad , \quad \ell_L = \binom{\nu_e}{e}_L = (1,2,-1/2) \\
\widetilde{u}_R &= (3,1,2/3)^* = (\overline{3},1,-2/3) \\
\widetilde{d}_R &= (3,1,-1/3)^* = (\overline{3},1,+1/3), \quad \widetilde{e}_R = (1,1,-1)^* = (1,1,1)
\end{aligned}
$$

(8.3)

Ein Vergleich mit (8.2) zeigt: Es ergibt sich nur eine Möglichkeit, die Quarks und Leptonen in SU(5) Fundamentaldarstellungen unterzubringen.

$$
\begin{aligned}
\overline{5} &= \widetilde{d}_R \oplus \ell_L \\
10 &= q_L \oplus \widetilde{u}_R \oplus \widetilde{e}_R
\end{aligned}
$$

(8.4)

Hierbei ist in (8.2) die Hyperladungsnormierung a=1 zu wählen. Ein zusätzliches Majorino E(x) (1,1,0) läßt sich nur in einem SU(5)-Singlett unterbringen.

Explizit schreiben wir für (8.4) in einer SU(5) Vektor- und Matrix-Form

$$(8.5) \qquad \psi^\alpha(x) \hat{=} \begin{pmatrix} \tilde{d}_R^1 \\ \tilde{d}_R^2 \\ \tilde{d}_R^3 \\ e_L \\ -\nu_L \end{pmatrix} \quad , \quad \Psi_{\alpha\beta}(x) \hat{=} \frac{1}{\sqrt{2}} \begin{pmatrix} 0 & \cdot & \cdot & \cdot & \cdot \\ -\tilde{u}_R^3 & 0 & \cdot & \cdot & \cdot \\ \tilde{u}_R^2 & -\tilde{u}_R^1 & 0 & \cdot & \cdot \\ u_L^1 & u_L^2 & u_L^3 & 0 & \cdot \\ d_L^1 & d_L^2 & d_L^3 & \tilde{e}_R & 0 \end{pmatrix}$$

Das Lepton-Dublett in ψ^α ist in der $\bar{2}$ - SU(2) Darstellungsform genommen $((c_\tau)^{\alpha\beta} L_\beta)$. $\Psi_{\alpha\beta}$ ist antisymmetrisch (10= ☐), die $\bar{3}$ - SU(3) Darstellung ergibt sich durch Multiplikation mit $\epsilon_{\alpha\beta\gamma}$ aus einer 3-Darstellung. Der Faktor $\frac{1}{\sqrt{2}}$ ist Konvention.

Die adjungierte SU(5)-Darstellung, der die SU(5)-Eichfelder entstammen müssen, zerlegt sich nach den Faktoren der Standardgruppe folgendermaßen

$$24 = (8,1,0) \oplus (1,3,0) \oplus (1,1,0) \oplus (3,2,5/6) \oplus (\bar{3},2,-5/6)$$
$$(8.6) \qquad \mathcal{G}_\mu = G_\mu \oplus \vec{A}_\mu \oplus C_\mu \oplus X_\mu \oplus \bar{X}_\mu$$

und enthält außer den SU(3)-Gluonen G_μ, den SU(2) $\otimes$ U(1) elektroschwachen Eichfeldern $\vec{A}_\mu$ und C_μ noch ein komplexes SU(3)-Triplett SU(2)-Dublett-Paar von Vektorfeldern $(X_\mu, \bar{X}_\mu)$. Man mag sich als Übung eine geeignete Darstellung von SU(5) durch 5x5 Matrizen (3.32) anschreiben. Damit läßt sich dann explizit die SU(5) invariante Lagrangedichte angeben

$$(8.7) \qquad \mathcal{L}(\psi, \Psi, \mathcal{G}_\mu) = \psi^* \bar{\sigma}^r \tfrac{i}{2} \overleftrightarrow{D}_r \psi + \Psi^* \bar{\sigma}^r \tfrac{i}{2} \overleftrightarrow{D}_r \Psi - \frac{1}{4g_5^2} \mathcal{G}_{\mu\nu}^2$$

wobei die geeigneten kovarianten Ableitungen zu nehmen sind.

In der expliziten Darstellung (8.5) sieht man sofort einen wesentlichen Punkt für die SU(5)-Eichwechselwirkung. Da in den SU(5) Multipletts nicht nur

Leptonen und Quarks (in ψ und Ψ) sondern auch Quarks und Antiquarks (nämlich q_L und $\widetilde{U}_R$ in Ψ) vereint sind, enthalten die Wechselwirkungen in (8.7) über die zusätzlichen Eichfelder X_μ, $\bar{X}_\mu$ Vertizes der Art

$$(8.8)$$

$$\left(\ell_L^* \sigma_F q_L\right)\bar{X}_\mu \qquad , \qquad \left(\widetilde{U}_R^* \sigma_F q_L\right)X_\mu$$

Diese Kopplungen lassen keine globale U(1) für die Quarks als Symmetriegruppe mehr zu. Deshalb kann ein Zerfall eines SU(3)-Singletts mit Quarkzahl ungleich Null, z.B. eines Protons, in ein SU(3)-Singlett mit verschwindender Quarkzahl, z.B. in ein Lepton mit Pion, stattfinden, etwa

$$(8.9) \qquad P \text{ (Proton)}$$

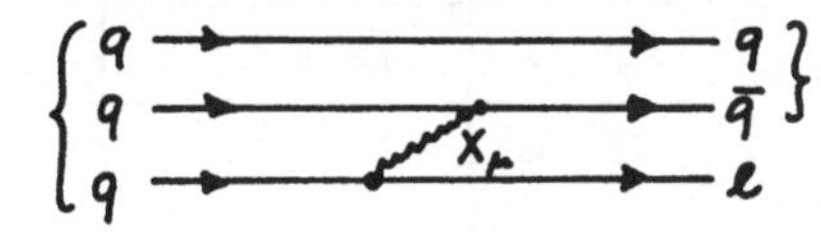

Dieser Prozeß, der nur über die "Nichtdiagonaleichfelder" $(X_\mu, \bar{X}_\mu)$ (später auch über Higgs-Felder) verläuft, muß wegen der hohen Stabilität des Protons (Lebensdauer $\tau_p > 10^{31}$ Jahre) stark unterdrückt sein, d.h. die durch die "starke Symmetriebrechung

$$(8.10) \qquad SU(5) \xrightarrow[M_X]{} SU(3) \otimes SU(2) \otimes U(1)$$

zu etablierende Masse M_X der Bosonen X_μ muß im Vergleich zu "üblichen" Massen ($\sim$ 10 GeV) extrem hoch sein.

[37]
Ohne auf teilweise schwierige Details einzugehen, wollen wir uns ein Gefühl für die Größenordnung von M_X verschaffen: Nach den Regeln der Quantentheorie ist τ_p invers proportional dem Absolutquadrat des Übergangsmatrixelements $\langle p | \ell \pi \rangle$, das wiederum dem Quadrat M_X^2 der Vektorbosonen X_μ umgekehrt proportional ist (vgl. schwache Wechselwirkung, Abschnitt 6.2).

$$(8.11) \qquad \tau_P \sim \frac{1}{|<p|\ell\tau>|^2} \sim \frac{M_x^4}{m_P^5}$$

Bei der Berechnung kommt noch die Protonmasse m_P hinzu (zusätzlich noch Wellen-funktionsnormierungen etc.). Mit $\tau_P \gtrsim 10^{31}$ Jahre $\sim 10^{63}$/GeV erhält man

$$(8.12) \qquad \left(\frac{M_x}{m_P}\right)^4 \gtrsim 10^{63} , \qquad M_x \gtrsim 0 \ (10^{16} \text{ GeV}) .$$

Wir wollen nun den Prozeß der Symmetriebrechung untersuchen, der in zwei Stufen erfolgt - neben der starken Symmetriebrechung (8.10) dann die übliche "schwache" Symmetriebrechung. Mit den SU(5) Darstellungsprodukten von Abschnitt 3 erhalten wir die bifermionischen Higgs-Feld-Möglichkeiten, die auch über Yukawa-Kopplungen den Fermionen ψ^α , $\Psi_{\alpha\beta}$ Masse geben können.

$$(8.13)$$

	$\psi(\bar{5})$	$\Psi(10)$
$\psi(\bar{5})$	$\overline{15}$	$5,45$
$\Psi(10)$	$5,45$	$\overline{5},\overline{50}$

Hierbei ist bei gleichen Fermionen wieder nur die symmetrische SU(5) Kopplung möglich. Weiter notieren wir die (SU(3), SU(2), U(1)) Zerlegungen der SU(5) Darstellungen in (8.13)

$$(8.14)$$

$$\overline{15} = (\bar{6},1,2/3) \oplus (\bar{3},2,-1/6) \oplus \underline{(1,3,-1)}$$
$$5 = (3,1,-1/3) \oplus \underline{(1,2,+1/2)}$$
$$45 = (8,2,1/2) \oplus \underline{(1,\bar{2},1/2)} \oplus (6+3,1,-1/3) \oplus (3,3,-1/3)$$
$$\oplus (\bar{3},1,4/3) \oplus (\bar{3},\bar{2},-7/6)$$
$$50 = (6,3,1/3) \oplus (\bar{3},1,1/3) \oplus (8,2,-1/2) \oplus (\bar{6},1,-4/3)$$
$$\oplus (3,2,7/6) \oplus (1,1,2)$$

Für die Symmetriebrechung kommen nur SU(3)-Singletts in Frage, für die starke Symmetriebrechung muß es zusätzlich ein SU(2)-Singlett mit Hyperladung Null sein. Die starke Symmetriebrechung ist also nach Durchsicht von (8.14) nicht durch ein bifermionisches Higgs-Feld zu schaffen. Die niederst dimensionale Darstellung, die eine (1,1,0) Komponente für die starke Symmetriebrechung enthält, ist die adjungierte Darstellung (8.6). 24 Higgs-Felder $H_\alpha^\beta(x)$ mit

(8.15)
$$\langle H(1,1,0)(x)\rangle = M_x$$

führen also in der Lagrangedichte des Higgs-Feldes über seinen kovarianten kinetischen Term

(8.16)
$$Tr\left| i\partial_\mu H - [g_\mu, H]\right|^2$$

mit einer geeigneten Matrixschreibweise für die SU(5)-Eichfelder $(g_\mu)_\alpha^\beta$ und H_α^β (Übung) zur Masse der X_μ, $\bar{X}_\mu$-Vektorfelder von der Ordnung M_x. Da das adjungierte Higgs-Feld nicht an die Fermionen Yukawa-koppeln kann, bleibt die Masse der Fermionenfelder vom c-Zahlwert M_x in (8.15) unberührt.

Die schwache Symmetriebrechung mit Fermionmasseneffekt kann mit Hilfe bifermionischer Higgs-Felder über die SU(3)-Singletts mit möglicher Ladung Null (unterstrichen in (8.14)) erfolgen. Hierbei kann die $(1,3,-1)$ Komponente im SU(5) 15-plett nur dem ν_L eine Masse geben. Wie im Standard-Modell lassen wir diese Möglichkeit weg. Um die Fermionen im SU(5) 10-plett $\Psi_{\alpha\beta}(x)$ massiv zu machen, braucht man ein 5-plett Higgs-Feld $\phi_\alpha(x)$ dessen $(1,2,+1/2)$ Komponente nur an die Kombination der Spin-1/2 Felder vom Typ $(3,2,1/6)$ und $(\bar{3},1,-2/3)$ kann, also zur Masse des Up-Quarks führt

(8.17)
$$\mathcal{L}^Y(\phi,\Psi) = g_1\left(\Psi_{\alpha\beta}\,\Psi_{\gamma\delta}\,\phi_\epsilon\,\epsilon^{\alpha\beta\gamma\delta\epsilon} + h.c.\right)$$

Dieses SU(5) 5-plett ϕ_α kann aber auch beide Spin-1/2 Multipletts ψ^α und $\Psi_{\alpha\beta}$ verkoppeln

(8.18)
$$\mathcal{L}^Y(\phi,\psi,\Psi) = g_2\left(\Psi_{\alpha\beta}\,\psi^\alpha\,\phi^{*\beta} + h.c.\right)$$

und liefert damit gleiche Masse für Elektron und Down-Quark, wie man sich leicht überlegt.

(8.19)
$$m_e = m_d$$

Alle durch Yukawa-Kopplung induzierte Massen werden im Renormierungsprozeß noch geändert. Bei einem reduplizierten Mehrfamilienmodell bleibt jedoch die nicht sehr erfolgreiche Relation erhalten, die aus (8.19) folgt

$$(8.20) \qquad \frac{m_e}{m_d} = \frac{m_\mu}{m_s} = \ldots\ldots$$

Das Higgs-Feld $\phi_\alpha(x)$ ist die SU(5)-Einbettung des SU(2)-Dubletts des Standard Modells

$$(8.21) \qquad \begin{array}{ccc} 5 = (3,1,-1/3) & \oplus & (1,2,1/2) \\ \phi = \Delta & \oplus & \varphi \end{array}$$

Seine $(3,1,-1/3)$ Komponenten Δ verkoppeln in der Yukawaform (8.17) und (8.18) die Spin-1/2 Felder (q_L, l_L) und $(\tilde{u}_R, \tilde{e}_R)$ sowie $(\tilde{d}_R, \tilde{u}_R)$. Damit kann auch über diesen Teil des Higgs-Feldes $\Delta(x)$ etwa ein Proton-Zerfall stattfinden und $\Delta(x)$ muß als (radiale) Higgskomponente sehr massiv sein, um nicht sofort mit den Experimenten in Widerspruch zu geraten. Der Vakuumerwartungswert des Dublett-anteils dagegen

$$(8.22) \qquad \langle \phi(1,2,1/2)(x) \rangle = M \begin{pmatrix} 0 \\ 1 \end{pmatrix}$$

muß - vom Standard-Modell her - von der Ordnung 10^2 GeV sein. Bislang ist es notwendig, diese Hierarchie der Massen, $0(m(\Delta)) \simeq 10^{15}$ GeV, $0(M) \simeq 10^2$ GeV, durch ein Adjustieren der Parameter des Higgs-Potentials mit Genauigkeit der Ordnung 10^{-13} zu erzwingen und in jeder Ordnung Störungstheorie nachzuprüfen. Dies ist der Kern des ungelösten, sehr störenden Eichhierarchieproblems. Letztlich hängt es damit zusammen, daß sehr große oder sehr kleine dimensionslose Zahlen (z.B. 10^{13}) nicht in "stabiler" Weise ausgerechnet werden. Hier können wohl nur dynamische Symmetriebrechungsmechanismen weiterhelfen.

Das SU(5)-Modell hat mit den Feldern

$$(8.23) \qquad \begin{array}{ccccc} (\Psi^\alpha, & \Psi_{\alpha\beta}, & (\mathcal{G}_\mu)_\alpha^\beta, & H_\alpha^\beta, & \phi_\alpha) \\ \bar{5}, & 10, & 24, & 24, & 5 \end{array}$$

seine Minimalausstattung, die es erlaubt, durch zwei Symmetriebrechungsstufen die niederenergetische Physik zu reproduzieren. Die Hinzunahme eines 45-plett Higgs-Feldes (8.14) erlaubt es, die nicht sehr erfolgreiche Quark-Lepton Massenrelation (8.19) auf Kosten neuer freier Parameter zu umgehen.

Das Modell parametrisiert in unerwarteter Weise, d.h. mit ungewöhnlicher Zusammenfassung von Quarks und Leptonen und ohne ein Majorino, die Nullsummeneigenschaft der Ladung. Es erlaubt, die Überlegungen der Renormierung der
Eichfeldkopplungskonstanten von Abschnitt 4.4 anzuwenden, wobei die Masse,
bei der die Kopplungskonstanten von SU(3), SU(2) und U(1) gleich werden, im
wesentlichen durch M_x gegeben ist und damit mit der den Proton-Zerfall bestim-
menden Skala übereinstimmt. All dies hat die Physiker, und wohl mit Recht,
fasziniert. Experimente über den Proton-Zerfall lassen es im Augenblick jedoch
als unwahrscheinlich erscheinen, daß das SU(5)-Modell in seiner einfachsten
Form schon richtig ist.

Das minimale SU(5)-Modell - etwas schematisch gegeben durch die Lagrangedichte

$$\mathcal{L} = \psi^* \tfrac{i}{2} \overleftrightarrow{\not{D}} \psi + \Psi^* \tfrac{i}{2} \overleftrightarrow{\not{D}} \Psi - (g_1 \Psi\Psi\phi + g_2 \Psi\psi\phi^* + h.c.)$$

(8.24)

$$+ |i D_\mu H|^2 + |i D_\mu \phi|^2 - V(H,\phi) - \tfrac{1}{4g_s^2} G_{\mu\nu}^2$$

besitzt eine weitere globale $U_F(1)$ Invarianz, die wir in der Form schreiben

(8.25)
$$\Psi(x) \mapsto \exp[-i\epsilon]\, \Psi(x) \qquad H(x) \mapsto H(x)$$
$$\psi(x) \mapsto \exp[3i\epsilon]\, \psi(x) \quad , \quad G_\mu(x) \mapsto G_\mu(x)$$
$$\phi(x) \mapsto \exp[2i\epsilon]\, \phi(x)$$

Diese Symmetrie ist natürlich mit $\langle\phi_\alpha\rangle \neq 0$ gebrochen. Man macht sich leicht
über den Higgs-Feld $\varphi_\alpha \,\hat{=}\, \phi$ (1,2,1/2) Anteil klar, daß das Möchtegern-Goldstone
Teilchen zu dieser $U_F(1)$ notwendig SU(2) $\otimes$ U(1) Eigenschaften hat und damit
durch den Higgs-Mechanismus im massiven Vektorfeld Z_μ aufgeht. Aus der Transformation von φ_α

(8.26)
$$\varphi(x) \mapsto \exp\left[-i \tfrac{\vec{\tau}}{2}\vec{\beta}(x) - \tfrac{i}{2}\alpha(x) - 2i\epsilon\right] \varphi(x)$$

bleiben nach der Brechung mit $\langle\varphi\rangle = M\binom{0}{1}$ die Symmetrien übrig, bei denen für
die U(1) $\otimes$ SU(2) $\otimes$ U$_F$(1) Parameter

(8.27)
$$\alpha = \beta_3 - 4\epsilon$$

gesetzt ist. Da nur die Kombination $\alpha + 4\epsilon$ festgelegt ist, wobei α die Hyperladung
Y und   die $U_F(1)$ Eigenschaft (8.25) kennzeichnet, liegt neben der geeichten

$U_Q(1)$ Invarianz nach Symmetriebrechung noch eine globale $U_N(1)$ Invarianz vor. Hierbei ist N aus Y und F kombiniert

$$(8.28) \qquad N = -4Y + F \qquad N(\tilde{u}_R, \tilde{d}_R) = 5/3 \qquad N(q_L) = -5/3$$
$$N(\tilde{e}_R) = -5 \qquad N(1_L) = +5$$

d.h. die folgende Kombination aus Leptonen (L) und Baryonenzahl (B) ist erhalten

$$(8.29) \qquad N = 5(B-L)$$

Die globale F-Quantenzahl der benutzten Spin-1/2 und Spin-0 Multipletts (8.25) kann einen weiter auf die Idee bringen, auch die Felder ψ, Ψ, ϕ durch ein einziges SU(5)-Multiplett χ zu kombinieren. Nimmt man die folgenden $U_F(1)$ Eigenschaften für dieses Feld

$$(8.30) \qquad \chi(x) \longmapsto \exp[i\epsilon]\, \chi(x)$$

so sind die Spin- und $U_F(1)$-Eigenschaften richtig gegeben mit den Kombinationen

$$(8.31) \qquad \Psi(x) = \chi\chi^*\chi^*(x), \quad \psi(x) = \chi\chi\chi(x), \quad \phi(x) = \chi\chi(x)$$

Weiter muß mit den 5-alitäts-Eigenschaften n_5 (Abschnitt 3)

$$(8.32) \qquad n_5(\Psi = \boxplus) = 2, \quad n_5(\psi = \boxplus) = 4, \quad n_5(\phi = \square) = 1$$

gelten

$$(8.33) \qquad n_5(\chi) = 3 \bmod 5$$

Und wirklich, alle Felder (Ψ, ψ, ϕ) lassen sich aus einem SU(5) $\overline{10}$-plett

$$(8.34) \qquad \chi = \overline{10} = (\bar{3}, \bar{2}, -1/6) \oplus (3, 1, +2/3) \oplus (1, 1, -1)$$

kombinieren. Das Eichfeld $(g_\mu)_\alpha^\beta$ könnte in einer solchen Theorie aus einer Kombination $\chi^* \bar{\sigma}_\mu \chi$ aufgebaut werden, für das starke Higgs-Feld H_α^β braucht man mindestens vier Bausteinfelder χ, χ^*. Selbstverständlich enthält ein solches zusammengesetztes SU(5)-Modell auf dem Niveau von (Ψ, ψ, ϕ) viele zusätzlichen Multipletts (Übung, vgl. Abschnitt 3), es ist auch nicht besonders einfach und wenig attraktiv als fundamentale Struktur. Es sollte nur zeigen, wie Quantenzahlen - hier $U_F(1)$ - zusammengesetzte Strukturen suggerieren.

Lassen wir im Hinblick auf die Probleme und offene Fragen des Standard-Modells und unter Beachtung unserer Wünsche für eine einheitliche Theorie das SU(5)-Modell passieren, so finden wir Meriten und Mängel.

Es ist positiv zu werten, wie das effektive Standard-Modell mit all seinen Zügen glatt in den SU(5)-Rahmen paßt. Die Ladungseigenschaften (z.B. Nullsummen) ergeben sich zwanglos, Leptonen und Quarks sind eng verbunden. Der Weinberg-Winkel und die Masse M_x werden auch hier mit den Renormierungsgruppengleichungen für die Eichfeldnormierungen vorhergesagt (Abschnitt 4).

Zwischen den beiden Symmetriebrechungsmassen $0(10^{16}$ GeV) und $0(10^2$ GeV) ist eine "Wüste", in der nichts Interessantes passiert. Viele Physiker sind damit nicht zufrieden ("Let the desert bloom!")

Ob der Ausschluß eines Majorinos im einfachsten SU(5)-Schema vor- oder nachteilig ist, bleibt abzuwarten.

Daß die Quarks und Leptonen in zwei Darstellungen $\bar{5}$ und 10 unterzubringen sind, die zwar - mit ihren konjugierten 5 und $\overline{10}$ - die vier Fundamentaldarstellungen von SU(5) sind, ist nicht so attraktiv; dies führt zusätzliche Yukawa-Kopplungen ein. Das Hierarchie-Problem (völlig unterschiedliche Massenskalen) ist auch hier - wie in vielen GUT-Modellen - sehr störend. Bezüglich der Hoffnung die Zahl der Parameter, verglichen mit dem Standard-Modell, zu reduzieren, sehen wir uns arg enttäuscht. Die Yukawa-Kopplungen bleiben im wesentlichen, niemand sagt, daß wir etwa zur schwachen Symmetriebrechung nur ein 5-plett und kein 45-plett nehmen sollen. Was an Eichfeldnormierungen gespart wird, kommt bei den Konstanten des Higgs-Feld Potentials wieder hoch. Überhaupt, und das gilt für alle Modelle dieser Art, der Higgs-Sektor mit Potential und Yukawa-Kopplungen ist ein großes Ärgernis.

Daß dies Modell das Familienproblem und auch die Gravitation nicht anspricht, obwohl die starke Symmetriebrechung mit Massen ($\sim 10^{16}$ GeV) operiert, die im Vergleich zu den Massen der schwachen Symmetriebrechung ($\sim 10^2$ GeV) recht nahe an der Planckschen Masse liegen ($\sim 10^{19}$ GeV), ist unbefriedigend.

Trotz all den Mängeln wollen wir als positiv betonen, daß das SU(5)-Modell auf einige sehr wichtige qualitative Fragen erstmals konkrete explizite Ant-

worten gab und daß das Modell auch - z.B. über seine faszinierenden Aussagen
zum Proton-Zerfall - (einigermaßen) falsifizierbar ist. Die Experimente zum
Proton-Zerfall weisen derzeit darauf hin, daß das SU(5)-Modell in seiner einfachsten Form wohl nicht den Nagel auf den Kopf trifft.

§ 8.2   SO(10), E_6, etc.

Wenn man das SU(5)-Modell des letzten Abschnitts gründlich, d.h. über das
im Abschnitt 8.1 Gesagte hinaus, mit vielen formalen Details, den experimentellen Konsequenzen und theoretischen Problemen etwa für den Proton-Zerfall, stu-
diert hat, hat man schon die wesentlichen Grundlinien der GUT-Modelle verstanden. Selbstverständlich hat jedes - notwendigerweise ausladenderes - GUT-Modell
spezifische Schönheiten und ihm eigene Probleme. Für ein dazugehöriges Literaturstudium sollte man mit der Kenntnis des SU(5)-Modells gewappnet sein.

Wir wollen in einem "Gemischtwarenladen" nur noch einige Eigenheiten in
anderen Modellen aufzeigen.

[14,18]
Das Rang 5 Modell zur Lie Algebra $_{45}D_5$ mit der Gruppe SO(10) birgt die
Möglichkeit, alle Quarks und Leptonen einer Familie in einer irreduziblen Darstellung unterzubringen. In SO(10) findet man als Untergruppe sowohl SU(5) als
auch die zur SU(2) $\otimes$ SU(2) $\otimes$ SU(4) lokal isomorphe SO(4) $\otimes$ SO(6)

$$(8.35) \qquad \begin{aligned} &\text{SO}(10) \supset \text{SU}(5) \\ &\text{SO}(10) \supset \text{SO}(4) \otimes \text{SO}(6) \simeq \text{SU}(2) \otimes \text{SU}(2) \otimes \text{SU}(4) \end{aligned}$$

die bei Symmetriebrechung auf verschiedenen Wegen erreicht werden können (s.unten).

Um konkret das SO(10) Modell diskutieren zu können, erwähnen wir zuerst
einiges darstellungstheoretisches Material. Allgemein hat die Gruppe SO(n) neben der n-dimensionalen und den davon abgeleiteten Tensordarstellungen (nach
Symmetrieklassen geordnet) auch zweiwertige "Spinordarstellungen" (man denke
an die Rotations- und Lorentzgruppe, wobei die SO(3,1) statt SO(4) Eigenschaft
im Detail zu berücksichtigen ist). Für SO(2m-1) gibt es eine einzige 2^{m-1} dimensionale reelle, für SO(2m) gibt es zwei inäquivalente 2^{m-1} dimensionale

Darstellungen. Im Fall SO(2m=4k) sind sie komplex und zueinander konjugiert.

Die Spinordarstellung für SO(10) ist 16 dimensional und zerlegt sich wie folgt nach den interessanten Untergruppen

$$(8.36) \qquad SO(10): \ 16 = \begin{cases} 10 \oplus \bar{5} \oplus 1 \ , \ SU(5) \\[2mm] (4,2,1) \oplus (\bar{4},1,2) \ , \ SU(4) \otimes SU(2) \otimes SU(2) \end{cases}$$

Das 16-plett enthält also ein Majorino SU(5) Singlett. Die SO(10) Eichfelder in der $\binom{10}{2}$-dimensionale adjungierten Darstellung enthalten die Untergruppendarstellungen

$$(8.37) \qquad SO(10): \ 45 = \begin{cases} 24 \oplus 10 \oplus \overline{10} \oplus 1 \qquad , \ SU(5) \\[2mm] (15,1,1) \oplus (6,2,2) \oplus (1,3,1) \oplus (1,1,3) \\[1mm] \qquad SU(4) \otimes SU(2) \otimes SU(2) \end{cases}$$

Die meisten von den 21 bzgl. Abschnitt 8.1 neuen SU(5) Feldern und den 24 (6,2,2) $SU(4) \otimes SU(2) \otimes SU(2)$ Feldern vermitteln den Proton-Zerfall und sollten daher als Folge der Symmetriebrechung sehr massiv gemacht werden. Das SU(5)-Singlett Vektorfeld eicht die im vorigen Abschnitt besprochene $U_F(1)$ Eigenschaft.

Die Fermionmasse kann durch bifermionische Higgs-Felder generiert werden

$$(8.38) \qquad 16 \otimes 16 = 10_S \oplus 126_S \oplus 120_A \ , \ SO(10)$$

wobei die symmetrischen Anteile sich zerlegen

$$(8.39) \qquad \begin{aligned} &10 = \begin{cases} 5 \oplus \bar{5} \ , \ SU(5) \\[2mm] (1,2,2) \oplus (6,1,1) \ , \ SU(4) \otimes SU(2) \otimes SU(2) \end{cases} \\[4mm] &126 = \begin{cases} 1 \oplus 45 \oplus \overline{15} \oplus 10 \oplus \bar{5} \oplus 50 \ , \ SU(5) \\[2mm] (15,2,2) \oplus (10,3,1) \oplus (\overline{10},1,3) \oplus (6,1,1) \\[1mm] \qquad SU(4) \otimes SU(2) \otimes (SU(2)) \end{cases} \end{aligned}$$

Hier findet man natürlich alle alten Bekannten der SU(5) und $SU(4) \otimes SU(2) \otimes Su(2)$ Theorie wieder. Das SU(5)-Singlett im SU(4) 126-plett Higgs-Feld kann das Majorino massiv machen.

Im Falle einer Symmetriebrechungskette über SU(5)

$$SO(10) \xrightarrow{16} SU(5) \xrightarrow{45} SU(3) \otimes SU_L(2) \otimes U_Y(1) \xrightarrow{16} SU(3) \otimes U_Q(1)$$

lassen sich Higgs-Felder mit den angegebenen SO(10) Eigenschaften verwenden.

Bei einer Brechung über SU(4) ⊗ SU(2) ⊗ SU(2) ist es am einfachsten (!) ein 210-plett Higgs-Feld zu benutzen.

(8.41)

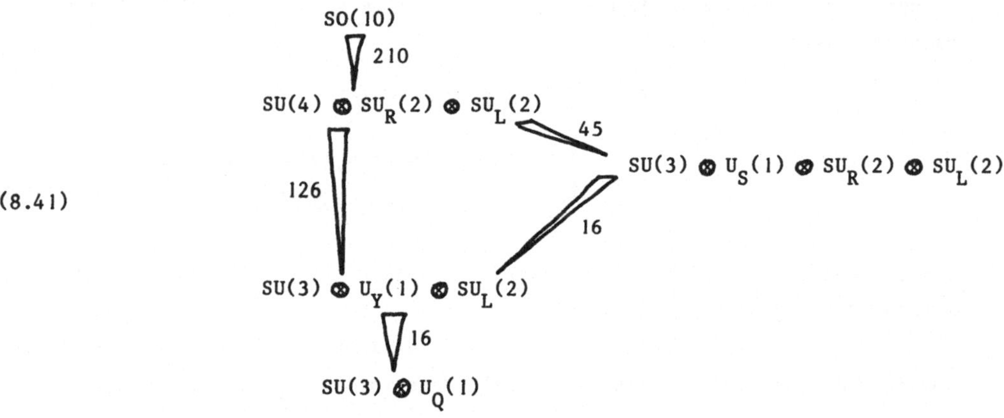

Es gibt noch andere Ketten und Verzweigungen,[47] zusätzliche Higgs-Felder können eingesetzt werden. Jede Brechung führt eine Massenskala ein, die man dann unter Kontrolle bzgl. ihrer experimentellen Relevanz halten muß. Es mag nützlich sein, zusätzliche Massenskalen zur Verfügung zu haben. Es ist jedoch auch beunruhigend, wieviel Freiheit man in diesen Modellen findet.

Während die SU(n) und SO(2n) Gruppen zu nicht endenden Reihen in der Cartan-Klarifizierung ihrer Lie-Algebren gehören (Abschnitt 3), stellen die exzeptionellen Gruppen[2,25] etwas "Ausgezeichnetes" dar. Aus irgendeinem, bisher niemand einsichtigen Grunde könnte die Natur auf sie verfallen sein. Und so war es vielleicht nützlich, ihre Tauglichkeit in GUT-Modellen zu prüfen. Dies wurde hinreichend getan, und wir wollen hier nur einige Bemerkungen bzgl. ihrer besonderen Eigenschaften machen.

Die einfachste exzeptionelle Lie Algebra $_{78}E_6$ (mit einem tetraedrischen Wurzelraum) enthält in einem ersten Weg $_{45}D_5$ ($\sim SO(10)$) und $_{24}A_4$ ($\sim SU(5)$) als Teilalgebren

$$(8.42) \qquad E_6 \supset SO(10) \supset SU(5)$$

und daher läßt sich alles früher Gelernte auch hier eingebettet wiederfinden.

So zerlegt sich etwa das fundamentale E_6 27-plett und das adjungierte 78-plett nach SO(10) und SU(5) wie folgt

$$E_6: 27 = 16 \oplus 10 \oplus 1 = 10 \oplus \bar{5} \oplus 1 \oplus 5 \oplus \bar{5} \oplus 1$$
$$SO(10), \; SU(5)$$

(8.43)

$$E_6: 78 = 45 \oplus 16 \oplus \overline{16} \oplus 1 = 24 \oplus 10 \oplus \overline{10} \oplus 1 \oplus 10 \oplus \bar{5} \oplus 1 \oplus 1 \oplus \overline{10} \oplus 5 \oplus 1$$
$$SO(10), \; SU(5)$$

Ordnet man die Fermionen in ein 27-plett, so hat man Sorge zu tragen, daß die zusätzlichen SU(5)-pletts $(1,5,\bar{5},1)$ hinreichend schwer und damit den gegenwärtigen Beobachtungen entgangen sind.

Die Symmetriebrechung kann rein durch bifermionische Higgs-Felder durchgeführt werden, mit den möglichen E_6 Darstellungen

$$(8.44) \qquad 27 \otimes 27 = \overline{27}_S \oplus 351_S \oplus 351'_A \; .$$

Die 351 dimensionale Darstellung zerfällt unter SO(10) und dann SU(5) wie folgt

$$E_6: 351 = 144 \oplus 126 \oplus 54 \oplus 16 \oplus 10 \oplus 1 \; , \; SO(10)$$

(8.45)

$$SO(10): 144 = 45 \oplus 40 \oplus 24 \oplus \overline{15} \oplus \overline{10} \oplus 5 \oplus \bar{5} \; , \; SU(5)$$

Man findet die Higgs-Felder von früher wieder mit all ihren Möglichkeiten der Symmetriebrechung.

Ein zweiter Weg bei Brechung der E_6 geht von der Beobachtung aus, daß in E_6 als maximale Unteralgebra die von $SU(3) \otimes SU(3) \otimes SU(3)$ enthalten ist

$$(8.46) \qquad E_6 \supset SU(3) \otimes SU(3) \otimes SU(3)$$

Hiermit zerlegen sich fundamentale und adjungierte Darstellung 27 und 78

$$(8.47) \qquad \begin{aligned} E_6: \; 27 &= (1,\bar{3},3) \oplus (3,3,1) \oplus (\bar{3},1,\bar{3}) \;, \; [SU(3)]^3 \\ E_6: \; 78 &= (8,1,1) \oplus (1,1,8) \oplus (3,\bar{3},\bar{3}) \oplus (\bar{3},3,3) \;, \; [(SU(3)]^3 \end{aligned}$$

Eine Teilcheneinordnung, z.B. in einem Modell mit zwei 27-pletts von F. Gürsey, bringt nun ganz wesentlich auch den Familienfreiheitsgrad mit ein

$$(8.48)$$

$$(1,\bar{3},3) = \begin{pmatrix} \widetilde{N_{\tau R}} & \widetilde{\tau}_R & \widetilde{e}_R \\ \tau_L & \nu_{\tau L} & \widetilde{\alpha}_{eR} \\ e_L & \nu_{eL} & \beta_{eL} \end{pmatrix} \quad , \quad \begin{pmatrix} \widetilde{N_{\sigma R}} & \widetilde{\sigma}_R & \widetilde{\mu}_R \\ \sigma_L & \nu_{\sigma L} & \widetilde{\alpha}_{\mu R} \\ \mu_L & \nu_{\mu L} & \beta_{\mu L} \end{pmatrix}$$

$$(3,3,1) = (u_L, d_L, b_L) \quad , \quad (c_L, s_L, h_L)$$

$$(\bar{3},1,3) = \begin{pmatrix} \widetilde{u}_R \\ \widetilde{d}_R \\ \widetilde{b}_R \end{pmatrix} \quad , \quad \begin{pmatrix} \widetilde{c}_R \\ \widetilde{s}_R \\ \widetilde{h}_R \end{pmatrix}$$

wobei (e , μ , τ), (ν_e, ν_μ, ν_τ), (u,d,c,s), b die bekannten Leptonen und Quarks sind, ein zusätzliches Lepton σ (Ladung -1) und sein Neutrino sowie ein zusätzliches Quark h der Ladung ($-1/3$) (kein Top-Quark!) gefordert wird. (N, α, β) sind zweikomponentige mögliche Majorinos, die das Modell erfordert und vorhersagt.

Die erste SU(3) ist der übliche Color Freiheitsgrad. Die beiden explizit ausgeschriebenen zusätzlichen SU(3)-Freiheitsgrade bilden eine schwache $SU(3) \otimes SU(3)$, die die elektroschwache $SU(2) \otimes U(1)$ mit einer Familien(Flavor-) SU(3) verbinden. Die Brechung $SU(3) \otimes SU(3) \rhd SU(2) \otimes U(1)$ erlaubt dann auch eine Theorie der Familienmischungswinkel (Cabibbo Winkel etc.).

Bei der Symmetriebrechung hat man eine Reihe von Schwierigkeiten zu umschiffen (masselose Neutrinos, neutrale Ströme etc.). Nichtsdestotrotz sind auch Modelle dieses Komplikationsgrades (und noch viel mehr, z.B. in E_8 Higgs-Felder mit 3875 Komponenten!) unter Kontrolle zu halten. Ab einem gewissen Punkt jedoch ist es schwer einzusehen, was man bei diesen Modellen noch lernt.

Es gehört derzeit zum guten Ton, in der theoretischen Elementarteilchenphysik eine relativ große Distanz zur grundsätzlichen Deutung ihrer Entwicklungen
zu zeigen ("bitte Physik, keine Philosophie!") und oft einen mehr pragmati-
schen Standpunkt einzunehmen ("I don't understand it - but it works!").
Motivationen und Spekulationen zu äußern, trifft leicht auf Unverständnis
und Skepsis, vor allem, wenn ein ähnlicher Standpunkt nicht von der Mehrheit
der Physiker auch vertreten wird oder wenn er nicht von etablierten einfluß-
reichen "Mandarinen" - wie F. Dyson sie einmal nannte - abgesegnet wurde.
Ich frage mich bisweilen, ob A. Einstein heutzutage noch die Chance hätte,
aus dem Berner Patentamt heraus in den akademischen Kreis der Universitäten
und Forschungsinstitute einzutreten.

Wenn man Bücher und Schriften von M. Planck, A. Einstein, H. Weyl oder [46]
W. Heisenberg liest, auch wissenschaftliche Abhandlungen, so hat man das Gefühl, daß es früher üblicher war, seine noch nicht so präzisen, aber letztlich doch sehr fruchtbaren - auch philosophischen - Vorstellungen mit anderen
Physikern auszutauschen. Insbesondere hat man sich weniger gescheut, mit
persönlichem Risiko auf die Kraft der gedanklichen Synthese neben der Analyse
des Experiments zu vertrauen. Wohlgemerkt, all dies ist auch heute keineswegs
verschwunden, die Gewichte haben sich jedoch - wohl unter dem sehr starken
angelsächsischen, vor allem U.S.-amerikanischen Einfluß - verschoben.

Ich glaube, daß man - mit Augenmaß bei guter Kenntnis des Hauptstromes -
ruhig den Mut zum Individualismus und Aussenseitertum haben soll. Genausowenig
wie ein tiefes philosophisches Denken allein die Physik über Jahrhunderte
voranbrachte und künftig weiterbringen wird, so war und ist ein scharfes Hin-
blicken auf experimentelle Daten genug, die Natur zu verstehen. Auch ist das leider oft genug falsche Drängen, Fühlen, Trachten, das nicht aus der Ratio kommt,
trotz seiner hohen Fehlerquote unabdingbarer Antrieb und Zielweisung; zum
kühlen Kopf muß unbedingt auch das heiße Herz kommen.

Nach all diesen rechtfertigenden Bemerkungen will ich mich nicht scheuen,
in Kürze meine Gefühle und Vorstellungen über den Stoff dieses Buches und seine
zukünftige Bedeutung zu sagen. Es sei im Weiteren stillschweigend vereinbart,

daß vor die meisten Sätze eine Vorschaltung wie "Ich meine, ich glaube, etc."
gehört. Ich möchte auch insbesondere den jungen Leser nicht in dem Sinne be-
einflussen, daß er meine Wertungen übernimmt – ich will ihn jedoch stark dazu auffordern, seine eigene Stellung zu beziehen, die sich nicht in erster
Linie an dem orientieren sollte, was die "Mandarine" sagen und wie sie werten. Man wundert sich auch in der theoretischen Teilchenphysik oft darüber,
wie schnell eine weitverbreitete Mode von heute zum Aussenseitertum von mor-
gen wird – und umgekehrt.

Gerne hätte ich ein Buch über _die_ einheitliche Feldtheorie der Elementarteilchen geschrieben. Diese Theorie existiert nicht und – wie man aus den Versuchen zu den vereinheitlichten Theorien sieht – hierzu fehlt noch viel.

Das Überzeugendste an den bisherigen Versuchen sind die Prinzipien, die
konkreten Ausführungen dagegen erscheinen mir ohne große innere Überzeugungs-
kraft. Das Eichprinzip, auf der einen Seite, hat Symmetrie und Dynamik ver-
schmolzen und im Nachhinein kann ich mir – übertrieben gesagt – gar nicht
mehr recht vorstellen, wie man früher Kräfte vom Theoretischen her überzeugend einführte. Das Prinzip der Kondensation, andererseits, bestimmt Quali-
tät und – bei dynamischen Mechanismen – auch möglicherweise quantitative
Stärke der Symmetriebrechung. Leider ist die konkrete Ausführung bei den
Grundprinzipien noch nicht überzeugend – die Symmetriegruppen fallen unmo-
tiviert vom Himmel, sie sind teilweise riesengroß (war der liebe Gott so ge-
schäftig, am ersten Schöpfungstag eine 45-parametrige SO(10) mit fundamentalen
weitverzweigten Multipletts zu erschaffen?) und teilweise – bis auf die Standardgruppe SU(3) $\otimes$ SU(2) $\otimes$ U(1) – nicht einmal experimentell suggeriert.
Das so überzeugende Prinzip der Kondensation – in der Teilchenphysik experimentell erfolgreich lediglich im Standardmodell – wird durch Aufblähen
der Theorie mit Higgs-Feldern und quantitativer Willkür durch freie Konstanten
total verwässert eingebracht. Hier ist viel, viel Arbeit zu leisten.

Die Dichotomie der Theorien – hie Strukturteilchen (Quarks und Leptonen),
da Bindeteilchen (Eichfelder) – ist völlig unbefriedigend, hierzu kommen
noch die Higgs-Felder als ad hoc Symmetriebrecher. Hier sollte es doch –
auch im Hinblick auf die vielen Familien – noch ein fundamentaleres Niveau

geben, aber hoffentlich nicht einen weiteren Aufguß der bisherigen Struktur mit üblichen Konstituenten (Subquarks, etc.) und noch mehr Eichfeldern, sondern etwas Raffinierteres, was insbesondere Eich- und Higgs-Felder ganz grundlegend mit einbezieht und insbesondere die beiden Grundpfeiler, Eichsymmetrie und Kondensation, nicht zum Einstürzen bringt.

In diesem Zusammenhang erscheint mir auch der Anderson-Higgs Mechanismus als zu primitiv verwirklicht. Zuerst werden Eichfelder und Higgs-Felder getrennt eingeführt, dann kooperieren sie eng in den massiven Vektorfeldern. Geht es nicht mit einem Schlag - etwa dadurch, daß Unterstrukturen direkt massive Vektorfelder bilden und die Eichfelder eine Konsequenz der Kondensation selbst sind? Möglichkeiten haben wir bei den dynamischen Symmetriebrechungsmechanismen gesehen.

Das schon in Abschnitt 1 angesprochene Faktum der Ladungsnullsummen und auch die eigenartige "Scharnierstruktur" der Ladung - z.B. $Q=T_3(L)+T_3(R)+Y$ in Abschnitt 7 -, die ein Bein in allen (?) Faktoren der Standardgruppe hat, ist bislang lediglich parametrisiert, jedoch nicht verstanden. Dieses Problem erscheint mir von zentraler Wichtigkeit für ein weiteres Verständnis.

Abgesehen von den vielen freien Parametern (auch die Eichkopplungskonstanten seien nicht vergessen - soll die Feinstrukturkonstante $e^2/4\pi \simeq 1/137$ unberechenbar bleiben?) im Bereich der Massen ist auch ihr hierarchisches Verhalten (Elektron: 10^{-3} GeV, Proton: 1 GeV, W-Boson: 10^2 GeV, vielleicht GUT-Masse SU(5): 10^{16} GeV, Planck-Masse: 10^{19} GeV) völlig offen und nicht einmal qualitativ im Griff. Ganz allgemein harrt die Tatsache, daß es überhaupt diskrete Massen, bzw. Massenverhältnisse gibt, einer Erklärung. Vielleicht spielt in diesem Zusammenhang die aus den vereinheitlichten Theorien, so wie in den vorigen Abschnitten beschrieben, völlig ausgeblendete Gravitation und die darin vorkommende Planck'sche Masse, bzw. Länge ($\sim 10^{-35}$ m) eine Rolle. Bei all den mit dem Phänomen der Massen zusammenhängenden Überlegungen kann ich meine Hoffnung ebenfalls nur auf dynamische Kondensationsmechanismen setzen.

Es hat sich auch in den letzten beiden Jahrzehnten - wohl bedingt durch die experimentelle Auffindung so vieler Teilchen - eine Haltung eingebürgert, die nichts dabei findet, auch auf fundamentalem Niveau eine Unzahl von Feldern bzw. Freiheitsgraden einzuführen. Bis etwa 1960 hat man um jeden Freiheitsgrad gleichsam gerungen und versucht, ihn dynamisch aus einer Minimalzahl schon vorhandener Strukturelemente zu verstehen. Gewiß ist auch etwa SO(18) mit 153 Parametern mathematisch eine einfache Gruppe, aber ist sie wirklich im naiven Sinne des Wortes einfach? Gruppentheorie kann uns gewiß zeitweise über die Unkenntnis der fundamentalen Dynamik weghelfen; ich hoffe jedoch, daß auch hier letztlich gedankliche Tiefe den Sieg über quantitative Breite davonträgt ("small is beautiful").

Das Standard-Modell von S. Glashow, A. Salam und S. Weinberg hat mit den erfolgreichen Prinzipien der Eichsymmetrie und Kondensation ein großes Tor aufgestoßen, die vereinheitlichten Theorien haben uns einen erregenden ersten Überblick über Möglichkeiten erlaubt, die Hauptarbeit jedoch, so glaube ich, bleibt noch zu leisten.

<u>Anhang A :   Lagrangedichten und Feldgleichungen</u>

Um nicht immer wieder zur Bestimmung von trivialen Faktoren und Vorzeichen stupide Rechnungen zu wiederholen, schreiben wir in den Konventionen von Abschnitt 2 einige Lagrangedichten, Gleichungen und Greensfunktionen an.

Wir gehen aus von einer Lagrangedichte (I) für ein Feld ϕ (Skalarfeld, Spin 1/2-Feld, Vektorfeld) $\mathcal{L}(\phi, \partial_r \phi)$, die höchstens bis zu Ableitungen 2. Ordnung enthält. Die Feldgleichungen schreiben wir in der Form

$$(\text{II}) \qquad \partial_r \frac{\partial \mathcal{L}}{\partial \partial_r \phi} = \frac{\partial \mathcal{L}}{\partial \phi}$$

Ausgehend von der Feldgleichung in der Anordnung

$$(\text{II}) \qquad D(\partial_x)\,\phi(x) = -\partial_r \frac{\partial \mathcal{L}}{\partial \partial_r \phi} + \frac{\partial \mathcal{L}}{\partial \phi} = 0$$

bestimmen wir die Greensfunktion $G(x-y)$ durch

$$(\text{A1}) \qquad D(\partial_x)\,G(x) = i\,\delta(x)$$

die sich quantenfeldtheoretisch mit geeigneter Integrationsvorschrift auch als Propagator des Feldes $\phi(x)$ deuten läßt

$$(\text{A2}) \qquad \langle \Omega | T\phi(x)\phi^*(y)|\Omega\rangle = G(x-y)$$
$$= \frac{i}{(2\pi)^4} \int d\rho \; \exp\left[-i\rho(x-y)\right] G(\rho)$$

wobei ϕ^* je nach Bedarf zu nehmen ist. Wir geben die Greens-Funktion mit den Vorfaktoren (A1,2) in der Form an

$$(\text{III}) \qquad \underline{\phi\,\phi}^*(\rho) = G(\rho)$$

Nun zu den einzelnen Spezialfällen:

Für ein <u>hermitesches Skalarfeld</u> $\varphi(x)$ erhält man

$$\text{(I)} \quad \mathcal{L}(\varphi) = \tfrac{1}{2}(\partial_\mu \varphi)(\partial^\mu \varphi) - \tfrac{m^2}{2}\varphi^2$$

(A3)

$$\text{(II)} \quad \begin{cases} \partial^2 \varphi = -m^2 \varphi \\ (-\partial^2 - m^2)\varphi = 0 \end{cases}$$

$$\text{(III)} \quad \underbrace{\varphi\varphi}(p) = \frac{1}{p^2 - m^2}$$

für ein <u>nichthermitesches Skalarfeld</u> $\varphi,\ \varphi^*(x)$

$$\text{(I)} \quad \mathcal{L}(\varphi,\varphi^*) = (\partial_\mu \varphi^*)(\partial^\mu \varphi) - m^2 \varphi^* \varphi$$

(A4)

$$\text{(II)} \quad \begin{cases} \partial^2 \varphi = -m^2 \varphi, \quad \partial^2 \varphi^* = -m^2 \varphi^* \\ (-\partial^2 - m^2)\varphi = 0 \end{cases}$$

$$\text{(III)} \quad \underbrace{\varphi\varphi^*}(p) = \frac{1}{p^2 - m^2}$$

Bei vorhandenen inneren Freiheitsgraden $\varphi_\alpha,\ \varphi^{*\alpha}$ bleiben die Formeln
ungeändert, wobei an offensichtlichen Stellen (z.B. Propagator) eine Einheitsmatrix δ_α^β hinzukommt.

Für ein <u>linkshändiges Weyl Feld L(x)</u> schreiben wir

$$\text{(I)} \quad \mathcal{L}(L) = L^* \bar{\sigma}^\mu \tfrac{i}{2} \overleftrightarrow{\partial_\mu} L$$

(A5)

$$\text{(II)} \quad \begin{cases} -\tfrac{i}{2}\bar{\sigma}^\mu \partial_\mu L = \tfrac{i}{2}\bar{\sigma}^\mu \partial_\mu L, \quad i\tfrac{1}{2}\partial_\mu L^* \bar{\sigma}^\mu = -\tfrac{i}{2}\partial_\mu L^* \bar{\sigma}^\mu \\ i\bar{\sigma}^\mu \partial_\mu L = 0 \end{cases}$$

$$\text{(III)} \quad \underbrace{LL^*}(p) = \frac{1}{\bar{\sigma}\cdot p} = \frac{\sigma p}{p^2}$$

für ein <u>rechtshändiges R(x)</u> ist es analog. Ihre Kopplung mit einem Massenterm,
die man auch in einem <u>Dirac-Feld ψ (x)</u> zusammenfaßt (Abschnitt 2), ergibt

$$(A6) \begin{cases} (I) \begin{cases} \mathcal{L}(L,R) = L^*\bar\sigma^\wedge\tfrac{i}{2}\overleftrightarrow{\partial}_\mu L + R^*\sigma^\wedge\tfrac{i}{2}\overleftrightarrow{\partial}_\mu R \\[4pt] \qquad\qquad - m(L^*R + R^*L) \\[4pt] = \mathcal{L}(\psi) = \bar\psi\gamma^\wedge\tfrac{i}{2}\overleftrightarrow{\partial}_\mu\psi - m\bar\psi\psi \end{cases} \\[24pt] (II) \begin{cases} -\tfrac{i}{2}\bar\sigma^\wedge\partial_\mu L = \tfrac{i}{2}\bar\sigma^\wedge\partial_\mu L - mR \;,\quad -\tfrac{i}{2}\sigma^\wedge\partial_\mu R = \tfrac{i}{2}\sigma^\wedge\partial_\mu R - mL \\[4pt] i\bar\sigma^\wedge\partial_\mu L - mR = 0 \qquad,\quad i\sigma^\wedge\partial_\mu R - mL = 0 \\[4pt] \qquad -\tfrac{i}{2}\gamma^\wedge\partial_\mu\psi = \tfrac{i}{2}\gamma^\wedge\partial_\mu\psi - m\psi \\[4pt] \qquad (i\gamma\!\!\!/ - m)\,\psi = 0 \end{cases} \\[28pt] (III) \begin{cases} (L\;R)\binom{L^*}{R^*}(p) = \dfrac{1}{p^2 - m^2}\begin{pmatrix}\sigma\cdot p & m \\ m & \bar\sigma\cdot p\end{pmatrix} \\[12pt] \psi\bar\psi(p) = \dfrac{1}{p\!\!\!/ - m} = \dfrac{p\!\!\!/ + m}{p^2 - m^2} \end{cases} \end{cases}$$

Ein <u>Vektorfeld $A_\mu(x)$</u> ohne innere Freiheitsgrade führt zu

$$(A7)\begin{cases} (I)\quad \mathcal{L}(A_\mu) = -\dfrac{1}{4g^2}A_{\mu\nu}^2 + \dfrac{1}{2\gamma g^2}(\partial_\mu A^\wedge)^2 + \dfrac{m^2}{2}A_\mu^2 \\[8pt] \qquad\quad A_{\mu\nu} = \partial_\nu A_\mu - \partial_\mu A_\nu \\[16pt] (II)\quad -\dfrac{1}{g^2}(\eta_{\mu\nu}\partial^2 - \partial_\mu\partial_\nu)A^\nu + \dfrac{1}{\gamma g^2}\partial_\mu\partial_\nu A^\nu = m^2 A_\nu \\[16pt] (III)\quad A_\mu A_\nu(p) = \left(\eta_{\mu\nu} - \dfrac{p_\mu p_\nu}{p^2}\right)\dfrac{g^2}{-p^2 + g^2 m^2} + \dfrac{p_\mu p_\nu}{p^2}\cdot\dfrac{\gamma g^2}{-p^2 + \gamma g^2 m^2} \end{cases}$$

Für $m^2 = 0$ entspricht (A7) der freien Elektrodynamik, wobei γ als eichfixierender Parameter zu nehmen ist.

Für Vektorfelder mit inneren Freiheitsgraden $A_{a\mu}(x)$ sind bei Eichtheorien die in Abschnitt 4 erwähnten Eichfixierungen zu beachten. Wir betrachten als Paradebeispiel ein <u>SU(2) Triplett Eichfeld $\vec{A}_\mu(x)$</u> mit Fadeev-Popov-Geistern $(\vec\varphi_0, \vec\varphi_\perp(x))$

$$(\mathrm{I})\quad \mathcal{L}(\vec{A}_\mu,\vec{\lambda},\vec{\varphi}_0,\vec{\varphi}_2) = -\frac{1}{4g^2}\vec{A}_{\mu\nu}^2 - \vec{A}_\mu\partial^\mu\vec{\lambda} - \frac{\gamma g^2}{2}\vec{\lambda}^2 - i(\partial_\mu\vec{\varphi}_2)(\partial^\mu\vec{\varphi}_0 - \vec{A}^\mu\times\vec{\varphi}_0)$$

$$\vec{A}_{\mu\nu} = \partial_\nu\vec{A}_\mu - \partial_\mu\vec{A}_\nu + \vec{A}_\mu\times\vec{A}_\nu$$

(A8)

$$(\mathrm{II})\begin{cases} -\dfrac{1}{g^2}\partial^\nu\vec{A}_{\mu\nu} = -\dfrac{1}{g^2}\vec{A}_{\mu\nu}\times\vec{A}^\nu - \partial_\mu\vec{\lambda} - i(\vec{\varphi}_0\times\partial_\mu\vec{\varphi}_2) \\[2mm] -\partial^\mu\vec{A}_\mu = -\gamma g^2\vec{\lambda} \\[2mm] -i\partial^2\vec{\varphi}_0 + (\partial_\mu\vec{A}^\mu)\times\vec{\varphi}_0 + \vec{A}^\mu\times\partial_\mu\vec{\varphi}_0 = 0 \\[2mm] i\partial^2\vec{\varphi}_2 = i(\vec{A}_\mu\times\partial^\mu\vec{\varphi}_2) \end{cases}$$

Die Greensfunktionen stehen in Abschnitt 4.

<u>Anhang B :   Feynman Integrationstechniken</u>

Zum Berechnen von Feynman Integralen sollte man einmal wirklich ausrechnen

$$(B1) \qquad \frac{i}{\pi^2} \int d\rho \, \frac{1}{(A-\rho^2-i\epsilon)^3} = -\frac{1}{2A}$$

woraus man durch Ableiten nach A erhält ($i\epsilon$ künftig oft weggelassen)

$$(B2) \qquad \frac{i}{\pi^2} \int d\rho \, \frac{1}{(A-\rho^2)^n} = -\frac{1}{(n-1)(n-2)} \cdot \frac{1}{A^{n-2}}$$

Verschiedene p^2-Nenner bringt man zusammen durch

$$(B3) \qquad \frac{1}{A^n B^m} = \frac{\Gamma(n+m)}{\Gamma(n)\,\Gamma(m)} \int_0^1 dx \, \frac{x^{n-1}(1-x)^{m-1}}{[xA+(1-x)B]^{n+m}}$$

Hierbei ist $\Gamma(n)[=(n-1)!$ für ganzzahlige n] die Gammafunktion.

Oft ist es auch nützlich, bei der p^2-Integration folgende Formeln zu verwenden

$$(B4) \qquad \frac{1}{(A-\rho^2-i\epsilon)^n} = \frac{e^{in\frac{\pi}{2}}}{\Gamma(n)} \int_0^\infty d\mu \, \mu^{n-1} e^{i\mu(\rho^2-A+i\epsilon)}$$

$$(B5) \qquad \frac{i}{\pi^2} \int d\rho \, e^{i\rho^2(a+i\epsilon)} = \frac{1}{a^2}$$

$$(B6) \qquad \int_0^\infty d\mu \, \mu^k e^{i\mu(-A+i\epsilon)} = \frac{e^{-i(k+1)\frac{\pi}{2}} \Gamma(k+1)}{A^{k+1}}$$

Bei einem durchlaufenden Impuls q kommt man mit den folgenden beiden Integralen schon recht weit ($p_{\pm}=p\pm\frac{q}{2}$)

$$(B7) \quad \frac{i}{\pi^2} \int d\rho \, \frac{(m^2)^{\lambda+\varrho-2}}{(am^2-\rho_+^2)^\lambda (bm^2-\rho_-^2)^\varrho} = -\frac{\Gamma(\lambda+\varrho-2)}{\Gamma(\lambda)\,\Gamma(\varrho)} \int_0^1 dx \, \frac{x^{\lambda-1}(1-x)^{\varrho-1}}{[ax+b(1-x)-\frac{q^2}{m^2}x(1-x)]^{\lambda+\varrho}}$$

$$(\lambda+\varrho \gtrsim 3)$$

$$\text{(B8)} \quad \frac{i}{\pi^2} \int d\rho \; \frac{p_{+\mu} \, p_{-\nu} \, (m^2)^{\lambda + \beta - 3}}{(am^2 - p_+^2)^\lambda \, (bm^2 - p_-^2)^\beta} =$$

$$\qquad\qquad (\lambda + \beta \gtrsim 4)$$

$$= \left(\frac{n_{\mu\nu}}{2} + q_\mu q_\nu \frac{\partial}{\partial q^2} \right) \cdot \frac{\Gamma(\lambda + \beta - 3)}{\Gamma(\lambda)\,\Gamma(\beta)} \int_0^1 dx \; \frac{x^{\lambda - 1} (1-x)^{\beta - 1}}{\left[ax + b(1-x) - \frac{q^2}{m^2} x(1-x) \right]^{\lambda + \beta - 3}}$$

Die übrigbleibenden x-Integrale hat man dann - je nach Bedarf - auszuwerten, z.B. a=o, a=b etc. Oft ist es auch nützlich, sie selbst zur Weiterdiskussion zu verwenden.

LITERATUR

Jede Literaturauswahl ist oft recht willkürlich bestimmt davon, was man gelesen hat auf Grund von Vorträgen, persönlichen Gesprächen, auch vom Geschmack
für gewisse Darstellungsformen und nicht zuletzt vom Fleiß. Die folgenden, nach
dem ersten Autor alphabetisch geordneten Literaturangaben mit evtl. Angabe des
Abschnitts, zu dem sie passen und in dem sie erwähnt werden, sollen den Ein-
stieg in die Originalliteratur erleichtern. Der Übersichtsartikel von P. Langacker enthält mit über 500 Zitaten wohl das beste Literaturverzeichnis für das
hier interessierende Gebiet.

[1]   A. Abrikosov, L.P. Gor'kov, I.E. Dzyaloshinski, Quantum Field Theory
       Methods in Statistical Physics, Pergamon Press, Oxford (1965) (§5,6).

[2]   Y. Achiman, B. Stech, Phys.Lett. 77B (1978), 389 (§8).

[3]   P.W. Anderson, Phys.Rev. 130 (1963), 439 (§6).

[4]   J. Bardeen, L.N. Cooper, D.R. Schrieffer, Phys.Rev. 108 (1957), 1175 (§5).

[5]   W.A. Bardeen, H. Fritzsch, M. Gell-Mann, in Scale and Conformal Symmetry
       in Hadron Physics, Wiley, New York (1973).

[6]   P. Becher, M. Böhm, H. Joos, Eichtheorien der starken und elektroschwachen
       Wechselwirkung, Teubner, Stuttgart (1981) (§4).

[7]   J.D. Bjorken, S.D. Drell, Relativistische Quantenmechanik und Relativi-
       stische Quantenfeldtheorie, Bibliographisches Institut, Mannheim (1966).

[8]   J.D. Borken, Phys.Rev. D19 (1979), 335 (§8).

[9]   R. Behrends, J. Dreitlein, C. Frondsdal, B.W. Lee, Rev.Mod.Phys. 34
       (1962), 1 (§3).

[10]   S.A. Bludman, Nuov.Cim. 9 (1958), 433 (§4,6).

[11]   F.E. Close, An Introduction to Quarks and Protons, Academic Press,
       London (1979) (§1).

[12]   S. Coleman, J. Wess, B. Zumino, Phys.Rev. 177 (1969), 2239 (§5).

[13]   F. Englert, R. Brout, Phys.Rev.Lett. $\underline{13}$ (1964), 321 (§6).

[14]   H. Fritzsch, P. Minkowski, Ann.Phys. $\underline{93}$ (1975), 193 (§8).

[15]   M. Gell-Mann, Phys.Lett. $\underline{8}$ (1964), 214 (§1).

[16]   H. Georgi, H.R. Quinn, S. Weinberg, Phys.Rev.Lett. $\underline{33}$ (1974), 451 (§4).

[17]   H. Georgi, S.L. Glashow, Phys.Rev.Lett. $\underline{32}$ (1974), 438.

[18]   H. Georgi in Particles and Fields, AIP, N.Y. (1975) (§8).

[19]   R. Gilmore, Lie Groups, Lie Algebras, and Some of Their Applications,
       Wiley, N.Y. (1974) (§3).

[20]   S.L. Glashow, Nucl.Phys. $\underline{22}$ (1961), 579 (§4,5,6).

[21]   J. Goldstone, Nuov.Cim. $\underline{19}$ (1961), 15 (§5).

[22]   J. Goldstone, A. Salam, S. Weinberg, Phys.Rev. $\underline{127}$ (1962), 965 (§5).

[23]   M. Gourdin, Unitary Symmetries, North Holland Amsterdam (1967) (§3).

[24]   D. Gross, F. Wilczek, Phys.Rev.Lett. $\underline{30}$ (1973), 1343 and
       Phys.Rev. $\underline{D9}$ (1974), 980 (§1,4).

[25]   F. Gürsey, P. Sikivie, Phys.Rev.Lett. $\underline{36}$ (1976), 775 and
       Phys.Rev.Lett. $\underline{D16}$ (1977), 816 (§8).

[26]   G.S. Guralnik, C.R. Hagen, T.W.B. Kibble, Phys.Rev.Lett. $\underline{13}$ (1965), 535 (§6).

[27]   M. Han, Y. Nambu, Phys.Rev. $\underline{B139}$ (1965), 1006 (§1).

[28]   H. Harari, The Structure of Quarks and Leptons, Scientific American,
       April (1983) (§1).

[29]   W. Heisenberg, Einführung in die einheitliche Feldtheorie der Elementar-
       teilchen, Hirzel-Verlag, Stuttgart (1967).

[30]   P.W. Higgs, Phys.Rev.Lett. $\underline{12}$ (1964), 132; $\underline{13}$ (1964), 321;
       Phys.Rev. $\underline{145}$ (1966) 1156 (§6).

[31]   E.L. Hill, Rev.Mod.Phys. $\underline{23}$ (1951), 253 (§3).

[32]   P.Q. Hung, J.J. Sakurai, Phys.Lett. $\underline{69B}$ (1977), 323, $\underline{88B}$ (1979), 91 (§8).

[33]   C.J. Isham, A. Salam, J. Strathdee, Ann.Phys. $\underline{62}$ (1971), 98 (§5).

[34]   C. Itzykson, J.B. Zuber, Quantum Field Theory, McGraw-Hill, N.Y. (1980).

[35]   K. Johnson, M. Baker, R. Willey, Phys.Rev. $\underline{136}$ (1964), 1111 (§5).

[36]   T.W.B. Kibble, Phys.Rev. 155 (1967), 1554 (§6).

[37]   P. Langacker, Grand Unified Theories and Proton Decay, Physics Reports 72
       (1981), 185-385.

[38]   B.W. Lee, J. Zinn-Justin, Phys.Rev. D5 (1972), 3121, 3137, 3155;
       D7 (1973), 1049 (§5).

[39]   D.B. Lichtenberg, Unitary Symmetries and Elementary Particles,
       Academic Press, N.Y. (1978) (§3).

[40]   R.D. Mattuk, B. Johansson, Adv.Phys. 68 (1968), 509 (§5).

[41]   R.N. Mohapatra, J.C. Pati, Phys.Rev. D11 (1975), 566, 2558 (§7).

[42]   Y. Nambu, G. Jona-Lasinio, Phys.Rev. 122 (1961), 345; 124 (1961), 246 (§5).

[43]   E. Noether, Nachr.kgl.Ges.Wiss.Göttingen (1918), 235 (§3).

[44]   J.C. Pati, A. Salam, Phys.Rev. D10 (1974), 275 (§7).

[45]   M. Planck, Vorträge und Erinnerungen, II. Auflage, Wiss.Buchges.
       Darmstadt (1979).

[46]   C. Quigg, Gauge Theories of the Strong, Weak and Electromagnetic
       Interactions, Benjamin/Cummings, Reading, Mass. (1983) (§4).

[47]   S. Rajpoot, Phys.Rev. D22 (1980), 2245 (§8).

[48]   H. Rollnik, Teilchenphysik I, II, Bibliograph.Inst., Mannheim (1971) (§3).

[49]   A. Salam, J.C. Ward, Phys.Lett. 13 (1964), 168 (§4,5).

[50]   A. Salam in Elementary Particle Theory, Almquist and Wiksells, Stock-
       holm (1969) (§4,5,6).

[51]   A. Salam, J. Strathdee, Phys.Rev. 184 (1968), 1750 (§5).

[52]   L. Susskind, Phys.Rev. D20 (1979), 2619 (§5).

[53]   G. 't Hooft, Nucl.Phys. B33 (1971), 173, B35 (1971), 1967 - and
       M. Veltman, Nucl.Phys. B50 (1972), 318 (§5).

[54]   J.C. Taylor, Gauge Theories of Weak Interactions, Cambridge Univ.
       Press, Cambridge (1976) (§4).

[55]   H. Wagner, Z.Phys. 195 (1966), 273 (§5,6).

[56]   S. Weinberg, Phys.Rev.Lett. 18 (1967), 507, Phys.Rev. 166 (1967), 1568 (§5).

[57] S. Weinberg, Phys.Rev.Lett. $\underline{19}$ (1967), 1264 (§4,5,6).

[58] S. Weinberg, Phys.Rev. $\underline{D13}$ (1976), 974 (§5), $\underline{D19}$ (1979), 1277.

[59] H. Weyl, Gruppentheorie und Quantenmechanik, Hirzel-Verlag, Stuttgart (1931) (§3).

[60] H. Weyl, Raum, Zeit, Materie, 6. Auflage, Wiss. Buchges. Darmstadt (1961) (§4).

[61] C.N. Yang, R. Mills, Phys.Rev. $\underline{96}$ (1954), 191 (§4).

[62] G. Zweig, CERN preprints TH 401, 412 (1964), unpublished (§1).

Texts and Monographs in Physics

Editors: W. Beiglböck, J. L. Birman, E. H. Lieb, T. Regge, W. Thirring

Springer-Verlag
Berlin
Heidelberg
New York
Tokyo

A. Böhm

Quantum Mechanics

2nd edition. 1985. 1 figure. Approx. 550 pages. ISBN 3-540-13985-0

W. Greiner, B. Müller, J. Rafelski

Quantum Electrodynamics of Strong Fields

1985. 260 figures. Approx. 600 pages. ISBN 3-540-13404-2

M. D. Scadron

Advanced Quantum Theory

and Its Applications Through Feynman Diagrams
Corrected 2nd printing. 1981. 78 figures. XIV, 386 pages
ISBN 3-540-10970-6

Contents: Transformation Theory: Introduction. Transformations in Space. Transformations in Space-Time. Boson Wave Equations. Spin-$\frac{1}{2}$ Dirac Equation. Discrete Symmetries. – Scattering Theory: Formal Theory of Scattering. Simple Scattering Dynamics. Nonrelativistic Perturbation Theory. – Covariant Feynman Diagrams: Covariant Feynman Rules. Lowest-Order Electromagnetic Interactions. Low-Energy Strong Interactions. Lowest-Order Weak Interactions. Lowest-Order Gravitational Interactions. Higher-Order Covariant Feynman Diagrams. – Problems. – Appendices. – Bibliography. – Index.

M. Chaichian, N. F. Nelipa

Introduction to Gauge Field Theories

Translated from the Russian by J. Estrin
1984. 75 figures. XII, 332 pages. (Texts and Monographs in Physics)
ISBN 3-540-13008-X

Contents: Introduction. – Invariant Lagrangians: Global Invariance. Local (Gauge) Invariance. Spontaneous Symmetry-Breaking. – Quantum Theory of Gauge Fields: Path Integrals and Transition Amplitudes. Covariant Perturbation Theory. – Gauge Theory of Electroweak Interactions: Lagrangians of the Electroweak Interactions. Quantum Electrodynamics. Weak Interactions. Higher Orders in Perturbation Theory. – Gauge Theory of Strong Interactions: Asymptotically Free Theories. Dynamical Structure of Hadrons. Quantum Chromodynamics. Perturbation Theory. Lattice Gauge Theories. Quantum Chromodynamics on a Lattice. Grand Unification. Topological Solitons and Instantons. – Conclusion. – Bibliography. – List of Symbols. – Subject Index.

F. J. Ynduráin

Quantum Chromodynamics

An Introduction to the Theory of Quarks and Gluons
1983. XI, 227 pages. (Texts and Monographs in Physics)
ISBN 3-540-11752-0

Contents: Generalities. – QCD as a Field Theory. – Deep Inelastic Processes. – Quark Masses, PCAC, Chiral Dynamics, and the QCD Vacuum. – Functional Methods, Nonperturbative Solution. – References. – Index.

Lecture Notes in Physics

Vol. 195: Trends and Applications of Pure Mathematics to Mechanics. Proceedings, 1983. Edited by P. G. Ciarlet and M. Roseau. V, 422 pages. 1984.

Vol. 196: WOPPLOT 83. Parallel Processing: Logic, Organization and Technology. Proceedings, 1983. Edited by J. Becker and I. Eisele. V, 189 pages. 1984.

Vol. 197: Quarks and Nuclear Structure. Proceedings, 1983. Edited by K. Bleuler. VIII, 414 pages. 1984.

Vol. 198: Recent Progress in Many-Body Theories. Proceedings, 1983. Edited by H. Kümmel and M. L. Ristig. IX, 422 pages. 1984.

Vol. 199: Recent Developments in Nonequilibrium Thermodynamics. Proceedings, 1983. Edited by J. Casas-Vázquez, D. Jou and G. Lebon. XIII, 485 pages. 1984.

Vol. 200: H. D. Zeh, Die Physik der Zeitrichtung. V, 86 Seiten. 1984.

Vol. 201: Group Theoretical Methods in Physics. Proceedings, 1983. Edited by G. Denardo, G. Ghirardi and T. Weber. XXXVII, 518 pages. 1984.

Vol. 202: Asymptotic Behavior of Mass and Spacetime Geometry. Proceedings, 1983. Edited by F. J. Flaherty. VI, 213 pages. 1984.

Vol. 203: C. Marchioro, M. Pulvirenti, Vortex Methods in Two-Dimensional Fluid Dynamics. III, 137 pages. 1984.

Vol. 204: Y. Waseda, Novel Application of Anomalous (Resonance) X-Ray Scattering for Structural Characterization of Disordered Materials. VI, 183 pages. 1984.

Vol. 205: Solutions of Einstein's Equations: Techniques and Results. Proceedings, 1983. Edited by C. Hoenselaers and W. Dietz. VI, 439 pages. 1984.

Vol. 206: Static Critical Phenomena in Inhomogeneous Systems. Edited by A. Pękalski and J. Sznajd. Proceedings, 1984. VIII, 358 pages. 1984.

Vol. 207: S. W. Koch, Dynamics of First-Order Phase Transitions in Equilibrium and Nonequilibrium Systems. III, 148 pages. 1984.

Vol. 208: Supersymmetry and Supergravity/Nonperturbative QCD. Proceedings, 1984. Edited by P. Roy and V. Singh. V, 389 pages. 1984.

Vol. 209: Mathematical and Computational Methods in Nuclear Physics. Proceedings, 1983. Edited by J. S. Dehesa, J. M. G. Gomez and A. Polls. V, 276 pages. 1984.

Vol. 210: Cellular Structures in Instabilities. Proceedings, 1983. Edited by J. E. Wesfreid and S. Zaleski. VI, 389 pages. 1984.

Vol. 211: Resonances – Models and Phenomena. Proceedings, 1984. Edited by S. Albeverio, L. S. Ferreira and L. Streit. VI, 369 pages. 1984.

Vol. 212: Gravitation, Geometry and Relativistic Physics. Proceedings, 1984. Edited by Laboratoire "Gravitation et Cosmologie Relativistes", Université Pierre et Marie Curie et C.N.R.S., Institut Henri Poincaré, Paris. VI, 336 pages. 1984.

Vol. 213: Forward Electron Ejection in Ion Collisions. Proceedings, 1984. Edited by K. O. Groeneveld, W. Meckbach and I. A. Sellin. VII, 165 pages. 1984.

Vol. 214: H. Moraal, Classical, Discrete Spin Models. VII, 251 pages. 1984.

Vol. 215: Computing in Accelerator Design and Operation. Proceedings, 1983. Edited by W. Busse and R. Zelazny. XII, 574 pages. 1984.

Vol. 216: Applications of Field Theory to Statistical Mechanics. Proceedings, 1984. Edited by L. Garrido. VIII, 352 pages. 1985.

Vol. 217: Charge Density Waves in Solids. Proceedings, 1984. Edited by Gy. Hutiray and J. Sólyom. XIV, 541 pages. 1985.

Vol. 218: Ninth International Conference on Numerical Methods in Fluid Dynamics. Edited by Soubbaramayer and J. P. Boujot. X, 612 pages. 1985.

Vol. 219: Fusion Reactions Below the Coulomb Barrier. Proceedings, 1984. Edited by S. G. Steadman. VII, 351 pages. 1985.

Vol. 220: W. Dittrich, M. Reuter, Effective Lagrangians in Quantum Electrodynamics. V, 244 pages. 1985.

Vol. 221: Quark Matter '84. Proceedings, 1984. Edited by K. Kajantie. VI, 305 pages. 1985.

Vol. 222: A. García, P. Kielanowski, The Beta Decay of Hyperons. Edited by A. Bohm. VIII, 173 pages. 1985.

Vol. 223: H. Saller, Vereinheitlichte Feldtheorien der Elementarteilchen. IX, 157 Seiten. 1985.

Selected Issues from

Lecture Notes in Mathematics

Vol. 932: Analytic Theory of Continued Fractions. Proceedings, 1981. Edited by W.B. Jones, W.J. Thron, and H. Waadeland. VI, 240 pages. 1982.

Vol. 934: M. Sakai, Quadrature Domains. IV, 133 pages. 1982.

Vol. 935: R. Sot, Simple Morphisms in Algebraic Geometry. IV, 146 pages. 1982.

Vol. 936: S.M. Khaleelulla, Counterexamples in Topological Vector Spaces. XXI, 179 pages. 1982.

Vol. 937: E. Combet, Intégrales Exponentielles. VIII, 114 pages. 1982.

Vol. 938: Number Theory. Proceedings, 1981. Edited by K. Alladi. IX, 177 pages. 1982.

Vol. 942: Theory and Applications of Singular Perturbations. Proceedings, 1981. Edited by W. Eckhaus and E.M. de Jager. V, 363 pages. 1982.

Vol. 953: Iterative Solution of Nonlinear Systems of Equations. Proceedings, 1982. Edited by R. Ansorge, Th. Meis, and W. Törnig. VII, 202 pages. 1982.

Vol. 956: Group Actions and Vector Fields. Proceedings, 1981. Edited by J.B. Carrell. V, 144 pages. 1982.

Vol. 957: Differential Equations. Proceedings, 1981. Edited by D.G. de Figueiredo. VIII, 301 pages. 1982.

Vol. 963: R. Nottrot, Optimal Processes on Manifolds. VI, 124 pages. 1982.

Vol. 964: Ordinary and Partial Differential Equations. Proceedings, 1982. Edited by W.N. Everitt and B.D. Sleeman. XVIII, 726 pages. 1982.

Vol. 968: Numerical Integration of Differential Equations and Large Linear Systems. Proceedings, 1980. Edited by J. Hinze. VI, 412 pages. 1982.

Vol. 970: Twistor Geometry and Non-Linear Systems. Proceedings, 1980. Edited by H.-D. Doebner and T.D. Palev. V, 216 pages. 1982.

Vol. 972: Nonlinear Filtering and Stochastic Control. Proceedings, 1981. Edited by S.K. Mitter and A. Moro. VIII, 297 pages. 1983.

Vol. 978: J. Ławrynowicz, J. Krzyż, Quasiconformal Mappings in the Plane. VI, 177 pages. 1983.

Vol. 979: Mathematical Theories of Optimization. Proceedings, 1981. Edited by J.P. Cecconi and T. Zolezzi. V, 268 pages. 1983.

Vol. 982: Stability Problems for Stochastic Models. Proceedings, 1982. Edited by V.V. Kalashnikov and V.M. Zolotarev. XVII, 295 pages. 1983.

Vol. 989: A.B. Mingarelli, Volterra-Stieltjes Integral Equations and Generalized Ordinary Differential Expressions. XIV, 318 pages. 1983.

Vol. 994: J.-L. Journé, Calderón-Zygmund Operators, Pseudo-Differential Operators and the Cauchy Integral of Calderón. VI, 129 pages. 1983.

Vol. 999: C. Preston, Iterates of Maps on an Interval. VII, 205 pages. 1983.

Vol. 1000: H. Hopf, Differential Geometry in the Large, VII, 184 pages. 1983.

Vol. 1003: J. Schmets, Spaces of Vector-Valued Continuous Functions. VI, 117 pages. 1983.

Vol. 1005: Numerical Methods. Proceedings, 1982. Edited by V. Pereyra and A. Reinoza. V, 296 pages. 1983.

Vol. 1007: Geometric Dynamics. Proceedings, 1981. Edited by J. Palis Jr. IX, 827 pages. 1983.

Vol. 1015: Equations différentielles et systèmes de Pfaff dans le champ complexe – II. Seminar. Edited by R. Gérard et J.P. Ramis. V, 411 pages. 1983.

Vol. 1021: Probability Theory and Mathematical Statistics. Proceedings, 1982. Edited by K. Itô and J.V. Prokhorov. VIII, 747 pages. 1983.

Vol. 1031: Dynamics and Processes. Proceedings, 1981. Edited by Ph. Blanchard and L. Streit. IX, 213 pages. 1983.

Vol. 1032: Ordinary Differential Equations and Operators. Proceedings, 1982. Edited by W.N. Everitt and R.T. Lewis. XV, 521 pages. 1983.

Vol. 1035: The Mathematics and Physics of Disordered Media. Proceedings, 1983. Edited by B.D. Hughes and B.W. Ninham. VII, 432 pages. 1983.

Vol. 1037: Non-linear Partial Differential Operators and Quantization Procedures. Proceedings, 1981. Edited by S.I. Andersson and H.-D. Doebner. VII, 334 pages. 1983.

Vol. 1041: Lie Group Representations II. Proceedings 1982–1983. Edited by R. Herb, S. Kudla, R. Lipsman and J. Rosenberg. IX, 340 pages. 1984.

Vol. 1045: Differential Geometry. Proceedings, 1982. Edited by A.M. Naveira. VIII, 194 pages. 1984.

Vol. 1047: Fluid Dynamics. Seminar, 1982. Edited by H. Beirão da Veiga. VII, 193 pages. 1984.

Vol. 1048: Kinetic Theories and the Boltzmann Equation. Seminar, 1981. Edited by C. Cercignani. VII, 248 pages. 1984.

Vol. 1049: B. Iochum, Cônes autopolaires et algèbres de Jordan. VI, 247 pages. 1984.

Vol. 1054: V. Thomée, Galerkin Finite Element Methods for Parabolic Problems. VII, 237 pages. 1984.

Vol. 1055: Quantum Probability and Applications to the Quantum Theory of Irreversible Processes. Proceedings, 1982. Edited by L. Accardi, A. Frigerio and V. Gorini. VI, 411 pages. 1984.

Vol. 1057: Bifurcation Theory and Applications. Seminar, 1983. Edited by L. Salvadori. VII, 233 pages. 1984.

Vol. 1058: B. Aulbach, Continuous and Discrete Dynamics near Manifolds of Equilibria. IX, 142 pages. 1984.

Vol. 1059: Séminaire de Probabilités XVIII, 1982/83. Proceedings. Edité par J. Azéma et M. Yor. IV, 518 pages. 1984.

Vol. 1063: Orienting Polymers. Proceedings, 1983. Edited by J.L. Ericksen. VII, 166 pages. 1984.

Vol. 1065: A. Cuyt, Padé Approximants for Operators: Theory and Applications. IX, 138 pages. 1984.

Vol. 1066: Numerical Analysis. Proceedings, 1983. Edited by D.F. Griffiths. XI, 275 pages. 1984.

Vol. 1071: Padé Approximation and its Applications, Bad Honnef 1983. Prodeedings Edited by H. Werner and H.J. Bünger. VI, 264 pages. 1984.

Vol. 1072: F. Rothe, Global Solutions of Reaction-Diffusion Systems. V, 216 pages. 1984.

Vol. 1085: G.K. Immink, Asymptotics of Analytic Difference Equations. V, 134 pages. 1984.

Vol. 1086: Sensitivity of Functionals with Applications to Engineering Sciences. Proceedings, 1983. Edited by V. Komkov. V, 130 pages. 1984

Vol. 1100: V. Ivrii, The Precise Spectral Asymptotics for Elliptic Operators Acting in Fiberings over Manifolds with Boundary. V, 237 pages. 1984.

uni — text

Lehrbücher

J. Barner, **Der Wald** Begründung, Aufbau und Erhaltung

S. G. Krein / V. N. Uschakowa, Vorstufe zur höheren Mathematik

H. Lau/W. Hardt, Energieverteilung

E. Meyer/E.-G. Neumann, Physikalische und technische Akustik

J. Rieck, Lichttechnik

W. Rieder, Plasma und Lichtbogen

H.-G. Unger, Elektromagnetische Wellen I

H.-G. Unger, Elektromagnetische Wellen II

H.-G. Unger, Quantenelektronik

H.-G. Unger, Theorie der Leitungen

In Vorbereitung befindliche Titel:

Dallmann / Elster, Einführung in die höhere Mathematik

Dewar, Einführung in die moderne Chemie

Geist, Physik der Halbleiter I, II

Hàla / Boublik, Einführung in die statistische Thermodynamik

Meyer / Guiking, Schwingungslehre

Meyer / Pottel, Physikalische Grundlagen der Hochfrequenztechnik

Meyer / Zimmermann, Elektronische Meßtechnik

Taegen, Elektrische Maschinen I, II

Tutschke, Grundlagen der Funktionentheorie

Unger / Schultz, Elektronische Bauelemente und Netzwerke I, II

uni—text

S. G. Krein / V. N. Uschakowa

Vorstufe zur höheren Mathematik

Lehrbuch
für Studierende aller Fachrichtungen
im 1. und 2. Semester

Mit 178 Abbildungen

Friedr. Vieweg & Sohn · Braunschweig

С. Г. Крейн / В. Н. Ушакова

Математический анализ элементарных функций

Erschienen im Verlag: Fismatgis, Moskau 1966

Deutsche Übersetzung: F. Cap und Mitarbeiter, Innsbruck

Verlagsredaktion: Alfred Schubert

1968

ISBN 978-3-322-98005-2   ISBN 978-3-322-98628-3 (eBook)
DOI 10.1007/978-3-322-98628-3

Umschlaggestaltung: Peter Kohlhase

Best.-Nr. 3507

VORWORT

Das vorliegende Buch wurde auf Grund der Vorlesungen über höhere Mathematik geschrieben, die der eine der Verfasser mehrere Jahre am Institut für Erzbergbau in Krivoi Rog und am Institut für Holzverarbeitungstechnik in Woronesh gehalten hat.

Es ist allgemein bekannt, daß der Studierende beim Studium des Lehrstoffes der höheren Mathematik auf viele Schwierigkeiten stößt. Insbesondere ist der erste Teil der mathematischen Analysis, der die Lehre von den Grenzwerten und die Differentialrechnung umfaßt, sehr schwer zu erlernen. Diese Schwierigkeiten erklären sich einerseits durch die Fülle neuer Begriffe und Methoden, andererseits aber unserer Meinung nach durch Unzulänglichkeiten im Aufbau des Lehrstoffes. Hauptsächlich scheint es allgemein unklar zu sein, was der eigentliche Gegenstand der Untersuchungen ist. Es entsteht der Eindruck, daß das Studium der logischen Wechselbeziehungen zwischen den verschiedenen neuen Begriffen von größter Bedeutung ist.

Nach unserer Ansicht wird der Hauptinhalt eines beliebigen Lehrganges nicht durch die Allgemeingültigkeit der eingeführten Begriffe und Sätze, sondern durch die Auswahl der Beispiele und Anwendungen bestimmt, die im Lehrgang selbst, in den Übungen, und in Nachbarvorlesungen betrachtet werden. Man kann die Darlegung des Zahlenbegriffes sowie der Begriffe Funktion, Grenzwert usw. immer allgemeiner behandeln. Wenn man jedoch dabei den Kreis der Aufgaben nicht verändert, die in den Vorlesungen, Übungen und den parallelen Lehrgängen gelöst werden, dann entsteht ein Riß zwischen der Methode der Darlegung und dem behandelten Stoff.

Die Verfasser sind der Ansicht, daß den Hauptgegenstand des Lehrganges über Analysis an Technischen Hochschulen die funktionalen Abhängigkeiten zwischen den Größen bilden, die sich genau oder angenähert mit Hilfe der elementaren Funktionen ausdrücken lassen. Die wenigen Fälle, die in der Integralrechnung, in der Reihenlehre und bei den Differentialgleichungen den Rahmen der elementaren Funktionen sprengen, betonen noch mehr den Hauptinhalt des Vorlesungsstoffes. Falls die Ausbildung der Ingenieure noch einiges darüber hinaus verlangt, werden die ergänzenden Abschnitte oder Vorlesungen wie z. B. "Spezielle Funktionen", "Analytische Funktionen" usw. eingeführt.

Der Standpunkt der Verfasser spiegelt sich im Titel und im Inhalt des Buches wider. Das vorliegende Buch behandelt nicht die mathematische Analysis allgemein, sondern die mathematische Analysis der elementaren Funktionen.

Die Behandlung der Analysis an Technischen Hochschulen wird dadurch erschwert, daß die Absolventen der Oberschulen nur sehr bescheidene Kenntnisse über elementare Funktionen mitbringen. Um diese Kenntnisse zu ergänzen, enthält das Buch ein umfangreiches Kapitel über elementare Funktionen, in dem die elementaren Grundfunktionen mit den Methoden der

"Schulmathematik" (sogar ohne Anwendung des binomischen Lehrsatzes)
ausführlich untersucht werden. Hierbei werden schon alle Grundcharakteristi-
ken der Funktionen und ihrer Kurvenbilder betrachtet, die der Lehrstoff
der Analysis bringt (Definitionsbereich, Intervalle mit abnehmenden und zu-
nehmenden Funktionen, Extremwerte, Konvexitäts- und Konkavitätsbereiche, Wendepunkte, Asymptoten usw.). Alle Eigenschaften und die zugehörigen Begriffe werden nicht "auf Vorrat" eingeführt, sondern erst dann, wenn
sie bei der Untersuchung der einen oder anderen Funktion auftreten. Am
Schluß des ersten Kapitels wird das Problem der Linearisierung der einfachsten algebraischen Funktionen berührt. Besonderen Wert legen die Verfasser auf die Linearisierung der Funktion durch Vernachlässigen der Potenzen von höherem als erstem Grade bei kleinen Größen, da die Linearisierung gerade auf diese Weise häufiger in den Anwendungen vorgenommen
wird.

Im zweiten Kapitel werden die Grundlagen der Lehre von den Grenzwerten behandelt. Die Berechnung der wichtigsten Grenzwerte wird mit der Ermittlung der Tangente an die Kurvenbilder der elementaren Grundfunktionen
verbunden. So wird die Zahl e als Basis der Exponentialfunktion eingeführt,
bei deren Kurvenbild die Tangente im Schnittpunkt mit der Ordinatenachse
die Steigung eins hat.

Im dritten Kapitel ("Linearisierung der elementaren Funktionen") werden auf Grund der berechneten Grenzwerte die Formeln zur Linearisierung
der elementaren Grundfunktionen in der Nähe des Nullpunktes und dann in
der Nähe eines beliebigen Punktes hergeleitet. Die Ableitungen erhält man
als Koeffizienten von Δx in den Linearisierungsformeln. Die Herleitung
sämtlicher Formeln für die Ableitungen ist vom selben Typus und beruht
auf der Anwendung des "Additionstheorems" und der Formel für die Linearisierung der entsprechenden Funktion in der Nähe des Nullpunktes. Dabei
werden die Begriffe des Verschwindens unendlich kleiner Größen und der
Ordnung einer unendlich kleinen Größe weitgehend benützt.

Das vierte Kapitel, "die Anwendung der Ableitungen auf die Untersuchung
von Funktionen", ist gedrängt geschrieben. Die Hauptaufgaben zur Untersuchung der Funktionen sind bereits im ersten Kapitel formuliert und können
daher schnell mit Hilfe des Mittelwertsatzes gelöst werden. Der Taylorsche
Satz wird als natürliche Weiterentwicklung der Linearisierungsformel eingeführt und zur Reihenentwicklung der elementaren Grundfunktionen verwendet.

Die Darlegung wird durch einige wenige physikalische Beispiele illustriert.

Die Zweite Auflage wurde um das fünfte Kapitel erweitert, das den Leser
mit dem Begriff der implizit gegebenen Funktion einer Veränderlichen und
mit den Grundlagen der Theorie der Kurven zweiter Ordnung bekannt macht.

Der Schwierigkeitsgrad der Darstellung wechselt mit den einzelnen Kapi-
teln. Während z. B. im ersten Kapitel der Begriff des Grenzwertes nur intui-
tiv angewendet wird, so wird er im zweiten Kapitel in voller Exaktheit eingeführt. Die Eigenschaften der stetigen Funktionen und die Stetigkeit der elementaren Grundfunktionen werden ohne Beweis vorausgesetzt.

Die Verfasser betonen nochmals, daß sie einen Versuch gemacht haben, die Darlegung des Lehrstoffes so aufzubauen, daß die Kluft zwischen dem Aufbau des mathematisch-analytischen Handwerkzeuges und dem Hauptobjekt, auf dem dieses Handwerkszeug angewandt wird, d. h. den elementaren Funktionen, maximal gering gehalten wird. Inwieweit ihnen dies gelungen ist, muß der Leser beurteilen.

S. G. Krein,
V. N. Uschakowa

I. ELEMENTARE FUNKTIONEN

§ 1. DER FUNKTIONSBEGRIFF

Beim Studium von Naturvorgängen haben wir es mit den verschiedensten Größen zu tun: Temperatur, Volumen, Masse, Gewicht, Länge usw. Dabei bleibt jeweils ein Teil der Größen unverändert, andere ändern sich.

Wenn eine Größe verschiedene Zahlenwerte annimmt, nennt man sie *Veränderliche (Variable)*.

Bei jedem beliebigen Kreis bleibt das Verhältnis zwischen Umfang und Durchmesser bekanntlich konstant gleich π. Der Flächeninhalt eines Kreises oder der Umfang selbst kann hingegen verschiedene Werte annehmen.

Zu beachten ist, daß ein und dieselbe Größe unter gewissen Bedingungen als Konstante betrachtet werden kann, bei anderen aber als Variable. Die Länge eines Metallstabes z. B. kann bei grober Messung als unveränderlich angenommen werden. Bei genauer Messung zeigt sich jedoch, daß sie sich in Abhängigkeit von der Temperatur ändert.

Es gibt unabhängige und abhängige Veränderliche. Im gerade angeführten Beispiel kann man die Temperatur als die unabhängige und die Länge des Stabes als die abhängige Variable ansehen.

1.1. DEFINITION DES FUNKTIONSBEGRIFFS*)

Eine Größe y heißt *Funktion* einer Größe x, wenn jedem Wert von x ein oder mehrere genau festgelegte Werte von y entsprechen.

Die Größe x heißt dabei *Argument*.

Ist die Größe y Funktion einer Größe x, so schreiben wir $y = f(x)$ und sagen: y ist gleich f von x. Für jede konkrete Funktion wird die Bedeutung des Zeichens f durch eine genaue Definition angegeben.

Meistens wird eine Funktion durch eine Gleichung definiert, aus der für jeden Wert von x der zugehörige Wert von y berechnet wird. In diesem Fall sagt man, die Funktion sei *analytisch* gegeben. Ist dabei die die Funktion definierende Gleichung nach y aufgelöst, so spricht man von einer *explizit* gegebenen Funktion, z. B.

$$y = \frac{x^2}{x^2 + 1} \qquad \text{oder} \qquad y = \sin^3 x + \cos^3 x \; .$$

*) Diese Definition wird im Russischen Lobatschewski zugeschrieben. Anm. d. Üb.

Bei expliziter Darstellung der Funktion $y = f(x)$ bedeutet das Zeichen f die Menge aller mathematischen Operationen, die auf x angewendet werden müssen, um y zu erhalten.

In konkreten Aufgaben können die abhängige und die unabhängige Variable auch durch andere Buchstaben bezeichnet werden. In der Gleichung $s = v.t$ z. B., die den Zusammenhang zwischen der Weglänge s und der Zeit t bei der gleichförmigen Bewegung darstellt, steht t für die unabhängige und s für die abhängige Variable.

1.2. DAS KOORDINATENSYSTEM

Um die Lage eines Punktes in der Ebene zu bestimmen, wählen wir in dieser Ebene ein rechtwinkliges *Koordinatensystem*, d. h. zwei aufeinander senkrecht stehende mit Zählrichtungen versehene Gerade. Den Schnittpunkt der Geraden nehmen wir als Anfangspunkt für die Zählung auf beiden Geraden (Abb. 1). Die eine Gerade (meistens die waagrechte) nennen wir *Abszis-*

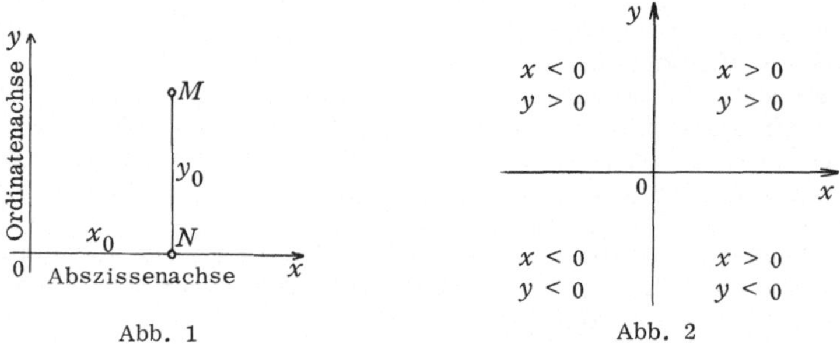

Abb. 1   Abb. 2

senachse (x-*Achse*), die andere (die senkrechte) *Ordinatenachse* (y-*Achse*). Der Schnittpunkt der Achsen heißt *Koordinatenanfangspunkt* (*Koordinatenursprung*).

Sei M ein beliebiger Punkt in der Ebene. Wir fällen von ihm aus das Lot MN auf die Abszissenachse. Liegt der Punkt N vom Punkt O aus in der Zählrichtung (in Abb. 1 also rechts von O), dann nimmt man die Länge der Strecke ON als die *Abszisse* x_0 des Punktes M. Liegt N jedoch links von O, so nimmt man als Abszisse von M die mit negativem Vorzeichen versehene Länge der Strecke ON.

Die Länge der Strecke MN heißt *Ordinate* des Punktes M, wenn M oberhalb der Abszissenachse liegt. Andernfalls gilt wieder die mit negativem Vorzeichen versehene Strecke MN als Ordinate von M.

Wir stellen fest, daß die Ordinate der Punkte, die auf der Abszissenachse liegen, gleich null ist, ebenso die Abszisse der Punkte auf der Ordinatenachse.

Die beiden Zahlen, Abszisse x_0 und Ordinate y_0, heißen *Koordinaten* des Punktes M. Man schreibt dafür symbolisch oft $M(x_0, y_0)$.

In der Abb. 2 ist angegeben, welche Vorzeichen die Koordinaten der Punkte in den vier Abschnitten der Ebene haben, die durch die Koordinatenachsen gebildet werden.

1.3. DAS KURVENBILD EINER FUNKTION UND DIE GLEICHUNG EINER KURVE

Wenn eine Funktion $y = f(x)$ gegeben ist, dann entspricht jedem Wert von x ein Wert von y, nämlich der Wert der Funktion im Punkt x. Mit den beiden Zahlen x und y kann man den Punkt $M(x, y)$ festlegen. Die Gesamtheit aller derartigen Punkte erzeugt das *Kurvenbild der Funktion*. Gewöhnlich besteht dieses Kurvenbild aus einer oder mehreren Kurven.

Wenn eine Kurve gegeben ist und aus dieser Kurve die Funktion konstruiert wird, dann nennt man die gewonnene Gleichung $y = f(x)$ die *Gleichung der Kurve*. Folglich hat jede Funktion ihr Kurvenbild, und umgekehrt entspricht jeder Kurve eine Gleichung. Anstelle der Kurven kann man die Gleichungen betrachten, diese untersuchen und die gewonnenen Ergebnisse in die geometrische Sprache übersetzen.

Das Teilgebiet der Mathematik, in dem geometrische Probleme mit algebraischen Methoden gelöst werden, ist die *analytische Geometrie*. Wir geben einige Beispiele für geometrische Probleme an, die algebraisch gelöst werden.

Aufgabe 1. Es sei die Gleichung einer Kurve $y = f(x)$ und ein Punkt $M(x_0, y_0)$ gegeben. Es soll festgestellt werden, ob der Punkt M auf der gegebenen Kurve liegt.

Wir berechnen den Wert $y = f(x)$ für $x = x_0$ und vergleichen den gewonnenen Wert $y = f(x_0)$ mit y_0. Wenn $f(x_0)$ größer als y_0 ist, dann liegt der Punkt M unterhalb der Kurve. Wenn $f(x_0)$ kleiner als y_0 ist, dann liegt M über der Kurve. Die Gleichung $y_0 = f(x_0)$ ist die Bedingung dafür, daß der Punkt auf der gegebenen Kurve liegt. Folglich muß man, um festzustellen, ob ein Punkt $M(x_0, y_0)$ auf der Kurve $y = f(x)$ liegt, die Koordinaten des Punktes M in die Gleichung der Kurve einsetzen. Falls die Koordinaten der Kurvengleichung genügen, dann liegt der Punkt auf der Kurve. Falls sie die Kurvengleichung nicht erfüllen, dann liegt der Punkt nicht auf der Kurve.

B e i s p i e l . Es sei die Kurvengleichung $y = x^3 + 5x^2 - 1$ gegeben. Man soll kontrollieren, ob die Punkte $M_1(2, 3)$ und $M_2(1, 5)$ auf der gegebenen Kurve liegen. Die Abszisse des Punktes M_1 ist 2. Für $x_0 = 2$ ergibt sich $y = 8 + 20 - 1 = 27$. Der Punkt M_1 liegt unterhalb der Kurve. Für $x_0 = 1$ ergibt sich $y = 1 + 5 - 1 = 5$, der Punkt M_2 liegt auf der Kurve.

Aufgabe 2. Man suche die Schnittpunkte der Kurve $y = f(x)$ mit den Koordinatenachsen.

Wir nehmen an, daß die Kurve $y = f(x)$ die y-Achse im Punkt $A(x_1, y_1)$ und die x-Achse im Punkt $B(x_2, y_2)$ schneidet (Abb. 3). Weil der Punkt A auf der y-Achse liegt, ist seine Abszisse gleich Null: $x_1 = 0$. Der Punkt A liegt aber auch auf der Kurve und daher können wir seine Ordinate aus der Kurvengleichung bestimmen. Hierfür setzen wir in diese Gleichung für x Null ein und berechnen den zugehörigen y-Wert: $y_1 = f(x_1) = f(0)$.

Der Punkt B liegt auf der x-Achse und daher ist seine Ordinate null:

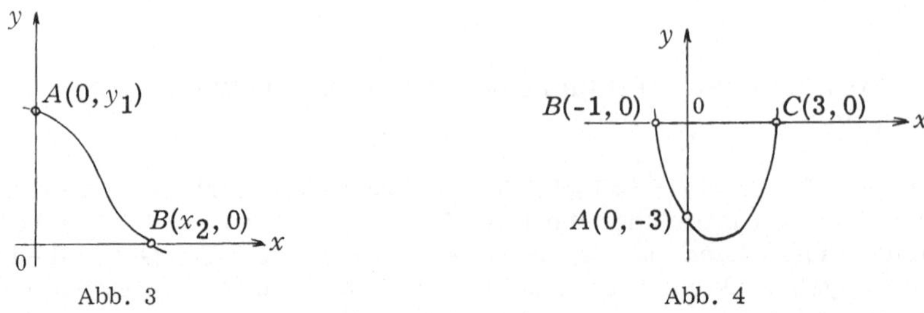

Abb. 3   Abb. 4

$y_2 = 0$. Weil B aber auf der Kurve liegt, erhalten wir nach Einsetzen von x_2 (anstelle von x) in die Gleichung $y = f(x)$ den Wert null: $f(x_2) = 0$. Folglich ist die Abszisse x_2 des Punktes B eine (reelle) Wurzel der Gleichung $f(x) = 0$. Um also die Schnittpunkte einer Kurve mit der x-Achse zu finden, muß man in die Kurvengleichung anstelle von y null einsetzen und die gewonnene Gleichung auflösen. Die reellen Wurzeln der Gleichung liefern dann die Abszissen der Schnittpunkte der Kurve mit der x-Achse.

B e i s p i e l. Man suche die Schnittpunkte der Kurve $y = x^2 - 2x - 3$ mit den Koordinatenachsen.

Der Schnittpunkt mit der y-Achse ist: $x = 0$, $y = -3$.

Die Schnittpunkte mit der x-Achse sind: $y = 0$, $x^2 - 2x - 3 = 0$, und daraus $x_1 = -1$, $x_2 = 3$.

Wir haben also die Schnittpunkte der Kurve mit den Koordinatenachsen gefunden, ohne das Kurvenbild der Funktion zu konstruieren: $A(0, -3)$, $B(-1, 0)$, $C(3, 0)$; das Kurvenbild ist in Abb. 4 dargestellt.

Manchmal wendet man das umgekehrte Verfahren an: Um eine Gleichung $f(x) = 0$ zu lösen, konstruiert man das Kurvenbild der Funktion $y = f(x)$ und bestimmt graphisch die Schnittpunkte mit der x-Achse. Die Abszissen dieser Punkte liefern die reellen Wurzeln der Gleichung $f(x) = 0$.

1.4. EINDEUTIGE UND MEHRDEUTIGE FUNKTIONEN

D e f i n i t i o n. Eine Funktion heißt eindeutig, wenn jedem Argumentwert nur ein Funktionswert entspricht. Eine Funktion heißt mehrdeutig, wenn gewissen Argumentwerten mehrere Funktionswerte entsprechen.

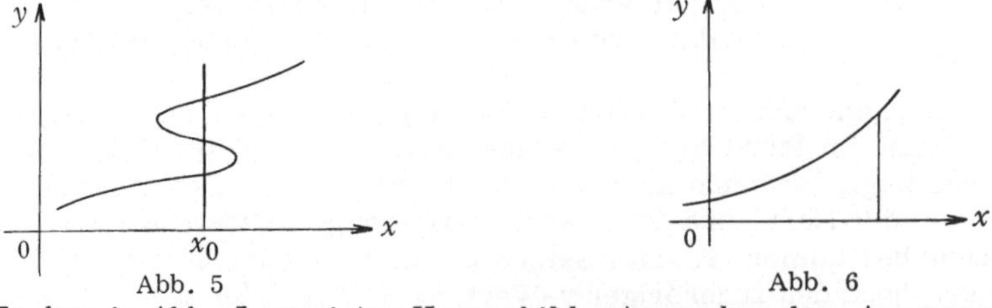

Abb. 5   Abb. 6

In dem in Abb. 5 gezeigten Kurvenbild entsprechen dem Argumentwert x_0 drei verschiedene Funktionswerte. Geometrisch bedeutet dies, daß die zur y-Achse parallele Gerade das Kurvenbild der Funktion in drei Punkte schneidet. Das Kurvenbild einer eindeutigen Funktion (Abb. 6) wird durch jede zur y-Achse parallele Gerade nur in einem Punkt geschnitten.

Das Studium der mehrdeutigen Funktionen und das Rechnen mit ihnen ist kompliziert, weshalb man sich in der Analysis auf das Studium der eindeutigen Funktionen beschränkt. Wenn aber das Rechnen mit mehrdeutigen Funktionen notwendig wird, dann untersucht man die einzelnen Teile der Kurvenbilder, die eindeutige Funktionen erzeugen (s. I, § 12 u. V, §§ 1-4).

1.5. DER DEFINITIONSBEREICH EINER FUNKTION

D e f i n i t i o n . Die Gesamtheit aller Argumentwerte, denen bestimmte reelle Werte der Funktion entsprechen, nennt man den *Definitionsbereich der Funktion*.

B e i s p i e l 1 . Man suche den Definitionsbereich der Funktion $y = +\sqrt{1-x}$, d. h. die Werte von x, denen reelle Werte von y entsprechen. Offensichtlich darf für diese x-Werte der Radikand nicht negativ sein:

$$1 - x \geq 0 \qquad \text{oder } x \leq 1 .$$

Also ist die Funktion $y = +\sqrt{1-x}$ für alle x-Werte definiert, die kleiner oder gleich eins sind: $x \leq 1$. Um die Tatsache besser auszudrücken, daß x alle Werte, die kleiner als eins sind, annehmen kann, schreibt man $-\infty < x \leq 1$. Der Definitionsbereich der Funktion $y = +\sqrt{1-x}$ ist in der Abb. 7

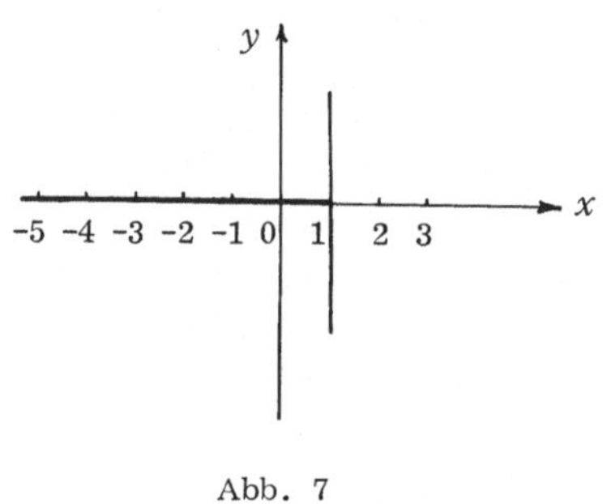

Abb. 7

dargestellt. Das Kurvenbild der Funktion liegt links von der Geraden, die auf der x-Achse senkrecht steht und durch den Punkt $x = 1$ hindurchgeht.

B e i s p i e l 2 . Man bestimme den Definitionsbereich der Funktion $y = \lg(x^2 - 4)$. Weil bei positiver Basis die negativen Zahlen keine reellen Logarithmen besitzen, ist es notwendig, daß der Ausdruck, der unter dem Zeichen des Logarithmus steht, positiv ist:

$$x^2 - 4 > 0, \qquad \text{oder} \qquad x^2 > 4 .$$

Diese Ungleichung ist auch für $x > 2$ oder $x < -2$ erfüllt.

Der Definitionsbereich der betrachteten Funktion besteht aus zwei Teilen: $-\infty < x < -2$ und $2 < x < \infty$ (Abb. 8). Das Kurvenbild besteht aus zwei

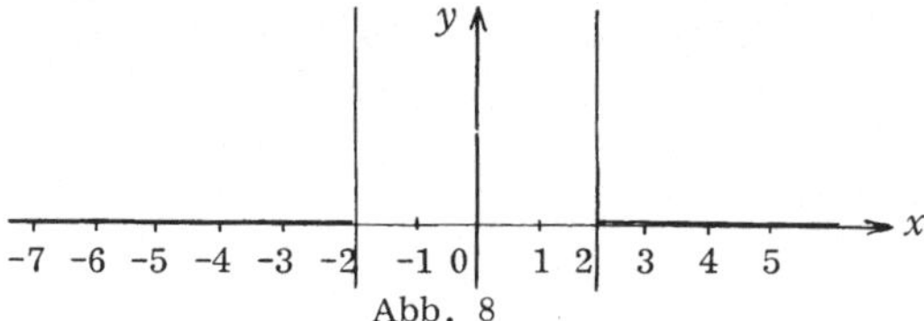

Abb. 8

Ästen: Der eine liegt links von der Geraden $x = -2$ und der andere rechts von der Geraden $x = 2$. Dabei sind aber die Punkte $x = 2$ und $x = -2$ ausgeschlossen.

§ 2. DIE LINEARE FUNKTION $y = kx + b$

Die Gleichung $y = kx + b$ gibt eine lineare Funktion, in der k und b reelle Zahlen sind. Weil die Funktion $y = kx + b$ unter diesen Bedingungen für alle reellen x reelle Funktionswerte besitzt, umfaßt der Definitionsbereich dieser Funktion die ganze Zahlengerade:

$$- \infty < x < \infty \ .$$

2.1. DAS KURVENBILD DER LINEAREN FUNKTION $y = kx$

Wir zeigen, daß die Gerade, die durch den Koordinatenursprung hindurchgeht, das Kurvenbild der Funktion $y = kx$ ist (Abb. 9).

Wir geben x einen beliebigen Wert x_1 und berechnen den entsprechenden y-Wert:

$$y_1 = kx_1 \ .$$

Durch den Koordinatenursprung und den Punkt $A_1(x_1, y_1)$ legen wir eine Gerade hindurch. Dann bezeichnen wir mit α_1 den Winkel, der von

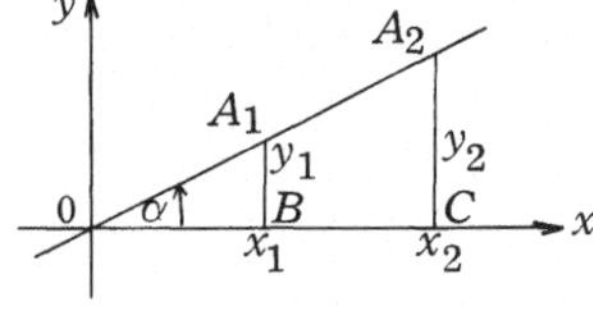

Abb. 9

dieser Geraden und der positiven Richtung der x-Achse gebildet wird. Diesen Winkel messen wir, ausgehend von der positiven x-Achse, entgegen dem Uhrzeigersinn positiv. Aus dem rechtswinkligen Dreieck OA_1B erhalten wir

$$\tan \alpha_1 = \frac{y_1}{x_1} = \frac{kx_1}{x_1} = k \ .$$

Dabei haben wir die Tatsache ausgenützt, daß $y_1 = kx_1$ ist.

Wir geben jetzt einen neuen Wert x_2, berechnen den entsprechenden y-Wert: $y_2 = kx_2$ und zeigen, daß der Punkt $A_2(x_2, y_2)$ auf derselben Geraden liegt. Zum Beweis legen wir durch den Koordinatenursprung und den Punkt $A_2(x_2, y_2)$ eine Gerade. Den Tangens des Winkels, den diese Gerade mit der x-Achse bildet, bestimmen wir aus dem Dreieck OA_2C:

$$\tan \alpha_2 = \frac{y_2}{x_2} = \frac{kx_2}{x_2} = k \ .$$

Folglich $\tan \alpha_2 = \tan \alpha_1$, d. h. $\alpha_1 = \alpha_2$ oder $\alpha_1 = \alpha_2 \pm \pi$. Das bedeutet, daß der Punkt A_2 auf der Geraden liegt, die durch die Punkte $O(0,0)$ und $A_1(x_1, y_1)$ hindurchgeht, was zu beweisen war.

So ist eine Gerade, die durch den Koordinatenursprung hindurchgeht und mit der positiven Richtung der x-Achse den Winkel α bildet, das Kurvenbild der Funktion $y = kx$, wobei $\tan \alpha = k$ ist (Abb. 9).

Jetzt legen wir durch den Koordinatenursprung eine Gerade, die nicht mit der y-Achse zusammenfällt, sodaß ihre Gleichung die Form $y = kx$ hat. Wir wählen auf der Geraden einen beliebigen Punkt $M(x, y)$. Von diesem Punkt aus fällen wir das Lot auf die x-Achse. Aus dem rechtwinkligen Dreieck OMN bestimmen wir $y = x \tan \alpha$. Wenn wir $\tan \alpha = k$ setzen, dann folgt $y = kx$ (Abb. 10).

Für eine Gerade, die mit der x-Achse zusammenfällt, ist $\alpha = 0$, $\tan \alpha = 0$, $k = 0$, und ihre Gleichung ist $y = 0$.

Folglich hat die Gleichung jeder Geraden, die durch den Koordinatenursprung hindurchgeht und nicht mit der y-Achse zusammen fällt, die Form $y = kx$. Dabei bedeutet k den Tangens des Winkels, den die Gerade mit der positiven Richtung der x-Achse bildet.

Das Vorzeichen k weist darauf hin, welchen Winkel die Gerade mit der x-Achse einschließt. Wenn $k < 0$ ist, d. h. $\tan \alpha < 0$ ist, dann ist der Winkel stumpf; für $k > 0$ erhalten wir einen spitzen Winkel (Abb. 11, 10). Die Zahl k nennt man den *Richtungsfaktor* der Geraden.

Wenn die Gerade mit der y-Achse zusammenfällt, dann läßt sich ihre Gleichung nicht in der Form $y = kx$ schreiben, weil $\tan \dfrac{\pi}{2}$ nicht existiert.

Für alle Punkte der y-Achse gilt $x = 0$, und diese Gleichung kann man als

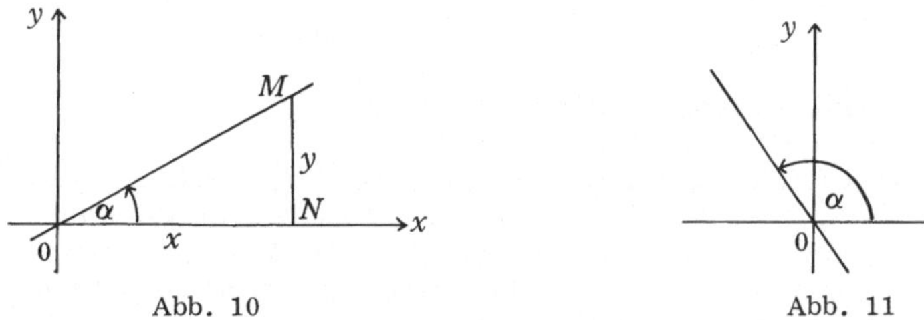

Abb. 10   Abb. 11

die Gleichung der y-Achse betrachten. Die Gleichung einer zur y-Achse parallelen Geraden hat die Form $x = a$, wobei a den Abstand dieser Geraden von der y-Achse bedeutet.

2.2. DAS KURVENBILD DER ALLGEMEINEN LINEAREN FUNKTION

Wir betrachten die Funktionen $y = kx$ und $y = kx + b$. Für ein und denselben x-Wert unterscheiden sich diese beiden Funktionen um b. Wenn $b > 0$ ist, dann ist auch der Wert der zweiten Funktion größer als der entsprechende Wert der ersten Funktion. Wenn aber $b < 0$ ist, wird der Wert der zweiten Funktion kleiner als der entsprechende Wert der ersten Funktion. Insbesondere ist für $x = 0$ der Wert der ersten Funktion $y = 0$ und der Wert der zweiten Funktion $y = b$. Um daher das Kurvenbild der Funktion $y = kx + b$ zu konstruieren, muß man die Gerade $y = kx$ für $b > 0$ um die Strecke b nach oben und für $b < 0$ um die Strecke b nach unten parallel zu sich selbst verschieben (Abb. 12).

Folglich ist eine *Gerade* das Kurvenbild jeder *linearen* Funktion. Der Koeffizient k ist der Tangens des Neigungswinkels dieser Geraden gegen die x-Achse. Der Absolutbetrag des Summanden b gibt die Länge der Strecke an, die diese Gerade vom Nullpunkt aus auf der y-Achse abschneidet. Das Vorzeichen b bestimmt die Lage dieser Strecke: Für $b > 0$ liegt die Strecke oberhalb der x-Achse und für $b < 0$ unterhalb der x-Achse.

Auch die umgekehrte Behauptung ist wahr: Jede Gerade, die nicht parallel zur y-Achse ist, hat eine Gleichung $y = kx + b$. Den Beweis überlassen wir dem Leser.

Wir zeigen jetzt einen Spezialfall, wobei $k = 0$ ist. In diesem Fall hat die Funktion die Form $y = b$. Ihr Kurvenbild ist eine zur x-Achse parallele Gerade (Abb. 13).

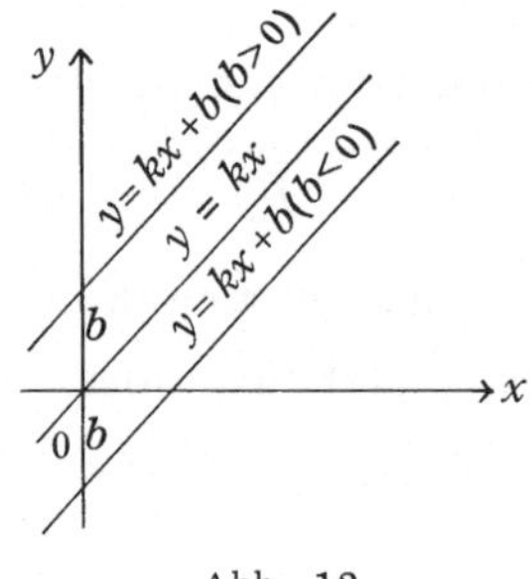

Abb. 12

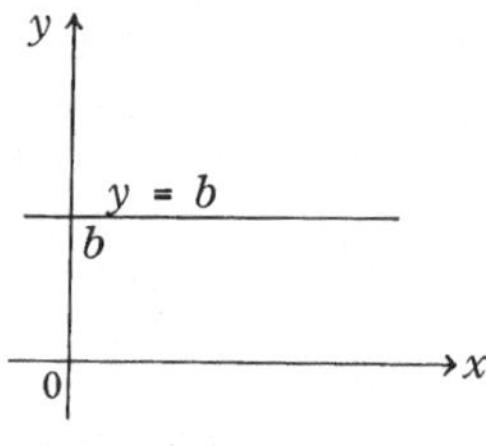

Abb. 13

Wir geben nun einige Beispiele für lineare Funktionen an:

a) Bei einer gleichförmig beschleunigten Bewegung, bei der die Anfangsgeschwindigkeit null ist, ist die Geschwindigkeit der Zeit direkt proportional. Die Abhängigkeit der Geschwindigkeit von der Zeit wird in diesem Fall durch die lineare Funktion

$$v = at$$

ausgedrückt, wobei v die Geschwindigkeit, a die Beschleunigung und t die Zeit bedeuten. Diese Abhängigkeit wird graphisch durch eine Gerade ausgedrückt. Dabei muß man diesen Teil der Geraden betrachten, der oberhalb des positiven Teiles der Abszissenachse liegt: $0 \leq t < \infty$ (Abb. 14).

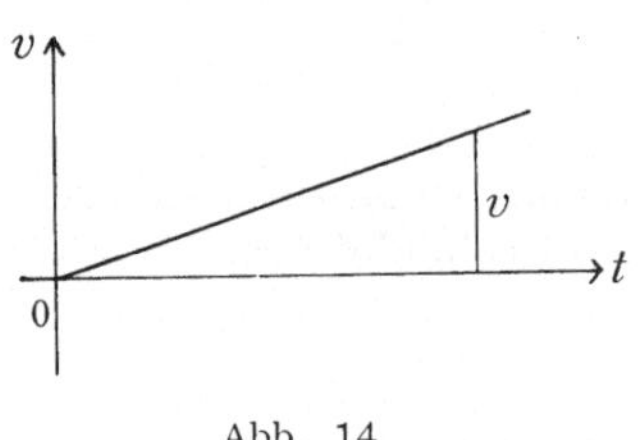

Abb. 14

b) In der Physik betrachtet man die Abhängigkeit eines Gasvolumens V von der Temperatur t. Dieser Zusammenhang wird durch die lineare Funktion

$$V = V_0 \left(1 + \beta t\right) ,$$

ausgedrückt, wobei V_0 das Gasvolumen für $t = 0°$ und β den räumlichen Wärmeausdehnungskoeffizienten bedeuten. Graphisch wird diese Abhängigkeit durch eine Gerade wiedergegeben (Abb. 15), die auf dem positiven Teil der Ordinatenachse die Strecke V_0 abschneidet.

c) Eine analoge Abhängigkeit besteht zwischen der Länge L eines Stabes und der Temperatur t:

$$L = L_0 (1 + \alpha t) \, ,$$

Hier bedeuten L_0 die Stablänge bei $t = 0°$ und α den linearen Wärmeausdehnungskoeffizienten.

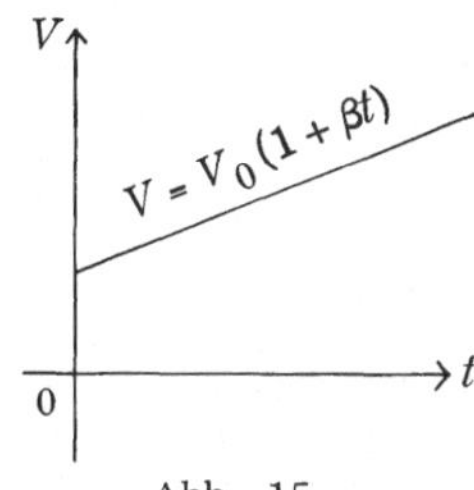

Abb. 15

Der Zuwachs einer Funktion und seine geometrische Bedeutung.

Definition. Der *Zuwachs einer Funktion* ist der Betrag, um den sich eine Funktion beim Übergang von einem Wert der unabhängigen Veränderlichen zu einem anderen Wert ändert.

Es seien x_0 und x_1 zwei verschiedene Werte der unabhängigen Veränderlichen; $y_0 = f(x_0)$ und $y_1 = f(x_1)$ seien die entsprechenden Funktionswerte. Als *Zuwachs des Arguments* bezeichnen wir die Differenz

$$x_1 - x_0$$

und als Zuwachs der Funktion die Differenz

$$y_1 - y_0 = f(x_1) - f(x_0) \, .$$

Für verschiedene x_1 und x_0 ist der Wert von y_1 im allgemeinen von y_0 verschieden. Deshalb ist es einleuchtend, folgende Bezeichnungen einzuführen:

$$x_1 = x_0 + \Delta x \, ,$$

$$y_1 = y_0 + \Delta y \, .$$

Dann hat der Zuwachs der Funktion die Form

$$\Delta y = f(x_0 + \Delta x) - f(x_0) \, ,$$

wobei $\Delta x = x_1 - x_0$ der Zuwachs des Arguments ist.

In Abb. 16 ist die Bildkurve einer Funktion $y = f(x)$ dargestellt, auf der die Punkte $M_0(x_0, y_0)$ und $M_1(x_1, y_1)$ gegeben sind. Der Zuwachs der Funktion $\Delta y = y_1 - y_0$ ist die Differenz der Ordinaten dieser beiden Kurvenpunkte.

Folglich kann der Zuwachs einer Funktion positiv, negativ oder gleich null sein.

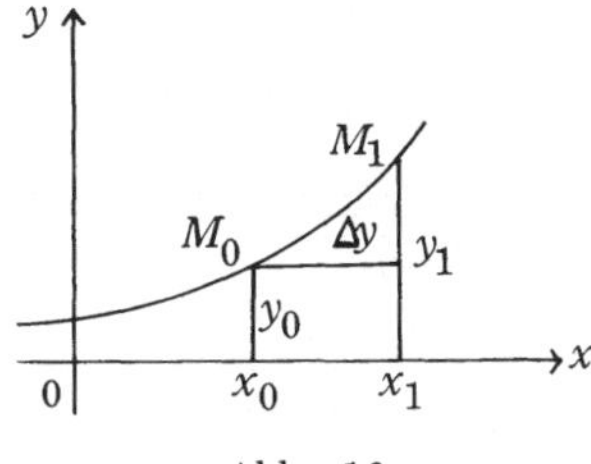

Abb. 16

2.3. DER ZUWACHS EINER LINEAREN FUNKTION

Wir berechnen den Zuwachs der linearen Funktion

$$y = kx + b$$

und erhalten

$$f(x_0) = kx_0 + b \ ,$$

$$f(x_0 + \Delta x) = k(x_0 + \Delta x) + b = kx_0 + k\Delta x + b \ .$$

Wenn wir nun von der zweiten Gleichung die erste subtrahieren, dann bekommen wir

$$\Delta y = kx_0 + k\Delta x + b - kx_0 - b = k\Delta x \ .$$

Diese Gleichung zeigt, daß der Zuwachs einer linearen Funktion dem Zuwachs der unabhängigen Variablen proportional ist und daß der Proportionalitätsfaktor gleich der Steigung k ist.

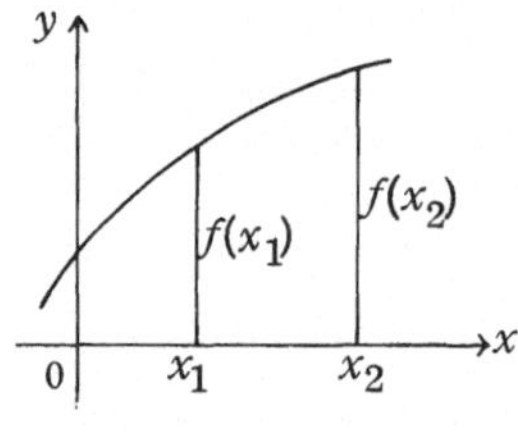

Abb. 17

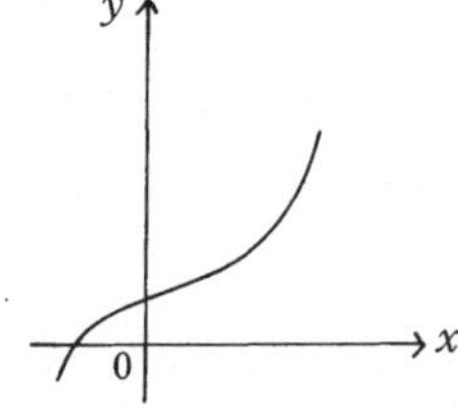

Abb. 18

Der Begriff und das Kurvenbild einer zunehmenden und einer abnehmenden Funktion.

Definition. Eine Funktion heißt *zunehmend*, wenn mit dem Steigen des Arguments auch der Funktionswert steigt. Eine Funktion heißt *abnehmend*, wenn mit dem Steigen des Arguments auch der Funktionswert sinkt.

Es seien eine gewisse Funktion $f(x)$ und zwei beliebige Werte des Arguments x x_1 und x_2 gegeben, wobei $x_2 > x_1$ ist. Die entsprechenden Werte der Funktionen seien $f(x_1)$ und $f(x_2)$. Die Funktion nimmt zu, wenn $f(x_1) < f(x_2)$ ist. Die Funktion nimmt aber ab, wenn $f(x_1) > f(x_2)$ ist.

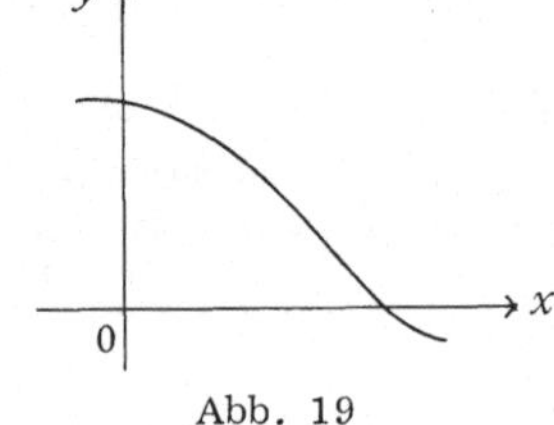

Abb. 19

Aus der Definition der zunehmenden (wachsenden) Funktion folgt, daß ihr Kurvenbild nach rechts steigt (Abb. 17, 18). Wenn die Funktion abnimmt (fällt), dann sinkt das Kurvenbild nach rechts ab (Abb. 19).

2.4. ZUNAHME UND ABNAHME EINER LINEAREN FUNKTION

Es werde angenommen, daß $x_2 > x_1$ ist, dann ist $f(x_1) = kx_1 + b$ und

$f(x_2) = kx_2 + b$. Wir berechnen die Differenz $f(x_2) - f(x_1) = k(x_2 - x_1)$ und stellen fest, welches Vorzeichen diese Differenz hat. Weil $x_2 > x_1$ ist, muß $x_2 - x_1 > 0$ sein, und das Vorzeichen der Differenz $f(x_2) - f(x_1)$ hängt vom Vorzeichen von k ab. Wenn $k > 0$ ist, dann ist $f(x_2) - f(x_1) > 0$, d.h. $f(x_2) > f(x_1)$, und die Funktion nimmt zu. Für $k < 0$ aber ist $f(x_2) - f(x_1) < 0$ d.h. $f(x_2) < f(x_1)$, und die Funktion nimmt ab.

Ist also die Steigung k größer als null, so nimmt die lineare Funktion zu. Wenn die Steigung k kleiner als null ist, dann nimmt die lineare Funktion ab. Für $k = 0$ ist die lineare Funktion konstant und ihr Kurvenbild stellt eine zur x-Achse parallele Gerade dar.

2.5. DIE AUFGABEN ZUR KONSTRUKTION EINER LINEAREN FUNKTION

Unter dem Begriff "Konstruktion einer linearen Funktion" verstehen wir die Ermittlung der Gleichung $y = kx + b$, die diese Funktion definiert. Um diese Gleichung aufzustellen, muß man unbedingt die beiden Koeffizienten k und b kennen. Diese Koeffizienten lassen sich aus zwei angegebenen Bedingungen bestimmen, denen die Funktion genügen muß.

Wir betrachten die am häufigsten auftretenden Aufgaben.

Aufgabe 1. *Man konstruiere eine lineare Funktion aus der Steigung und aus dem Wert der Funktion in einem bestimmten Punkt.*

Es seien die Steigung k der gesuchten Funktion und ihr Wert y_0 im Punkt x_0 gegeben: $y_0 = f(x_0)$. Um die lineare Funktion $y = kx + b$ zu ermitteln, muß man b bestimmen (k ist uns bekannt). Dazu nützen wir die zweite Bedingung aus, und zwar, daß $y_0 = kx_0 + b$ ist. Daraus folgt $b = y_0 - kx_0$.

Indem wir diesen Wert in die Definitionsgleichung einsetzen, erhalten wir $y = kx + y_0 - kx_0$ oder

$$y - y_0 = k(x - x_0) \ .$$

Diese Aufgabe hat folgenden geometrischen Sinn: Man muß eine Gerade finden, die durch einen gegebenen Punkt hindurchgeht und mit der x-Achse einen vorgegebenen Winkel einschließt. Tatsächlich sind uns die Koordinaten x_0 und y_0 des Punktes sowie der Tangens k des Winkels bekannt, den die Gerade mit der x-Achse bildet.

Beispiel 1. Man bestimme die lineare Funktion mit der Steigung 2, die für $x_0 = 1$ den Wert $y_0 = 3$ annimmt. Wenn wir die gegebenen Werte in die Gleichung einsetzen, dann erhalten wir

$$y - 3 = 2 \, (x - 1) \qquad \text{oder} \qquad y = 2x + 1 \ .$$

Beispiel 2. Man bestimme die Gleichung einer Geraden, die durch den Punkt $A(1, 2)$ hindurchgeht und mit der x-Achse einen Winkel von $45°$ einschließt. Nach Voraussetzung ist $k = \tan 45° = 1$, $x_0 = 1$ und $y_2 = 2$. Daher erhalten wir

$$y - 2 = 1 \, (x - 1) \ , \qquad y = x + 1 \ .$$

Aufgabe 2. *Man konstruiere eine lineare Funktion aus den zwei Werten, die diese Funktion in zwei gegebenen Punkten annimmt.*

Es seien die Funktionswerte y_0 und y_1 in den beiden Punkten mit den Abszissen x_0 und x_1 und den Ordinaten $y_0 = f(x_0)$, $y_1 = f(x_1)$ gegeben. Die gesuchte lineare Funktion sei $y = kx + b$. Indem wir an Stelle von x die Werte x_0 und x_1 einsetzen, erhalten wir

$$y_0 = kx_0 + b \, ,$$

$$y_1 = kx_1 + b \, .$$

Subtrahieren wir die erste Gleichung von der zweiten, so ergibt sich

$$y_1 - y_0 = k(x_1 - x_0) \, .$$

Hieraus bestimmen wir die Steigung k:

$$k = \frac{y_1 - y_0}{x_1 - x_0} \, .$$

Wenn wir den Funktionswert an der Stelle x_0 und die Steigung kennen, so können wir diese Werte in die Gleichung $y - y_0 = k(x - x_0)$ einsetzen. Dann erhalten wir

$$y - y_0 = \frac{y_1 - y_0}{x_1 - x_0} (x - x_0) \, .$$

Wir dividieren beide Seiten der Gleichung durch $y_1 - y_0$ und schreiben die Gleichung in der symmetrischen Form

$$\frac{y - y_0}{y_1 - y_0} = \frac{x - x_0}{x_1 - x_0} \, .$$

Geometrisch gesehen besteht diese Aufgabe darin, daß wir eine Gerade bestimmen, die durch zwei gegebene Punkte hindurchgeht.

Die Formel $k = \dfrac{y_1 - y_0}{x_1 - x_0}$ zur Berechnung der Steigung hat eine einfache geometrische Bedeutung. Aus der Abb. 20 erkennen wir, daß der Quotient $\dfrac{y_1 - y_0}{x_1 - x_0}$ das Verhältnis von Gegenkathete zu Ankathete im rechtwinkligen Dreieck ABC darstellt und somit dem Tangens des Winkels α, d. h. der Steigung gleich ist.

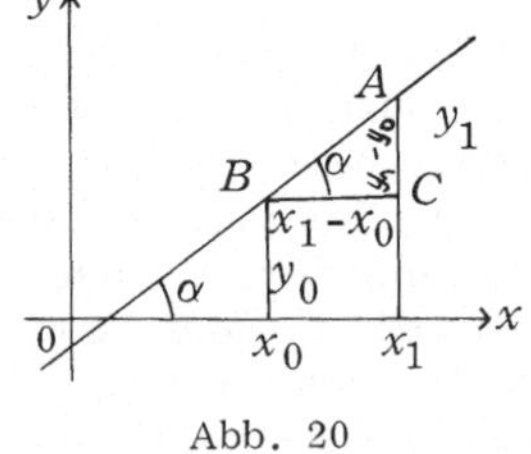

Abb. 20

Beispiel. Man bestimme die Gleichung der Geraden, die durch die Punkte (2, 3) und (1, 0) hindurchgeht:

$$\frac{y - 3}{0 - 3} = \frac{x - 2}{1 - 2} \, ; \quad y - 3 = 3 \, (x - 2) \, , \quad y = 3x - 3 \, .$$

§ 3. GEOMETRISCHE AUFGABEN ÜBER ZWEI LINEARE FUNKTIONEN

3.1. DIE PARALLELITÄTSBEDINGUNG FÜR DIE KURVENBILDER LINEARER FUNKTIONEN

Wenn die Kurvenbilder zweier linearer Funktionen $y = k_1 x + b_1$ und $y = k_2 x + b_2$ parallel sind (Abb. 21), dann bilden die entsprechenden Geraden mit der x-Achse gleiche Winkel. Folglich sind die Tangenswerte dieser Winkel, d.h. die Steigungen k_1 und k_2, ebenfalls gleich:

$$k_1 = \tan \alpha_1 = \tan \alpha_2 = k_2 \, .$$

Die Gleichheit der Steigungen: $k_1 = k_2$ ist also die Parallelitätsbedingung für zwei Gerade.

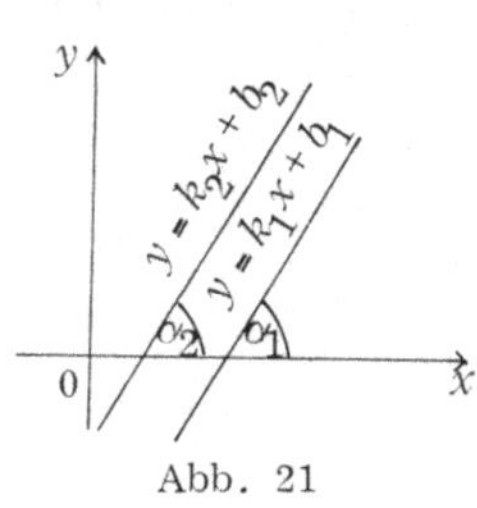

Abb. 21

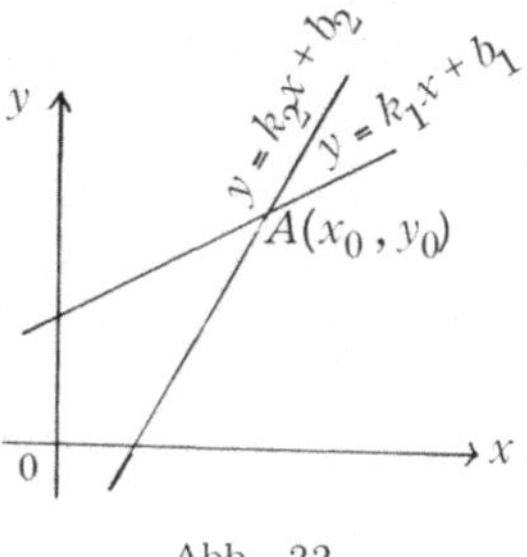

Abb. 22

3.2. DER SCHNITTPUNKT DER KURVENBILDER LINEARER FUNKTIONEN

Es seien zwei lineare Funktionen

$$y = k_1 x + b_1 \qquad \text{und} \qquad y = k_2 x + b_2$$

gegeben, deren Kurvenbilder sich im Punkt A schneiden. Gesucht sind die Koordinaten x_0 und y_0 des Schnittpunktes (Abb. 22).

Da der Punkt A auf den Kurvenbildern beider Funktionen liegt, müssen diese beiden Funktionen für $x = x_0$ gleiche Werte annehmen:

$$y_0 = k_1 x_0 + b_1 \, ,$$
$$y_0 = k_2 x_0 + b_2 \, .$$

Indem wir die rechten Seiten gleichsetzen, erhalten wir

$$k_1 x_0 + b_1 = k_2 x_0 + b_2 \, ,$$

und daraus folgt

$$x_0 = - \frac{b_2 - b_1}{k_2 - k_1} \, .$$

Kennen wir x_0, so erhalten wir

$$y_0 = k_1 x_0 + b_1 = - k_1 \frac{b_2 - b_1}{k_2 - k_1} + b_1 = \frac{b_1 k_2 - b_2 k_1}{k_2 - k_1} .$$

Um den Schnittpunkt der Kurvenbilder zweier linearer Funktionen zu bestimmen, muß man folglich das Gleichungssystem lösen, das diese beiden Funktionen darstellt.

Wenn $k_1 = k_2$ ist, dann sind die Kurvenbilder parallel, und es existiert kein Schnittpunkt. Dies bestätigen auch die gefundenen Formeln.

3.3. DER WINKEL ZWISCHEN DEN KURVENBILDERN LINEARER FUNKTIONEN

Es seien die linearen Funktionen $y = k_1 x + b_1$ und $y = k_2 x + b_2$ gegeben. Gesucht ist der Winkel φ zwischen den Geraden, die die Kurvenbilder dieser Funktionen darstellen. Hierzu bezeichnen wir mit α_1 und α_2 die Winkel, die die erste und die zweite Gerade mit der x-Achse einschließen (Abb. 23).

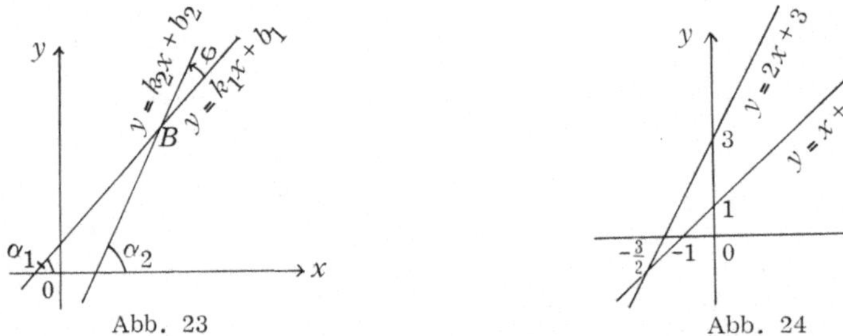

Abb. 23   Abb. 24

Bei der Bestimmung des Winkels φ machen wir von der Tatsache Gebrauch, daß der Außenwinkel α_2 im Dreieck gleich der Summe der beiden nicht anliegenden Innenwinkel ist: $\alpha_2 = \varphi + \alpha_1$. Daraus folgt $\varphi = \alpha_2 - \alpha_1$.

Weil in den Gleichungen $y = k_1 x + b_1$ und $y = k_2 x + b_2$ nicht die Winkel α_1 und α_2 selbst, sondern die Richtungsfaktoren $\tan \alpha_1 = k_1$ und $\tan \alpha_2 = k_2$ gegeben sind, bestimmen wir nicht den Winkel φ selbst, sondern seinen Tangens. Daraus folgt

$$\tan \varphi = \tan (\alpha_2 - \alpha_1) = \frac{\tan \alpha_2 - \tan \alpha_1}{1 + \tan \alpha_2 \tan \alpha_1} = \frac{k_2 - k_1}{1 + k_2 k_1} .$$

Aus dieser Formel berechnen wir den Tangens des Winkels, der entgegen dem Uhrzeigersinn vom Kurvenbild der Funktion $y = k_1 x + b_1$ bis zum Kurvenbild der Funktion $y = k_2 x + b_2$ gemessen wird.

B e i s p i e l . Man bestimme den Winkel zwischen den Kurvenbildern der Funktionen $y = 2x + 3$ und $y = x + 1$.

Zuerst konstruieren wir die Kurvenbilder. Hierfür bestimmen wir die Schnittpunkte der Kurvenbilder mit den Koordinatenachsen (Abb. 24). Die Gerade $y = 2x + 3$ schneidet die y-Achse im Punkt $(0, 3)$ und die x-Achse im Punkt $(-\frac{3}{2}, 0)$. Die Gerade $y = x + 1$ schneidet die y-Achse im Punkt $(0, 1)$ und die x-Achse im Punkt $(-1, 0)$.

Nach Konstruktion der gefundenen Punkte ziehen wir die beiden Geraden. Dann suchen wir zwischen den Geraden den spitzen Winkel, der entgegen dem Uhrzeigersinn von der Geraden $y = x + 1$ bis zur Geraden $y = 2x + 3$ gemessen wird. Weil $k_1 = 1$ und $k_2 = 2$ ist, erhalten wir

$$\tan \varphi = \frac{2 - 1}{1 + 2 \cdot 1} = \frac{1}{3} .$$

3.4. DIE ORTHOGONALITÄT DER KURVENBILDER ZWEIER LINEARER FUNKTIONEN

Wenn die Kurvenbilder der beiden Funktionen $y = k_1 x + b_1$ und $y = k_2 x + b_2$ aufeinander senkrecht stehen $\left(\varphi = \frac{\pi}{2} \right)$, dann ist der Kotangens des Winkels zwischen diesen Kurvenbildern gleich null: $\cot \varphi = 0$. Aus der Formel für $\tan \varphi$ erhalten wir

$$\cot \varphi = \frac{1 + k_2 k_1}{k_2 - k_1} .$$

Daraus folgt, daß bei Orthogonalität der beiden Kurvenbilder $1 + k_2 k_1 = 0$ oder $k_2 = -\frac{1}{k_1}$ ist.

Wenn also zwei Gerade senkrecht aufeinander stehen, dann sind die beiden Richtungsfaktoren dem Betrag nach zueinander reziprok und dem Vorzeichen nach entgegengesetzt, der eine ist gleich dem negativen reziproken Wert des anderen.

§ 4. DIE LINEARE INTERPOLATION

Es sei $y = f(x)$ eine Funktion, deren Form wir nicht kennen, doch seien uns zwei Werte dieser Funktion an den Stellen x_0 und x_1 bekannt:

$$y_0 = f(x_0) \qquad \text{und} \qquad y_1 = f(x_1) .$$

Gesucht ist der Wert dieser Funktion an der Stelle x, die zwischen x_0 und x_1 liegt. Man kann diesen Wert annäherungsweise bestimmen, wenn man die unbekannte Funktion durch eine lineare Funktion ersetzt, die an den Stellen x_0 und x_1 die Werte y_0 und y_1 annimmt.

Es sei $x = x_0 + \Delta x$ und der gesuchte Funktionswert sei durch $y = y_0 + \Delta y$ gegeben (Abb. 25). Um den Funktionswert an der Stelle x zu bestimmen, genügt es, Δy zu ermitteln. Wenn man die Funktion annäherungsweise durch eine lineare ersetzt, dann kann man leicht diesen Zuwachs berechnen. Er ist proportional dem Zuwachs des Arguments.

$$\Delta y = k \Delta x .$$

Früher haben wir bewiesen, daß für eine lineare Funktion $k = \dfrac{y_1 - y_0}{x_1 - x_0}$ ist.
Daraus folgt

$$\Delta y = \frac{y_1 - y_0}{x_1 - x_0}\, \Delta x\ .$$

Indem wir den Funktionswert annäherungsweise berechnen, erhalten wir

$$y \approx y_0 + \frac{y_1 - y_0}{x_1 - x_0}\, \Delta x$$

oder

$$y \approx y_0 + \frac{\Delta x}{x_1 - x_0}\, (y_1 - y_0)\ .$$

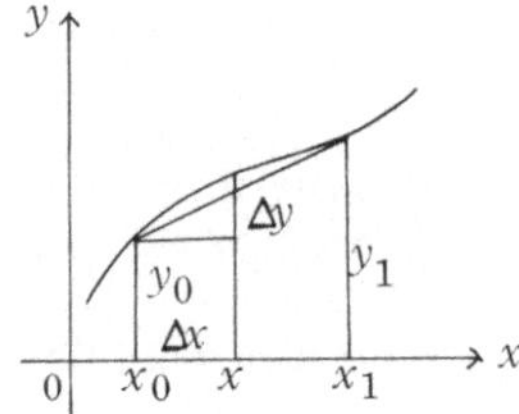

Abb. 25

Das Ersetzen einer Funktion in einem Intervall durch eine lineare Funktion, die an den Intervallenden die gleichen Werte annimmt, bezeichnet man
als *lineare Interpolation*. Man wendet sie zur angenäherten Berechnung von
Zwischenwerten von Funktionen an.

    B e i s p i e l. Man berechne den Wert der Funktion $y = \lg x$ für $x = 4.537$,
wenn die Werte $\lg 4.53 = 0.6561$ und $\lg 4.54 = 0.6571$ bekannt sind. In diesem Beispiel ist $x_0 = 4.53$, $y_0 = 0.6561$, $x_1 = 4.54$, $y_1 = 0.6571$ und

$\Delta x = x - x_0 = 4.537 - 4.53 = 0.007$. Wenn wir in die Formel $y \approx y_0 + \dfrac{x}{x_1 - x_0}$

$(y_1 - y_0)$ die Werte x_0, x_1, y_0, y_1 und Δx einsetzen, erhalten wir

$$\lg 4.537 \approx \lg 4.53 + \frac{0.007}{4.54 - 4.53}\, (0.6571 - 0.6561) = 0.6561 + \frac{0.007}{0.01} \cdot 0.001 =$$

$$= 0.6568.$$

§ 5. DIE QUADRATISCHE FUNKTION

    Eine Funktion der Form $y = ax^2 + bx + c$ nennt man *quadratisch*. Sie ist
für alle Werte von $x(-\infty < x < \infty)$ definiert, weil beim Quadrieren, Multiplizieren und Addieren der beliebigen reellen Zahlen immer wieder reelle
Zahlen entstehen.

    Die Untersuchung der quadratischen Funktion beginnen wir mit dem ein-
fachsten Fall, d.h. mit der Funktion $y = x^2$, wobei $a = 1$, $b = 0$ und $c = 0$
ist. Das Kurvenbild dieser Funktion geht durch den Koordinatenursprung
hindurch, weil für $x = 0$ aus der Gleichung $y = 0$ folgt.

    D e r   B e g r i f f   e i n e r   g e r a d e n   u n d   e i n e r   u n g e r a d e n   F u n k -
t i o n.

    D e f i n i t i o n. Eine Funktion heißt *gerade*, wenn bei Änderung des Vor-
zeichens der unabhängigen Variablen x der Funktionswert ungeändert bleibt.

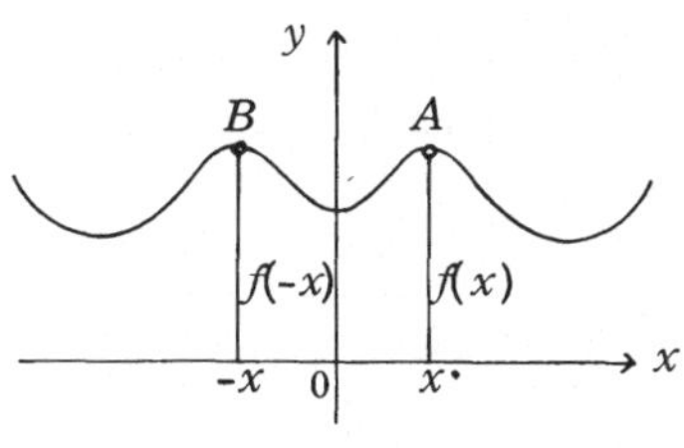

Abb. 26

Die Funktion heißt *ungerade*, wenn sich der Funktionswert bei Vorzeichenänderung des Arguments nur im Vorzeichen ändert.

Diese Definition kann man auch so formulieren: Die Funktion $f(x)$ ist gerade, wenn $f(-x) = f(x)$ ist, und sie ist ungerade, wenn $f(-x) = -f(x)$ ist.

Auf dem Kurvenbild der Funktion $y = f(x)$ fixieren wir die Punkte A und B mit den Koordinaten $(x, f(x))$ und $(-x, f(-x))$. Wenn $f(x) = f(-x)$ ist, dann liegen die Punkte A und B symmetrisch zur y-Achse

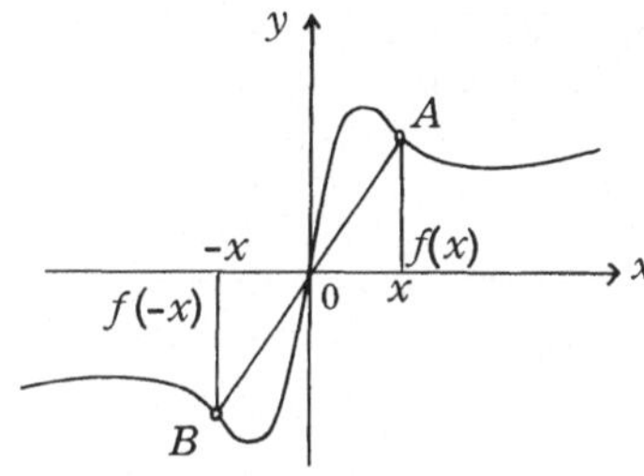

Abb. 27

(Abb. 26). Wenn aber $f(x) = -f(x)$, dann liegt der Punkt B bezüglich des Koordinatenursprungs zentralsymmetrisch zum Punkt A (Abb. 27).

Folglich ist das Kurvenbild einer geraden Funktion symmetrisch zur Ordinatenachse und das Kurvenbild der ungeraden Funktion liegt zentralsymmetrisch zum Koordinatenanfangspunkt.

5.1. DIE SYMMETRIE DES KURVENBILDES DER FUNKTION $y = x^2$

Die betrachtete Funktion $f(x) = x^2$ ist gerade, weil $f(-x) = (-x)^2 = x^2 = f(x)$. Folglich liegt das Kurvenbild dieser Funktion symmetrisch zur y-Achse.

5.2. DIE UNTERSUCHUNG DER FUNKTION BEZÜGLICH ZUNAHME ODER ABNAHME DER FUNKTIONSWERTE

Wir betrachten zwei Argumentwerte x_1 und x_2 ($x_2 > x_1$) und berechnen die entsprechenden Funktionswerte $f(x_1) = x_1^2$ und $f(x_2) = x_2^2$. Dann bestimmen wir die Differenz $f(x_2) - f(x_1) = x_2^2 - x_1^2$. Es ist uns nun bekannt, daß die Funktion für $f(x_2) > f(x_1)$ zunimmt und für $f(x_2) < f(x_1)$ abnimmt. Um das Vorzeichen der betrachteten Differenz zu bestimmen, beachten wir, daß $x_2^2 - x_1^2 = (x_2 + x_1)(x_2 - x_1)$ ist. Ist $x_2 > x_1$, dann ist der zweite Faktor positiv: $(x_2 - x_1) > 0$, sodaß das Vorzeichen der Funktion nur vom Vorzeichen des Faktors $(x_2 + x_1)$ abhängt.

Das Vorzeichen der Summe $x_2 + x_1$ ist für die verschiedenen Werte von x verschieden. Daher betrachten wir die Funktion getrennt für positive und negative Argumentwerte x.

1) Wenn $x_1 > 0$ und $x_2 > 0$ ist, dann ist $x_2 + x_1 > 0$ und $f(x_2) - f(x_1) > 0$, d. h. die Funktion nimmt bei positiven Werten des Arguments zu.

2) Wenn $x_1 < 0$ und $x_2 < 0$ ist, dann ist $x_2 + x_1 < 0$ und $f(x_2) - f(x_1) < 0$, d. h. die Funktion fällt bei negativen Werten des Arguments.

Folglich nimmt die Funktion $f(x) = x^2$ bei $x > 0$ zu, und fällt bei $x < 0$.

Der Begriff des Maximums und des Minimums einer Funktion.

Definition. Eine Funktion besitzt in einem Punkt ein *Maximum*, wenn der Funktionswert in diesem Punkt größer als sämtliche Werte ist, die die Funktion in der Nähe dieses Punktes annimmt. Eine Funktion besitzt in einem Punkt ein *Minimum*, wenn der Funktionswert in diesem Punkt kleiner ist als sämtliche Werte, die die Funktion in der Nähe dieses Punktes annimmt. Die Punkte des Minimums und des Maximums nennt man auch die Punkte der *Extrema*.

Die Funktion, deren Kurvenbild in Abb. 28 dargestellt ist, besitzt an der Stelle $x = x_1$ ein Maximum und an der Stelle $x = x_2$ ein Minimum.

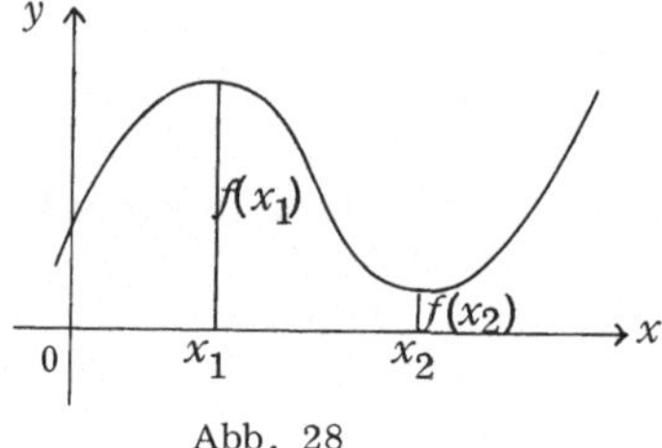

Abb. 28

5.3. DAS EXTREMUM DER FUNKTION $y = x^2$

Für $x = 0$ nimmt diese Funktion den Wert $y = 0$ an. Für $x < 0$ nimmt die Funktion bis null ab und für $x > 0$ nimmt sie von null aus wieder zu. Daher

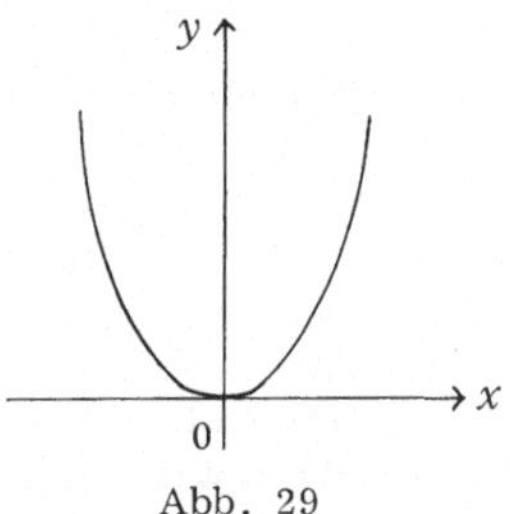

Abb. 29

hat die Funktion an der Stelle $x = 0$ ein Minimum (Abb. 29).

Der Begriff eines konveₓen bzw. eines konkaven Kurvenbogens.

Definition. Eine Kurve nennen wir *konvex*, wenn jeder beliebige Teilkurvenbogen oberhalb der zugehörigen Sehne liegt (Abb. 30). Eine Kurve nennen wir *konkav*, wenn jeder beliebige Teilkurvenbogen unterhalb der zugehörigen Sehne liegt (Abb. 31).

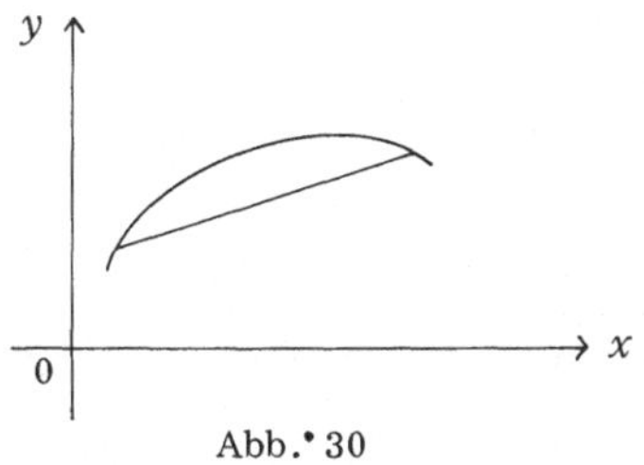

Abb. 30

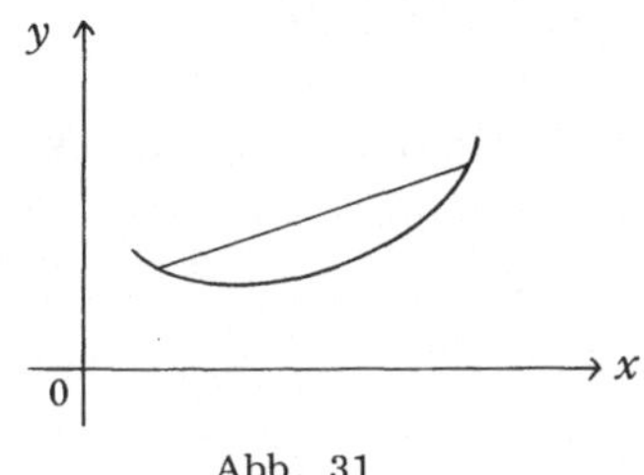

Abb. 31

Die Bedingung für die Konvexität und Konkavität.

Es sei eine konkave Kurve mit der Gleichung $y = f(x)$ gegeben. Wir wählen auf dieser Kurve zwei beliebige Punkte und legen durch diese die Sehne. Die Kurve liegt dann unterhalb dieser Sehne. Wir werden nun die analytische Bedingung dafür herleiten, daß die Kurve unterhalb der Sehne liegt, d. h. die Bedingung für die Konkavität der Kurve.

Es seien x_1 und x_2 die Abszissen der gewählten Kurvenpunkte (Abb. 32) und $f(x_1)$, $f(x_2)$ die zugehörigen Ordinaten und der Punkt C sei der Mittelpunkt des Intervalls $[x_1, x_2]$. Im Punkt C errichten wir die Senkrechte und bezeichnen mit B und A die Schnittpunkte dieser Senkrechten mit der Kurve und mit der Sehne. Wenn die Kurve konkav ist, dann ist $AC > BC$.

Wir berechnen nun die Längen der Strecken AC und BC. AC ist die Mittellinie eines Trapezes, und ihre Länge ist daher das arithmetische Mittel aus den beiden Grundlinien:

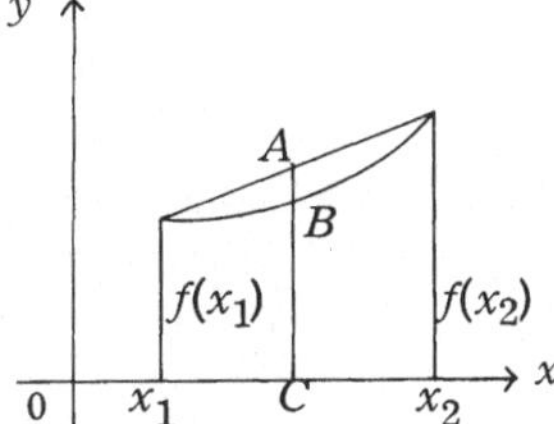

Abb. 32

$$AC = \frac{f(x_1) + f(x_2)}{2}$$

Der Punkt C halbiert das Intervall $[x_1, x_2]$. Die Länge des Intervalls ist $x_2 - x_1$. Daher erhält man für die Abszisse $OC = x_1 + \dfrac{x_2 - x_1}{2} = \dfrac{x_1 + x_2}{2}$. Die Abszisse des Punktes B ist ebenfalls gleich $\dfrac{x_1 + x_2}{2}$. Seine Ordinate BC läßt sich aus der Kurvengleichung ermitteln:

$$BC = f\left(\frac{x_1 + x_2}{2}\right).$$

Dann läßt sich die Ungleichung $AC > BC$ in der Form

$$\frac{f(x_1) + f(x_2)}{2} > f\left(\frac{x_1 + x_2}{2}\right)$$

schreiben.

Ist der Kurvenbogen konkav, so gilt

$$\frac{f(x_1) + f(x_2)}{2} > f\left(\frac{x_1 + x_2}{2}\right).$$

Wenn aber der Kurvenbogen konvex ist, dann gilt

$$\frac{f(x_1) + f(x_2)}{2} < f\left(\frac{x_1 + x_2}{2}\right).$$

Es gilt auch die entgegengesetzte Behauptung: Wenn für alle x_1 und x_2

$$\frac{f(x_1) + f(x_2)}{2} > f\left(\frac{x_1 + x_2}{2}\right)$$

$$\left(\text{oder } \frac{f(x_1) + f(x_2)}{2} < f\left(\frac{x_1 + x_2}{2}\right)\right)$$

ist, dann ist der Kurvenbogen konkav (oder entsprechend konvex).

5.4. DIE UNTERSUCHUNG DES KURVENBILDES VON $y = x^2$ AUF KONVEXITÄT UND KONKAVITÄT

Wir berechnen den Wert der Funktion $y = x^2$ in zwei beliebigen Punkten x_1 und x_2 sowie im Punkt $\dfrac{x_1 + x_2}{2}$:

$$f(x_1) = x_1^2, \qquad f(x_2) = x_2^2, \qquad f\left(\frac{x_1 + x_2}{2}\right) = \left(\frac{x_1 + x_2}{2}\right)^2.$$

Nun bestimmen wir das Vorzeichen der Differenz:

$$\frac{f(x_1) + f(x_2)}{2} - f\left(\frac{x_1 + x_2}{2}\right) = \frac{x_1^2 + x_2^2}{2} - \frac{(x_1 + x_2)^2}{4} =$$

$$= \frac{2x_1^2 + 2x_2^2 - x_1^2 - 2x_1 x_2 - x_2^2}{4} = \frac{(x_1 - x_2)^2}{4} > 0.$$

Es ist also $\dfrac{f(x_1) + f(x_2)}{2} > f\left(\dfrac{x_1 + x_2}{2}\right)$, und das Kurvenbild ist konkav.

5.5. DIE FUNKTION $y = ax^2$

Wenn man die gleichen Überlegungen wie bei der Untersuchung der Funktion $y = x^2$ anstellt, dann kommt man für $a > 0$ zu dem Schluß, daß die Kurve der Funktion $y = ax^2$ durch den Koordinatenursprung hindurchgeht, zur Ordinatenachse symmetrisch und konkav ist. Die Funktion besitzt an der Stelle $x = 0$ ein Minimum.

Betrachten wir zum Beispiel die Funktion $y = \frac{1}{2} x^2$. Die Ordinaten der Kurvenpunkte dieser Funktion sind halb so groß wie die Ordinaten der entsprechenden Kurvenpunkte der Funktion $y = x^2$ (Abb. 33).

Nun sei $a < 0$, zum Beispiel $y = -x^2$. Das Kurvenbild der Funktion $y = -x^2$ ist bezüglich der x-Achse symmetrisch zu dem Kurvenbild der Funktion $y = x^2$. Die Kurve $y = -x^2$ geht durch den Koordinatenanfangspunkt hindurch und ist symmetrisch bezüglich der y-Achse. Ihre Äste sind nach

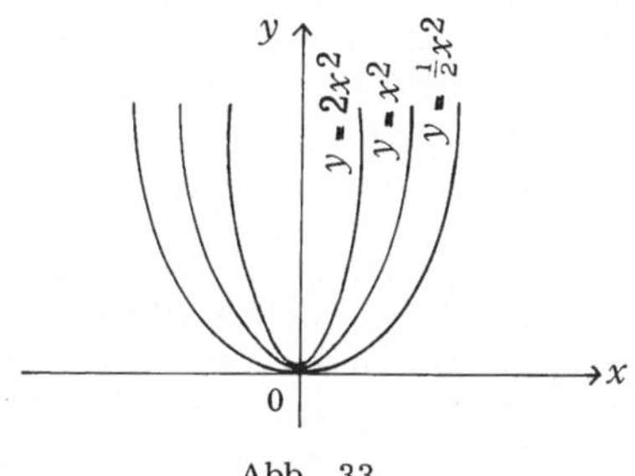

Abb. 33

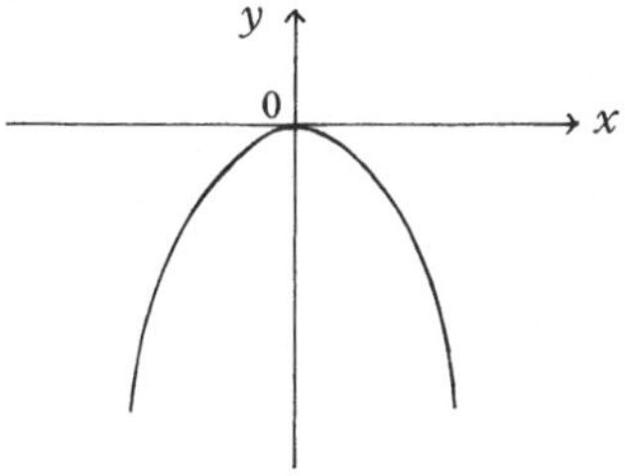

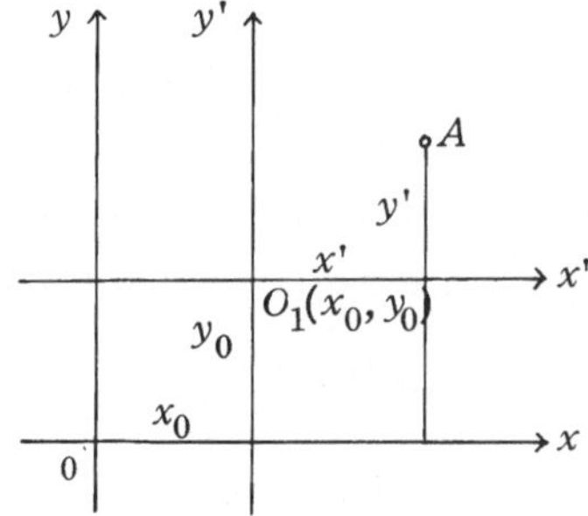

Abb. 34

unten gerichtet. Für $x < 0$ nimmt die Funktion zu und für $x > 0$ ab; an der Stelle $x = 0$ besitzt sie ein Maximum. Das Kurvenbild der Funktion $y = -x^2$ ist also konvex (Abb. 34).

Das Kurvenbild der Funktion $y = ax^2$ nennt man *Parabel*.

Das Vorzeichen des Koeffizienten a gibt an, ob die Äste der Parabel nach unten oder nach oben gerichtet sind. Wenn $a > 0$ ist, dann zeigen die Äste der Parabel nach oben, und die Kurve ist konkav. Wenn $a < 0$ ist, dann zeigen die Äste der Parabel nach unten, und die Kurve ist konvex.

Die Funktion $y = ax^2$ besitzt im Punkt $x = 0$ für $a > 0$ ein Minimum und für $a < 0$ ein Maximum. Diesen Punkt ($x = 0$, $y = 0$) nennt man den *Scheitel* der Parabel.

Parallelverschiebung des Koordinatensystems.

In der x,y-Ebene wählen wir ein neues Koordinatensystem x',y', dessen Ursprung im Punkt $O_1(x_0, y_0)$ liegt, wobei die x'-Achse zur x-Achse und die y'-Achse zur y-Achse parallel seien.

Wir bestimmen nun die Koordinaten eines beliebigen Punktes A im neuen x',y'-Koordinatensystem. Aus der Abb. 35 geht hervor, daß

$$x' = x - x_0 \, ,$$

$$y' = y - y_0$$

gilt, wobei x und y die Koordinaten des Punktes A im x,y-Koordinatensystem und x' und y' die Koordinaten von A im neuen x',y'-Koordinatensystem bedeuten.

Man bezeichnet diese Formeln als die Transformationsformeln für die Punktkoordinaten bei Parallelverschiebung eines Koordinatensystems.

Abb. 35

5.6. DIE GLEICHUNG EINER PARABEL, DEREN SCHEITEL IN EINEM VORGEGEBENEN PUNKT LIEGT

Der Scheitel einer Parabel liege in einem Punkt O_1 mit den Koordinaten x_0, y_0 (Abb. 36). Man suche die Gleichung dieser Parabel. Wir wählen ein

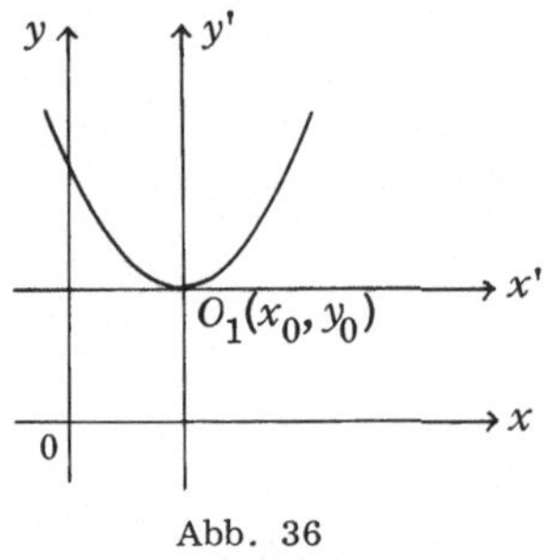

Abb. 36

Hilfskoordinatensystem mit dem Ursprung im Scheitel der Parabel O_1. Dann hat die Parabel in diesem Koordinatensystem die Form

$$y' = ax'^2 .$$

Die Gleichung im ursprünglichen Koordinatensystem erhalten wir, wenn wir anstelle von x' und y' die entsprechenden Ausdrücke in x und y einsetzen:

$$y - y_0 = a(x - x_0)^2 .$$

In dieser Gleichung sind x_0 und y_0 die Koordinaten des Parabelscheitels. Der Koeffizient a gibt die "Öffnungsweite" und die Richtung der Parabeläste an.

5.7. DIE UNTERSUCHUNG EINER ALLGEMEINEN QUADRATISCHEN FUNKTION $y = ax^2 + bx + c$

Wir formen zunächst die rechte Seite der Gleichung durch Ergänzung zum vollständigen Quadrat um. Dann erhalten wir

$$y = a\left(x^2 + \frac{b}{a} x\right) + c = a\left(x^2 + 2\frac{b}{2a} x + \frac{b^2}{4a^2}\right) - \frac{b^2}{4a} + c =$$

$$= a\left(x + \frac{b}{2a}\right)^2 + \frac{4ac - b^2}{4a}$$

oder

$$y - \frac{4ac - b^2}{4a} = a\left(x + \frac{b}{2a}\right)^2 .$$

Wenn wir in dieser Gleichung $x_0 = -\dfrac{b}{2a}$ und $y_0 = \dfrac{4ac - b^2}{4a}$ setzen, dann nimmt sie die Form $y - y_0 = a(x - x_0)^2$ an.

Wie wir oben gezeigt haben, ist dies die Gleichung einer Parabel mit dem Scheitel im Punkt (x_0, y_0).

Folglich ist das Kurvenbild der allgemeinen quadratischen Funktion $y = ax^2 + bx + c$ eine Parabel, deren Scheitel im Punkt $x_0 = -\dfrac{b}{2a}$, $y_0 = \dfrac{4ac - b^2}{4a}$ liegt. Die Symmetrieachse der Parabel ist der y-Achse parallel. Die Äste der Parabel sind nach oben gerichtet, wenn $a > 0$ ist, und nach unten, wenn

$a < 0$ ist. Im ersten Fall besitzt die Funktion an der Stelle $x = -\dfrac{b}{2a}$ ein Minimum, im zweiten Fall ein Maximum.

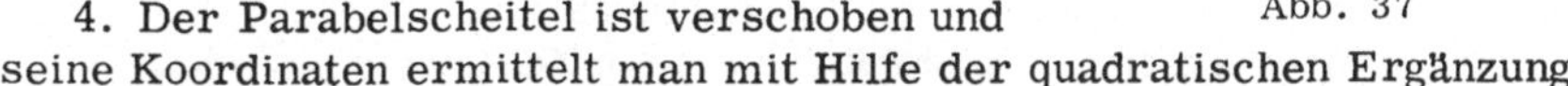

Abb. 37

Beispiel. $y = -3x^2 + 6x + 2$ (Abb. 37).

1. Das Kurvenbild dieser quadratischen Funktion ist eine Parabel.

2. Die Symmetrieachse ist zur y-Achse parallel.

3. Die Äste der Parabel sind nach unten gerichtet, weil $a = -3 < 0$ ist.

4. Der Parabelscheitel ist verschoben und seine Koordinaten ermittelt man mit Hilfe der quadratischen Ergänzung:

$$y = -3x^2 + 6x + 2 = -3\,(x^2 - 2x + 1 - 1) + 2 = -3\,(x-1)^2 + 5 \,,$$

$$y - 5 = -3\,(x-1)^2 \,.$$

Der Parabelscheitel besitzt die Koordinaten $x_0 = 1$ und $y_0 = 5$.

Aufgabe. Man stelle die Zahl 10 als Summe zweier Zahlen so dar, daß die Summe der Quadrate dieser Zahlen möglichst klein wird.

Wir zerlegen die Zahl 10 in die beiden Summanden x und $10-x$, dann ist die Summe der Quadrate dieser Summanden $y = x^2 + (10-x)^2$ oder $y = 2x^2 - 20x + 100$. Wir spalten ein vollständiges Quadrat ab und erhalten $y = 2(x-5)^2 + 50$. Daraus folgt, daß die Funktion an der Stelle $x = 5$ ein Minimum besitzt ($a = 2 > 0$), das sich zu 50 ergibt. Wenn wir zum Beispiel die Zahl 10 als Summe zweier Zahlen 4 und 6 darstellen, dann ist die Summe ihrer Quadrate gleich 52 und somit größer als 50.

5. 8. BEISPIELE FÜR PHYSIKALISCHE ZUSAMMENHÄNGE, DIE SICH DURCH EINE QUADRATISCHE FUNKTION DARSTELLEN LASSEN

a) Die Wärmemenge, die in einer Sekunde erzeugt wird, wenn ein Leiter mit dem Widerstand R von einem elektrischen Strom der Stromstärke I durchflossen wird, läßt sich durch die folgende quadratische Funktion ausdrücken:

$$Q = 0.24\,RI^2 \,.$$

Graphisch läßt sich dieser Zusammenhang durch den rechten Ast einer

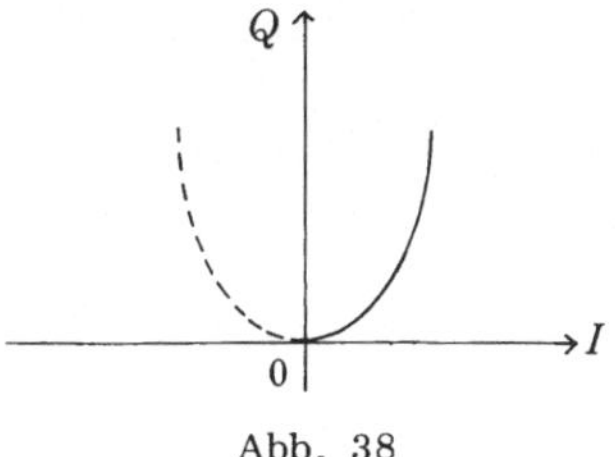

Abb. 38

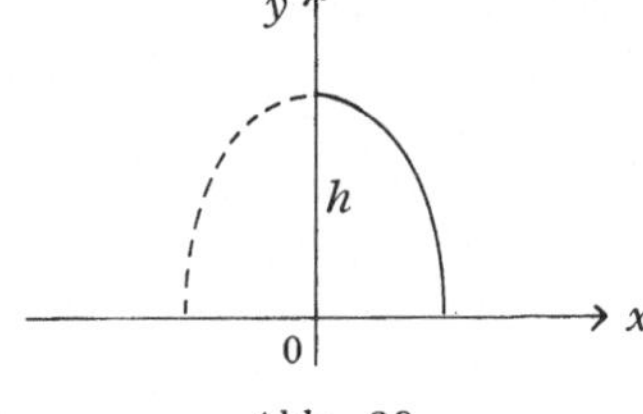

Abb. 39

Parabel (für $I \geq 0$) wiedergeben, der symmetrisch bezüglich der y-Achse ist, wobei sich der Scheitel der Parabel im Koordinatenursprung befindet (Abb. 38).

b) Eine Bombe, die von einem Flugzeug in der Höhe h mit der Anfangsgeschwindigkeit V_0 abgeworfen wurde, beschreibt beim Fallen den rechten Ast der Parabel

$$y = h - \frac{gx^2}{2V_0^2} \cdot$$

Der Scheitelpunkt dieser Parabel liegt auf der y-Achse im Punkt $y = h$, und die Parabeläste sind nach unten gerichtet (Abb. 39).

c) Beim Schleudern einer Flüssigkeit in einer Zentrifuge nimmt die Oberfläche der rotierenden Flüssigkeit die Form eines sogenannten Rotationsparaboloids an. Wenn wir durch die Zylinderachse einen ebenen Schnitt legen, dann erhalten wir als Schnittfigur eine Parabel. Ihre Gleichung lautet

$$y - y_0 = \frac{\omega^2 x^2}{2g} ,$$

wobei ω die Winkelgeschwindigkeit und g die Erdbeschleunigung bedeuten. Die Parabel ist symmetrisch zur y-Achse und nach oben berichtet. Der Parabelscheitel liegt auf der y-Achse im Punkt $(0, y_0)$ (Abb. 40).

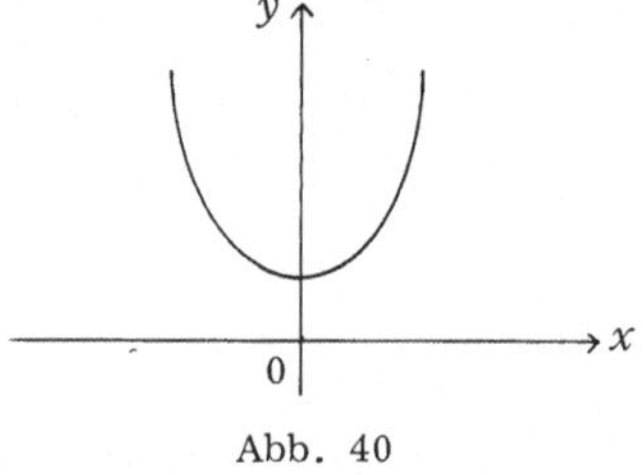

Abb. 40

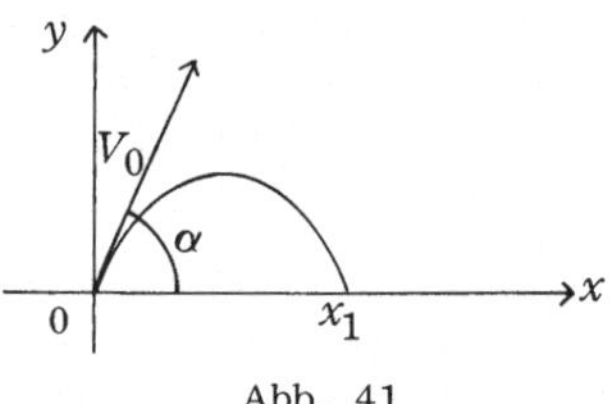

Abb. 41

d) Es sei ein Körper unter dem Winkel α gegen die Horizontale mit der Anfangsgeschwindigkeit V_0 abgeworfen worden. Als Flugbahn erhält man dann die Kurve

$$y = x \tan \alpha - \frac{gx^2}{2V_0^2 \cos^2\alpha} ,$$

die, wie wir bereits festgestellt haben, eine Parabel ist. Die Parabeläste sind nach unten gerichtet (Abb. 41). Durch Abspalten eines vollständigen Quadrats erhalten wir für den Parabelscheitel die Koordinaten

$$x_0 = \frac{V_0^2 \sin \alpha \cos \alpha}{g} ,$$

$$y_0 = \frac{V_0^2 \sin^2\alpha}{2g} \cdot$$

Die Ordinate y_0 entspricht der größten Flughöhe des Körpers. Um die Wurfweite zu ermitteln, muß man den zweiten Schnittpunkt der Parabel mit der x-Achse bestimmen:

$$x_1 = \frac{2V_0^2 \sin \alpha \cos \alpha}{g} \,.$$

§ 6. DIE KUBISCHE FUNKTION

Als *kubische Funktion* bezeichnet man eine Funktion der Form

$$y = ax^3 + bx^2 + cx + d \,.$$

Zunächst betrachten wir den einfachsten Fall, bei dem $a = 1$, $b = 0$, $c = 0$ und $d = 0$ ist:

$$y = x^3 \,.$$

6.1. UNTERSUCHUNG DER FUNKTION $y = x^3$

Um y zu berechnen muß man x in die dritte Potenz erheben. Da man beliebige Zahlen in die dritte Potenz erheben kann, ist die Funktion $y = x^3$ für sämtliche x definiert. Für $x = 0$ wird auch $y = 0$, sodaß die Kurve der Funktion durch den Koordinatenursprung hindurchgeht. Die Funktion $f(x) = x^3$ ist ungerade, denn es ist $(-x)^3 = -x^3$. Daher liegt die Kurve zentralsymmetrisch zum Koordinatenursprung.

Wir untersuchen die Funktion $y = x^3$ im Hinblick auf Zunahme und Abnahme. Wir wählen zwei beliebige Argumentwerte x_1 und x_2 $(x_2 > x_1)$ und berechnen die entsprechenden Funktionswerte $f(x_1) = x_1^3$ und $f(x_2) = x_2^3$. Dann ermitteln wir die Differenz und bestimmen das Vorzeichen dieser Differenz. Hierfür zerlegen wir die Differenz $x_1^3 - x_2^3$ in Faktoren:

$$f(x_2) - f(x_1) = x_2^3 - x_1^3 = (x_2 - x_1)(x_2^2 + x_2 x_1 + x_1^2) \,.$$

Der erste Faktor $x_2 - x_1$ ist positiv, weil $x_2 > x_1$ ist. Der zweite Faktor ist ebenfalls positiv, da das Produkt $x_1 x_2$ absolut genommen nicht größer als das Quadrat der größeren der beiden Zahlen x_1 und x_2 ist.

Folglich ist $x_2^3 - x_1^3 > 0$, d.h. $x_2^3 > x_1^3$, die Funktion nimmt also überall zu.

Wenn die Funktion ständig wächst, kann sie weder ein Maximum noch ein Minimum besitzen.

Wir untersuchen die Konvexität und Konkavität der Kurve $y = x^3$. Hierzu prüfen wir nach, ob für die Funktion $y = x^3$ die Ungleichung

$$\frac{f(x_1) + f(x_2)}{2} > f\left(\frac{x_1 + x_2}{2}\right),$$

d. h. die Konkavitätsbedingung der Kurve, erfüllt ist. Für die Funktion $f(x) = x^3$ erhalten wir $f(x_1) = x_1^3$, $f(x_2) = x_2^3$ und $f\left(\frac{x_1 + x_2}{2}\right) = \left(\frac{x_1 + x_2}{2}\right)^3$. Wir bestimmen das Vorzeichen der Differenz

$$\frac{x_1^3 + x_2^3}{2} - \frac{(x_1 + x_2)^3}{8} = \frac{4x_1^3 + 4x_2^3 - x_1^3 - 3x_1^2 x_2 - 3x_1 x_2^2 - x_2^3}{8} =$$

$$= \frac{3x_1^3 + 3x_2^3 - 3x_1^2 x_2 - 3x_1 x_2^2}{8} = \frac{3}{8}\left[- x_1^2(x_2 - x_1) + x_2^2(x_2 - x_1)\right] =$$

$$= \frac{3}{8}(x_2 - x_1)(x_2^2 - x_1^2) = \frac{3}{8}(x_2 - x_1)^2 (x_2 + x_1).$$

Das Vorzeichen des gewonnenen Produktes hängt vom Vorzeichen des Faktors $x_2 + x_1$ ab. Wir untersuchen die Funktion getrennt für negative und positive x-Werte. Wenn $x_1 > 0$ und $x_2 > 0$ ist, dann ist $x_2 + x_1 > 0$, und die Differenz $\frac{x_1^3 + x_2^3}{2} - \left(\frac{x_1 + x_2}{2}\right)^3 > 0$ ist positiv; das Kurvenbild ist konkav. Wenn $x_1 < 0$ und $x_2 < 0$ ist, dann ist $\frac{x_1^3 + x_2^3}{2} - \left(\frac{x_1 + x_2}{2}\right)^3 < 0$ und das Kurvenbild ist konvex.

Folglich ist das Kurvenbild der Funktion $y = x^3$ für $x < 0$ konvex und für $x > 0$ konkav.

Der Begriff des Wendepunktes.

Definition. Der Punkt, der einen konvexen Kurventeil von einem konkaven Kurventeil trennt, heißt *Wendepunkt* [*]).

Bei unserer Untersuchung haben wir festgestellt, daß die Funktion $y = x^3$ überall zunimmt. Im Koordinatenur-

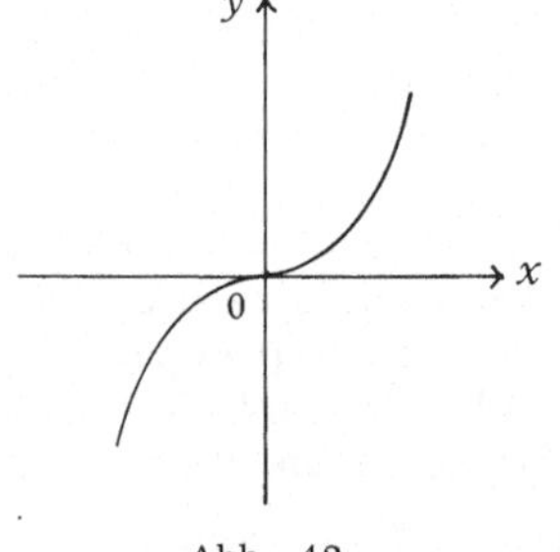

Abb. 42

sprung besitzt das Kurvenbild dieser Funktion einen Wendepunkt, denn für $x > 0$ ist das Kurvenbild konkav und für $x < 0$ konvex (Abb. 42).

Das Kurvenbild dieser Funktion liegt im ersten und dritten Quadranten der Ebene.

Das Kurvenbild der Funktion $y = x^3$ nennt man die *kubische Parabel*.

---

[*]) Dieser Begriff wird im folgenden genauer definiert.

6.2. UNTERSUCHUNG DER FUNKTION $y = x^3 + kx$

Zunächst betrachten wir die Funktion

$$y = x^3 + kx$$

für $k > 0$.

Diese Funktion ist für alle x-Werte definiert. Ihre Kurve geht durch den Koordinatenanfangspunkt hindurch, denn für $x = 0$ wird auch $y = 0$. Für $y = 0$ ist $x^3 + kx = 0$, und daraus folgt $x_1 = 0$, $x_{2,3} = \pm \sqrt{-k}$. Da $k > 0$ ist, gibt es außer dem Koordinatenursprung für die Bildkurve keine weiteren Schnittpunkte mit der x-Achse. Die Funktion $y = x^3 + kx$ ist ungerade, denn es ist $f(-x) = (-x)^3 + k(-x) = -x^3 - kx = -f(x)$. Das Kurvenbild liegt zentralsymmetrisch zum Koordinatenanfangspunkt. Die untersuchte Funktion $y = x^3 + kx$ besteht aus den zwei Summanden x^3 und kx, von denen jeder zunimmt. Daher nimmt die Funktion $y = x^3 + kx$ auch zu.

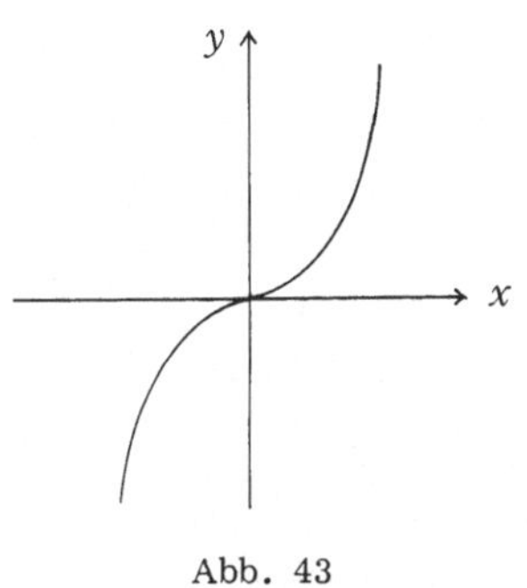

Abb. 43

Um das Kurvenbild der Funktion $y = x^3 + kx$ auf Konvexität und Konkavität zu untersuchen, bilden wir den Ausdruck

$$\frac{f(x_1) + f(x_2)}{2} - f\left(\frac{x_1 + x_2}{2}\right) = \frac{x_1^3 + kx_1 + x_2^3 + kx_2}{2} -$$

$$- \frac{(x_1 + x_2)^3 + 4k(x_1 + x_2)}{8} = \frac{4x_1^3 + 4x_2^3 - (x_1 + x_2)^3}{8}.$$

Alle Glieder, in denen k auftritt, heben sich gegenseitig auf. Daher erhält man für die Differenz $\frac{f(x_1) + f(x_2)}{2} - f\left(\frac{x_1 + x_2}{2}\right)$ den gleichen Ausdruck wie bei der Funktion $y = x^3$. Folglich ist das Kurvenbild für $x < 0$ konvex und für $x > 0$ konkav. Im Koordinatenursprung besitzt das Kurvenbild einen Wendepunkt (Abb. 43).

Wir stellen also fest, daß die Addition einer linearen Funktion $kx + b$ zu einer beliebigen Funktion weder das Konvexitäts- noch das Konkavitätsverhalten der zuletzt genannten Funktion ändert.

Es sei nun $k < 0$. Die Funktion $y = x^3 + kx$ ist für alle x definiert, ihre Kurve geht durch den Koordinatenursprung hindurch und schneidet die x-Achse in drei Punkten: $x_1 = 0$, $x_2 = \sqrt{-k}$ und $x_3 = -\sqrt{-k}$. Das Kurvenbild ist symmetrisch zum Koordinatenursprung und wieder konvex für $x < 0$ und konkav für $x > 0$.

Die Untersuchung hinsichtlich Zu- und Abnahme der Funktion $y = x^3 + kx$ ist für $k < 0$ etwas komplizierter. Der erste Summand x^3 nimmt zu, während der zweite Summand kx (eine lineare Funktion) abnimmt. Für große Werte von $|x|$ ist $|x|^3$ viel größer als $|kx|$. Daher kann man schließen,

daß die Funktion $y = x^3 + kx$ für große $|x|$ zunimmt. Für x-Werte, die nahe
bei null liegen, wird $|x|^3$ bedeutend kleiner als $|kx|$. Folglich muß man er-
warten, daß dort die Funktion $y = x^3 + kx$ abnimmt.

Die gewonnenen Ergebnisse erlauben uns, das Kurvenbild der Funktion
$y = x^3 + kx$ zu zeichnen (Abb. 44).

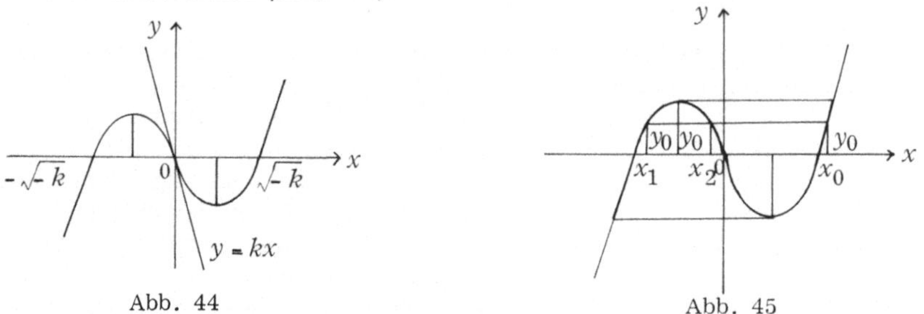

Abb. 44   Abb. 45

Um die Gestalt der Kurve präziser zu ermitteln, muß man die Maxima
und Minima der Funktion bestimmen. Wir wählen auf der Kurve einen beliebigen Punkt (x_0, y_0) (Abb. 45) und stellen fest, ob es bei der Kurve noch
weitere Punkte mit der Ordinate y_0 gibt. Für diese Punkte ist $f(x) = y_0$.
Weil $y_0 = x_0^3 + kx_0$ ist, läßt sich die Gleichung in der Form

$$x^3 + kx = x_0^3 + kx_0$$

oder

$$x^3 - x_0^3 + k\,(x - x_0) = 0$$

schreiben.

Indem wir die Differenz der dritten Potenzen in Faktoren zerlegen und
$x - x_0$ ausklammern, erhalten wir

$$(x - x_0)\,(x^2 + x_0 x + x_0^2 + k) = 0 \;.$$

Wenn man die Punkte mit den Ordinaten y_0 sucht, deren Abszissen von
x_0 verschieden sind, muß man die Wurzeln der Gleichung

$$x^2 + x_0 x + x_0^2 + k = 0 \qquad \text{(I)}$$

bestimmen.

Diese quadratische Gleichung kann entweder reelle oder komplexe Wurzeln besitzen. Der erste Fall entspricht der Lage des Punktes (x_0, y_0) auf
dem in der Abbildung stark ausgezogenen Kurventeil, während im zweiten
Fall der Punkt (x_0, y_0) auf einem der beiden anderen Teile der Kurve liegt.
Die Wurzeln

$$x_{1,2} = -\frac{x_0}{2} \pm \sqrt{\frac{x_0^2}{4} - x_0^2 - k} = -\frac{x_0}{2} \pm \sqrt{-\frac{3}{4} x_0^2 - k}$$

der quadratischen Gleichung (I) sind reell, wenn die Diskriminante dieser
Gleichung nicht negativ ist:

$$-\frac{3}{4} x_2^0 - k \geq 0 \, ,$$

oder

$$x_0^2 \leq -\frac{4}{3} k \, ; \qquad |x_0| \leq 2 \sqrt{-\frac{k}{3}} \, .$$

Somit liegt der stark ausgezogene Teil der Kurve über dem x-Intervall zwischen $x = -2\sqrt{-\frac{k}{3}}$ und $x = 2\sqrt{-\frac{k}{3}}$.

Wenn $x_0 = 2\sqrt{-\frac{k}{3}}$, dann ist die Diskriminante der Gleichung (I) gleich null. Folglich gibt es auf der Kurve nur noch einen Punkt mit der Ordinate y_0. Für diesen Punkt gilt $x_{1,2} = -\frac{x_0}{2} = -\sqrt{-\frac{k}{3}}$. Offenbar hat die Funktion $y = x^3 + kx$ in diesem Punkt ein Maximum:

$$y_0 = -\left(\sqrt{-\frac{k}{3}}\right)^3 - k\sqrt{-\frac{k}{3}} = \sqrt{-\frac{k}{3}}\left(\frac{k}{3} - k\right) = -\frac{2}{3} k\sqrt{-\frac{k}{3}} \, .$$

Analog ist bei $x = \sqrt{-\frac{k}{3}}$ ein Minimum mit dem Wert $y_0 = \frac{2}{3} k \sqrt{-\frac{k}{3}}$ vorhanden.

Die Funktion $y = x^3 + kx$ $(k < 0)$ wächst für $-\infty < x < -\sqrt{-\frac{k}{3}}$, fällt für $-\sqrt{-\frac{k}{3}} < x < \sqrt{-\frac{k}{3}}$ und steigt wieder für $\sqrt{-\frac{k}{3}} < x < \infty$. Bei $x = -\sqrt{-\frac{k}{3}}$ besitzt diese Funktion ein Maximum und bei $x = \sqrt{-\frac{k}{3}}$ ein Minimum. Das Kurvenbild der Funktion ist in der Abb. 46 wiedergegeben.

Folglich steigt die Funktion $y = x^3 + kx$ für $k > 0$ und besitzt keine Extremwerte, während sie für $k < 0$ ein Minimum und ein Maximum besitzt. In beiden Fällen gibt es im Koordinatenursprung einen Wendepunkt.

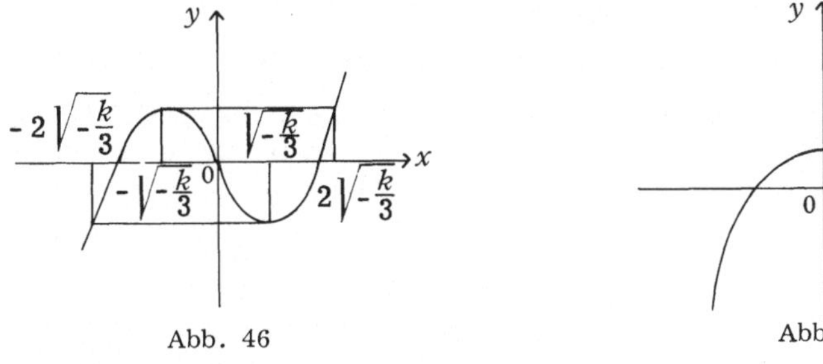

Abb. 46   Abb. 47

6.3. UNTERSUCHUNG DER FUNKTION $y = x^3 + kx + b$

Nun untersuchen wir das Kurvenbild der Funktion

$$y = x^3 + kx + b \, .$$

Es unterscheidet sich vom Kurvenbild der betrachteten Funktion $y = x^3 + kx$ dadurch, daß die Ordinaten aller Kurvenpunkte um den Wert b größer sind, d.h. das Kurvenbild ist längs der y-Achse um die Strecke b verschoben (Abb. 47 bis 49).

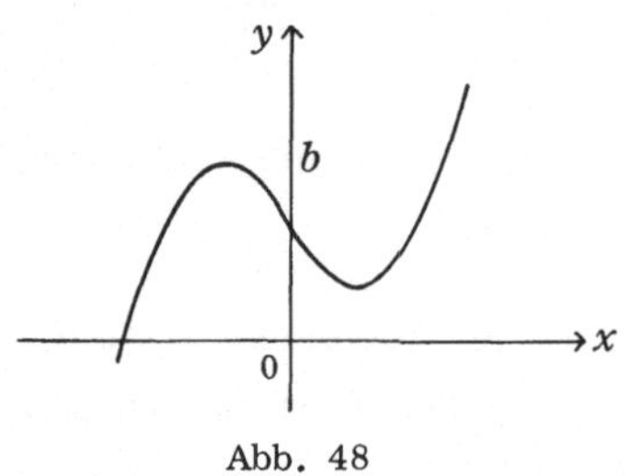

Abb. 48

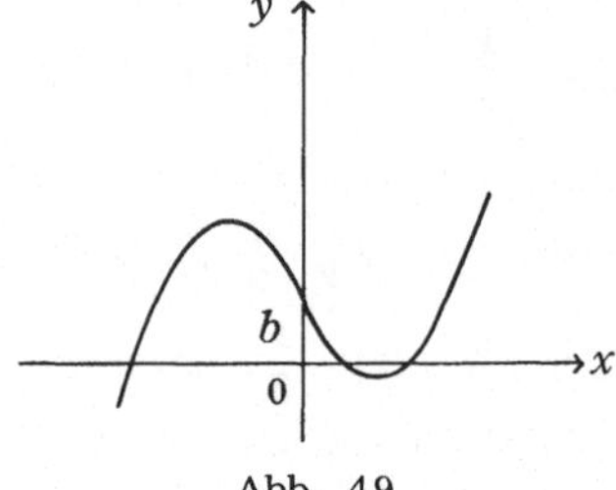

Abb. 49

Die Abszissen des Maximums, des Minimums und des Wendepunktes ändern sich dabei nicht. Dagegen ändern sich die Abszissen der Schnittpunkte mit der x-Achse. Darüber hinaus sieht man aus der Abb. 48, daß das Kurvenbild für große b die x-Achse nur in einem Punkt schneidet, dessen Abszisse negativ ist. Analog besitzt das Kurvenbild der Funktion $y = x^3 + kx + b$ für negativ b mit großem Absolutbetrag ebenfalls nur einen Schnittpunkt mit der x-Achse, doch ist dessen Abszisse positiv. Offenbar schneidet das Kurvenbild die x-Achse für die Werte von b nur einmal, die absolut genommen größer sind als der Wert der Funktion $y = x^3 + kx$ im Maximum und im Minimum, d.h. für

$$|b| > \frac{2}{3} k \left| \sqrt{-\frac{k}{3}} \right| .$$

Wenn wir beide Seiten dieser Ungleichung quadrieren, dann erhalten wir

$$b^2 > -\frac{4}{27} k^3 \qquad \text{oder} \qquad \frac{b^2}{4} + \frac{k^3}{27} > 0 .$$

Somit kommen wir zu dem folgenden Ergebnis:

1. Wenn $\frac{b^2}{4} + \frac{k^3}{27} > 0$ ist, dann schneidet das Kurvenbild der Funktion $y = x^3 + kx + b$ die x-Achse in einem Punkt, d.h. die kubische Gleichung $x^3 + kx + b = 0$ besitzt eine reelle Wurzel (Abb. 48).

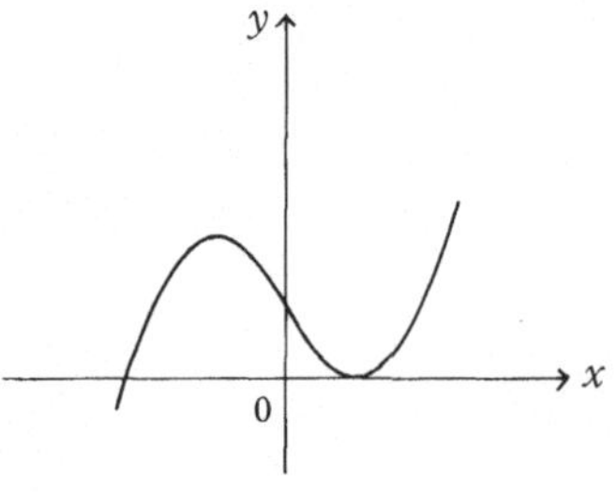

Abb. 50

2. Wenn $\frac{b^2}{4} + \frac{k^3}{27} < 0$ ist, dann schneidet das Kurvenbild der Funktion $y = x^3 + kx + b$ die x-Achse in drei Punkten, d.h. die Gleichung $x^3 + kx + b = 0$ besitzt drei reelle Wurzeln (Abb. 49).

3. Wenn $\frac{b^2}{4} + \frac{k^3}{27} = 0$ ist, dann schneidet das Kurvenbild der Funk-

tion $y = x^3 + kx + b$ die x-Achse in einem Punkt und berührt sie in einem zweiten Punkt. Die Gleichung $x^3 + kx + b = 0$ besitzt drei reelle Wurzeln, von denen zwei gleich sind (Abb. 50).

Die Größe $D = \dfrac{b^2}{4} + \dfrac{k^3}{27}$ nennt man die Diskriminante der kubischen Gleichung.

Die Aufgabe, die Schnittpunkte mit der x-Achse oder, was dasselbe bedeutet, die Wurzeln der Gleichung $x^3 + kx + b = 0$ zu ermitteln, ist schwieriger und bedarf der Anwendung komplexer Zahlen sogar in dem Fall, wenn alle drei Wurzeln reell sind. Jetzt können wir nur sagen, daß für $k < 0$ und $b > 0$ stets eine negative Wurzel vorhanden ist, die links vom Abszissenwert $x = -\sqrt{-\dfrac{k}{3}}$ des Minimums liegt. Wenn alle drei Wurzeln reell und voneinander verschieden sind, dann liegt noch eine zweite Wurzel zwischen dem Minimum und dem Maximum im Intervall $\left(-\sqrt{-\dfrac{k}{3}},\ \sqrt{-\dfrac{k}{3}}\right)$, und die dritte Wurzel liegt rechts vom Abszissenwert $x = \sqrt{-\dfrac{k}{3}}$ des Minimums.

6.4. UNTERSUCHUNG DER ALLGEMEINEN KUBISCHEN FUNKTION
$$y = a_0 x^3 + a_1 x^2 + a_2 x + a_3$$

Wir beginnen mit der Funktion
$$y = x^3 + a_1 x^2 + a_2 x + a_3 \ .$$

Nun verschieben wir den Koordinatenursprung in den Punkt $x_0 = -\dfrac{a_1}{3}$, $y_0 = 0$ unter Beibehaltung der Richtung der Koordinatenachsen, d. h. wir nehmen die Substitution $x = x' + x_0 = x' - \dfrac{a_1}{3}$ vor. Dann erhalten wir

$$y = \left(x' - \frac{a_1}{3}\right)^3 + a_1\left(x' - \frac{a_1}{3}\right)^2 + a_2\left(x' - \frac{a_1}{3}\right) + a_3 \ .$$

Nach Auflösen der Klammern bemerken wir, daß sich die Glieder, die x'^2 enthalten, gegenseitig aufheben, und die Gleichung nimmt daher die folgende Form an:

$$y = x'^3 + kx' + b \ .$$

Somit hat das Kurvenbild der Funktion $y = x^3 + a_1 x^2 + a_2 x + a_3$ die gleiche Form wie das Kurvenbild der Funktion $y = x^3 + kx + b$, jedoch ist das Symmetriezentrum in Richtung der x-Achse um die Strecke $-\dfrac{a_1}{3}$ verschoben (Abb. 51). Darüber hinaus unterscheidet sich auch das Kurvenbild

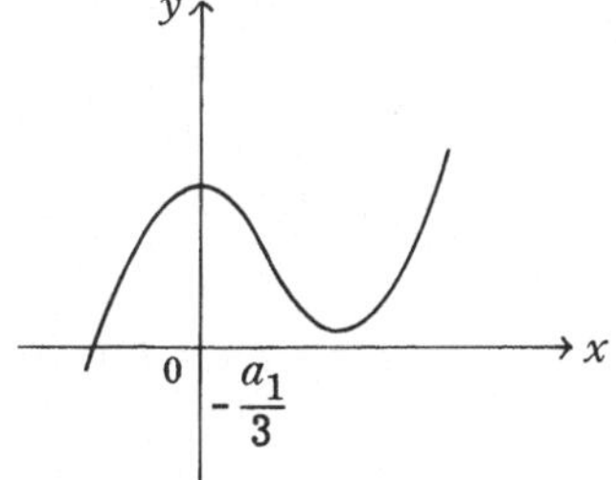

Abb. 51

der Funktion $y = a_0x^3 + a_1x^2 + a_2x + a_3$ qualitativ nicht von dem vorhergehenden Kurvenbild, falls $a_0 > 0$ ist. Für $a_0 < 0$ kann man bei allen Gliedern das Vorzeichen ändern und das Kurvenbild der so gewonnenen Funktion konstruieren. Das erhaltene Kurvenbild liegt symmetrisch zum gesuchten Kurvenbild bezüglich der x-Achse.

6.5. BEISPIELE FÜR PHYSIKALISCHE ZUSAMMENHÄNGE, DIE SICH DURCH EINE KUBISCHE FUNKTION DARSTELLEN LASSEN

Wird das eine Ende eines Trägers fest eingespannt und das freie Ende belastet, so verbiegt sich der Träger durch das Gewicht der Last. Die verbogene Trägerachse nimmt dann die Form einer Kurve an, die durch die Gleichung

$$y = \frac{p}{2EI}\left(\frac{x^3}{3} - lx^2\right)$$

gegeben ist. Dabei bedeutet l die Länge des Trägers, p die einwirkende Kraft, I das Flächenträgheitsmoment des Trägerquerschnittes und E den Elastizitätsmodul des Trägers.

Die Kurve der kubischen Funktion $y = \frac{p}{2EI}\left(\frac{x^3}{3} - lx^2\right)$ geht durch den Koordinatenursprung und schneidet die x-Achse im Punkt $x = 3l$ (Abb. 52).

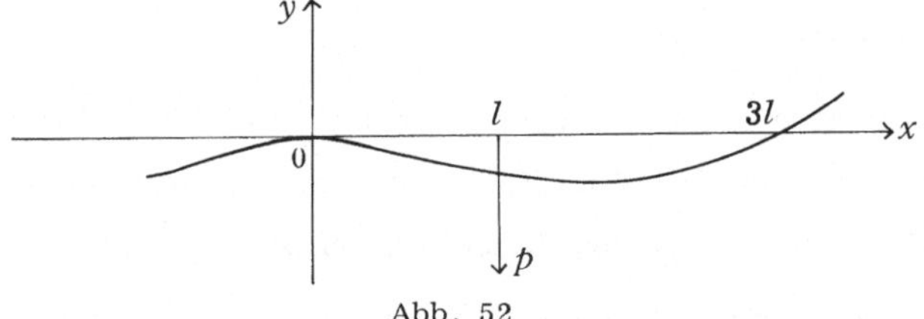

Abb. 52

An der Stelle $x = 0$ hat die Funktion ein Maximum, dessen Wert null ist, und im Punkt $x = 2l$ ein Minimum mit dem Wert $-\frac{2pl^3}{3EI}$. Für $x = l$ (d. h. am freien Trägerende) hat die Kurve einen Wendepunkt.

§ 7. POLYNOME

7.1. VERGLEICH DER BILDKURVEN DER FUNKTIONEN $y = x^n$ BEI GERADEN UND UNGERADEN EXPONENTEN

Die Funktionen
$$y = x^{2m}$$

und

$$y = x^{2m} + 1$$

sind für alle x-Werte definiert, und die Bildkurven gehen durch den Koordinatenursprung hindurch. Die Funktion $y = x^{2m}$ ist gerade, und ihr Kurvenbild liegt symmetrisch zur y-Achse (Abb. 53). Die Funktion $y = x^{2m} + 1$ ist ungerade, und ihr Kurvenbild liegt zentralsymmetrisch zum Koordinatenanfangspunkt (Abb. 54). Die Funktion
$y = x^{2m}$ besitzt für $x = 0$ ein Minimum.
Die Funktion $y = x^{2m} + 1$ besitzt für
$x = 0$ weder ein Maximum noch ein

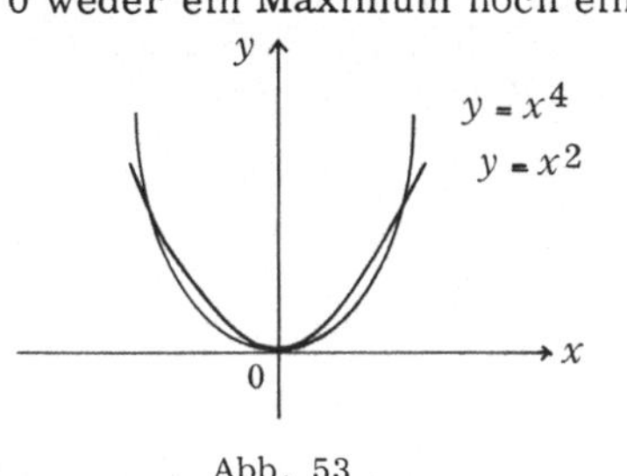

Abb. 53

Abb. 54

Minimum. Das Kurvenbild der Funktion $y = x^{2m} + 1$ besitzt an der Stelle $x = 0$ einen Wendepunkt.

Die Bildkurve der Funktion $y = x^n$ nennt man eine *Parabel n-ter Ordnung*.

7.2. DAS POLYNOM. DIE WURZELN EINES POLYNOMS. ZERLEGUNG EINES POLYNOMS IN FAKTOREN

Definition. Eine Funktion

$$y = a_0 x^n + a_1 x^{n-1} + \ldots + a_{n-1} x + a_n \quad (a_0 \neq 0) \, ,$$

in der n eine ganze positive Zahl bedeutet, nennt man ein *Polynom n-ten Grades*.

Ein Polynom n-ten Grades werden wir abgekürzt mit $P_n(x)$ bezeichnen. Im folgenden werden wir nur Polynome mit reellen Koeffizienten betrachten.

Da man reelle Zahlen nach Belieben potenzieren, multiplizieren und addieren kann, ist ein Polynom für alle x-Werte definiert.

Wenn ein Polynom nur gerade Potenzen von x enthält, dann ist es eine gerade Funktion, und sein Kurvenbild liegt symmetrisch zur y-Achse. Enthält hingegen das Polynom nur ungerade Potenzen, so ist es eine ungerade Funktion, und sein Kurvenbild liegt zentralsymmetrisch zum Koordinatenursprung. Im allgemeinen Falle ist ein Polynom weder eine Gerade noch eine ungerade Funktion, sein Kurvenbild zeigt keine Symmetrien.

Die Kurve der Funktion $y = P_n(x)$ schneidet die y-Achse im Punkt $x = 0$, $y = a_n$. Um die Schnittpunkte des Kurvenbildes der Funktion $y = P_n(x)$ mit der x-Achse zu bestimmen, muß man die reellen Wurzeln der Gleichung

$$a_0 x^n + a_1 x^{n-1} + \ldots + a_{n-1} x + a_n = 0$$

ermitteln.

Definition. Eine reelle oder komplexe Zahl α nennt man eine *Wurzel des Polynoms* $P_n(x)$, wenn nach Einsetzen von α anstelle von x das Polynom $P_n(x)$ null wird: $P_n(\alpha) = 0$.

Satz. *Jedes Polynom besitzt wenigstens eine Wurzel.*

Den Beweis dieses Fundamentalsatzes der Algebra führen wir hier nicht an.

Wenn uns die Wurzeln eines Polynoms bekannt sind, dann können wir es *in Faktoren zerlegen*. Es sei α_1 eine Wurzel des Polynoms $P_n(x): P_n(\alpha_1) = 0$. Nach dem Satz von Bézout läßt sich dann das Polynom ohne Rest durch $x - \alpha_1$ dividieren, wobei der Quotient seinerseits ein Polynom $(n-1)$-ten Grades darstellt:

$$\frac{P_n(x)}{x - \alpha_1} = P_{n-1}(x) \ ,$$

d. h.

$$P_n(x) = (x - \alpha_1) \, P_{n-1}(x) \ .$$

Da $P_{n-1}(x)$ ein Polynom ist, besitzt es selbst wenigstens eine Wurzel, die wir mit α_2 bezeichnen. Dann erhalten wir

$$\frac{P_{n-1}(x)}{x - \alpha_2} = P_{n-2}(x) \ ,$$

und daraus folgt

$$P_{n-1}(x) = (x - \alpha_2) \, P_{n-2}(x) \ .$$

Indem wir den gefundenen Ausdruck für $P_{n-1}(x)$ in das Ausgangspolynom einsetzen, erhalten wir

$$P_n(x) = (x - \alpha_1)(x - \alpha_2) \, P_{n-2}(x) \ .$$

Für $P_{n-2}(x)$ lassen sich die oben angestellten Überlegungen wiederholen. Nach dem n-ten Schritt erhalten wir

$$P_n(x) = (x - \alpha_1)(x - \alpha_2) \ldots (x - \alpha_n) \, a_0 \ .$$

Die Zahlen $\alpha_1, \alpha_2, \ldots, \alpha_n$ sind Wurzeln des Polynoms $P_n(x)$, denn nach Einsetzen von $\alpha_k (k = 1, 2, \ldots)$ anstelle von x wird das Polynom $P_n(x)$ null. Diese Wurzeln können sowohl komplex als auch reell sein.

Wenn wir komplexe Zahlen zulassen, dann kann man ein Polynom n-ten Grades in n lineare Faktoren der Form $x - \alpha_k$ zerlegen, wobei die α_k die Wurzeln des Polynoms sind. Einige dieser Faktoren können dabei mehrfach auftreten. Wenn ein solcher Faktor nur einmal auftritt, dann nennt man die entsprechende Wurzel eine *einfache Wurzel* des Polynoms. Wenn irgendein Faktor k-mal auftritt, so nennt man die entsprechende Wurzel *mehrfach* und die Zahl k deren *Vielfachheit*. Wir bemerken ohne Beweis, daß ein Polynom $P_n(x)$ mit reellen Koeffizienten und einer komplexen Wurzel der Form $a + bi$ auch die dazu konjugiert komplexe Wurzel $a - bi$ besitzt.

Es seien $\alpha_1 = a + bi$ und $\alpha_2 = a - bi$ Wurzeln des Polynoms. Wir betrachten das Produkt der entsprechenden Linearfaktoren $(x - \alpha_1)(x - \alpha_2)$ und formen diese Faktoren wie folgt um:

$$(x - \alpha_1)(x - \alpha_2) = (x - a - bi)(x - a + bi) = (x - a)^2 + b^2 =$$
$$= x^2 - 2ax + a^2 + b^2 = x^2 + px + q \ .$$

Hierbei ist

$$p = -2a \ , \qquad q = a^2 + b^2 \ .$$

Nun möge ein Polynom vom Grade n insgesamt k Paare komplexer Wurzeln besitzen, die wir mit $(\alpha_1, \alpha_2; \alpha_3, \alpha_4; \ldots; \alpha_{2k-1}, \alpha_{2k})$ bezeichnen. Möge dieses Polynom auch $n - 2k$ reelle Wurzeln besitzen, die wir mit $(\alpha_{2k+1}, \alpha_{2k+2}, \ldots, \alpha_n)$ bezeichnen.
Wenn wir dann in der Zerlegung des Polynoms paarweise alle konjugiert komplexen Faktoren zusammenfassen, erhalten wir

$$P_n(x) = (x^2 + p_1 x + q_1)(x^2 + p_2 x + q_2) \ldots$$
$$\ldots (x^2 + p_k x + q_k)(x - \alpha_{2k+1}) \ldots (x - \alpha_n) \, a_0 \ .$$

Wenn wir bei der Zerlegung eines Polynoms nur reelle Zahlen verwenden, dann läßt sich dieses Polynom in ein Produkt von linearen und quadratischen Faktoren zerlegen.
Wir weisen darauf hin, daß in der Praxis die Zerlegung eines Polynoms in Faktoren genauso schwierig ist wie die Aufgabe, seine Wurzeln zu bestimmen.

7.3. DAS VERHALTEN DES POLYNOMS $y = P_n(x)$ IM UNENDLICHEN

Wir stellen ein Polynom in der Form

$$a_0 x^n + a_1 x^{n-1} + a_2 x^{n-2} + \ldots + a_{n-1} x + a_n =$$
$$= a_0 x^n \left(1 + \frac{a_1}{a_0 x} + \frac{a_2}{a_0 x^2} + \ldots + \frac{a_{n-1}}{a_0 x^{n-1}} + \frac{a_n}{a_0 x^n}\right)$$

dar. Für große Werte von $|x|$ liegt der Wert des in Klammers stehenden Ausdrucks nahe bei 1. Daher verhält sich das Polynom $y = P_n(x)$ für große $|x|$ ähnlich wie die Funktion $y = a_0 x^n$.

7.4. BEISPIELE FÜR KURVENBILDER VON POLYNOMEN

Wir betrachten das Polynom $y = (x - 1)(x + 1)(x - 2)(x + 2)$. Dieses Polynom ist eine gerade Funktion, weil $y = (x^2 - 1)(x^2 - 4)$ ist. Das Kurvenbild dieses Polynoms liegt symmetrisch zur y-Achse, schneidet die y-Achse im Punkt mit der Ordinate 4 und die x-Achse in insgesamt vier Punkten mit den Abszissen $-2, -1, 1, 2$ (Abb. 55).

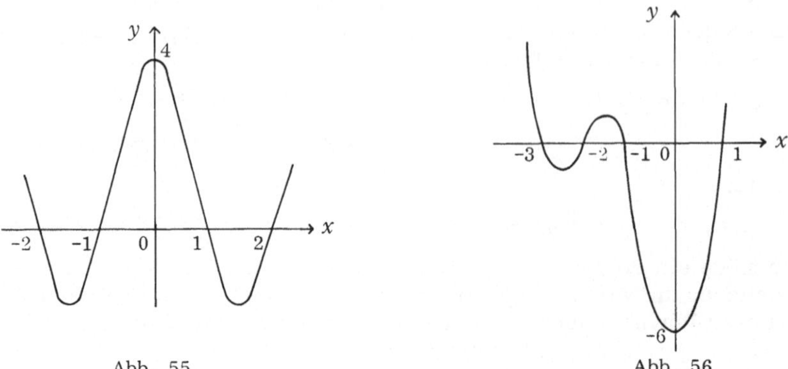

Abb. 55   Abb. 56

Das Kurvenbild des Polynoms $(x + 3)(x - 1)(x + 1)(x + 2)$ liegt weder zum Koordinatenursprung noch zur y-Achse symmetrisch, da die Funktion $y = (x^2 - 1)(x^2 + 5x + 6)$ weder gerade noch ungerade ist. Die Kurve schneidet die y-Achse im Punkt mit der Ordinate - 6 und die x-Achse in vier Punkten mit den Abszissen - 3, - 2, - 1, 1 (Abb. 56).

§ 8. DIE REZIPROKE LINEARE FUNKTION UND DIE GEBROCHEN-LINEARE FUNKTION

8.1. UNTERSUCHUNG DER FUNKTION $y = \dfrac{1}{x}$

Da die Division durch jede Zahl außer durch 0 möglich ist, ist die Funktion

$$y = \frac{1}{x}$$

für alle Werte von x außer für $x = 0$ definiert:

$$- \infty < x < 0 , \qquad 0 < x < \infty .$$

Der Definitionsbereich der Funktion besteht aus zwei Teilen, und dementsprechend zerfällt die Kurve in zwei Äste.

Die Funktion $y = \dfrac{1}{x}$ ist ungerade, weil $\dfrac{1}{- x} = - \dfrac{1}{x}$ ist. Ihre Kurve liegt symmetrisch zum Koordinatenursprung und schneidet weder die x-Achse noch die y-Achse.

Nun untersuchen wir diese Funktion hinsichtlich der Zunahme und der Abnahme. Es sei $x_2 > x_1$, dann erhalten wir

$$f(x_1) = \frac{1}{x_1} , \qquad f(x_2) = \frac{1}{x_2} .$$

Wir betrachten die Differenz

$$f(x_2) - f(x_1) = \frac{1}{x_2} - \frac{1}{x_1} = \frac{x_1 - x_2}{x_1 x_2} = - \frac{x_2 - x_1}{x_1 x_2}$$

und bestimmen das Vorzeichen dieser Differenz in jedem Teil des Definitionsbereiches. Der Zähler dieses Bruches $x_2 - x_1$ ist positiv, denn es ist $x_2 > x_1$. Das Vorzeichen des Bruches hängt daher vom Vorzeichen des Nenners ab. Für $x_1 > 0$ und $x_2 > 0$ wird $x_1 x_2 > 0$ und daher $\frac{1}{x_2} - \frac{1}{x_1} < 0$. Für $x_1 < 0$ und $x_2 < 0$ wird auch $x_1 x_2 > 0$ und $\frac{1}{x_2} - \frac{1}{x_1} < 0$. Somit haben wir festgestellt, daß die Funktion $y = \frac{1}{x}$ in beiden Teilen ihres Definitionsbereiches fällt.

Nun untersuchen wir das Kurvenbild dieser Funktion auf Konvexität und Konkavität.

Wir berechnen die Funktionswerte an den Stellen x_1, x_2 und $\frac{x_1 + x_2}{2}$:

$$f(x_1) = \frac{1}{x_1} , \qquad f(x_2) = \frac{1}{x_2} , \qquad f\left(\frac{x_1 + x_2}{2}\right) = \frac{2}{x_1 + x_2} .$$

Wir ermitteln das Vorzeichen der Differenz

$$\frac{f(x_1) + f(x_2)}{2} - f\left(\frac{x_1 + x_2}{2}\right) = \frac{1}{2x_1} + \frac{1}{2x_2} - \frac{2}{x_1 + x_2} = \frac{x_1 + x_2}{2x_1 x_2} - \frac{2}{x_1 + x_2} =$$

$$= \frac{(x_1 + x_2)^2 - 4x_1 x_2}{2x_1 x_2 (x_1 + x_2)} = \frac{(x_1 - x_2)^2}{2x_1 x_2 (x_1 + x_2)} .$$

Da $(x_1 - x_2)^2$ stets größer als null ist, wird das Vorzeichen des Bruches durch das Vorzeichen des Nenners bestimmt, und wir erhalten

$$\frac{(x_1 - x_2)^2}{2x_1 x_2 (x_1 + x_2)} \begin{cases} > 0, & \text{für} \quad x_1 > 0 \quad \text{und} \quad x_2 > 0, \\ < 0, & \text{für} \quad x_1 < 0 \quad \text{und} \quad x_2 < 0. \end{cases}$$

Die Kurve ist also für $x < 0$ konvex und für $x > 0$ konkav.

Wenn x unbegrenzt wächst (symbolisch schreibt man: $x \to \infty$), dann nähert sich der Wert des Bruches $\frac{1}{x}$ dem Wert null. Das bedeutet, daß sich die Kurve der Funktion $y = \frac{1}{x}$ unbegrenzt der x-Achse nähert, wenn x gegen unendlich geht. Nähert sich x unbegrenzt dem Wert null, so nimmt der Absolutbetrag des Bruches $\frac{1}{x}$ unbegrenzt zu. Dazu strebt $y \to + \infty$, wenn sich x dem Wert null nähert und dabei positiv bleibt. Wenn sich aber x dem Wert null nähert und dabei negativ bleibt, dann geht $y \to - \infty$.

Die Kurve der Funktion $y = \frac{1}{x}$ hat die in Abb. 57 wiedergegebene Form. Diese Kurve nennt man *Hyperbel*.

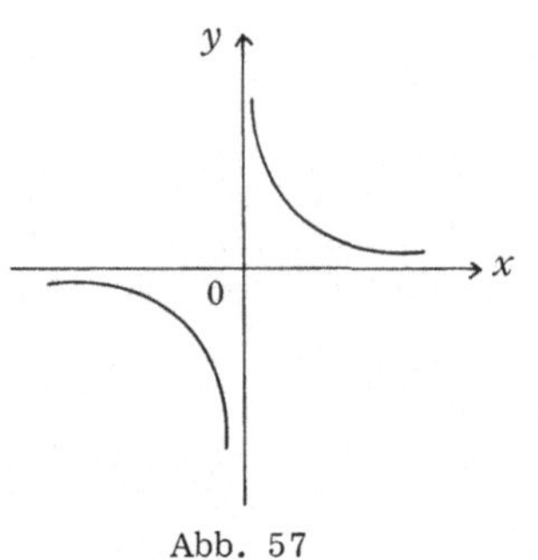

Abb. 57

Der Begriff der Asymptote.

Definition. *Als Asymptote einer Kurve*, deren Äste sich ins Unendliche erstrecken, bezeichnet man eine Gerade mit der Eigenschaft, daß der Abstand zwischen dieser Geraden und einem Kurvenpunkt gegen null strebt, wenn der Kurvenpunkt ins Unendliche wandert.

Das Kurvenbild der Funktion $y = \dfrac{1}{x}$ besitzt zwei Asymptoten: die x-Achse und die y-Achse.

Den Schnittpunkt der Asymptoten einer Hyperbel bezeichnet man als den *Hyperbelmittelpunkt*.

Nun untersuchen wir die Funktion $y = \dfrac{k}{x}$ (Abb. 58). Das Kurvenbild dieser Funktion unterscheidet sich nur unwesentlich vom Kurvenbild der Funktion

$y = \dfrac{1}{x}$: Wenn $k > 0$ ist, dann liegen die Äste der Hyperbel im ersten und dritten Quadranten. Der rechte Ast der Kurve von $y = \dfrac{k}{x}$ liegt oberhalb des rechten Astes der Kurve von $y = \dfrac{1}{x}$ für $k > 1$ und unterhalb dieses Astes für $k < 1$.

Wenn $k < 0$ ist, dann liegen die Äste der Hyperbel im zweiten und vierten Quadranten (Abb. 59).

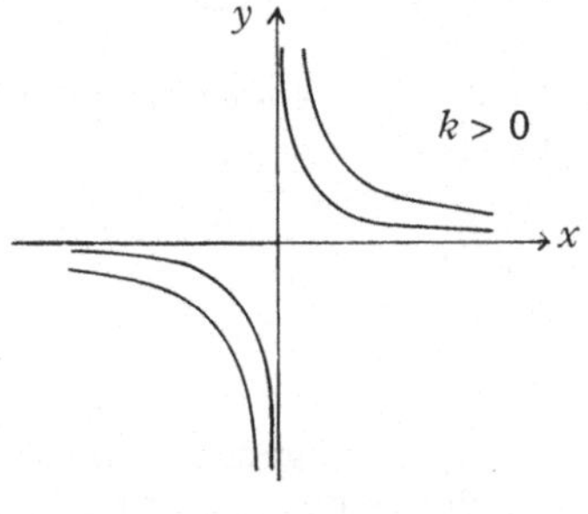

Abb. 58

Das Kurvenbild der reziprok-linearen Funktion ist somit eine Hyperbel, deren Mittelpunkt im Koordinatenursprung liegt.

Wir weisen auf ein Anwendungsbeispiel für die reziprok-lineare Funktion hin. Bei konstanter Temperatur ist das Produkt aus dem Volumen und dem Druck eines Gases bei gleicher Gasmenge konstant (Boyle-Mariottesches

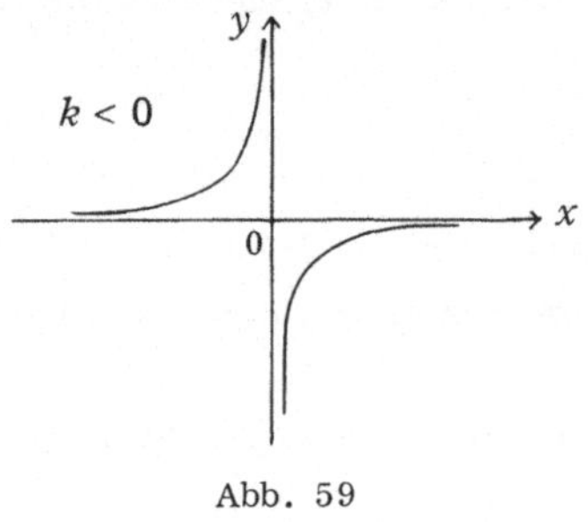

Abb. 59

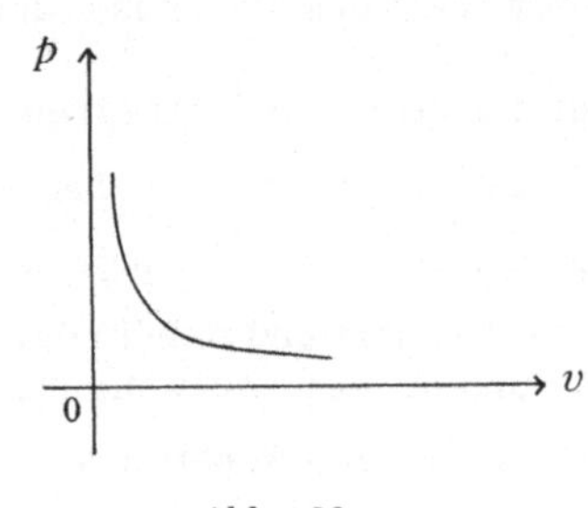

Abb. 60

Gesetz):

$$pv = c \, .$$

Graphisch wird diese Abhängigkeit, $p = \dfrac{c}{v}$, durch den rechten Ast der Hyperbel dargestellt (Abb. 60).

8.2. HYPERBEL MIT VORGEGEBENEM MITTELPUNKT

Der Mittelpunkt einer Hyperbel möge im Punkt $O_1(x_0, y_0)$ liegen. Diesen Punkt wollen wir als den Ursprung eines neuen Koordinatensystems auffassen, dessen Koordinatenachsen der x-Achse bzw. y-Achse des ursprünglichen Koordinatensystems parallel sind. Im neuen Koordinatensystem hat die Kurve die Gleichung $y' = \dfrac{k}{x'}$. Um die Gleichung der Kurve im ursprünglichen Koordinatensystem zu erhalten, muß man anstelle von x' und y' die Ausdrücke

$$x' = x - x_0 \, , \qquad y' = y - y_0$$

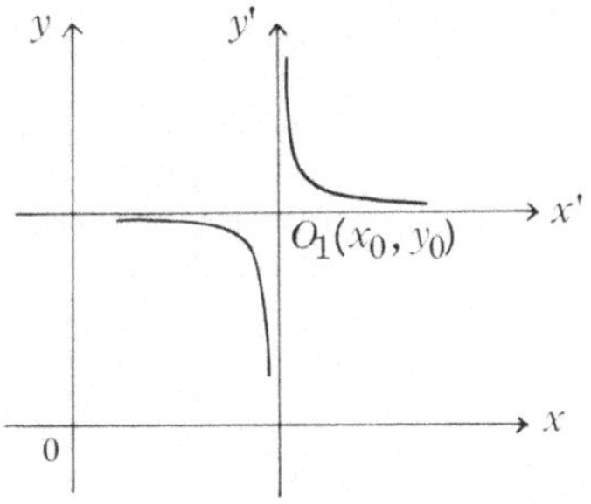

in die Kurvengleichung einsetzen.

Die Gleichung der Hyperbel mit dem Mittelpunkt in $O_1(x_0, y_0)$ (im x, y-Koordinatensystem) wird

$$y - y_0 = \frac{k}{x - x_0}$$

(Abb. 61).

Abb. 61

8.3. DIE GEBROCHEN-LINEARE FUNKTION

Eine gebrochen-lineare Funktion ist ein Bruch, dessen Zähler und Nenner lineare Funktionen sind:

$$y = \frac{ax + b}{cx + d} \, .$$

Wir formen die Definitionsgleichung der Funktion um, indem wir im Zähler einen Summanden abspalten, der ein Vielfaches des Nenners darstellt:

$$y = \frac{ax + b}{cx + d} = \frac{ax + b}{c\left(x + \frac{d}{c}\right)} = \frac{a\left(x + \frac{d}{c}\right) - \frac{ad}{c} + b}{c\left(x + \frac{d}{c}\right)} = \frac{a\left(x + \frac{d}{c}\right)}{c\left(x + \frac{d}{c}\right)} + \frac{b - \frac{ad}{c}}{c\left(x + \frac{d}{c}\right)} = \frac{a}{c} + \frac{bc - ad}{c^2\left(x + \frac{d}{c}\right)} \, .$$

Wir führen die Bezeichnungen

$$\frac{a}{c} = y_0 , \qquad \frac{d}{c} = -x_0 , \qquad \frac{bc - ad}{c^2} = k$$

ein und erhalten

$$y = y_0 + \frac{k}{x - x_0} \qquad \text{oder} \qquad y - y_0 = \frac{k}{x - x_0} .$$

Das Kurvenbild der gebrochen-linearen Funktion ist somit eine Hyperbel mit dem Mittelpunkt in $x_0 = -\dfrac{d}{c}$, $y_0 = \dfrac{a}{c}$, deren Asymptoten den Koordinatenachsen parallel sind.

  B e i s p i e l.

$$y = \frac{2x}{3x + 8} = \frac{2x}{3\left(x + \frac{8}{3}\right)} = \frac{2\left(x + \frac{8}{3}\right) - \frac{16}{3}}{3\left(x + \frac{8}{3}\right)} =$$

$$= \frac{2}{3} - \frac{16}{9\left(x + \frac{8}{3}\right)} .$$

Hier ist (Abb. 62)

$$x_0 = -\frac{8}{3} , \qquad y_0 = \frac{2}{3} , \qquad k = -\frac{16}{9} .$$

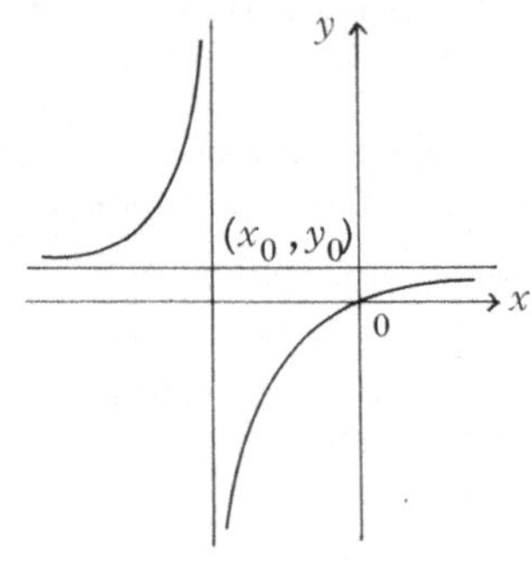

Abb. 62

§ 9. DIE GEBROCHEN-RATIONALE FUNKTION

9.1. DIE NEGATIVEN POTENZEN VON x

Wir untersuchen die Funktion

$$y = \frac{1}{x^2} \qquad \text{und} \qquad y = \frac{1}{x^3} .$$

Die Funktion $y = \dfrac{1}{x^2}$ ist für alle x-Werte außer $x = 0$ definiert. Mit den Koordinatenachsen besitzt das Kurvenbild dieser Funktion keinen Schnittpunkt gemeinsam. Die Funktion ist gerade, und ihre Kurve liegt symmetrisch zur y-Achse.

  Wir untersuchen diese Funktion hinsichtlich der Zunahme und Abnahme. Es sei $x_2 > x_1$. Dann ist

$$f(x_2) = \frac{1}{x_2^2} , \qquad f(x_1) = \frac{1}{x_1^2} ,$$

und daher

$$f(x_2) - f(x_1) = \frac{1}{x_2^2} - \frac{1}{x_1^2} = \frac{x_1^2 - x_2^2}{x_1^2 x_2^2} = - \frac{(x_2 - x_1)(x_2 + x_1)}{x_1^2 x_2^2} .$$

Das Vorzeichen dieses Bruches hängt vom Vorzeichen des Zählers ab, oder genauer vom Vorzeichen des Faktors $x_2 + x_1$. Der Zähler ist positiv, wenn $x_1 > 0$ und $x_2 > 0$ ist. Dann ist $f(x_2) - f(x_1) < 0$, d. h. die Funktion fällt. Für $x_1 < 0$ und $x_2 < 0$ wird $f(x_2) - f(x_1) > 0$, d. h. die Funktion nimmt zu.

Somit nimmt die Funktion $y = \dfrac{1}{x^2}$ für $x < 0$ zu und für $x > 0$ ab.

Nun untersuchen wir diese Funktion hinsichtlich der Konvexität und Konkavität. Da

$$f(x_1) = \frac{1}{x_1^2} , \qquad f(x_2) = \frac{1}{x_2^2}$$

ist, erhalten wir

$$\frac{f(x_1) + f(x_2)}{2} = \frac{x_1^2 + x_2^2}{2 x_1^2 x_2^2} , \qquad f\left(\frac{x_1 + x_2}{2}\right) = \frac{4}{(x_1 + x_2)^2} .$$

Wir bestimmen das Vorzeichen der Differenz

$$\frac{f(x_1) + f(x_2)}{2} - f\left(\frac{x_1 + x_2}{2}\right) = \frac{x_2^2 + x_1^2}{2 x_1^2 x_2^2} - \frac{4}{(x_1 + x_2)^2} =$$

$$= \frac{(x_2^2 + x_1^2)(x_1 + x_2)^2 - 8 x_1^2 x_2^2}{2 x_1^2 x_2^2 (x_1 + x_2)^2} = \frac{x_1^4 + 2 x_1^3 x_2 + 2 x_1 x_2^3 + x_2^4 - 6 x_1^2 x_2^2}{2 x_1^2 x_2^2 (x_1 + x_2)^2} =$$

$$= \frac{x_1^4 - 2 x_1^2 x_2^2 + x_2^4 + 2 x_1^3 x_2 + 2 x_1 x_2^3 - 4 x_1^2 x_2^2}{2 x_1^2 x_2^2 (x_1 + x_2)^2} =$$

$$= \frac{(x_1^2 - x_2^2)^2 + 2 x_1 x_2 (x_1^2 - 2 x_1 x_2 + x_2^2)}{2 x_1^2 x_2^2 (x_1 + x_2)^2} =$$

$$= \frac{(x_1^2 - x_2^2)^2 + 2x_1x_2(x_1 - x_2)^2}{2x_1^2x_2^2(x_1 + x_2)^2} = \frac{(x_1 - x_2)^2(x_1^2 + 4x_1x_2 + x_2^2)}{2x_1^2x_2^2(x_1 + x_2)^2} > 0 .$$

Diese Differenz ist positiv, da der Ausdruck $x_1^2 + 4x_1x_2 + x_2^2 > 0$ wird, wenn x_1 und x_2 gleiche Vorzeichen haben. Somit sind beide Kurvenäste konkav.

Das Kurvenbild dieser Funktion besitzt zwei Asymptoten, und zwar die y-Achse als vertikale und die x-Achse als horizontale Asymptote (Abb. 63).

Die Funktion $y = \dfrac{1}{x^3}$ ist für alle Werte außer $x = 0$ definiert. Ihr Kurvenbild besteht aus zwei Ästen und besitzt mit den Koordinatenachsen keinen Schnittpunkt gemeinsam. Die Funktion ist ungerade, und ihr Kurvenbild liegt symmetrisch zum Koordinatenanfangspunkt.

Wir untersuchen diese Funktion hinsichtlich der Zunahme und Abnahme. Es sei $x_2 > x_1$. Dann ist

$$f(x_1) = \frac{1}{x_1^3} , \qquad f(x_2) = \frac{1}{x_2^3}$$

und daher

$$f(x_2) - f(x_1) = \frac{1}{x_2^3} - \frac{1}{x_1^3} = \frac{x_1^3 - x_2^3}{x_1^3 x_2^3} = \frac{(x_2 - x_1)(x_2^2 + x_2x_1 + x_1^2)}{x_1^3 x_2^3} .$$

Ist $x_1 < 0$ und $x_2 < 0$ oder $x_1 > 0$ und $x_2 > 0$, so ist $x_2^2 + x_2x_1 + x_1^2 > 0$ und $x_1^3 x_2^3 > 0$. Daher ist $f(x_2) < f(x_1)$, d. h. die Funktion nimmt ab.

Die Kurve der Funktion $y = \dfrac{1}{x^3}$ ist für $x < 0$ konvex und für $x > 0$ konkav. Der Beweis für diese Behauptung sei dem Leser selbst überlassen. Die Koordinatenachsen sind die Asymptoten des Kurvenbildes (Abb. 64).

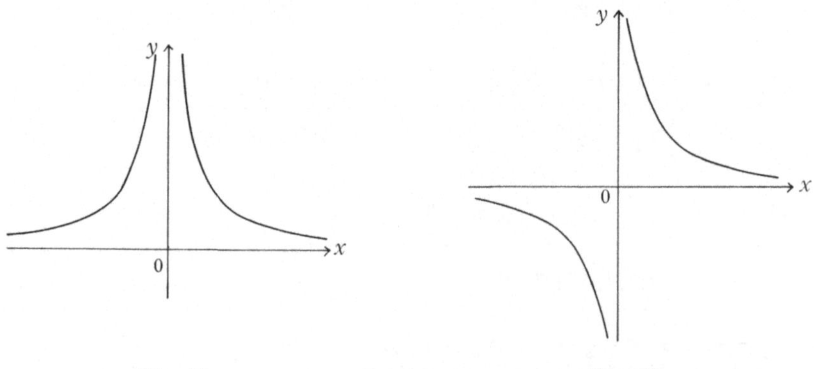

Abb. 63   Abb. 64

9.2. DIE GEBROCHEN-RATIONALE FUNKTION

Die Funktion

$$y = \frac{a_0 x^n + a_1 x^{n-1} + \ldots + a_{n-1} x + a_n}{b_0 x^m + b_1 x^{m-1} + \ldots + b_{m-1} x + b_m} = \frac{P_n(x)}{Q_m(x)},$$

deren Zähler und Nenner Polynome sind, nennt man *gebrochen-rational*.

Man bezeichnet den Bruch $\dfrac{P_n(x)}{Q_m(x)}$ als *echt*, wenn der Grad des Zählers kleiner als der Grad des Nenners ist ($n < m$). Wenn hingegen $m \le n$ ist, dann bezeichnet man den Bruch als *unecht*.

Wir betrachten nur unkürzbare Brüche.

Die gebrochen-rationale Funktion $y = \dfrac{P_n(x)}{Q_m(x)}$ ist für alle x definiert, mit Ausnahme der x-Werte, für die der Nenner des Bruches $Q_m(x) = 0$ ist.

Das Kurvenbild der gebrochen-rationalen Funktion schneidet die y-Achse im Punkt $y = \dfrac{a_n}{b_m}$ und die x-Achse in den Punkten, deren Abszissen die Wurzeln der Gleichung $P_n(x) = 0$ sind. Ein echter Bruch strebt bei unbegrenzt wachsenden $|x|$ gegen null. Wenn man Zähler und Nenner des Bruches durch x^m dividiert, dann erhält man tatsächlich

$$y = \frac{\dfrac{a_0}{x^{m-n}} + \dfrac{a_1}{x^{m-n+1}} + \ldots + \dfrac{a_n}{x^m}}{b_0 + \dfrac{b_1}{x} + \ldots + \dfrac{b_m}{x^m}}.$$

Daraus ersieht man, daß bei unbegrenzt wachsendem $|x|$ der Zähler gegen null und der Nenner gegen b_0 strebt, d.h. der ganze Bruch strebt gegen null. Für eine solche Funktion ist somit die x-Achse Asymptote des Kurvenbildes.

Wenn die gebrochen-rationale Funktion ein unechter Bruch ist, dann läßt sie sich in der Form

$$\frac{P_n(x)}{Q_m(x)} = S(x) + \frac{R(x)}{Q_m(x)}$$

darstellen, wobei wir mit $S(x)$ den Quotienten von $P_n(x)$ durch $Q_m(x)$ ohne Rest und mit $R(x)$ den Rest bezeichnen. $S(x)$ nennt man den *ganzen Teil* der gebrochen-rationalen Funktion.

Beispiel. Man spalte den ganzen Teil der Funktion $y = \dfrac{x^3 + 2x^2 + 4}{x^2 + x + 1}$ ab. Wir dividieren hierfür den Zähler durch den Nenner und erhalten

$$
\begin{array}{ll}
\underline{\begin{array}{l} x^3 + 2x^2 + 4 \\ {}^-\, x^3 + x^2 + x \end{array}} & \underline{\left| x^2 + x + 1 \right.} \\[2pt]
 & x + 1
\end{array}
$$

$$\underline{\begin{array}{l} x^2 - x + 4 \\ {}^-\, x^2 + x + 1 \end{array}} \qquad\qquad \text{Divisionsrest: } -2x + 3$$

Somit ist hier $S(x) = x + 1$ und $R(x) = -2x + 3$, d. h. es ist

$$\frac{x^3 + 2x^2 + 4}{x^2 + x + 1} = x + 1 + \frac{3 - 2x}{x^2 + x + 1} \ .$$

9.3. DIE ASYMPTOTEN DER KURVE EINER GEBROCHEN-RATIONALEN FUNKTION

Die Ermittlung der vertikalen Asymptoten der Kurve von $y = \dfrac{P_n(x)}{Q_m(x)}$ hängt mit der Bestimmung der reellen Wurzeln des Polynoms $Q_m(x)$ zusammen. Bei Annäherung von x an die Werte dieser Wurzeln strebt der Nenner gegen null, und der Bruch wächst unbegrenzt. Wenn sich z. B. der Nenner in der Form $Q_m(x) = (x^2 + px + q)^r (x - \alpha_{2r+1})^{k_1} (x - \alpha_{2r+2})^{k_2} \ldots (x - \alpha_n)^{k_s}$ $(2r + k_1 + k_2 + \ldots + k_s = m)$ darstellen läßt, wobei das quadratische Polynom keine reellen Wurzeln besitzt, dann hat die Funktion $y = \dfrac{P_n(x)}{Q_m(x)}$ an den Stellen $x = \alpha_{2r+1}$, $x = \alpha_{2r+2}$, $\ldots$, $x = \alpha_n$ insgesamt s vertikale Asymptoten (vgl. z. B. Abb. 62 und 63).

Wenn man das Verhalten der Funktion $y = \dfrac{P_n(x)}{Q_m(x)}$ $(n \geq m)$ im Unendlichen untersucht, dann ist es zweckmäßig, diese Funktion in der Form $\dfrac{P_n(x)}{Q_m(x)} = S(x) + \dfrac{R(x)}{Q_m(x)}$ darzustellen. Da für $x \to \infty$ der echte Bruch $\dfrac{R(x)}{Q_m(x)}$ gegen null strebt, so können wir auf das Verhalten der Funktion im Unendlichen aus dem Verhalten ihres ganzen Anteiles $S(x)$ schließen.

Wenn die Grade von Zähler und Nenner gleich sind, d. h. $m = n$, dann besitzt das Kurvenbild von $y = \dfrac{P_n(x)}{Q_m(x)}$ eine horizontale Asymptote. In der Tat ist $m = n$, so ist der ganze Anteil $S(x) = \dfrac{a_0}{b_0}$, und $\dfrac{P_n(x)}{Q_m(x)} = \dfrac{a_0}{b_0} + \dfrac{P(x)}{Q_m(x)}$ strebt für $x \to \infty$ gegen $\dfrac{a_0}{b_0}$, d. h. die Gerade $y = \dfrac{a_0}{b_0}$ ist Asymptote des Kurvenbildes der Funktion.

Wenn der Grad des Zählers um eins größer als der Grad des Nenners ist, dann hat das Kurvenbild einer gebrochen-rationalen Funktion eine geneigte Asymptote. Denn ist $n = m + 1$, so wird $S(x) = kx + b$, und die untersuchte Funktion verhält sich für $x \to \infty$ wie eine lineare Funktion. Die Gerade $y = kx + b$ ist die geneigte Asymptote des Kurvenbildes der Funktion $y = \dfrac{P_n(x)}{Q_m(x)}$.

Wenn der Grad des Zählers den Grad des Nenners um zwei oder mehr übersteigt, dann besitzt das Kurvenbild der gebrochen-rationalen Funktion für $x \to \infty$ keine Asymptoten. In diesem Falle ist $S(x)$ ein Polynom und der Bruch $\dfrac{P_n(x)}{Q_m(x)}$ verhält sich für $x \to \infty$ wie ein Polynom.

B e i s p i e l 1. Wir betrachten die gebrochen-rationale Funktion
$y = \dfrac{x^2 + 3x - 1}{x^2 - 3x + 1}$. Ihr Kurvenbild (Abb. 65) besitzt zwei vertikale Asymptoten,
und zwar $x = \dfrac{3 - \sqrt{5}}{2} \approx 0.4$ und $x = \dfrac{3 + \sqrt{5}}{2} \approx 2.6$, denn bei diesen Werten von
x wird der Nenner null. Wenn wir den ganzen Anteil abspalten, dann erhalten wir $y = 1 + \dfrac{6x - 2}{x^2 - 3x + 1}$. Folglich besitzt das Kurvenbild der betrachteten Funktion die horizontale Asymptote $y = 1$.

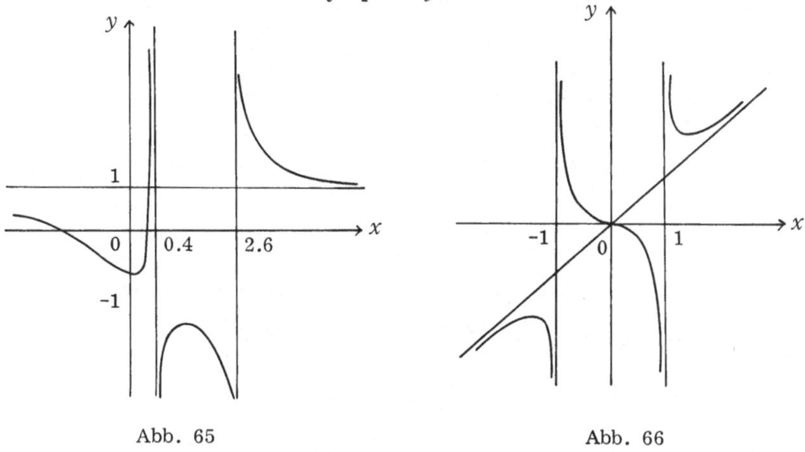

Abb. 65   Abb. 66

B e i s p i e l 2. Das Kurvenbild der Funktion $y = \dfrac{x^3}{x^2 - 1}$ (Abb. 66) hat
zwei vertikale Asymptoten, da der Nenner des Bruches die beiden reellen
Wurzeln $x = -1$ und $x = 1$ besitzt. Beim Abspalten des ganzen Anteils erhalten wir $y = x + \dfrac{x}{x^2 - 1}$. Die geneigte Asymptote ist $y = x$.

9.4. PARTIALBRUCHZERLEGUNG

Unter Partialbrüchen versteht man Brüche der Form

$$\frac{A}{x - \alpha}, \qquad \frac{B}{(x - \alpha)^k}, \qquad \frac{Mx + N}{x^2 + px + q}, \qquad \frac{Sx + R}{(x^2 + px + q)^r}.$$

Hierbei wird vorausgesetzt, daß das quadratische Polynom $x^2 + px + q$ sich
nicht in reelle Linearfaktoren zerlegen läßt.

Jede echt gebrochene rationale Funktion lässt sich als Summe von Partialbrüchen darstellen.

B e i s p i e l. Man zerlege $\dfrac{x^2 + 2x - 2}{x(x - 1)(x + 2)}$ in Partialbrüche. Wir versuchen, diesen Bruch als Summe von drei Brüchen mit den Nennern x, $x - 1$
und $x - 2$ darzustellen. Die Zähler dieser Brüche bezeichnen wir mit A, B

und C und bestimmen sie so, daß die Gleichung ·

$$\frac{x^2 + 2x - 2}{x(x - 1)(x + 2)} = \frac{A}{x} + \frac{B}{x - 1} + \frac{C}{x + 2}$$

erfüllt ist. Die rechte Seite dieser Gleichung bringen wir auf den Hauptnenner. Zwei Brüche mit gleichen Nennern sind aber dann und nur dann gleich, wenn ihre Zähler ebenfalls gleich sind. Wir setzen daher die Zähler einander gleich und erhalten

$$x^2 + 2x - 2 = A (x - 1)(x + 2) + Bx (x + 2) + Cx (x - 1) .$$

Auf der linken und auf der rechten Seite dieser Gleichung stehen Polynome zweiten Grades. Diese sind dann gleich, wenn die Koeffizienten der entsprechenden Potenzen von x übereinstimmen. Wir setzen die Koeffizienten einander gleich und erhalten

$$
\begin{array}{c|c}
\text{für } x^2 & A + B + C = 1 , \\
\text{für } x^1 & 2A - A + 2B - C = 2 , \\
\text{für } x^0 & - 2A = - 2 .
\end{array}
$$

Indem wir das sich ergebende Gleichungssystem nach A, B und C auflösen, folgt es $A = 1$, $B = \frac{1}{3}$, $C = - \frac{1}{3}$. Folglich erhalten wir

$$\frac{x^2 + 2x - 2}{x(x - 1)(x + 2)} = \frac{1}{x} + \frac{1}{3(x - 1)} - \frac{1}{3(x + 2)} .$$

Wie das Beispiel zeigt, muß man zur Zerlegung eines Bruches in eine Summe von Partialbrüchen zunächst den Nenner des Bruches in Faktoren zerlegen. Wie man beweisen kann, entspricht jeder einfachen reellen Wurzel des Nenners genau ein Bruch der Form $\frac{A}{x - \alpha}$, während jeder Wurzel der Vielfachheit k eine Summe aus k Brüchen

$$\frac{A_1}{(x - \alpha)^k} + \frac{A_2}{(x - \alpha)^{k - 1}} + \cdots \frac{A_k}{(x - \alpha)}$$

entspricht. Analog entspricht jedem Paar konjugiert komplexer Wurzeln ein Partialbruch der Form $\frac{Mx + N}{x^2 + px + q}$, während einem Paar konjugiert komplexer Wurzeln der Vielfachheit k eine Summe von k Partialbrüchen

$$\frac{M_1 x + N_1}{(x^2 + px + q)^k} + \frac{M_2 x + N_2}{(x^2 + px + q)^{k - 1}} + \cdots + \frac{M_k x + N_k}{x^2 + px + q}$$

entspricht.

Ist daher $Q(x) = (x - \alpha_1)(x - \alpha_2) \ldots (x - \alpha_n)$, dann ist

$$\frac{P(x)}{Q(x)} = \frac{A_1}{x - \alpha_1} + \cdots + \frac{A_n}{x - \alpha_n} .$$

Wenn $Q(x) = (x - \alpha_1)(x - \alpha_2) \ldots (x - \alpha_k)(x - \alpha_{k + 1})^r \ldots$ ist, dann erhalten wir

$$\frac{P(x)}{Q(x)} = \frac{A_1}{x - \alpha_1} + \ldots + \frac{A_k}{x - \alpha_k} + \frac{A_{k+1}}{(x - \alpha_{k+1})^\gamma} + \ldots + \frac{A_{k+\gamma}}{x - \alpha_{k+1}} + \ldots$$

Für $Q(x) = (x - \alpha)(x - \beta)^\gamma (x^2 + px + q)$ erhalten wir

$$\frac{P(x)}{Q(x)} = \frac{A}{x - \alpha} + \frac{B_1}{(x - \beta)^\gamma} + \frac{B_2}{(x - \beta)^{\gamma - 1}} + \ldots + \frac{B_\gamma}{x - \beta} + \frac{Mx + N}{x^2 + px + q}$$

Ist schließlich

$$Q(x) = (x - \alpha)(x - \beta)^\gamma (x^2 + px + q)(x^2 + p_1 x + q_1)^s \, ,$$

dann ist

$$\frac{P(x)}{Q(x)} = \frac{A}{x - \alpha} + \frac{B_1}{(x - \beta)^\gamma} + \frac{B_2}{(x - \beta)^{\gamma - 1}} + \ldots + \frac{B_\gamma}{x - \beta} + \frac{Mx + N}{x^2 + px + q} +$$

$$+ \frac{M_1 x + N_1}{(x^2 + p_1 x + q_1)^s} + \frac{M_2 x + N_2}{(x^2 + p_1 x + q_1)^{s - 1}} + \ldots + \frac{M_s x + N_s}{x^2 + p_1 x + q_1} \, .$$

Die Tatsache, daß sich jede echt gebrochene rationale Funktion in eine Summe von Partialbrüchen zerlegen läßt, bedarf eines Beweises, auf den wir hier allerdings verzichten.

9.5. DIE KURVENBILDER VON PARTIALBRÜCHEN

Die Funktion

$$y = \frac{k}{(x - a)^n}$$

($k > 0$, $n \geq 1$) ist für alle x außer für $x = a$ definiert. Das Kurvenbild schneidet die y-Achse im Punkt $y = \dfrac{k}{(-a)^n}$ und besitzt zwei Asymptoten, und zwar eine vertikale $x = a$ und eine horizontale $y = 0$. Bei geradem n nimmt die Funktion nur positive Werte an. Bei ungeradem n nimmt die Funktion für $x > a$ positive und für $x < a$ negative Werte an. Für $n = 1$, d. h.

$$y = \frac{k}{x - a},$$ erhalten wir eine Hyperbel (Abb. 67) mit dem Mittelpunkt $(a, 0)$.

Die Kurvenbilder der Funktionen $y = \dfrac{k}{(x - a)^2}$ (Abb. 68) und $y = \dfrac{k}{(x - a)^3}$ (Abb. 69) zeigen die gleiche Gestalt

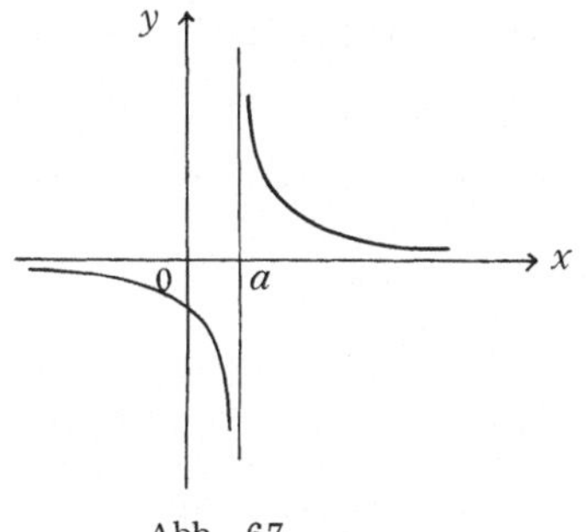

Abb. 67

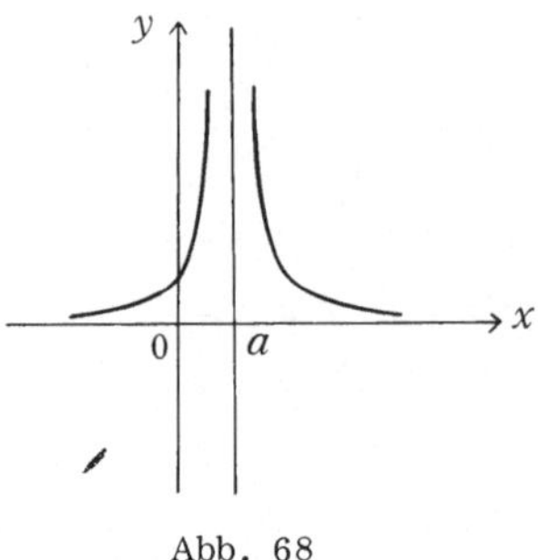

Abb. 68

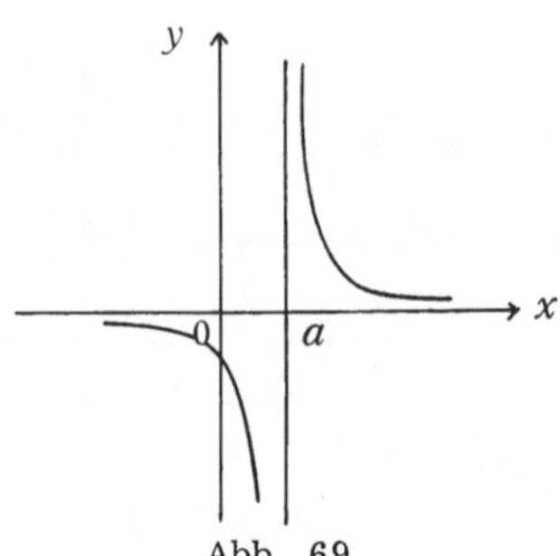

Abb. 69

wie die Kurvenbilder von $y = \dfrac{1}{x^2}$ und $y = \dfrac{1}{x^3}$, allerdings sind die vertikalen Asymptoten dieser Kurven um die Strecke a gegen den Koordinatenursprung verschoben.

Die Untersuchung der Kurvenbilder von $\dfrac{ax + b}{x^2 + px + q}$ beginnen wir mit den Spezialfällen

1. $a = 0$, $p = 0$; $y = \dfrac{b}{x^2 + q}$.
2. $a = 0$, $y = \dfrac{b}{x^2 + px + q}$.

Die Funktion $y = \dfrac{b}{x^2 + q}$ ist für alle x definiert und gerade (dabei nehmen wir $b > 0$ und $q > 0$ an). Ihr Kurvenbild liegt symmetrisch zur y-Achse, schneidet diese im Punkt $y = \dfrac{b}{q}$ und besitzt die horizontale Asymptote $y = 0$.

Wir untersuchen diese Funktion hinsichtlich der Zunahme und Abnahme. Es seien x_1 und x_2 $(x_2 > x_1)$ zwei Werte der unabhängigen Variablen x; $f(x_1)$ und $f(x_2)$ seien die entsprechenden Funktionswerte. Wir bestimmen das Vorzeichen der Differenz

$$f(x_2) - f(x_1) = \frac{b}{x_2^2 + q} - \frac{b}{x_1^2 + q} =$$

$$= \frac{b(x_1^2 + q) - b(x_2^2 + q)}{(x_2^2 + q)(x_1^2 + q)} = -\frac{b(x_2 - x_1)(x_2 + x_1)}{(x_2^2 + q)(x_1^2 + q)}.$$

Das Vorzeichen der Differenz hängt vom Vorzeichen des zweiten Faktors im Zähler ab. Für $x_1 < 0$ und $x_2 < 0$ ist $f(x_2) - f(x_1) > 0$, d. h. die Funktion nimmt zu. Für $x_1 > 0$ und $x_2 > 0$ wird $f(x_2) - f(x_1) < 0$, und die Funktion nimmt ab. Somit steigt die Funktion für $x < 0$ und fällt für $x > 0$. Der Punkt $x = 0$ ist folglich ein Maximum (Abb. 70).

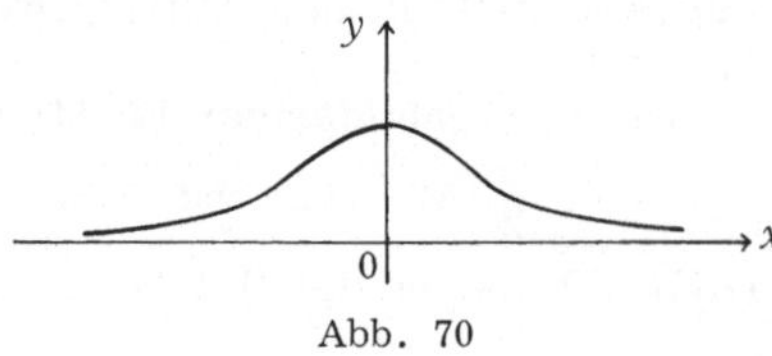

Abb. 70

Zur Untersuchung der Funktion

$y = \dfrac{b}{x^2 + px + q}$ spalten wir im Nenner des Bruches ein vollständiges Quadrat

ab: $y = \dfrac{b}{\left(x + \frac{p}{2}\right)^2 + q - \frac{p^2}{4}}$. Wenn man den Koordinatenursprung in den Punkt

$\left(-\frac{p}{2},\ 0\right)$ verlegt, d. h. wenn man die Substitution $x' = x + \frac{p}{2}$, $y' = y$ vor-

nimmt, dann können wir im neuen Koordinatensystem unsere Gleichung in

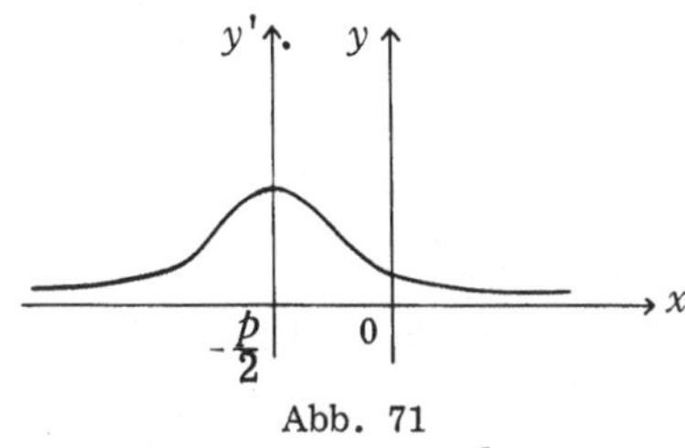

der Form $y' = \dfrac{b}{x'^2 + q'}$ mit $q' = q - \dfrac{p^2}{4} > 0$
aufschreiben, denn der Nenner
$x^2 + px + q$ besitzt keine reellen Wurzeln.

Nun läßt sich die Kurve der untersuchten Funktion im neuen und damit
im ursprünglichen Koordinatensystem
darstellen.

Abb. 71

Die Funktion $y = \dfrac{b}{x^2 + px + q}$ besitzt ein Maximum an der Stelle $x = -\dfrac{p}{2}$
(Abb. 71).

Wir gehen jetzt zum allgemeinen Fall $y = \dfrac{ax + b}{x^2 + px + q}$ über. Zur besseren
Verdeutlichung nehmen wir $a > 0$ und $b > 0$ an.

Das Kurvenbild der Funktion $y = \dfrac{ax + b}{x^2 + px + q}$ schneidet die x-Achse im

Punkt $x = -\dfrac{b}{a}$ und die y-Achse im Punkt

$y = \dfrac{b}{q}$; es besitzt eine horizontale
Asymptote $y = 0$, da der Grad des Nenners größer ist als der Grad des Zählers. Das Kurvenbild zeigt Symmetrie
weder hinsichtlich des Koordinatenursprungs noch hinsichtlich der y-Achse.

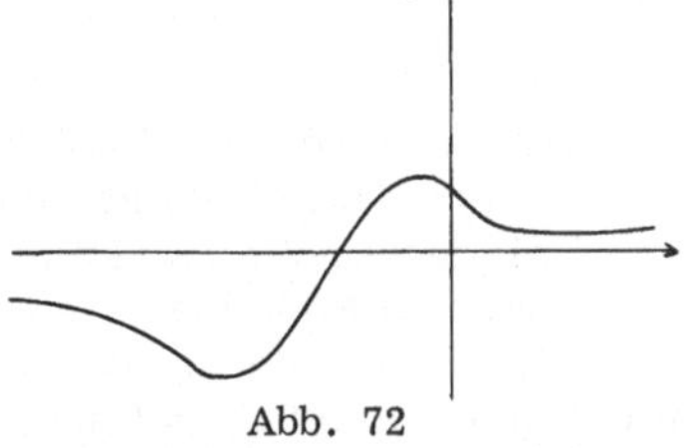

Abb. 72

Das Vorzeichen der Funktion stimmt mit dem Vorzeichen des Zählers überein, weil der Nenner $x^2 + px + q > 0$ ist. Das Kurvenbild der Funktion
$y = \dfrac{ax + b}{x^2 + px + q}$ hat die in Abb. 72 gezeigte Gestalt.

9.6. BEISPIEL FÜR EINEN ZUSAMMENHANG, DER DURCH EINE GEBROCHEN-RATIONALE FUNKTION DARGESTELLT WIRD

Bei genaueren Untersuchungen über den Zusammenhang zwischen Volumen und Druck bei konstanter Temperatur benutzt man nicht das Boyle-Ma-
riottesche Gesetz, sondern das van der Waalssche Gesetz $p = \dfrac{RT}{v - b} - \dfrac{a}{v^2}$,

wobei a, b und R Konstanten sind. Aus diesem Gesetz folgt, daß p eine gebrochen-rationale Funktion von v ist, die in der Form der zwei Partialbrüche

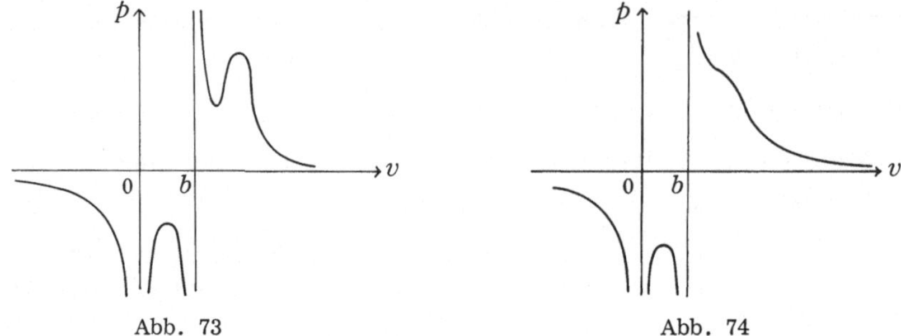

Abb. 73   Abb. 74

$\dfrac{RT}{v-b}$ und $\dfrac{a}{v^2}$ dargestellt wird. Das Kurvenbild dieser Funktion besitzt drei
Asymptoten, und zwar die v-Achse als horizontale Asymptote und die zwei
vertikalen Asymptoten $v = 0$ und $v = b$ (Abb. 73 und 74).

§ 10. DIE EXPONENTIALFUNKTION

Die Funktion

$$y = a^x ,$$

wobei a eine reelle positive Zahl ist, nennt man die *Exponentialfunktion*. Da
man die positive Zahl a in eine beliebige Potenz erheben kann, ist die Funktion $y = a^x$ für alle x-Werte definiert: $-\infty < x < \infty$. Das Kurvenbild dieser
Funktion erstreckt sich über die gesamte x-Achse.

Wir bestimmen die Schnittpunkte des Kurvenbildes der Funktion mit den
Koordinatenachsen. Für $x = 0$ ist $y = a^0 = 1$, d. h. das Kurvenbild schneidet
die y-Achse im Punkt $y = 1$. Die x-Achse wird von der Kurve $y = a^x$ nicht
geschnitten, weil die Größe y für keinen Wert von x null wird.

Nun untersuchen wir, ob das Kurvenbild der Funktion Symmetrie zeigt.
Es gilt:

$$f(-x) = a^{-x} = \frac{1}{a^x} ,$$

d. h. die Funktion a^x wird bei Vorzeichenänderung des Arguments ihr Vorzeichen beibehalten, jedoch ihren Wert ändern. Die Funktion $y = a^x$ ist daher weder gerade noch ungerade. Das Kurvenbild dieser Funktion zeigt weder hinsichtlich des Koordinatenursprungs noch hinsichtlich der y-Achse
eine Symmetrie.

Wir untersuchen nun die Funktion bezüglich Zunahme und Abnahme. Wir berechnen an den Stellen x_1 und x_2 ($x_2 > x_1$) die Funktionswerte $f(x_1) = a^{x_1}$ und $f(x_2) = a^{x_2}$; wir finden die Differenz $a^{x_2} - a^{x_1} = a^{x_1}(a^{x_2 - x_1} - 1)$ und bestimmen ihr Vorzeichen. Weil a^{x_1} immer größer als 0 ist, hängt das Vorzeichen des Produktes vom Vorzeichen des zweiten Faktors ab. Wir erhalten $x_2 - x_1 > 0$ und folglich $a^{x_2 - x_1} > 1$, wenn $a > 1$ ist, und $a^{x_2 - x_1} < 1$, wenn $a < 1$ ist. Hieraus folgt

$$a^{x_2 - x_1} - 1 \quad \begin{cases} > 0 \text{ für } a > 1 \,, \\ < 0 \text{ für } a < 1 \,. \end{cases}$$

Wenn $a > 1$ ist, dann nimmt die Funktion $y = a^x$ zu; wenn $a < 1$ ist, nimmt die Funktion $y = a^x$ ab.

Um festzustellen, ob das Kurvenbild konvex oder konkav ist, bestimmen wir das Vorzeichen der Differenz

$$\frac{f(x_1) + f(x_2)}{2} - f\left(\frac{x_1 + x_2}{2}\right) \,.$$

Die Funktionswerte an den Stellen x_1, x_2 und $\dfrac{x_1 + x_2}{2}$ sind

$$f(x_1) = a^{x_1} \,, \qquad f(x_2) = a^{x_2} \,, \qquad f\left(\frac{x_1 + x_2}{2}\right) = a^{\frac{x_1 + x_2}{2}} \,.$$

Daher erhalten wir

$$\frac{a^{x_1} + a^{x_2}}{2} - a^{\frac{x_1 + x_2}{2}} = \frac{a^{x_1} + a^{x_2} - 2a^{\frac{x_1 + x_2}{2}}}{2} = \frac{\left(a^{\frac{x_1}{2}} - a^{\frac{x_2}{2}}\right)^2}{2} > 0 \,.$$

Folglich ist das Kurvenbild von $y = a^x$ konkav (Abb. 75 und 76). Wir ermitteln schließlich die Asymptoten des Kurvenbildes. Wenn $a > 1$ ist und $x \to -\infty$ geht, dann nimmt a^x ab und nähert sich der Null. Das bedeutet, daß

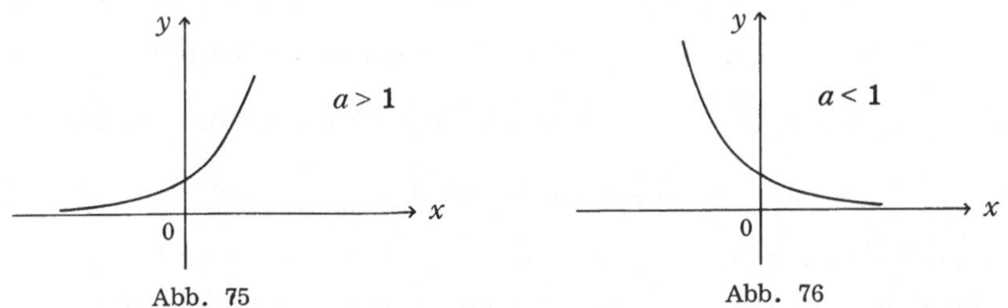

Abb. 75   Abb. 76

die x-Achse die Asymptote des Kurvenbildes ist. Wenn $a < 1$ ist, dann wird bei wachsendem x eine Zahl, die kleiner als 1 ist, in eine immer höhere Potenz erhoben, sodaß der Funktionswert abnimmt: $x \to \infty$, $y \to 0$. Die x-Achse ist auch in diesem Fall Asymptote.

§ 11. TRIGONOMETRISCHE FUNKTIONEN

Der Begriff einer periodischen Funktion.
Definition. Eine Funktion heißt *periodisch mit der Periode T*, wenn sie für die Argumentwerte, die sich voneinander um T unterscheiden, gleiche Werte annimmt.

Ist somit für ein festes T die Identität $f(x) \equiv f(x + T)$ [*]) erfüllt, dann ist die Funktion $y = f(x)$ periodisch mit der Periode T.

Haben wir eine periodische Funktion in einem Intervall von der Länge der Periode untersucht, so kennen wir dadurch die Eigenschaften der Funktion im gesamten Definitionsbereich.

11.1. UNTERSUCHUNG DER FUNKTION $y = \sin x$

Die Funktion

$$y = \sin x$$

ist periodisch, denn für diese Funktion ist die Identität $\sin (x + 2\pi) \equiv \sin x$ erfüllt. Die Periode dieser Funktion ist $T = 2\pi$. Die Funktion $y = \sin x$ ist für alle x-Werte $-\infty < x < \infty$ definiert. Um die Schnittpunkte des Kurvenbildes der Funktion $y = \sin x$ mit der x-Achse zu bestimmen, lösen wir die Gleichung $\sin x = 0$ und erhalten $x = 0, \pm \pi, \pm 2\pi, \ldots, \pm n\pi, \ldots$ Das Kurvenbild der Funktion $y = \sin x$ geht durch den Koordinatenursprung.

Die Funktion $y = \sin x$ ist ungerade, denn $\sin (-x) = -\sin x$ ist; daher liegt das Kurvenbild symmetrisch hinsichtlich des Koordinatenursprungs.

Wie wir aus der Trigonometrie wissen, wächst die Funktion $\sin x$, wenn der Winkel x im ersten oder vierten Quadranten liegt, d. h. für $0 < x < \dfrac{\pi}{2}$

und für $\dfrac{3}{2}\pi < x < 2\pi$, während sie im zweiten und dritten Quadranten, d. h.

für $\dfrac{\pi}{2} < x < \dfrac{3}{2}\pi$, abnimmt. Daher hat die Funktion an der Stelle $x = \dfrac{\pi}{2}$ ein Ma-

ximum und an der Stelle $\dfrac{3}{2}\pi$ ein Minimum. Weil die Funktion $y = \sin x$ perio-

disch ist, liegt ein Maximum auch in den Punkten $x = \dfrac{\pi}{2} + 2k\pi$ $(k = \pm 1, \pm 2,$

$\ldots)$ und ein Minimum in den Punkten $x = \dfrac{3}{2}\pi + 2k\pi$ $(k = \pm 1, \pm 2, \ldots)$.

Wir untersuchen das Kurvenbild dieser Funktion auf Konvexität und Konkavität. Hierzu bestimmen wir das Vorzeichen der Differenz

$$\frac{f(x_1) + f(x_2)}{2} - f\left(\frac{x_1 + x_2}{2}\right) = \frac{\sin x_1 + \sin x_2}{2} - \sin \frac{x_1 + x_2}{2} =$$

$$= \sin \frac{x_1 + x_2}{2} \cos \frac{x_1 - x_2}{2} - \sin \frac{x_1 + x_2}{2} = \sin \frac{x_1 + x_2}{2} \left(\cos \frac{x_1 - x_2}{2} - 1\right).$$

[*]) Das Zeichen $\equiv$ bedeutet, daß die Gleichheit für alle Argumentwerte x erfüllt ist, d.h. sie ist eine Identität.

Wir bemerken, daß der Faktor $\cos \dfrac{x_1 - x_2}{2} - 1$ entweder negativ oder gleich null ist, weil $|\cos x| \leq 1$ ist. Liegen außerdem die Winkel x_1 und x_2 im gleichen Quadranten, so muß auch deren arithmetisches Mittel $\dfrac{x_1 + x_2}{2}$ in diesem Quadranten liegen. Somit gilt

$$\frac{\sin x_1 + \sin x_2}{2} - \sin \frac{x_1 + x_2}{2} \begin{cases} < 0 \text{ im ersten und zweiten Quadranten,} \\ > 0 \text{ im dritten und vierten Quadranten,} \end{cases}$$

d. h. im ersten und zweiten Quadranten, für $0 < x < \pi$, ist das Kurvenbild konvex und im dritten und vierten Quadranten, d. h. für $\pi < x < 2\pi$, konkav. Der Punkt $x = \pi$ ist ein Wendepunkt des Kurvenbildes dieser Funktion.

Indem wir von der Periodizität der Funktion $\sin x$ Gebrauch machen, können wir zeigen, daß die Punkte 0, $-\pi$, $\pm 2\pi$, ..., $\pm k\pi$ zugleich die Wendepunkte des Kurvenbildes der Funktion darstellen.

Mit Hilfe der erhaltenen Ergebnisse läßt sich das Kurvenbild der Funktion $y = \sin x$ konstruieren. Dieses Kurvenbild nennt man die *Sinuskurve* (Abb. 77).

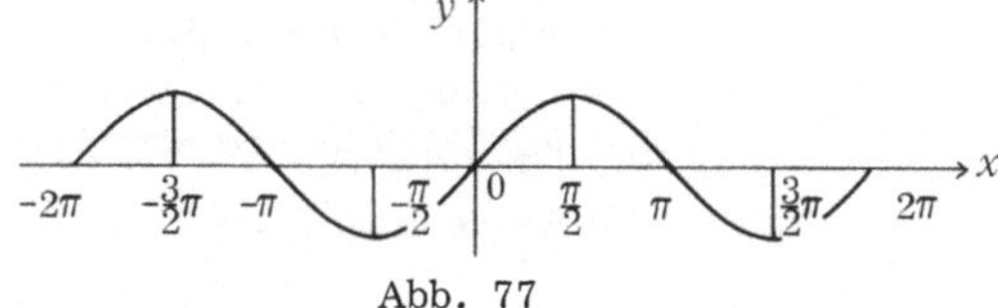

Abb. 77

Der Begriff einer beschränkten Funktion.

Die Funktion $y = f(x)$ heißt *beschränkt*, wenn der Absolutbetrag ihrer sämtlichen Werte eine gewisse positive Zahl nicht übersteigt: $|f(x)| \leq M$.

Die Funktion $y = \sin x$ ist beschränkt, denn $|\sin x| \leq 1$.

11.2. UNTERSUCHUNG DER FUNKTION $y = \sin \omega x$

Wir bestimmen die Schnittpunkte des Kurvenbildes dieser Funktion mit der x-Achse. Indem wir $y = 0$ setzen, erhalten wir $\sin \omega x = 0$, $\omega x = n\pi$ oder $x = \dfrac{n\pi}{\omega}$ $(n = 0, \pm 1, \pm 2, \ldots)$. Es sei z. B. $y = \sin 2x$. Dann erhalten wir

$$x = \frac{\pi n}{2},$$ d. h. die Abstände zwischen den benachbarten Schnittpunkten des Kurvenbildes der Funktion $y = \sin 2x$ mit der x-Achse sind halb so groß wie die entsprechenden Abstände des Kurvenbildes der Funktion $y = \sin x$ (Abb. 78).

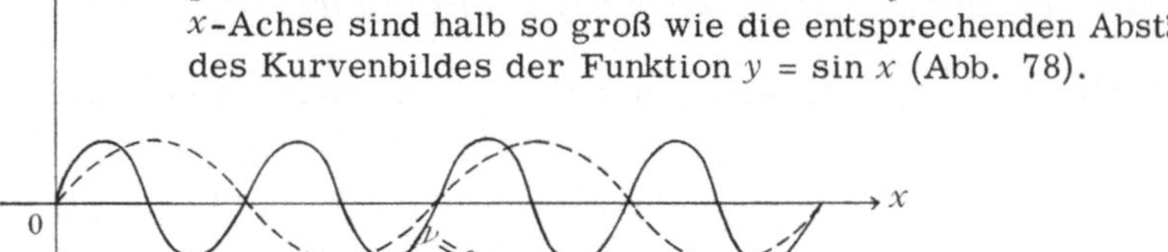

Abb. 78

Der Abstand wird zur Periode der Funktion. Während die Periode für sin x gleich 2π ist, wird sie für sin $2x$ hingegen zweimal so klein: $T = \pi$.

Nun zeigen wir, daß die Periode T der Funktion sin ωx gleich $\dfrac{2\pi}{\omega}$ ist, d.h.

daß die Funktion sin x an den Stellen x und $x + \dfrac{2\pi}{\omega}$ gleiche Werte annimmt.

In der Tat, es gilt sin $\omega\,(x + T) =$ sin $\omega\,(x + \dfrac{2\pi}{\omega}) =$ sin $(\omega x + 2\pi) =$ sin ωx,

d.h. sin $\omega\,(x + T) \equiv$ sin ωx. Die Maxima der Funktion $y =$ sin ωx liegen an

den Stellen $x = \dfrac{\pi}{2\omega} + \dfrac{2\pi n}{\omega}$ und die Minima an den Stellen $x = \dfrac{3\pi}{2\omega} + \dfrac{2\pi n}{\omega}$. Aus

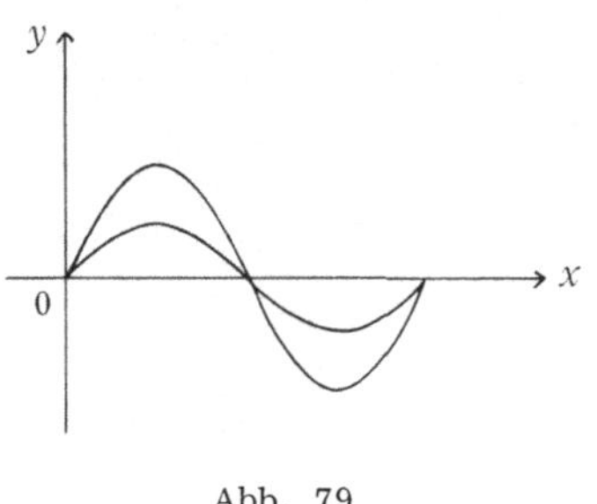

Abb. 79

den durchgeführten Überlegungen folgt, daß man das Kurvenbild der Funktion $y =$ sin ωx aus dem Kurvenbild der Funktion $y =$ sin x durch Kontraktion ($\omega > 1$) oder Dehnung ($\omega < 1$) längs der x-Achse gewinnen kann. Der Koeffizient ω heißt *Frequenz* (oder auch Kreisfrequenz). Wie wir dargelegt haben, besteht zwischen der Periode und der Frequenz die Beziehung $T = \dfrac{2\pi}{\omega}$. Wir

untersuchen jetzt die Funktion $y = A$ sin ωx, z.B. $y = 2$ sin ωx. Die Schnittpunkte dieser Funktion bleiben die gleichen wie bei dem Kurvenbild von sin ωx, jedoch werden die Funktionswerte in den Maxima und Minima, absolut genommen, doppelt so groß (Abb. 79).

    Das Auftreten des Koeffizienten A führt zu einer Dehnung oder Kontraktion der Kurve längs der y-Achse.

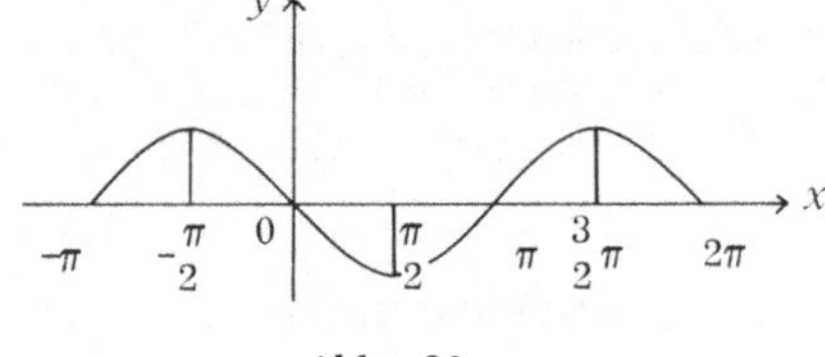

Abb. 80

Dieser Koeffizient bestimmt die maximale Ablenkung der Kurve von der x-Achse und heißt *Amplitude*. Die Abb. 80 zeigt das Kurvenbild der Funktion

$$y = -\text{ sin } x\ (A = -1)\,.$$

11.3. DIE GLEICHUNG EINER EINFACHEN HARMONISCHEN SCHWINGUNG

Die Gleichung einer einfachen harmonischen Schwingung ist ein Ausdruck der Form

$$y = A \text{ sin }(\omega x + \varphi)\,.$$

Wir formen diese Gleichung um wie folgt: $y = A$ sin $(\omega x + \varphi) = A$ sin $\omega\,(x + \dfrac{\varphi}{\omega})$.

Wir setzen $\frac{\varphi}{\omega} = -x_0$. Dann wird $y = A \sin \omega (x - x_0)$. Daraus folgt, daß man die Kurve von $y = A \sin (\omega x + \varphi)$ aus der Kurve von $y = A \sin \omega x$ durch eine Verschiebung längs der x-Achse um $x_0 = \frac{\varphi}{\omega}$ gewinnt. Wir bemerken, daß für $\frac{\varphi}{\omega} > 0$ die Verschiebung nach links und für $\frac{\varphi}{\omega} < 0$ die Verschiebung nach rechts erfolgt (Abb. 81). Den Koeffizienten φ nennt man die *Anfangsphase*.

Somit nennt man die Koeffizienten der Gleichung $y = A \sin (\omega x + \varphi)$ wie folgt: A-Amplitude, ω-Frequenz, φ-Anfangsphase.

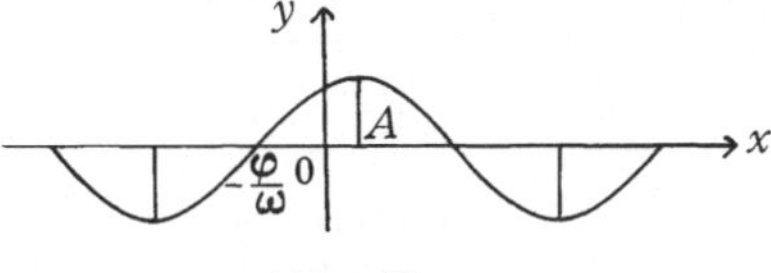

Abb. 81

11.4. REDUKTION DER FUNKTION $y = A \cos \omega x + B \sin \omega x$ AUF DIE FORM EINER EINFACHEN HARMONISCHEN SCHWINGUNG

Wir betrachten die Gleichung

$$y = A \cos \omega x + B \sin \omega x$$

und versuchen, sie in Form der Gleichung der einfachen harmonischen Schwingung $y = A_1 \sin (\omega x + \varphi)$ darzustellen. Hierzu muß

$$A \cos \omega x + B \sin \omega x = A_1 \sin (\omega x + \varphi)$$

sein.
Nun zerlegen wir die rechte Seite nach der Formel $\sin (\alpha + \beta) = \sin \alpha \cos \beta + \cos \alpha \sin \beta$. Dann erhalten wir

$$A \cos \omega x + B \sin \omega x = A_1 \sin \varphi \cos \omega x + A_1 \cos \varphi \sin \omega x .$$

Indem wir in der linken und rechten Seite dieser Gleichung die entsprechenden Koeffizienten von $\cos \omega x$ und $\sin \omega x$ gleichsetzen, erhalten wir

$$A = A_1 \sin \varphi , \qquad B = A_1 \cos \varphi .$$

Wenn diese Gleichungen erfüllt sind, stimmt die Gleichung $y = A \cos \omega x + B \sin \omega x$ mit der Gleichung der einfachen harmonischen Schwingung $y = A_1 \sin (\omega x + \varphi)$ überein.

Jetzt zeigen wir, wie man die Amplitude A_1 und die Anfangsphase φ berechnet, wenn A und B bekannt sind. Wir erheben beide Seiten der Gleichheiten $A_1 \sin \varphi = A$ und $A_1 \cos \varphi = B$ ins Quadrat und addieren sie. Dann ergibt sich $A_1^2 \sin^2 \varphi + A_1^2 \cos^2 \varphi = A^2 + B^2$ oder $A_1^2 = A^2 + B^2$, d.h. $A_1 = \sqrt{A^2 + B^2}$.

Aus der Gleichheit $A_1 \cos \varphi = B$ bestimmen wir $\cos \varphi$:

$$\cos \varphi = \frac{B}{A_1} = \frac{B}{\sqrt{A^2 + B^2}} \qquad \text{und daher} \qquad \varphi = \arccos \frac{B}{\sqrt{A^2 + B^2}} .$$

Beispiel. Man reduziere die Gleichung $y = \cos 2x + \sqrt{3} \sin 2x$ auf die Form einer einfachen harmonischen Schwingung.

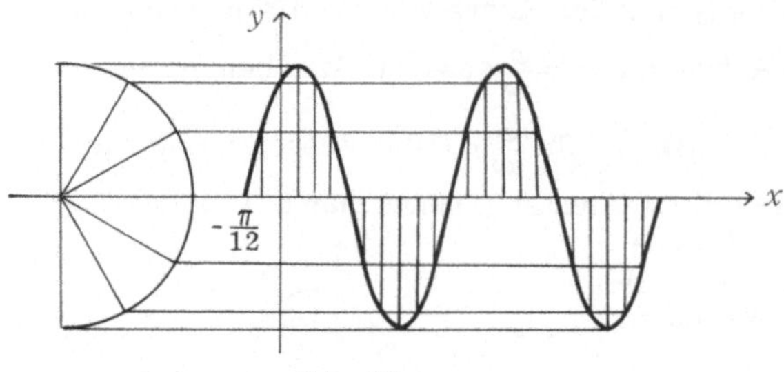

Abb. 82

Daraus folgt: Amplitude $A_1 = \sqrt{1 + 3}$, Anfangsphase $y = \arccos \dfrac{\sqrt{3}}{2} = 30° = \dfrac{\pi}{6}$ und Frequenz $\omega = 2$.

Die Gleichung nimmt folgende Form an:

$$y = 2 \sin \left(2x + \frac{\pi}{6}\right).$$

Die Periode dieser Funktion ist $T = \dfrac{2\pi}{2} = \pi$. Die Verschiebung des Kurvenbildes (Abb. 82) ist

$$x_0 = - \frac{\varphi}{\omega} = - \frac{\pi}{12}.$$

Wir schlagen dem Leser vor, die Funktionen $y = \cos x$ und $y = \tan x$ zu untersuchen und sich davon zu überzeugen, daß das Kurvenbild der Funktion

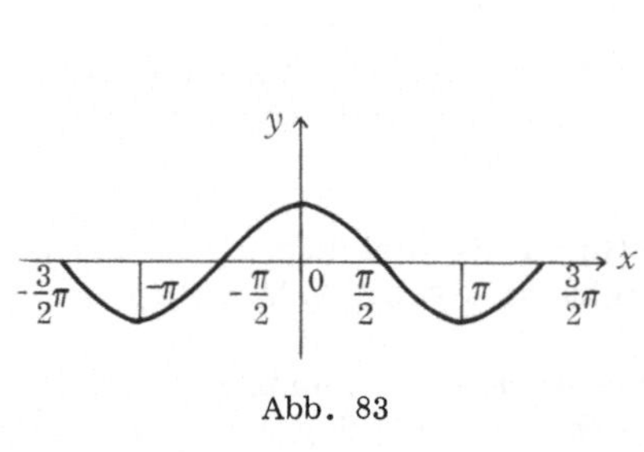

Abb. 83

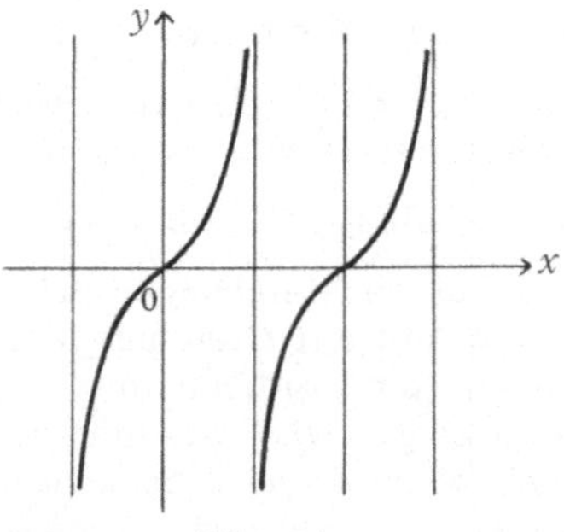

Abb. 84

$y = \cos x$ eine um $\dfrac{\pi}{2}$ (Abb. 83) nach links verschobene Sinuskurve ist und daß das Kurvenbild der Funktion $y = \tan x$ die in Abb. 84 dargestellte Form hat.

11.5. BEISPIELE FÜR ZUSAMMENHÄNGE, DIE DURCH TRIGONOMETRISCHE FUNKTIONEN AUSGEDRÜCKT WERDEN

a) Wenn auf einen dünnen rechtwinkligen Stab eine Kraft wirkt, die ihn in Richtung der x-Achse zusammendrückt, dann wird der Stab deformiert. Sobald diese Kraft einen bestimmten Wert erreicht, biegt sich der Stab durch und nimmt die Form einer Sinushalbwelle $y = a \sin \frac{\pi}{l} x$ an (Abb. 85).

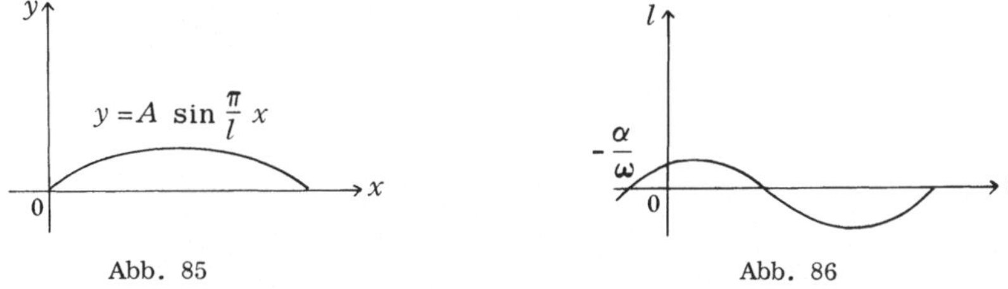

Abb. 85   Abb. 86

b) In einem Wechselstromkreis wird der Zusammenhang zwischen Stromstärke I und Zeit t durch die Formel $I = I_m \sin (\omega t + \alpha)$ ausgedrückt. Graphisch wird dieser Zusammenhang durch eine Sinuskurve dargestellt, die vom Koordinatenursprung um die Größe $-\frac{\alpha}{\omega}$ verschoben ist (Abb. 86).

§ 12. INVERSE FUNKTIONEN

12.1. DER BEGRIFF DER INVERSEN FUNKTION

Es sei der funktionelle Zusammenhang zwischen den Größen x und y durch die Gleichung $y = f(x)$ gegeben. Wenn man in dieser Gleichung die Rollen von x und y vertauscht, dann erhalten wir die funktionale Abhängigkeit $x = f(y)$, die man als zur Ausgangsfunktion inverse Funktion bezeichnet. Um diese Funktion auf die gewohnte Form zu bringen, lösen wir die Gleichung $x = f(y)$ nach y auf. Dann erhalten wir $y = f_{-1}(x)$. Die Funktion $f_{-1}(x)$ nennt man die *inverse Funktion* zur Funktion $f(x)$. Um die zu einer gegebenen Funktion inverse Funktion zu erhalten, muß man in der Definitionsgleichung der Funktion x und y in ihren Rollen vertauschen und die gewonnene Gleichung nach y auflösen.

Beispiel 1. Es sei $y = x^2$. Indem wir x und y in ihren Rollen vertauschen, erhalten wir $x = y^2$. Nun lösen wir diese Gleichung nach y auf:

$$y = \pm \sqrt{x} \, .$$

Somit ist $\pm \sqrt{x}$ die zu x^2 inverse Funktion.

Beispiel 2. Es sei $y = \sin 2x$. Indem wir x und y in ihren Rollen vertauschen, erhalten wir $x = \sin 2y$. Daraus folgt $2y = \arcsin x$ oder

$y = \frac{1}{2} \arcsin x$. Die Funktionen $\sin 2x$ und $\frac{1}{2} \arcsin x$ sind zueinander invers.

12.2. DAS KURVENBILD DER INVERSEN FUNKTION

Der Vertauschung der Rollen von x und y in der Gleichung entspricht
eine Vertauschung der Bezeichnung der Koordinatenachsen. Das Kurvenbild
der gegebenen Funktion hat die in der Abb. 87 wiedergegebene Form. Das
Kurvenbild der inversen Funktion ist in der Abb. 88 dargestellt.

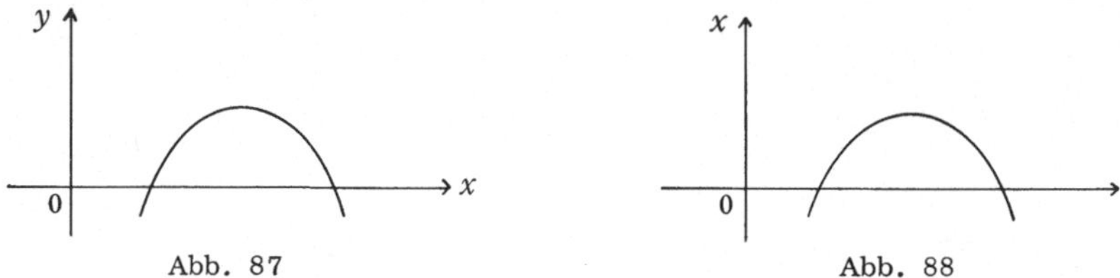

Abb. 87   Abb. 88

Um die Koordinatenachsen in die gewohnte Lage zu bringen, drehen wir
die x, y-Ebene um 180° um die Winkelhalbierende des ersten und dritten
Koordinatenquadranten. Dann nimmt das Kurvenbild die in der Abb. 89 wiedergegebene Form an. Wenn man die Kurvenbilder der Abb. 87 und 89 in

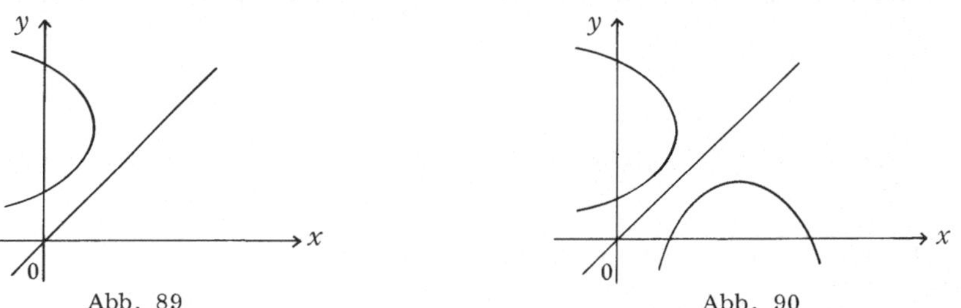

Abb. 89   Abb. 90

einer Abbildung 90 unterbringt, dann sieht man sofort, daß die Kurvenbilder
der ursprünglichen und der inversen Funktion symmetrisch zur Halbieren-
den des ersten und dritten Quadranten liegen. Wir wenden uns wieder dem
Beispiel der Funktion $y = x^2$ zu, deren Kurvenbild eine zur y-Achse symmetrische Parabel mit dem Scheitel im Koordinatenursprung ist. Das Kurvenbild der inversen Funktion $y = \pm \sqrt{x}$ ist auch eine Parabel mit dem Scheitel

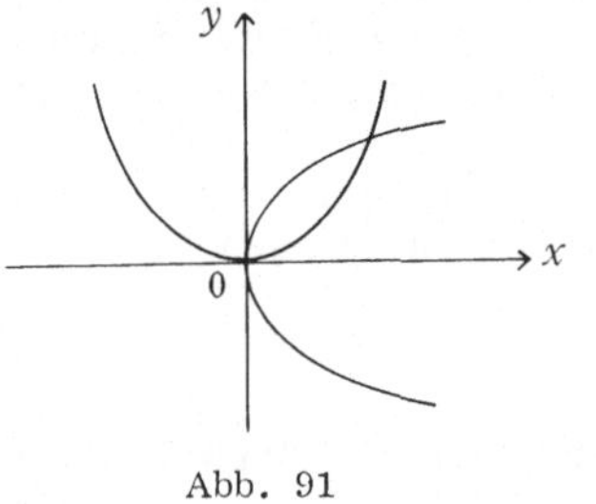

Abb. 91

im Koordinatenursprung, jedoch liegt
sie symmetrisch zur x-Achse (Abb.
91).

12.3. DIE EIGENSCHAFTEN DER IN-VERSEN FUNKTION

Wir geben gewisse Eigenschaften
der Kurvenbilder gegenseitig inverser

Funktionen an, die sich aus der Symmetrie ergeben.

1) Die Schnittpunkte des Kurvenbildes einer Funktion mit der y-Achse gehen in entsprechende Schnittpunkte mit der x-Achse des Kurvenbildes der inversen Funktion über und umgekehrt.

2) Wenn die Funktion wächst (fällt), dann wächst (fällt) auch die inverse Funktion (Abb. 92).

3) Die Funktion möge ein Minimum (Maximum) besitzen. Das Kurvenbild dieser Funktion werde durch die zur x-Achse parallele Gerade l in zwei

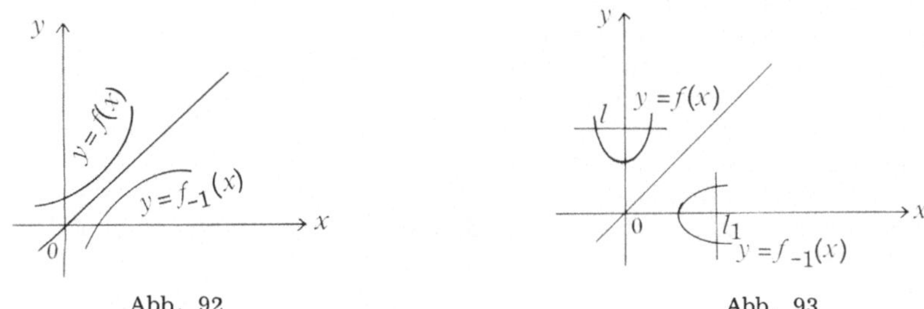

Abb. 92   Abb. 93

Punkten geschnitten. Daher wird auch das Kurvenbild der inversen Funktion durch die zur y-Achse entsprechende Gerade l_1 in zwei Punkten geschnitten, d. h. jedem Wert von x entsprechen zwei verschiedene Werte von y. Somit ist die inverse Funktion zweideutig (Abb. 93).

Wenn daher eine Funktion ein Minimum oder ein Maximum besitzt, dann ist die inverse Funktion mehrdeutig.

4) Wenn das Kurvenbild der gegebenen Funktion konkav ist, dann kann das Kurvenbild der inversen Funktion sowohl konvex als auch konkav sein (Abb. 94).

Wenn die Funktion abnimmt, dann bleibt die Eigenschaft der Konvexität oder Konkavität ihres Kurvenbildes beim Übergang zur inversen Funktion erhalten. Wenn hingegen die Funktion
zunimmt, dann gehen die Eigenschaften
der Funktion in die entgegengesetzten
Eigenschaften über.

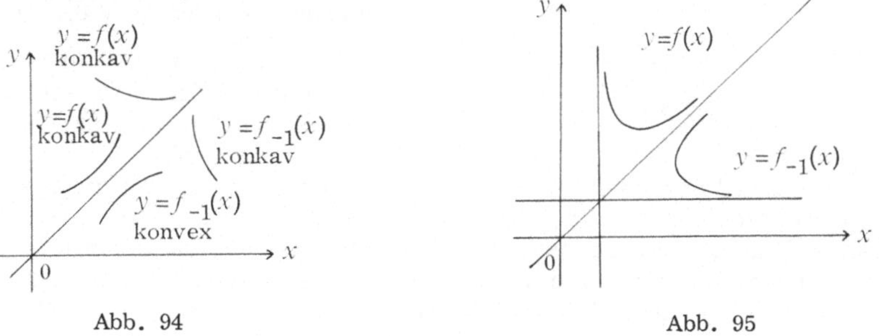

Abb. 94   Abb. 95

5) Wenn das Kurvenbild einer Funktion vertikale Asymptoten besitzt, dann hat das Kurvenbild der inversen Funktion horizontale Asymptoten (Abb. 95).

12.4. DIE LOGARITHMISCHE FUNKTION $y = \log_a x$

Die Funktionen $f(x) = a^x$ und $f_{-1}(x) = \log_a x$ sind zueinander invers. Wenn wir die Eigenschaften von $y = a^x$ kennen, können wir die Eigenschaften der *logarithmischen Funktion*

$$y = \log_a x$$

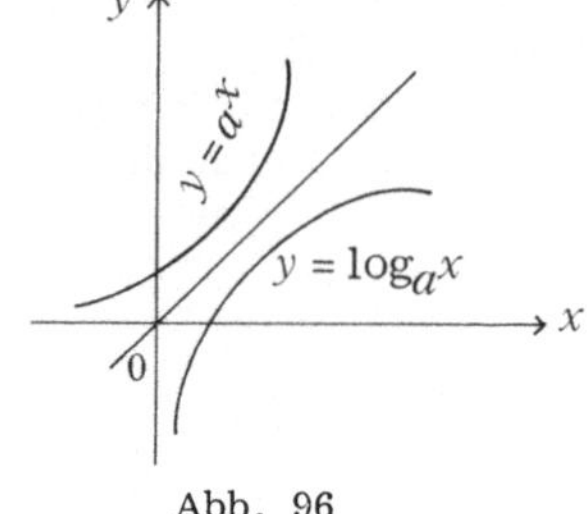

Abb. 96

ableiten. Da das Kurvenbild der Funktion $y = a^x$ die y-Achse im Punkt $y = 1$ schneidet, schneidet das Kurvenbild von $y = \log_a x$ die x-Achse im Punkt $x = 1$. Ferner nimmt die Funktion $y = a^x$ für $a > 1$ zu; ihr Kurvenbild ist konkav und besitzt die horizontale Asymptote $y = 0$. Die inverse Funktion nimmt zu; ihr Kurvenbild ist konvex und besitzt die vertikale Asymptote $x = 0$ (Abb. 96).

12.5. DIE INVERSEN TRIGONOMETRISCHEN FUNKTIONEN UND IHRE HAUPTWERTE

Es sei

$$f(x) = \sin x \ .$$

Dann ist die inverse Funktion

$$f_{-1}(x) = \arcsin x \ .$$

Bei der Untersuchung der Funktion $y = \sin x$ haben wir festgestellt, daß ihr Kurvenbild die x-Achse in den Punkten $0, \pm \pi, \pm 2\pi, \ldots, \pm n\pi, \ldots,$ schneidet, Maxima an den Stellen $\frac{\pi}{2} + 2\pi n$ und Minima an den Stellen $\frac{3}{2}\pi + 2\pi n$ ($n = 0, \pm 1, \pm 2, \ldots$) besitzt. Außerdem verläuft die Kurve zwischen den beiden Geraden $y = 1$ und $y = -1$ (Abb. 97).

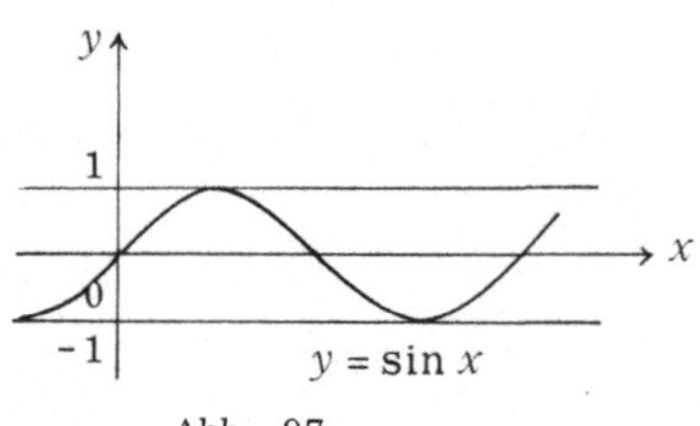

Abb. 97

Das Kurvenbild der inversen Funktion $y = \arcsin x$ schneidet die y-Achse in den Punkten $0, \pm \pi, \pm 2\pi, \ldots, \pm n\pi \ldots$ Die inverse Funktion ist mehrdeutig: Jedem x-Wert entsprechen unendlich viele Funktionswerte (die Schnittpunkte mit einer zur y-Achse parallelen Geraden). Das Kurvenbild von $y = \arcsin x$ verläuft zwischen den Geraden $x = 1$ und $x = -1$ (Abb. 98).

Aus dem Kurvenbild der mehrdeutigen Funktion $y = \arcsin x$ kann man den Teil abspalten, der einer eindeutigen Funktion entspricht. Am besten

spaltet man einen Kurventeil ab, der nahe dem Koordinatenursprung liegt
(Abb. 99). Die so gewonnene Funktion nennt man den *Hauptwert* des Arcus-

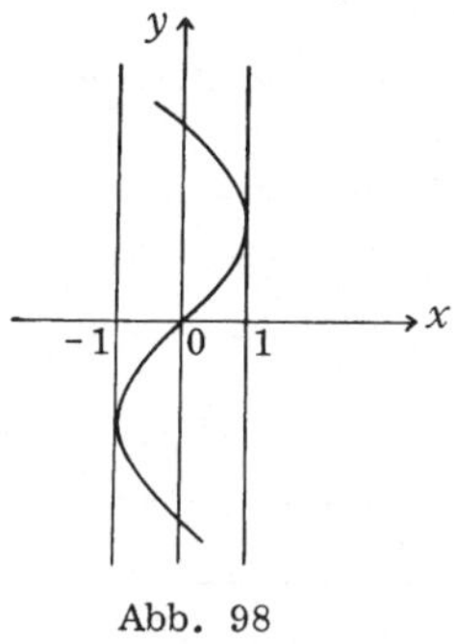

Abb. 98

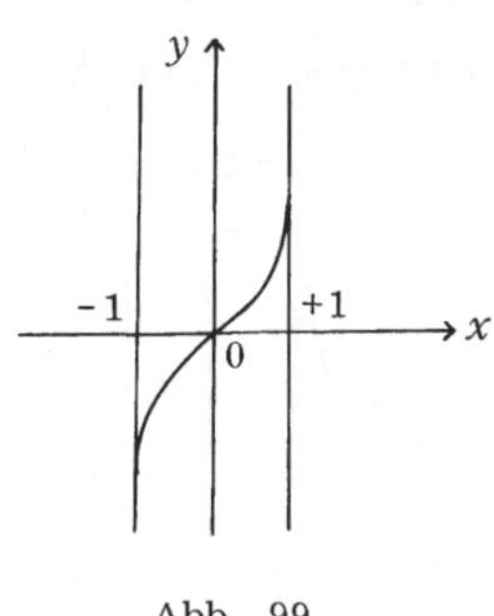

Abb. 99

sinus und bezeichnet

$y = \text{Arcsin } x$.

Diese Funktion ist für $|x| \leq 1$ definiert, und ihre Werte liegen zwischen
$-\dfrac{\pi}{2}$ und $\dfrac{\pi}{2}$:

$$-\frac{\pi}{2} \leq \text{Arcsin } x \leq \frac{\pi}{2} .$$

Nun sei $f(x) = \cos x$ (Abb. 100), dann ist $f_{-1}(x) = \arccos x$ (Abb. 101).
Das Kurvenbild der Funktion $y = \cos x$ schneidet die y-Achse im Punkt
$y = 1$ und die x-Achse in den Punkten $\pm\dfrac{\pi}{2}$, $\pm\dfrac{3}{2}\pi$, ... und besitzt Maxima an
den Stellen 0, $\pm 2\pi$, $\pm 4\pi$, ..., während die Minima an den Stellen $\pm \pi$, $\pm 3\pi$,
... liegen. Das Kurvenbild der inversen
Funktion $y = \arccos x$ erhalten wir, wenn
wir das Kurvenbild von $y = \cos x$ an den
Winkelhalbierenden des ersten und dritten
Quadranten symmetrisch spiegeln.

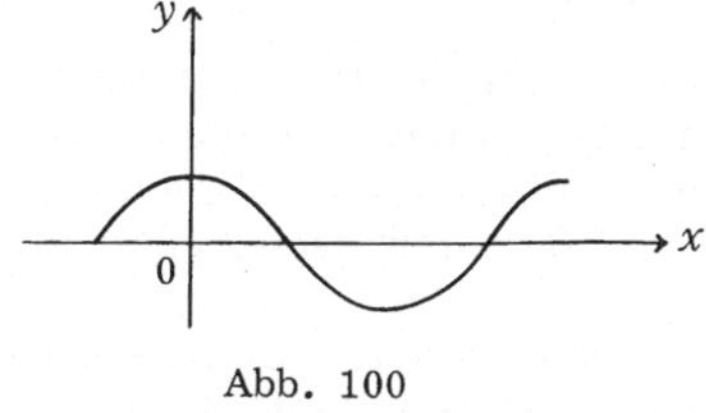

Abb. 100

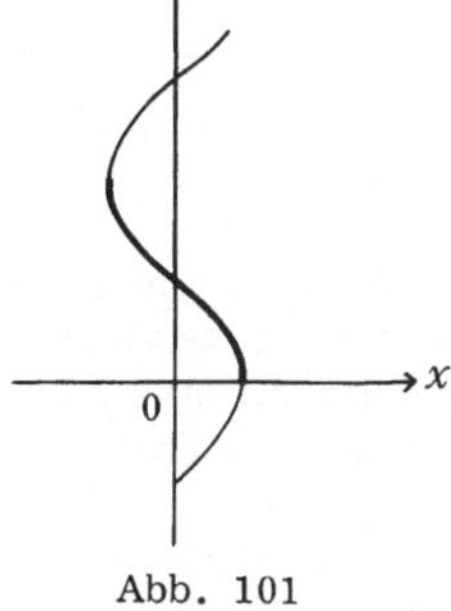

Abb. 101

Das Kurvenbild der inversen Funktion schneidet die x-Achse im Punkt $x = 1$
und die y-Achse in den Punkten $\pm\dfrac{\pi}{2}$, $\pm\dfrac{3}{2}\pi$, ... Die Funktion $y = \arccos x$ ist
mehrdeutig. Der eindeutige Teil des Kurvenbildes von $\arccos x$ ist in Abb.
101 mit der stark ausgezogenen Linie abgespaltet.

Die Hauptwerte der Funktion liegen zwischen 0 und π:

$0 \le \operatorname{Arccos} x \le \pi$.

Wir geben noch die Kurvenbilder der Funktion $y = \tan x$ und $y = \arctan x$ an.

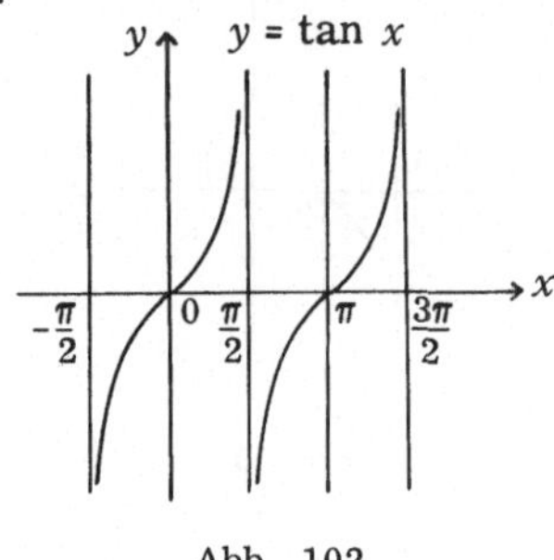

Abb. 102

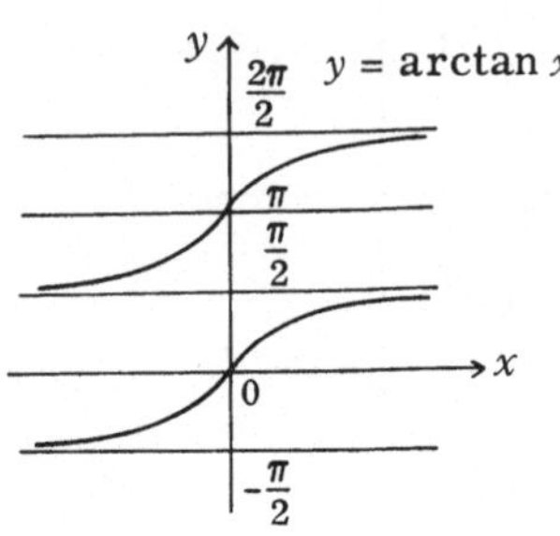

Abb. 103

Wir bemerken, daß die Hauptwerte der Funktion $y = \arctan x$ zwischen $-\dfrac{\pi}{2}$ und $\dfrac{\pi}{2}$ liegen: $-\dfrac{\pi}{2} < \operatorname{Arctan} x < \dfrac{\pi}{2}$.

§ 13. DIE LINEARISIERUNG ALGEBRAISCHER FUNKTIONEN

Definition. Eine Funktion $y = f(x)$ heißt *algebraisch*, wenn zur Berechnung ihrer Werte ihr Argument nur algebraischen Operationen, d. h. der Addition, Subtraktion, Multiplikation, Division, Potenzierung und Radizierung unterworfen wird.

13.1. LINEARISIERUNG RATIONALER FUNKTIONEN IN DER NÄHE DES NULLPUNKTES

Bei der Untersuchung einer Funktion in der Nähe irgendeines Punktes, z. B. in der Nähe des Nullpunktes, ist es häufig zweckmäßig, die untersuchte Funktion durch eine andere, übersichtlichere Funktion zu ersetzen (z. B. durch eine lineare Funktion), wobei man bewußt einen gewissen Fehler zuläßt.

Es sei z. B. die Funktion $y = 1 + x + 2x^4$ gegeben. Wenn x klein ist, dann ist x^4 noch wesentlich kleiner, und deshalb wird das letzte Glied bei kleinen x-Werten kaum einen bedeutenden Einfluß auf das Verhalten unserer Funktion ausüben. Lassen wir das Glied $2x^4$ weg, so geht unsere Funktion in die lineare Funktion $y = 1 + x$ über. Diesen Prozeß, bei dem eine gegebene Funktion durch eine lineare Funktion ersetzt wird, bezeichnet man als *Linearisierung*.

Definition. *Als Linearisierung einer Funktion in der Nähe des Nullpunktes* bezeichnet man das Ersetzen einer gegebenen Funktion durch eine lineare Funktion, in der alle Potenzen von x, deren Exponent größer als 1 ist, weggelassen werden.

Beispiel. Es sei $y = a_0 + a_1 x + a_2 x^2 + \ldots + a_n x^n$. Wir lassen alle Glieder mit höheren Potenzen von x weg und erhalten $y \approx a_0 + a_1 x$.

Diese lineare Funktion haben wir durch Linearisierung eines Polynoms in der Nähe des Nullpunktes gewonnen.

Als ein besonders wichtiges Beispiel betrachten wir die Linearisierung der Potenz einer linearen Funktion in der Nähe des Nullpunktes. Es sei also $y = (kx + b)^n$.

Ist $n = 2$, so erhalten wir

$$y = (kx + b)^2 = b^2 + 2bkx + k^2 x^2 \approx b^2 + 2bkx \ .$$

Für $n = 3$ erhalten wir

$$y = (kx + b)^3 = b^3 + 3b^2 kx + 3bk^2 x^2 + k^3 x^3 \approx b^3 + 3b^2 kx \ .$$

Nun zeigen wir, daß für beliebiges n

$$y = (kx + b)^n \approx b^n + nb^{n-1} kx$$

gilt.

Diese Formel gilt für $n = 2$ und $n = 3$. Wir nehmen an, daß sie für $n = m$ gilt. Wir zeigen, daß sie auch für $n = m + 1$ gilt. Tatsächlich ist

$$y = (kx + b)^{m+1} = (kx + b)^m (kx + b) \approx (b^m + mb^{m-1} kx) (kx + b) =$$

$$= b^{m+1} + b^m kx + mb^m kx + mb^{m-1} k^2 x^2 \approx b^{m+1} + (m+1) b^m kx \ .$$

Besonders wichtig ist der Fall $k = 1$ und $b = 1$. Dann ist

$$y = (1 + x)^n \approx 1 + nx \ .$$

Wir betrachten hierzu ein Beispiel. Bei der Erwärmung eines festen Körpers wird sein Volumen größer. Wenn der Körper die Form eines Würfels hat, dann wird die Gesetzmäßigkeit der Veränderung des Volumens v mit der Temperatur t durch die Formel $v = v_0(1 + \alpha t)^3$ ausgedrückt, in der v_0 das ursprüngliche Körpervolumen und α den linearen Ausdehnungskoeffizienten bedeuten. Die Größe αt ist sehr klein. Wenden wir daher die Linearisierungsformel mit $k = \alpha$ und $b = 1$ an, so erhalten wir die Gesetzmäßigkeit in der Form $v = v_0 (1 + 3\alpha t) = v_0 (1 + \beta t)$. Den Koeffizienten $\beta = 3\alpha$ nennt man den *räumlichen Ausdehnungskoeffizienten*.

Nun linearisieren wir in der Nähe des Nullpunktes die gebrochen-rationale Funktion

$$y = \frac{a_0 + a_1 x + a_2 x^2 + \ldots + a_n x^n}{b_0 + b_1 x + b_2 x^2 + \ldots + b_m x^m} \ .$$

Im Zähler und im Nenner lassen wir alle höheren Potenzen von x weg, sodaß die untersuchte Funktion in die gebrochen-lineare Funktion

$$y = \frac{a_0 + a_1 x}{b_0 + b_1 x}$$

übergeht. Nun muß die erhaltene gebrochen-lineare Funktion durch eine lineare ersetzt werden. Hierzu multiplizieren wir Zähler und Nenner mit der Differenz $b_0 - b_1 x$ und erhalten

$$y = \frac{(a_0 + a_1 x)(b_0 - b_1 x)}{b_0^2 - b_1^2 x^2} \approx \frac{a_0 b_0 + a_1 b_0 x - a_0 b_1 x}{b_0^2} =$$

$$= \frac{a_0}{b_0} + \frac{a_1 b_0 - a_0 b_1}{b_0^2} x .$$

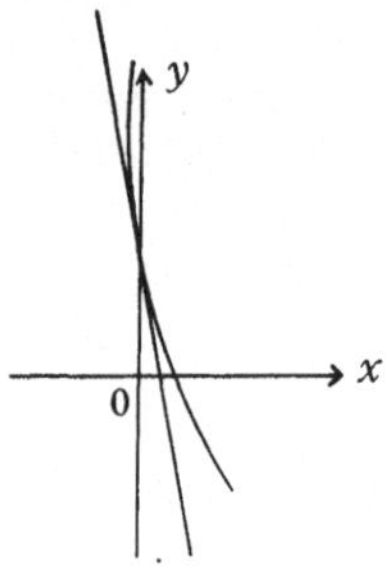

Beispiel (Abb. 104).

$$y = \frac{3 + 2x - x^3}{1 + 4x + 3x^5} \approx \frac{(3 + 2x)(1 - 4x)}{(1 + 4x)(1 - 4x)} =$$

$$= \frac{3 + 2x - 12x - 8x^2}{1 - 16x^2} \approx 3 - 10x .$$

Abb. 104

Geometrisch gesehen besteht, wie wir später sehen werden, die Linearisierung einer Funktion in der Nähe des Nullpunktes darin, daß die Kurve in der Nähe ihres Schnittpunktes mit der y-Achse durch die Kurventangente ersetzt wird.

13.2. DIE LINEARISIERUNG IRRATIONALER FUNKTIONEN

Wir wollen nun die Funktion $y = \sqrt{1 + ax}$ durch eine lineare Funktion $y = kx + b$ ersetzen:

$$\sqrt{1 + ax} \approx kx + b .$$

Zur Berechnung von k und b erheben wir beide Seiten der Gleichung ins Quadrat:

$$1 + ax \approx (kx + b)^2 = b^2 + 2bkx + k^2 x^2 \approx b^2 + 2bkx .$$

Wir setzen nun auf beiden Seiten der Gleichung die Koeffizienten von x und die absoluten Glieder einander gleich, $a = 2bk$, $1 = b^2$ und erhalten $b = 1$, $a = 2k$ oder $k = \frac{a}{2}$.

Jetzt können wir die Linearisierungsformel anschreiben:

$$\sqrt{1 + ax} \approx 1 + \frac{a}{2} x .$$

Beispiel. $\sqrt{2 + 3x} = \sqrt{2} \ \sqrt{1 + \frac{3}{2} x} \approx \sqrt{2} \left(1 + \frac{3}{4} x\right).$

Indem wir die oben angeführten Überlegungen wiederholen, lassen sich die Formeln für die Linearisierung der dritten, vierten und höheren Wurzeln gewinnen.

Im allgemeinen Falle gilt $\sqrt[n]{1 + ax} \approx 1 + \dfrac{a}{n} x$. Es sei $\sqrt[n]{1 + ax} \approx kx + b$. Dann ist $1 + ax \approx (kx + b)^n \approx b^n + nkb^{n-1} x$.

Setzt man nun die Koeffizienten der gleichen Potenzen von x einander gleich, so erhält man $b^n = 1$ und $nkb^{n-1} = a$, woraus folgt, daß $b = 1$, $k = \dfrac{a}{n}$, d. h. $\sqrt[n]{1 + ax} \approx 1 + \dfrac{a}{n} x$.

13.3. DIE LINEARISIERUNG IN DER NÄHE EINES VORGEGEBENEN ARGU-MENTWERTES

Es sei die Funktion $y = f(x)$ gegeben. Diese Funktion soll in der Nähe einer Stelle x_0 untersucht werden. Für den Punkt x in der Nähe von x_0 betrachten wir die kleine Größe $\Delta x = x - x_0$. Dann gilt $x = x_0 + \Delta x$. Anstelle von x setzen wir in die Definitionsgleichung der Funktion die Größe $x_0 + \Delta x$ ein und linearisieren diese Funktion, wobei wir nicht die Potenzen von x, sondern die höheren Potenzen von Δx weglassen:

$$f(x_0 + \Delta x) \approx b + k\Delta x = b + k\,(x - x_0)\,.$$

D e f i n i t i o n . *Als Linearisierung einer Funktion in der Nähe eines gegebenen Punktes* bezeichnen wir das Ersetzen der Funktion durch eine lineare Funktion, indem man alle Glieder wegläßt, die höhere Potenzen von Δx enthalten.

Die geometrische Bedeutung der Linearisierung besteht darin, daß in der Nähe des gegebenen Punktes die Kurve durch die Tangente ersetzt wird.

B e i s p i e l . Man linearisiere die Funktion $y = 2 + x - 3x^2$ in der Nähe des Punktes $x_0 = 2$.

Es sei $x = 2 + \Delta x$. Setzen wir diesen Ausdruck in die Funktion anstelle von x ein, so erhalten wir

$$y = 2 + 2 + \Delta x - 3\,(2 + \Delta x)^2 = 2 + 2 + \Delta x - 12 - 12\Delta x -$$
$$- 3\Delta x^2 \approx - 8 - 11\Delta x = - 8 - 11\,(x - 2) = 14 - 11\,x\,.$$

In der Nähe des Punktes $x = 2$ wird die Funktion $y = 2 + x - 3x^2$ durch die lineare Funktion $y = 14 - 11x$ ersetzt.

In diesem Paragraphen haben wir gezeigt, wie man die Linearisierung algebraischer Funktionen vornehmen kann. Die Linearisierung nichtalgebraischer Funktionen, wie $\sin x$, 2^x u. a., läßt sich mit Hilfe algebraischer Mittel nicht vornehmen. Die entsprechenden Formeln werden wir uns mit Hilfe der Lehre von den Grenzwerten verschaffen.

II. DIE LEHRE VON DEN GRENZWERTEN

§ 1. DER GRENZWERT EINER FUNKTION IN EINEM PUNKT

1.1. DER BEGRIFF DER INFINITESIMAL KLEINEN FUNKTION

Definition. Eine Funktion $\alpha(x)$ heißt *infinitesimal klein in der Nähe des Punktes* x_0, wenn die Absolutbeträge ihrer Funktionswerte in der Nähe von x_0 kleiner sind als eine beliebige vorgegebene positive Zahl.

Wenn eine Funktion in der Nähe des Punktes x_0 infinitesimal klein ist, dann bedeutet dies, daß die Funktionswerte für nahe bei x_0 gelegene Argumentwerte nahe bei 0 liegen, d. h. man kann sich dem Punkt x_0 so stark nähern, daß der Absolutbetrag des Funktionswertes bei einer weiteren Annäherung an x_0 kleiner ist und kleiner bleibt als eine vorgegebene positive Zahl. Eine solche positive Zahl bezeichnet man meist mit ϵ.

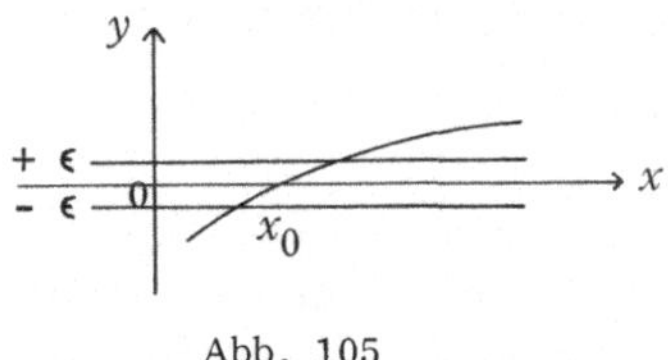

Abb. 105

Die Tatsache, daß die Funktionswerte, absolut genommen, kleiner sind als ϵ, bedeutet geometrisch, daß das Kurvenstück in der Nähe des Punktes x_0 im Streifen $[-\epsilon, \epsilon]$ liegt (Abb. 105).

Aus der Definition der infinitesimal kleinen Funktion geht hervor, daß eine in der Nähe des Punktes x_0 konstante Funktion nur dann infinitesimal klein sein kann, wenn diese Konstante gleich null ist. Die Funktion $\alpha(x) \equiv 0$ ist also infinitesimal klein.

Den Unterschied zwischen einer infinitesimal kleinen Größe und einer Konstanten kann man mit dem folgenden Beispiel erläutern. Auf einer Eisscholle möge eine Münze liegen. Die Eisscholle möge in eine warme Strömung gelangen und abzutauen beginnen. Die Abmessungen der Münze sind klein, jedoch konstant. Die Eisscholle wird beim Tauen immer kleiner bis sie im Zeitpunkt t_0 ganz abgetaut ist. Die Abmessungen der schmelzenden Eisscholle sind als Funktionen der Zeit t, infinitesimal kleine Größen in der Nähe des Zeitpunktes t_0.

1.2. DIE EIGENSCHAFTEN INFINITESIMAL KLEINER FUNKTIONEN

$1°$. *Die Summe zweier in der Nähe eines gegebenen Punktes infinitesimal kleinen Funktionen ist wieder eine infinitesimal kleine Funktion in der Nähe dieses gegebenen Punktes.*

Es seien $\alpha(x)$ und $\beta(x)$ zwei in der Nähe des Punktes x_0 infinitesimal kleine Funktionen. Wir zeigen, daß $\alpha(x) + \beta(x)$ auch eine infinitesimal kleine Funktion in der Nähe desselben Punktes ist, d. h. daß die Funktionswerte, absolut genommen, kleiner sind und kleiner bleiben als eine beliebige vorgegebene Zahl ϵ.

Da die Funktionen $\alpha(x)$ und $\beta(x)$ infinitesimal klein sind, bleiben ihre Werte, absolut genommen, kleiner als eine beliebige vorgegebene positive Zahl, insbesondere auch kleiner als $\frac{\epsilon}{2}$:

$$|\alpha(x)| < \frac{\epsilon}{2}, \qquad |\beta(x)| < \frac{\epsilon}{2}.$$

Von der Stelle, ab welcher die Absolutbeträge von $\alpha(x)$ und $\beta(x)$ kleiner werden als $\frac{\epsilon}{2}$, wird der Absolutbetrag ihrer Summe kleiner als ϵ:

$$|\alpha(x) + \beta(x)| \le |\alpha(x)| + |\beta(x)| < \frac{\epsilon}{2} + \frac{\epsilon}{2} = \epsilon.$$

Hieraus folgt, daß $\alpha(x) + \beta(x)$ eine infinitesimal kleine Funktion ist.

$2°$. *Das Produkt aus einer Konstanten und aus einer infinitesimal kleinen Funktion ist wieder eine infinitesimal kleine Funktion in der Nähe des gleichen gegebenen Punktes.*

Es sei $\alpha(x)$ eine in der Nähe des Punktes x_0 infinitesimal kleine Funktion und c eine gewisse Konstante. Wir wollen beweisen, daß auch $c\alpha(x)$ in der Nähe des Punktes x_0 eine infinitesimal kleine Funktion ist.

Da die Funktion $\alpha(x)$ infinitesimal klein ist, bleiben ihre absoluten Werte kleiner als eine beliebige vorgegebene positive Zahl, insbesondere kleiner als $\frac{\epsilon}{|c|}$:

$$|\alpha(x)| < \frac{\epsilon}{|c|}.$$

Ab dieser Stelle gilt $|c\alpha(x)| = |c| \, |\alpha(x)| < |c| \, \frac{\epsilon}{|c|} = \epsilon$, d. h. $c\alpha(x)$ ist und bleibt absolut genommen kleiner als ϵ. Folglich ist $c\alpha(x)$ eine infinitesimal kleine Funktion.

$3°$. *Das Produkt aus einer beschränkten Funktion und aus einer infinitesimal kleinen Funktion ist eine infinitesimal kleine Funktion in der Nähe des gegebenen Punktes.*

Es sei $\varphi(x)$ eine beschränkte Funktion: $|\varphi(x)| \le M$, und es sei $\alpha(x)$ eine in der Nähe von x_0 infinitesimal kleine Funktion. Wir wollen beweisen, daß das Produkt $\varphi(x)\,\alpha(x)$ in der Nähe des Punktes x_0 infinitesimal klein ist. Da $\alpha(x)$ eine infinitesimal kleine Funktion ist, ist in der Nähe von x der Betrag $|\alpha(x)|$ kleiner als eine beliebige vorgegebene positive Zahl, insbesondere kleiner als $\frac{\epsilon}{M}$:

$$|\alpha(x)| < \frac{\epsilon}{M} .$$

Dann gilt

$$|\varphi(x)\,\alpha(x)| = |\varphi(x)|\,|\alpha(x)| < M\,\frac{\epsilon}{M} = \epsilon ,$$

d. h. $\varphi(x)\,\alpha(x)$ ist in der Nähe von x_0 eine infinitesimal kleine Funktion.

F o l g e r u n g . *Das Produkt zweier Funktionen, die in der Nähe eines gegebenen Punktes infinitesimal klein sind, ist eine infinitesimal kleine Funktion in der Nähe dieses gegebenen Punktes.*

1.3. DER BEGRIFF DES GRENZWERTES EINER FUNKTION

D e f i n i t i o n . Eine Zahl A heißt *Grenzwert der Funktion $f(x)$ an der Stelle x_0,* wenn sich die Funktion $f(x)$ von dieser Zahl um eine Funktion unterscheidet, die in der Nähe des Punktes x_0 infinitesimal klein ist.

Diese Definition läßt sich wie folgt schreiben: Die Zahl A heißt Grenzwert von $f(x)$ an der Stelle x_0, wenn $f(x) = A + \alpha(x)$ ist, wobei $\alpha(x)$ in der Nähe von x_0 infinitesimal klein ist.

Für den Grenzwert einer Funktion wird folgende Bezeichnung gebraucht:

$$A = \lim_{x \to x_0} f(x) .$$

Man sagt auch, daß *die Funktion $f(x)$ gegen A strebt, wenn x gegen x_0 strebt,* was man kürzer wie folgt schreiben kann:

$$f(x) \to A \qquad \text{für} \qquad x \to x_0 .$$

1.4. DIE EIGENSCHAFTEN DER GRENZWERTE

$1°$. *Wenn eine Funktion in einem gegebenen Punkt einen Grenzwert besitzt, dann ist sie in der Nähe dieses Punktes beschränkt.*

Es sei $A = \lim\limits_{x \to x_0} f(x)$, d. h. $f(x) = A + \alpha(x)$.

Da $\alpha(x)$ eine infinitesimal kleine Funktion ist, sind und bleiben ihre absoluten Werte in der Nähe von x_0 kleiner als eine beliebige vorgegebene positive Zahl, insbesondere kleiner als eins. Daher gilt

$$|f(x)| = |A + \alpha(x)| \le |A| + |\alpha(x)| < |A| + 1 .$$

Hieraus folgt, daß alle Funktionswerte in der Nähe des Punktes x_0 kleiner als $|A| + 1$ sind, d. h. die Funktion ist beschränkt.

$2°$. *Der Grenzwert einer konstanten Funktion ist gleich der Konstanten selbst.*

Es sei $f(x) \equiv c$. Dann kann man schreiben: $f(x) = c + \alpha(x)$, wobei $\alpha(x) = 0$ ist, d. h. $\lim\limits_{x \to x_0} f(x) = c$.

$3°$. *Der Grenzwert einer infinitesimal kleinen Funktion ist null.*

Es sei $f(x) = \alpha(x)$ eine infinitesimal kleine Funktion. Sie läßt sich als Summe aus der Zahl 0 und einer infinitesimal kleinen Funktion $\alpha(x)$ darstellen: $f(x) = 0 + \alpha(x)$, d. h. $\lim_{x \to x_0} f(x) = 0$.

$4°$. *Der Grenzwert der Summe zweier Funktionen in einem gegebenen Punkt ist gleich der Summe ihrer Grenzwerte.*

Es sei

$$\lim_{x \to x_0} f_1(x) = A \qquad \text{und} \qquad \lim_{x \to x_0} f_2(x) = B \ .$$

Wir zeigen, daß

$$\lim_{x \to x_0} [f_1(x) + f_2(x)] = A + B$$

ist.

Da $\lim_{x \to x_0} f_1(x) = A$ ist, ist $f_1(x) = A + \alpha(x)$. Analog ist $f_2(x) = B + \beta(x)$.
Daraus folgt

$$f_1(x) + f_2(x) = A + B + \alpha(x) + \beta(x) \ .$$

Die Funktion $f_1(x) + f_2(x)$ ist als Summe aus der Zahl $A + B$ und der infinitesimal kleinen Funktion $\alpha(x) + \beta(x)$ dargestellt (eine Summe zweier infinitesimal kleiner Funktionen), d. h. sie unterscheidet sich von der Zahl $A + B$ um eine infinitesimal kleine Funktion. Aus der Definition des Grenzwertbegriffes folgt, daß

$$\lim_{x \to x_0} [f_1(x) + f_2(x)] = A + B \ ,$$

oder

$$\lim_{x \to x_0} [f_1(x) + f_2(x)] = \lim_{x \to x_0} f_1(x) + \lim_{x \to x_0} f_2(x) \ .$$

$5°$. *Der Grenzwert eines Produktes zweier Funktionen ist gleich dem Produkt ihrer Grenzwerte.*

Es sei $\lim_{x \to x_0} f_1(x) = A$ und $\lim_{x \to x_0} f_2(x) = B$. Wir zeigen, daß $\lim_{x \to x_0} f_1(x) f_2(x) = AB$ ist.

Da $\lim_{x \to x_0} f_1(x) = A$ ist, ist $f_1(x) = A + \alpha(x)$. Analog ist $f_2(x) = B + \beta(x)$.
Daraus folgt

$$f_1(x) f_2(x) = AB + A\beta(x) + B\alpha(x) + \alpha(x)\,\beta(x) \ .$$

Die Funktionen $A\beta(x)$ und $B\alpha(x)$ sind als Produkte der konstanten Größen und aus den infinitesimal kleinen Funktionen $\alpha(x)$ und $\beta(x)$ selbst infinitesimal klein. Auch ist $\alpha(x)\,\beta(x)$ als Produkt zweier infinitesimal kleiner Funktionen infinitesimal klein. Die Summe der obengenannten Funktionen ist daher ebenfalls eine infinitesimal kleine Funktion.

Somit unterscheidet sich die Funktion $f_1(x)\, f_2(x)$ von der Zahl AB um eine infinitesimal kleine Funktion, d. h. es gilt $\lim\limits_{x \to x_0} f_1(x)\, f_2(x) = AB$ oder

$$\lim_{x \to x_0} f_1(x)\, f_2(x) = \lim_{x \to x_0} f_1(x) \cdot \lim_{x \to x_0} f_2(x) \, .$$

Folgerung. *Einen konstanten Faktor kann man vor das Grenzwertzeichen ziehen.*

Tatsächlich, nach dem Bewiesenen ist der Grenzwert eines Produktes gleich dem Produkt der Grenzwerte und es gilt daher

$$\lim_{x \to x_0} c f_1(x) = \lim_{x \to x_0} c \cdot \lim_{x \to x_0} f_1(x) = c \lim_{x \to x_0} f_1(x) \, .$$

$6°$. *Der Grenzwert eines Quotienten ist gleich dem Quotienten aus den Grenzwerten, wenn der Grenzwert des Nenners verschieden von null ist.*

Es sei $\lim\limits_{x \to x_0} f_1(x) = A$, $\lim\limits_{x \to x_0} f_2(x) = B$ und $B \neq 0$. Wir zeigen, daß

$$\lim_{x \to x_0} \frac{f_1(x)}{f_2(x)} = \frac{A}{B} \, .$$

ist.

Wir haben $f_1(x) = A + \alpha(x)$ und $f_2(x) = B + \beta(x)$.

Wir dividieren die erste Gleichung auf beiden Seiten durch die zweite und addieren und subtrahieren auf der rechten Seite $\dfrac{A}{B}$:

$$\frac{f_1(x)}{f_2(x)} = \frac{A}{B} + \frac{A + \alpha(x)}{B + \beta(x)} - \frac{A}{B} =$$

$$= \frac{A}{B} + \frac{B\alpha(x) - A\beta(x)}{B^2 + B\beta(x)} = \frac{A}{B} + [B\alpha(x) - A\beta(x)]\, \frac{1}{B^2 + B\beta(x)} \, .$$

Der Faktor $B\alpha(x) - A\beta(x)$ ist als Differenz unendlich kleiner Funktionen unendlich klein. Der Faktor $\dfrac{1}{B^2 + B\beta(x)}$ ist beschränkt, da sein Nenner sich von B^2 um eine infinitesimal kleine Funktion unterscheidet, wobei $B \neq 0$ ist. Das Produkt aus einer infinitesimal kleinen und einer beschränkten Größe ist infinitesimal klein.

Folglich unterscheidet sich die Funktion $\dfrac{f_1(x)}{f_2(x)}$ von der Zahl $\dfrac{A}{B}$ um eine infinitesimal kleine Funktion, d. h. es ist

$$\lim_{x \to x_0} \frac{f_1(x)}{f_2(x)} = \frac{A}{B} \, .$$

Beispiel. Man berechne $\lim\limits_{x \to x_0} \dfrac{\sqrt[3]{1 + x^2} - 1}{x^2}$.

Der Satz über den Grenzwert eines Quotienten läßt sich nicht unmittelbar anwenden, da der Grenzwert des Nenners null ist. Wir formen die Funktion zunächst um:

$$\lim_{x \to 0} \frac{\sqrt[3]{1 + x^2} - 1}{x^2} = \lim_{x \to 0} \frac{1 + x^2 - 1}{x^2(\sqrt[3]{(1 + x^2)^2} + \sqrt[3]{1 + x^2} + 1)} =$$

$$= \lim_{x \to 0} \frac{1}{\sqrt[3]{(1 + x^2)^2} + \sqrt[3]{1 + x^2} + 1} .$$

Auf die gewonnene Funktion läßt sich nun der Satz über den Grenzwert eines Quotienten anwenden, denn der Nenner hat den Grenzwert 3. Der gesuchte Grenzwert ist $\frac{1}{3}$.

7°. **Der Satz über den Grenzwert einer zwischen zwei Funktionen eingeschlossenen Funktion.** Es seien drei Funktionen $f_1(x)$, $f_2(x)$ und $f_3(x)$ gegeben, wobei die Werte der einen von ihnen, z. B. $f_2(x)$, zwischen den Werten der beiden anderen eingeschlossen sein mögen:

$$f_1(x) \leq f_2(x) \leq f_3(x) .$$

Wenn die Funktionen $f_1(x)$ und $f_3(x)$ an einer gewissen Stelle gleiche Grenzwerte besitzen, dann hat auch die Zwischenfunktion $f_2(x)$ an dieser Stelle den gleichen Grenzwert.

Sind also $\lim\limits_{x \to x_0} f_1(x) = A$ und $\lim\limits_{x \to x_0} f_3(x) = A$, so ist zu zeigen, daß dann $\lim\limits_{x \to x_0} f_2(x) = A$ ist.

Wir subtrahieren auf allen Seiten der Ungleichung $f_1(x) \leq f_2(x) \leq f_3(x)$ die Größe $f_1(x)$ und erhalten

$$0 \leq f_2(x) - f_1(x) \leq f_3(x) - f_1(x) .$$

Da $\lim\limits_{x \to x_0} [f_3(x) - f_1(x)] = A - A = 0$ ist, ist die Funktion $f_3(x) - f_1(x)$ infinitesimal klein. Aus der letzten Ungleichung folgt dann, daß $f_2(x) - f_1(x)$ ebenfalls eine infinitesimal kleine Funktion ist, d. h. daß $\lim\limits_{x \to x_0} [f_2(x) - f_1(x)] = 0$.

Hieraus folgt

$$\lim_{x \to x_0} f_2(x) - \lim_{x \to x_0} f_1(x) = 0 \qquad \text{oder} \qquad \lim_{x \to x_0} f_2(x) - A = 0 .$$

Somit ist

$$\lim_{x \to x_0} f_2(x) = A .$$

1.5. DER BEGRIFF DER STETIGEN FUNKTION

Definition. Eine Funktion $y = f(x)$ heißt *stetig an der Stelle* x_0, wenn einem infinitesimal kleinen Zuwachs des Arguments ein infinitesimal kleiner Zuwachs der Funktion entspricht: $\lim\limits_{\Delta x \to 0} \Delta y = 0$ oder

$$\lim_{\Delta x \to 0} [f(x_0 + \Delta x) - f(x_0)] = 0 .$$

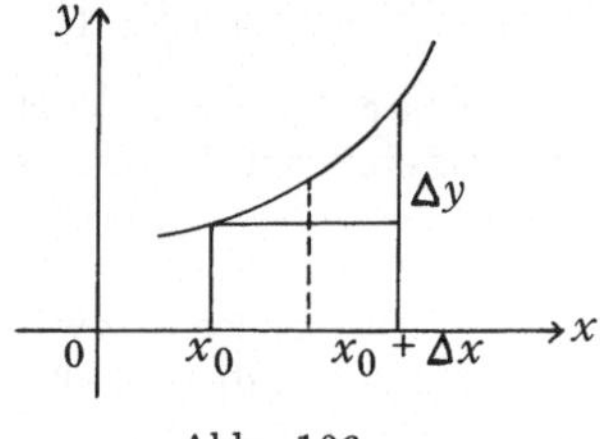

Abb. 106   Abb. 107

In Abb. 106 ist eine an der Stelle x_0 stetige Funktion und in Abb. 107 eine unstetige Funktion dargestellt.

Es sei die Funktion $y = f(x)$ an der Stelle x_0 stetig, d. h.

$$\lim_{\Delta x \to 0} \Delta y = \lim_{\Delta x \to 0} [f(x_0 + \Delta x) - f(x_0)] = 0 .$$

Da $f(x_0)$ von Δx unabhängig ist, gilt

$$\lim_{\Delta x \to 0} f(x_0 + \Delta x) - f(x_0) = 0 .$$

Hieraus folgt

$$\lim_{\Delta x \to 0} f(x_0 + \Delta x) = f(x_0) \qquad \text{oder} \qquad \lim_{x \to x_0} f(x) = f(x_0) .$$

Ist somit eine Funktion an der Stelle x_0 stetig, so ist ihr Grenzwert für $x \to x_0$ gleich ihrem Funktionswert für $x = x_0$.

Die letzte Gleichheit läßt sich in der Form

$$\lim_{x \to x_0} f(x) = f\left(\lim_{x \to x_0} x \right) ,$$

schreiben, woraus folgt, daß man bei einer stetigen Funktion das Funktionszeichen und das Grenzwertzeichen in ihren Stellungen vertauschen darf.

Unter Verwendung der Eigenschaften der Grenzwerte läßt sich zeigen, daß Summe und Produkt von stetigen Funktionen wieder stetige Funktionen sind. Der Quotient zweier stetiger Funktionen ist stetig, ausgenommen den Fall, wenn der Nenner gleich null ist.

Als Beispiel beweisen wir die Stetigkeit der Funktion $y = x^2$. Wir berechnen den Zuwachs dieser Funktion an einer gewissen Stelle x_0:

$$\Delta y = (x_0 + \Delta x)^2 - x = x + 2x_0\Delta x + \Delta x^2 - x = (2x_0 + \Delta x)\, \Delta x .$$

Hieraus folgt

$$\lim_{\Delta x \to 0} \Delta y = \lim_{\Delta x \to 0} (2x_0 + \Delta x)\, \Delta x = \lim_{\Delta x \to 0} (2x_0 + \Delta x)\, \lim_{\Delta x \to 0} \Delta x = 0 .$$

Diese Gleichheit gilt für ein beliebiges x_0. Einem infinitesimal kleinen Zuwachs des Arguments entspricht ein infinitesimal kleiner Zuwachs der Funktion. Die Funktion $y = x^2$ ist also für einen beliebigen Wert von x stetig.

Ebenso einfach läßt sich die Stetigkeit der Funktion $y = x^n$ nachweisen. Der Beweis für die Stetigkeit der anderen elementaren Funktionen ist schwieriger.

Es stellt sich heraus, daß die Funktionen $\sin x$, $\cos x$, a^x, $\tan x$, $\cot x$, Arcsin x, Arccos x und $\log_a x$ für alle x-Werte innerhalb der Definitionsbereiche dieser Funktionen stetig sind. Zum Beispiel ist die Funktion $y = \sin x$ für alle Werte von x stetig, während die Funktion $y = \log_a x$ nur für alle positiven Werte von x stetig ist.

§ 2. DER GRENZWERT EINER FUNKTION IM UNENDLICHEN

2.1. DER BEGRIFF EINER IM UNENDLICHEN INFINITESIMAL KLEINEN FUNKTION

Definition. Eine Funktion heißt *infinitesimal klein im Unendlichen*, wenn ihre Werte, absolut genommen, kleiner sind und kleiner bleiben als eine beliebig vorgegebene positive Zahl, sobald die Argumentwerte hinreichend groß werden.

Wird eine beliebig kleine positive Zahl ϵ vorgegeben, so liegt das Kurvenbild einer im Unendlichen infinitesimal kleinen Funktion für hinreichend große x in dem Streifen zwischen den Geraden $y = -\epsilon$ und $y = \epsilon$. Ist folglich eine Funktion im Unendlichen infinitesimal klein, so besitzt ihr Kurvenbild die Asymptote $y = 0$ (d. h. die x-Achse) (Abb. 108).

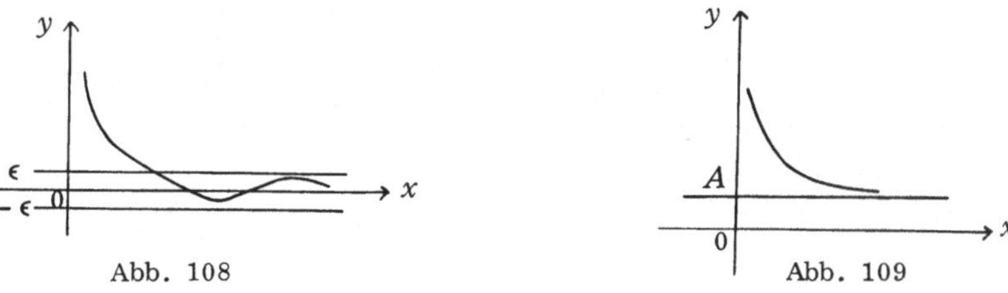

Abb. 108   Abb. 109

2.2. DER GRENZWERT EINER FUNKTION IM UNENDLICHEN

Definition. Eine Zahl A heißt *Grenzwert der Funktion $y = f(x)$ im Un-*

endlichen, wenn sich die Funktion $f(x)$ von dieser Zahl um eine Funktion unterscheidet, die im Unendlichen infinitesimal klein ist.

Ist also $f(x) = A + \alpha(x)$, wobei $\alpha(x)$ im Unendlichen infinitesimal klein ist, so gilt $A = \lim_{x \to \infty} f(x)$.

Die geometrische Bedeutung der Tatsache, daß eine Funktion im Unendlichen einen Grenzwert besitzt, besteht darin, daß das Kurvenbild einer solchen Funktion eine horizontale Asymptote $y = A$ hat (Abb. 109). Um also die horizontale Asymptote des Kurvenbildes einer Funktion zu ermitteln, muß man den Grenzwert dieser Funktion im Unendlichen berechnen.

Aus der geometrischen Bedeutung des Grenzwertes im Unendlichen geht deutlich hervor, daß nicht jede Funktion einen Grenzwert im Unendlichen besitzt. Wenn eine Funktion im Unendlichen unbeschränkt wächst, dann hat sie naturgemäß im Unendlichen keinen Grenzwert. Wenn sogar eine Funktion beschränkt ist, kann sie auch keinen Grenzwert im Unendlichen besitzen. Die Funktion $\sin x$ z. B. schwankt für $x \to \infty$ periodisch zwischen - 1 und + 1 und sie nähert sich keinem Grenzwert.

Analog können die Funktionen an einer Stelle keinen Grenzwert besitzen. Die Funktion $\dfrac{1}{x}$ z. B. wächst unbeschränkt für $x \to 0$ und besitzt deswegen an der Stelle 0 keinen Grenzwert. Die Funktion $\sin \dfrac{1}{x}$ schwankt für $x \to 0$ unbeschränkt zwischen - 1 und 1 und nähert sich keinem Grenzwert.

2.3. DIE BESTIMMUNG DER GENEIGTEN ASYMPTOTEN DES KURVENBILDES EINER FUNKTION

Es sei eine Funktion $y = f(x)$ gegeben. Wir nehmen an, daß ihr Kurvenbild eine geneigte Asymptote $y = kx + b$ besitzt. Die Bestimmung der Asymptote läuft auf die Bestimmung der Koeffizienten k und b für die Asymptotengleichung hinaus.

Die Tatsache, daß die Gerade $y = kx + b$ eine Asymptote des Kurvenbildes der Funktion ist, bedeutet, daß der Abstand AB von einem Kurvenpunkt A zu dieser Geraden gegen null strebt, wenn der Punkt A (folglich auch seine Abszisse x) gegen unendlich geht:

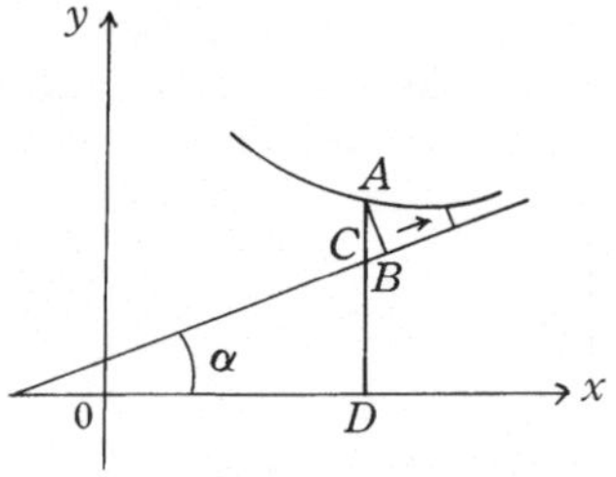

Abb. 110

$$\lim_{x \to \infty} AB = 0 \, .$$

Wenn man mit α den Winkel bezeichnet, den die Asymptote mit der x-Achse bildet, so gilt

$$AB = AC \cos \alpha \, .$$

Hieraus erkennt man, daß AB und AC gleichzeitig gegen null streben, wenn x gegen Unendlich geht:

$$\lim_{x \to \infty} AC = 0 \; .$$

Aus der Abb. 110 erkennt man, daß AC die Differenz der Ordinaten AD und CD des Punktes A auf der Kurve und des Punktes C auf der Asymptote ist:

$$AC = AD - CD = f(x) - (kx + b) \; .$$

Daher ist $\lim\limits_{x \to \infty} [f(x) - kx - b] = 0.$

Da der Grenzwert einer Differenz gleich der Differenz der Grenzwerte ist, gilt

$$\lim_{x \to \infty} [f(x) - kx] - b = 0 \; ,$$

d. h.

$$b = \lim_{x \to \infty} [f(x) - kx] \; .$$

Zur Bestimmung von k schreiben wir die Gleichung $\lim\limits_{x \to \infty} [f(x) - kx - b] = 0$ in einer anderen Form:

$$\lim_{x \to \infty} x \left[\frac{f(x)}{x} - k - \frac{b}{x} \right] = 0 \; .$$

Der Grenzwert des Produktes ist gleich null, und da der erste Faktor unbeschränkt wächst, muß der Grenzwert des zweiten Faktors null werden, d. h. $\lim\limits_{x \to \infty} \left[\dfrac{f(x)}{x} - k - \dfrac{b}{x} \right] = 0$.

Indem wir die Eigenschaft des Grenzwertes einer Differenz verwenden, erhalten wir

$$\lim_{x \to \infty} \frac{f(x)}{x} - k - \lim_{x \to \infty} \frac{b}{x} = 0 \; .$$

Da $\lim\limits_{x \to \infty} \dfrac{b}{x} = 0$ ist, folgt aus der letzten Gleichung

$$k = \lim_{x \to \infty} \frac{f(x)}{x} \; .$$

Damit haben wir gezeigt, daß man für eine Gerade $y = kx + b$, die Asymptote der Kurve $y = f(x)$ ist, die Koeffizienten k und b nach folgenden Formeln ermittelt:

$$k = \lim_{x \to \infty} \frac{f(x)}{x} \,, \qquad b = \lim_{x \to \infty} \left[f(x) - kx \right] .$$

Es gilt auch die umgekehrte Behauptung: Eine Gerade $y = kx + b$ ist Asymptote des Kurvenbildes von $y = f(x)$, wenn die Zahlen k und b durch die Beziehung $b = \lim_{x \to \infty} \left[f(x) - kx \right]$ verknüpft sind.

In der Tat, wenn $b = \lim_{x \to \infty} \left[f(x) - kx \right]$ ist, dann gilt $\lim_{x \to \infty} \left[f(x) - kx - b \right] = 0$, d.h. $\lim_{x \to \infty} AC = 0$. Hieraus folgt, daß auch $\lim_{x \to \infty} AB = 0$ ist, d.h. die Gerade $y = kx + b$ ist Asymptote des Kurvenbildes der Funktion $y = f(x)$.

Wir bemerken, daß die Aufgabe der Bestimmung einer Asymptote dem Problem der Linearisierung einer Funktion für große Argumentwerte gleichwertig ist.

B e i s p i e l. Man bestimme die geneigten Asymptoten des Kurvenbildes der Funktion $y = x \sqrt{\dfrac{x + 2}{x - 3}}$.

$$k = \lim_{x \to \infty} \frac{f(x)}{x} = \lim_{x \to \infty} \sqrt{\frac{x + 2}{x - 3}} = \lim_{x \to \infty} \sqrt{\frac{1 + \dfrac{2}{x}}{1 - \dfrac{3}{x}}} = 1 \,.$$

$$b = \lim_{x \to \infty} \left[f(x) - kx \right] = \lim_{x \to \infty} \left[x \sqrt{\frac{x + 2}{x - 3}} - x \right] = \lim_{x \to \infty} \frac{x(\sqrt{x + 2} - \sqrt{x - 3})}{\sqrt{x - 3}} =$$

$$= \lim_{x \to \infty} \frac{x(x + 2 - x + 3)}{\sqrt{x - 3} \, (\sqrt{x + 2} + \sqrt{x - 3})} = \lim_{x \to \infty} \frac{5x}{\sqrt{x - 3} \, (\sqrt{x + 2} + \sqrt{x - 3})} =$$

$$= \lim_{x \to \infty} \frac{5}{\sqrt{1 - \dfrac{3}{x}} \, \left(\sqrt{1 + \dfrac{2}{x}} + \sqrt{1 - \dfrac{3}{x}} \right)} = \frac{5}{2} \,.$$

Die Gerade $y = x + \dfrac{5}{2}$ ist die gesuchte Asymptote.

§ 3. DAS TANGENTENPROBLEM

Es sei eine Funktion $y = f(x)$ gegeben, deren Kurve in der Abb. 111 dargestellt ist, und ein Punkt $A(x_0, y_0)$ auf dieser Kurve. Rechts vom Punkt $A(x_0, y_0)$ wählen wir auf der Kurve einen Punkt B und legen nun durch diese

Punkte eine Gerade, die wir als *rechtsseitige Sekante* bezeichnen. Den Richtungsfaktor dieser Sekante bestimmen wir aus dem Dreieck ABC:

$$k_{s,r} = \tan \alpha_{s,r} = \frac{\Delta y}{\Delta x}.$$

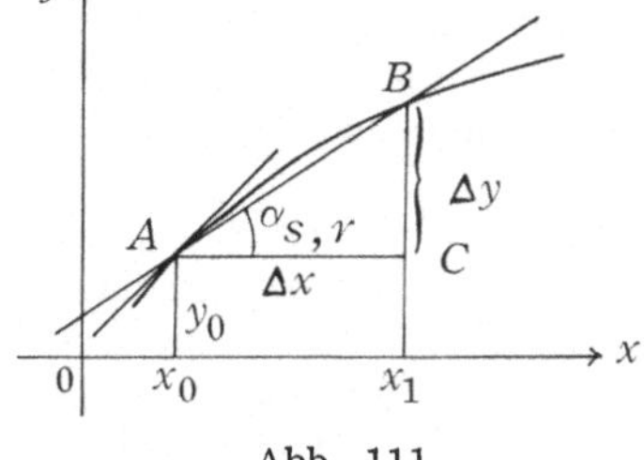
Abb. 111

Wenn der Punkt B längs der Kurve so verschoben wird, daß er sich dem Punkt A nähert, so dreht sich die Sekante um den Punkt A.

Wir nehmen an, daß sich die Sekante einer gewissen Grenzlage nähert.

Definition. Die Grenzlage einer rechtsseitigen Sekante, deren variabler Schnittpunkt mit der Kurve sich dem Punkt (x_0, y_0) nähert, nennt man die *rechtsseitige Tangente im Punkt* (x_0, y_0).

Aus der Definition der rechtsseitigen Tangente folgt, daß ihr Richtungsfaktor $k_{t,r}$ gleich

$$\lim_{\Delta x \to \infty} k_{s,r} = \lim_{\Delta x \to \infty} \frac{\Delta y}{\Delta x}$$

ist.

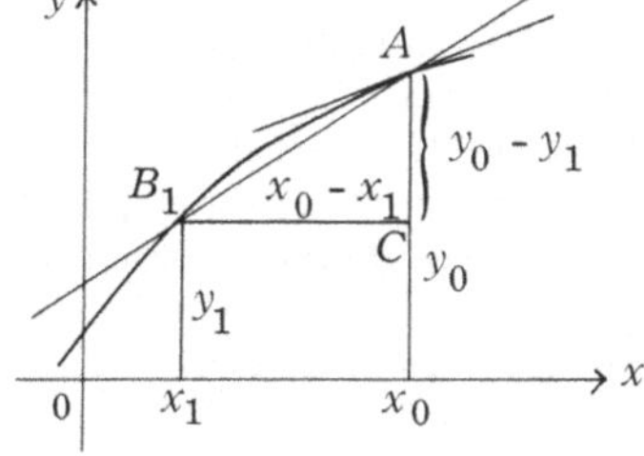
Abb. 112

Wir wählen nun auf dem Kurvenbild der Funktion $y = f(x)$ einen Punkt $B_1(x_1, y_1)$ links vom Punkt $A(x_0, y_0)$ (Abb. 112) und legen durch die Punkte A und B_1 eine Sekante, die wir als *linksseitige Sekante* bezeichnen. Der Richtungsfaktor der linksseitigen Sekante ergibt sich zu

$$k_{s,l} = \frac{y_0 - y_1}{x_0 - x_1} = \frac{y_1 - y_0}{x_1 - x_0} = \frac{\Delta y}{\Delta x},$$

wobei $\Delta x < 0$ ist.

Definition. Die Grenzlage einer linksseitigen Sekante, deren variabler Schnittpunkt mit der Kurve sich dem Punkt (x_0, y_0) nähert, nennt man die *linksseitige Tangente im Punkt* (x_0, y_0). Aus der Definition der linksseitigen Tangente ist ihr Richtungsfaktor

$$k_{t,l} = \lim_{\Delta x \to 0} \frac{\Delta y}{\Delta x} \ (\Delta x < 0).$$

Satz. *Jede konvexe (konkave) Kurve besitzt in jedem Punkt eine rechtsseitige und eine linksseitige Tangente.*

Den Beweis führen wir für die rechtsseitige Tangente.

Möge das Kurvenbild der Funktion $y = f(x)$ konvex sein. Durch den Punkt $A(x_0, y_0)$ legen wir die rechtsseitige Sekante AB. Bei der Annäherung des Punktes B an den Punkt A dreht sich die Sekante gegen den Uhrzeigersinn.

Dabei wird der Winkel, den die Sekante mit der positiven Richtung der x-Achse bildet, größer und nähert sich einem gewissen Grenzwert. Dieser Winkel ist der Neigungswinkel der Tangente bezüglich der x-Achse.

Bei unseren Überlegungen haben wir ohne Beweis die Tatsache benützt, daß eine wachsende und beschränkte Größe (in unserem Fall der Neigungswinkel der Sekante) einen Grenzwert besitzt.

D e f i n i t i o n. Wenn in einem Kurvenpunkt die linksseitige und rechtsseitige Tangente in eine gemeinsame Gerade übergehen, dann bezeichnet man diese Gerade als *Tangente*.

In diesem Fall, wenn in einem Punkt eine Tangente existiert, haben wir

$$k_{t,l} = k_{t,r} = k_t \; .$$

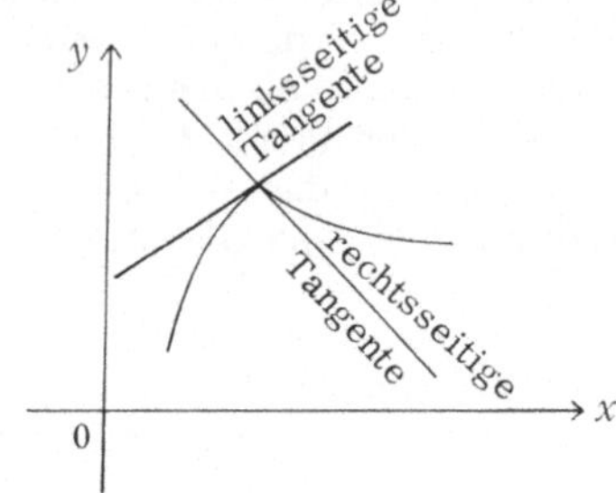

Abb. 113

Um den Richtungsfaktor der Tangente an die Kurve $y = f(x)$ im Punkt (x_0, y_0) zu bestimmen, muß man die Richtungsfaktoren der rechtsseitigen und linksseitigen Tangente berechnen. Sind sie beide gleich, so ist ihr gemeinsamer Wert der Richtungsfaktor der Tangente.

Wenn in irgendeinem Punkt die Richtungsfaktoren der rechtsseitigen und linksseitigen Tangente nicht übereinstimmen, dann hat die Kurve an dieser Stelle einen *Knick* (siehe Abb. 113).

3.1. DIE TANGENTE AN DIE PARABEL $y = x^2$ IM KOORDINATENURSPRUNG

Da das Kurvenbild der Funktion $y = x^2$ überall konkav ist, existiert in jedem Punkt eine rechtsseitige und eine linksseitige Tangente (Abb. 114).

Wir legen im Koordinatenursprung die rechtsseitige und linksseitige Sekante hindurch. Der Richtungsfaktor der rechtsseitigen Sekante ist $\dfrac{x^2}{x} = x$, und der Richtungsfaktor der rechtsseitigen Tangente ist gleich dem Grenzwert des Richtungsfaktors der rechtsseitigen Sekante für $x \to 0$:

$$k_{t,r} = \lim_{x \to 0} k_{s,r} = \lim_{x \to 0} x = 0.$$

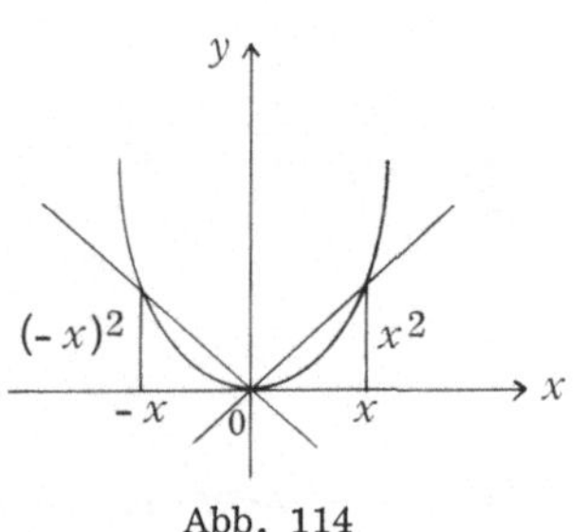

Abb. 114

Um den Richtungsfaktor der linksseitigen Tangente zu bestimmen, legen wir durch den Koordinatenursprung die linksseitige Sekante hindurch. Diese schneidet das Kurvenbild der Funktion in einem Punkt, dessen Abszisse negativ ist (wir bezeichnen diese mit $-x$).

Dann erhält man für den Richtungsfaktor der linksseitigen Sekante
$\dfrac{(-x)^2}{-x} = -x$ und $k_{t,\,l} = \lim\limits_{x\to 0} k_{s,\,l} = \lim\limits_{x\to 0} (-x) = 0.$

Da die Richtungsfaktoren der rechtsseitigen und linksseitigen Tangente gleich sind, besitzt die Parabel $y = x^2$ im Koordinatenursprung eine Tangente, die mit der x-Achse zusammenfällt.

3.2. DIE TANGENTE AN DIE PARABEL $y = \sqrt{x}$

Die Funktion $y = +\sqrt{x}$ ist für $x \geq 0$ definiert. Daher kann man im Punkt $x = 0$ nur von einer rechtsseitigen Tangente sprechen. Der Richtungsfaktor der rechtsseitigen Sekante ist im Koordinatenursprung gleich $\dfrac{\sqrt{x}}{x} = \dfrac{1}{\sqrt{x}}.$
Für $x \to 0$ wächst dann der Richtungsfaktor der rechtsseitigen Sekante unbeschränkt: $k_{s,\,r} = \dfrac{1}{\sqrt{x}} \to \infty.$ Das bedeutet, daß der Neigungswinkel der Sekante gegen $\dfrac{\pi}{2}$ strebt, d.h. die Tangente stimmt mit der y-Achse überein (Abb. 115).

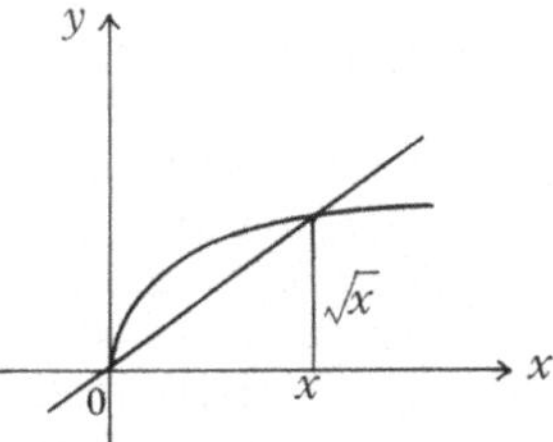

Abb. 115

3.3. DIE TANGENTE AN DIE SINUSKURVE $y = \sin x$ IM KOORDINATEN-URSPRUNG. DER ERSTE BEMERKENSWERTE GRENZWERT

Bei der Untersuchung der Funktion $y = \sin x$ haben wir festgestellt, daß rechts vom Koordinatenursprung die Kurve konvex und links vom Koordinatenursprung konkav ist. Auf Grund des bewiesenen Satzes schließen wir, daß im Koordinatenursprung eine linksseitige und eine rechtsseitige Tangente an die Bildkurve der Funktion exisiert. Wir zeigen, daß diese Tangenten zusammenfallen. Wir legen durch den Koordinatenursprung die rechtsseiti-

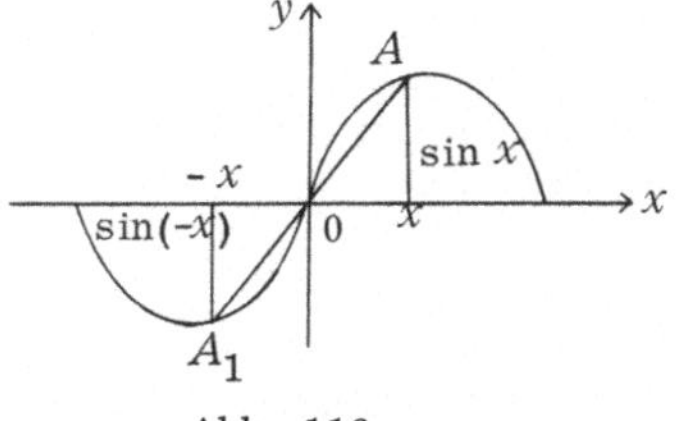

Abb. 116

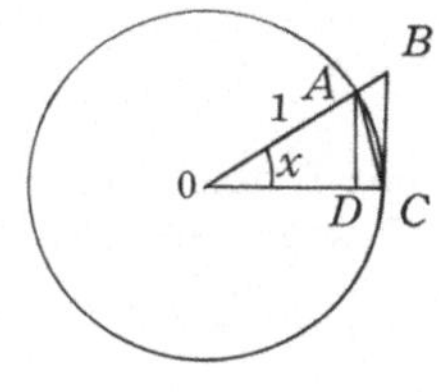

Abb. 117

ge und linksseitige Sekante OA und OA_1 hindurch. Für den Richtungsfaktor der rechtsseitigen Sekante erhalten wir $k_{s,\,r} = \dfrac{\sin x}{x}.$ Dann ergibt sich der Richtungsfaktor für die rechtsseitige Tangente zu $k_{t,\,r} = \lim\limits_{x\to 0} \dfrac{\sin x}{x}$ (Abb. 116).

Der Richtungsfaktor der linksseitigen Sekante ist $\dfrac{\sin(-\dot{x})}{-x}$, und der Richtungsfaktor der linksseitigen Tangente ergibt sich zu

$$k_{t,l} = \lim_{x \to 0} k_{s,l} = \lim_{x \to 0} \frac{\sin(-x)}{-x} = \lim_{x \to 0} \frac{\sin x}{x}\ .$$

Folglich ist $k_{t,r} = k_{t,l} = \lim\limits_{x \to 0} \dfrac{\sin x}{x}$ und daher

$$k_t = \lim_{x \to 0} \frac{\sin x}{x}\ .$$

Wir berechnen diesen Grenzwert.

Der erste bemerkenswerte Grenzwert $\lim\limits_{x \to 0} \dfrac{\sin x}{x}$. Bei der Berechnung dieses Grenzwertes läßt sich der Satz über den Grenzwert eines Quotienten nicht anwenden, da der Grenzwert des Nenners null wird. Wir stützen uns daher auf geometrische Überlegungen.

Im Einheitskreis konstruieren wir einen spitzen Winkel x (im Bogenmaß gemessen). Wir zeichnen die Strecke BC, den Tangens, und die Strecke AD, den Sinus, und verbinden die Punkte A und C durch eine Gerade. Wir betrachten die folgenden Figuren: das Dreieck OAC, den Sektor OAC und das Dreieck OBC. Da diese Figuren ineinandergeschachtelt sind, gelten für ihre Flächeninhalte die Ungleichungen (Abb. 117)

$$S_{\triangle OAC} < S_{s\ OAC} < S_{\triangle OBC}\ . \tag{1}$$

Indem wir die Flächeninhalte dieser Figuren berechnen, erhalten wir

$$S_{\triangle OAC} = \tfrac{1}{2}\, OC \cdot AD = \tfrac{1}{2} \sin x\ ,$$

$$S_{\triangle OBC} = \tfrac{1}{2}\, OC \cdot BC = \tfrac{1}{2} \tan x\ .$$

Wir erinnern uns daran, daß man den Flächeninhalt eines Kreissektors mit dem Radius r und dem Winkel α nach der Formel

$$S = \frac{\pi r^2 \alpha}{2\pi} = \tfrac{1}{2}\, r^2 \alpha$$

berechnet (der Winkel wird im Bogenmaß gemessen!).

Für den Sektor OAC erhalten wir

$$S_{s\ OAC} = \tfrac{1}{2}\, OA^2 x = \tfrac{1}{2}\, x\ .$$

Indem wir die gefundenen Ausdrücke für die Flächeninhalte in die Ungleichungen (1) einsetzen, erhalten wir

$$\tfrac{1}{2} \sin x < \tfrac{1}{2}\, x < \tfrac{1}{2} \tan x$$

oder

$\sin x < x < \tan x$.

Indem wir alle Seiten dieser Ungleichungen durch $\sin x$ dividieren, erhalten wir

$$1 < \frac{x}{\sin x} < \frac{1}{\cos x} \ .$$

In diesen Ungleichungen gehen wir nun zu den reziproken Werten über. Dabei muß man die Ungleichheitszeichen umkehren:

$$1 > \frac{\sin x}{x} > \cos x \ .$$

Da die Grenzwerte im linken und rechten Teil der Ungleichung für $x \to 0$ gleich eins sind, ist auch auf Grund des bewiesenen Satzes über den Grenzwert der Zwischenfunktion der Grenzwert von $\frac{\sin x}{x}$ gleich eins:

$$\lim_{x \to 0} \frac{\sin x}{x} = 1 \ .$$

Wir bemerken, daß wir bei vorhergehenden Überlegungen die Stetigkeit der Funktion $\cos x$ und darüber hinaus auch den Schluß $\lim\limits_{x \to 0} \cos x = \cos 0 = 1$ verwendet haben.

Wir wenden uns wieder der Aufgabe der Bestimmung der Tangente an die Sinuskurve zu und erhalten

$$k_t = \lim_{x \to 0} \frac{\sin x}{x} = 1 \ , \ \text{d. h.} \ \tan \alpha_t = 1 \ , \ \alpha_t = \frac{\pi}{4} \ .$$

Die Tangente an die Sinuskurve im Koordinatenursprung bildet mit der positiven Richtung der x-Achse den Winkel $\frac{\pi}{4}$.

3.4. DIE TANGENTE AN DIE KOSINUSKURVE $y = \cos x$ IN IHREM SCHNITT-PUNKT MIT DER ORDINATENACHSE

Das Kurvenbild der Funktion $y = \cos x$ ist für $-\frac{\pi}{2} < x < \frac{\pi}{2}$ konvex, und nach dem bewiesenen Satz besitzt sie in jedem Punkt des betrachteten Intervalls eine rechtsseitige und eine linksseitige Tangente (Abb. 118).

Wir wählen auf der Kurve die Punkte $A(0, 1)$, $B(x, y)$ und $B_1(- x, y)$ und legen durch den Punkt A die rechtsseitige (AB) und die linksseitige (AB_1) Sekante. Für den Richtungsfaktor der rechtsseitigen Sekante haben wir

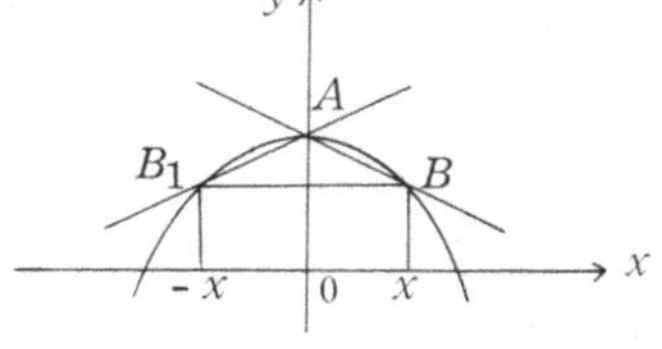

Abb. 118

$$k_{s,r} = \frac{\cos x - 1}{x} \, .$$

Dann ergibt sich der Richtungsfaktor der rechtsseitigen Tangente zu $k_{t,r} = \lim\limits_{x \to 0} \dfrac{\cos x - 1}{x}$.

Wir berechnen diesen Grenzwert und multiplizieren hierzu Zähler und Nenner mit $\cos x + 1$:

$$k_{t,r} = \lim_{x \to 0} \frac{(\cos x - 1)(\cos x + 1)}{x(\cos x + 1)} = \lim_{x \to 0} \frac{- \sin^2 x}{x(\cos x + 1)} =$$

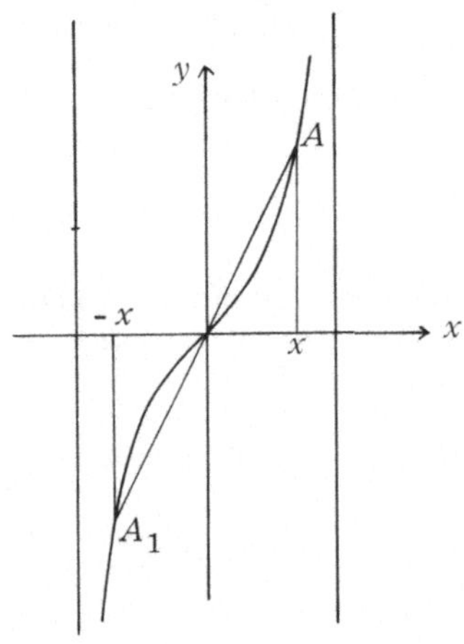

$$= - \lim_{x \to 0} \frac{\sin x}{\cos x + 1} \lim_{x \to 0} \frac{\sin x}{x} = 0 \cdot 1 = 0 \, .$$

Es ist daher $k_{t,r} = 0$. Analog erhalten wir

$$k_{s,l} = \frac{1 - \cos (-x)}{-x} = \frac{1 - \cos x}{-x}$$

und

$$k_{t,l} = \lim_{x \to 0} \frac{1 - \cos x}{-x} = k_{t,r} = 0 \, .$$

Da die Richtungsfaktoren der rechtsseitigen und linksseitigen Tangente im Punkt $A(0, \ 1)$ gleich sind, besitzt die Kosinuskurve in diesem Punkt eine Tangente, deren Richtungsfaktor gleich null ist. Die Tangente ist mit der x-Achse parallel.

Abb. 119

3.5. DIE TANGENTE AN DIE TANGENSKURVE $y = \tan x$ IM KOORDINATENURSPRUNG

Wir konstruieren wieder die rechtsseitige und linksseitige Sekante durch OA und OA_1, berechnen ihre Richtungsfaktoren sowie die Richtungsfaktoren der rechtsseitigen und linksseitigen Tangente (Abb. 119).

$$k_{s,r} = \frac{\tan x}{x} \, , \qquad k_{t,r} = \lim_{x \to 0} \frac{\tan x}{x} = \lim_{x \to 0} \frac{\sin x}{x} \frac{1}{\cos x} = 1 \, ,$$

$$k_{s,l} = \frac{\tan (-x)}{-x} \, , \qquad k_{t,l} = \lim_{x \to 0} \frac{\tan x}{x} = k_{t,r} = 1 \, .$$

Die Tangente an die Tangenskurve im Koordinatenursprung bildet mit der x-Achse den Winkel $\frac{\pi}{4}$.

3.6. DIE TANGENTEN AN DIE KURVENBILDER DER INVERSEN TRIGONOME-
TRISCHEN FUNKTIONEN

Wir betrachten die Funktion $y = \arcsin x$ und berechnen den Richtungsfaktor der rechtsseitigen Tangente an die Kurve im Koordinatenursprung

$$k_{t,r} = \lim_{x \to 0} \frac{\arcsin x}{x} \; .$$

Bezeichnen wir $\arcsin x$ mit α, so
ist $x = \sin \alpha$ und

$$\lim_{x \to 0} \frac{\arcsin x}{x} = \lim_{\alpha \to 0} \frac{\alpha}{\sin \alpha} = 1 \; ,$$

d.h.

$$k_{t,r} = 1 \; .$$

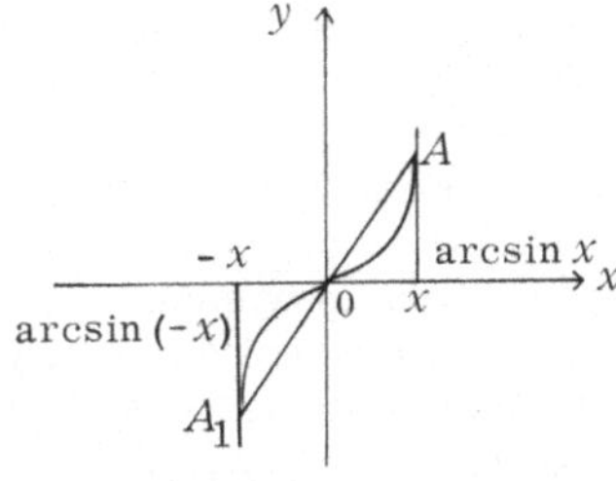
Abb. 120

Wir berechnen nun den Richtungsfaktor für die linksseitige Tangente:

$$k_{t,l} = \lim_{x \to 0} \frac{\arcsin (-x)}{-x} = \lim_{x \to 0} \frac{\arcsin x}{x} = k_{t,r} = 1.$$

Somit ist eine Tangente an die Bildkurve der Funktion $y = \arcsin x$ vorhanden und sie bildet mit der x-Achse den Winkel $\frac{\pi}{4}$ (Abb. 120).

Nun betrachten wir die Funktion $y = \arctan x$ und berechnen den Richtungsfaktor ihrer rechtsseitigen Tangente an ihre Bildkurve im Koordinatenursprung:

$$k_{t,r} = \lim_{x \to 0} k_{s,r} = \lim_{x \to 0} \frac{\arctan x}{x} \; .$$

Bezeichnen wir $\arctan x$ mit α, so ist $x = \tan \alpha$ und

$$\lim_{x \to 0} \frac{\arctan x}{x} = \lim_{\alpha \to 0} \frac{\alpha}{\tan \alpha} = 1.$$

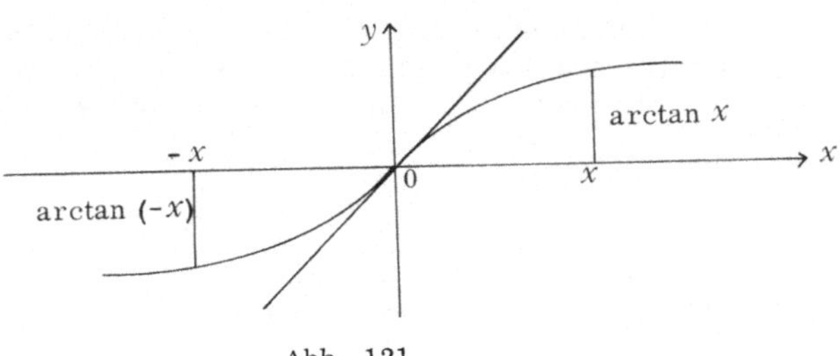
Abb. 121

Der Richtungsfaktor der linksseitigen Tangente ergibt sich zu

$$k_{t,l} = \lim_{x \to 0} \frac{\arctan(-x)}{-x} = \lim_{x \to 0} \frac{\arctan x}{x} = k_{t,r} = 1 \,.$$

Somit ist eine Tangente an die Bildkurve der Funktion $y = \arctan x$ vorhanden und sie bildet mit der x-Achse den Winkel $\alpha = \frac{\pi}{4}$ (Abb. 121).

3.7. DIE TANGENTE AN DAS KURVENBILD DER INVERSEN FUNKTION

Wie wir bereits wissen, ergibt sich das Kurvenbild der inversen Funktion aus dem Kurvenbild der gegebenen Funktion durch Spiegelung an der Winkelhalbierenden des ersten und dritten Quadranten (Abb. 122).

Die Tangente an das Kurvenbild der gegebenen Funktion möge mit der x-Achse den Winkel α bilden. Es ist geometrisch klar, daß die Tangente an das Kurvenbild der inversen Funktion im entsprechenden Punkt mit der x-Achse den Winkel $\frac{\pi}{2} - \alpha$ einschließt. Somit gilt

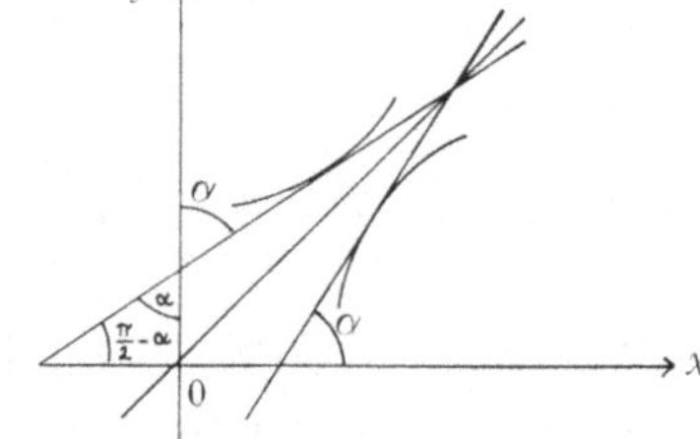

Abb. 122

$$k_{t,inv} = \tan\left(\frac{\pi}{2} - \alpha\right) = \cot \alpha = \frac{1}{\tan \alpha} = \frac{1}{k_t} \,.$$

Der Richtungsfaktor der Tangente an das Kurvenbild der inversen Funktion in einem gewissen Punkt ist somit der reziproke Wert des Richtungsfaktors der Tangente an das Kurvenbild der gegebenen Funktion im entsprechenden Punkt.

Wir wenden die Überlegung auf die betrachteten Funktionen an. Die Funktionen x^2 und $\sqrt{x}$ sind zueinander invers. Die Tangente an das Kurvenbild $y = x^2$ fällt im Koordinatenursprung mit der x-Achse zusammen, während die Tangente an das Kurvenbild $y = \sqrt{x}$ mit der y-Achse zusammenfällt.

Die Richtungsfaktoren der Tangenten an die Kurvenbilder der Funktionen $\sin x$ und $\tan x$ haben im Koordinatenursprung den Wert eins. Folglich haben auch die Richtungsfaktoren der Tangenten an die Kurvenbilder der inversen Funktionen $\arcsin x$ und $\arctan x$ den Wert eins und diese Tangenten bilder mit der x-Achse den Winkel $\frac{\pi}{4}$.

3.8. DIE TANGENTE AN DAS KURVENBILD DER EXPONENTIALFUNKTION IN IHREM SCHNITTPUNKT MIT DER ORDINATENACHSE

Wie wir wissen, ist das Kurvenbild der Exponentialfunktion konkav. Aus

dem am Anfang dieses Paragraphen bewiesenen Satz folgt, daß in jedem
Punkt dieses Kurvenbildes sowohl die rechtsseitige als auch die linksseitige Tangente existiert. Wir zeigen,
daß im Schnittpunkt dieses Kurvenbildes mit der Ordinatenachse beide Tangenten zusammenfallen. Für
die Genauigkeit setzen wir $a > 1$
voraus (Abb. 123).

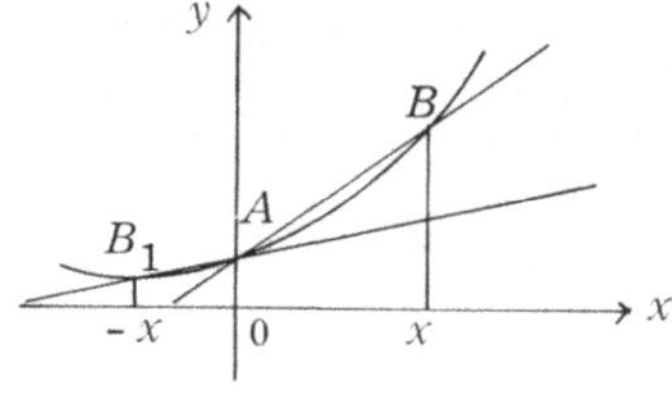

Abb. 123

Der Richtungsfaktor der rechts-
seitigen Sekante ist $\dfrac{a^x - 1}{x}$. Folglich
ergibt sich der Richtungsfaktor der rechtsseitigen Tangente zu

$$k_{t,r} = \lim_{x \to 0} \frac{a^x - 1}{x}.$$

Der Richtungsfaktor der linksseitigen Sekante ist $\dfrac{a^{-x} - 1}{-x} = \dfrac{1 - a^{-x}}{x}$, und
man erhält $k_{t,l} = \lim\limits_{x \to 0} \dfrac{1 - a^{-x}}{x}$.

Den Ausdruck hinter dem Limeszeichen formen wir wie folgt um:

$$k_{t,l} = \lim_{x \to 0} a^{-x} \frac{a^x - 1}{x}.$$

Für $x \to 0$ besitzt der erste Faktor a^{-x} den Grenzwert eins, während der
Grenzwert des zweiten Faktors gleich $k_{t,r}$ ist. Daher gilt $k_{t,l} = k_{t,r}$, so
daß das Kurvenbild im Schnittpunkt mit der y-Achse eine Tangente mit dem
Richtungsfaktor k_a besitzt.

Wir untersuchen nun, wie sich der Richtungsfaktor der Tangente in Abhängigkeit von der Basis der Exponentialfunktion ändert. Wir betrachten
die Funktion $y = b^x$. Für den Richtungsfaktor k_b erhalten wir

$$k_b = \lim_{x \to 0} \frac{b^x - 1}{x}.$$

Wir führen die Variable α derart ein, daß $b^x = a^\alpha$. Bildet man auf beiden
Seiten den Logarithmus zur Basis b, so ergibt sich $x = \alpha \log_b a$. Beachten
wir, daß für $\alpha \to 0$ auch $x \to 0$ geht, so erhalten wir

$$k_b = \lim_{\alpha \to 0} \frac{a^\alpha - 1}{\alpha \log_b a} = \frac{1}{\log_b a} \lim_{\alpha \to 0} \frac{a^\alpha - 1}{\alpha} = \frac{1}{\log_b a} k_a.$$

Beim Übergang von der Basis a zur Basis b ist somit der Richtungsfaktor durch $\log_b a$ zu dividieren. Da $\log_b a$ für $b > 1$ alle positiven Werte annimmt, nimmt auch der Richtungsfaktor k_b für verschiedene Basen b alle
möglichen positiven Werte an.

Es stellt sich heraus, daß in vielen Fällen diese Form der Exponentialfunktion besonders geeignet ist, für die der Richtungsfaktor der Tangente im Schnittpunkt des Kurvenbildes mit der y-Achse den Wert eins annimmt. Die Basis einer solchen Funktion bezeichnet man durch e und die Funktion selbst mit e^x.

Nach Definition der Zahl e ist der Richtungsfaktor $k_e = 1$ oder

$$\lim_{x \to 0} \frac{e^x - 1}{x} = 1 \ .$$

Andererseits gilt für beliebiges a $k_e = \dfrac{1}{\log_e a} k_a$. Daraus folgt, daß $k_a = \log_e a$ ist.

Man ist übereingekommen, den Logarithmus zur Basis e den natürlichen Logarithmus zu nennen und mit ln zu bezeichnen. Die letzte Formel kann man daher abgekürzt in der Form $k_a = \ln a$ schreiben.

Wenn wir wieder den Grenzwert anwenden, der uns auf die Größe k_a geführt hat, so erhalten wir

$$k_a = \lim_{x \to 0} \frac{a^x - 1}{x} = \ln a \ .$$

Es läßt sich zeigen, daß die Zahl e eine Irrationalzahl ist und daher durch einen unendlichen nichtperiodischen Dezimalbruch dargestellt wird.

Später werden wir uns die Möglichkeit verschaffen, die Zahl e mit beliebiger Genauigkeit zu berechnen. Jetzt schätzen wir den Wert von e nur grob ab. Hierzu nützen wir die Tatsache, daß der Richtungsfaktor der Tangente an das Kurvenbild der Funktion von e^x im Schnittpunkt dieses Kurvenbildes mit der y-Achse den Wert eins hat (siehe Abb. 124). Aus der Konkavität der Kurve von $y = e^x$ folgt, daß

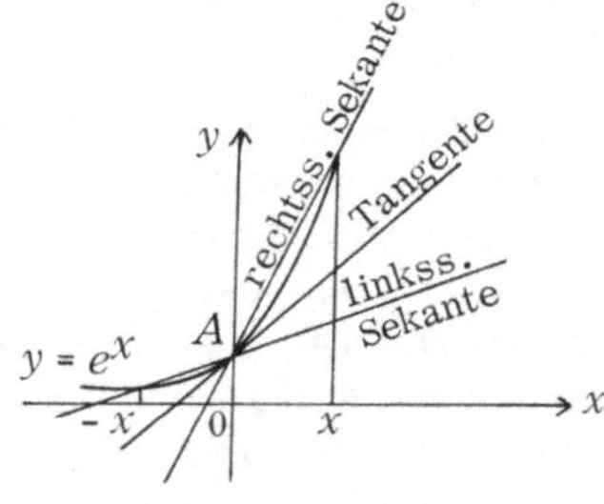

Abb. 124

der Richtungsfaktor einer beliebigen rechtsseitigen Sekante größer und der Richtungsfaktor einer beliebigen linksseitigen Sekante kleiner ist als der Richtungsfaktor der Tangente im Punkt A. Hieraus erhalten wir

$$\frac{e^x - 1}{x} > 1 \qquad \text{und} \qquad \frac{e^{-x} - 1}{-x} < 1 \ .$$

Wir erinnern uns daran, daß gemäß den vereinbarten Bezeichnungen in beiden Ungleichungen $x > 0$ gilt.

Aus der ersten Ungleichung folgt $e^x > 1 + x$. In der zweiten Ungleichung ändert sich bei Multiplikation mit $-x$ das Ungleichheitszeichen, und es ist daher $e^{-x} > 1 - x$. Wenn wir in der ersten Ungleichung $x = 1$ setzen, dann erhalten wir $e > 2$. Aus der zweiten Ungleichung erhalten wir für $x = \frac{1}{2}$ $e^{-\frac{1}{2}} > \frac{1}{2}$. Hieraus ergibt sich $\sqrt{e} < 2$ und folglich $e < 4$. Damit haben wir gezeigt, daß

$$2 < e < 4 \ .$$

gilt.

Wenn man in den Ungleichungen $e^x > 1 + x$ und $e^{-x} > 1 - x$ der Variablen x die nahe null liegenden Werte gibt, dann kann man die Grenzen einengen, zwischen denen der Wert von e liegt.

In Wirklichkeit ist $e = 2.718\ldots$

3.9. DIE TANGENTE AN DAS KURVENBILD DER LOGARITHMISCHEN FUNKTION IM SCHNITTPUNKT MIT DER x-ACHSE

Die Funktion $y = \log_a x$ ist invers zur Exponentialfunktion $y = a^x$. Dem Schnittpunkt des Kurvenbildes von $y = a^x$ mit der y-Achse entspricht der Schnittpunkt des Kurvenbildes von $y = \log_a x$ mit der x-Achse. Der Richtungsfaktor der Tangente an das Kurvenbild der Exponentialfunktion im Schnittpunkt mit der y-Achse ist $\ln a$. Daher ist der Richtungsfaktor der Tangente an das Kurvenbild der logarithmischen Funktion im Schnittpunkt mit der x-Achse gleich $\dfrac{1}{\ln a}$. Wenn man ihn als Grenzwert des Richtungsfaktors der Sekante berechnet, dann ergibt sich

$$k_t = \lim_{\Delta x \to 0} \frac{\log_a (1 + \Delta x)}{\Delta x} \ .$$

Folglich gilt

$$\lim_{\Delta x \to 0} \frac{\log_a (1 + \Delta x)}{\Delta x} = \frac{1}{\ln a} \ .$$

Betrachtet man die Funktion $y = \ln x$, so ergibt sich

$$k_t = \lim_{\Delta x \to 0} \frac{\ln (1 + \alpha)}{\alpha} = 1 \ .$$

3.10. DIE ZAHL e ALS GRENZWERT

Die Formel für den Richtungsfaktor der Tangente an das Kurvenbild der Funktion $y = \ln x$ läßt sich in der folgenden Form schreiben:

$$k_t = \lim_{\alpha \to 0} \frac{\ln (1 + \alpha)}{\alpha} = 1 \ .$$

Den Ausdruck unter dem Zeichen des Grenzwertes formen wir um:

$$\frac{\ln (1 + \alpha)}{\alpha} = \frac{1}{\alpha} \ln (1 + \alpha) = \ln (1 + \alpha)^{\frac{1}{\alpha}} \ .$$

Hieraus folgt

$$\lim_{\alpha \to 0} \frac{\ln (1 + \alpha)}{\alpha} = \lim_{\alpha \to 0} \ln (1 + \alpha)^{\frac{1}{\alpha}} = \ln \left[\lim_{\alpha \to 0} (1 + \alpha)^{\frac{1}{\alpha}} \right] = 1 \ .$$

Beim Vertauschen der Zeichen für den Grenzwert und für den Logarithmus haben wir die Stetigkeit der logarithmischen Funktion benützt.
Somit gilt

$$\ln \left[\lim_{\alpha \to 0} (1 + \alpha)^{\frac{1}{\alpha}} \right] = 1 = \ln e \ .$$

Hieraus folgt

$$\lim_{\alpha \to 0} (1 + \alpha)^{\frac{1}{\alpha}} = e \ .$$

Manchmal schreibt man diesen Grenzwert auch in einer anderen Form, indem man α **durch** $\frac{1}{z}$ **ersetzt, d. h.**

$$\lim_{z \to \infty} \left(1 + \frac{1}{z}\right)^{z} = e \ .$$

§ 4. HYPERBELFUNKTIONEN

In den Anwendungen treten häufig die folgenden Kombinationen der Funktionen e^x und e^{-x} auf.

$$\frac{e^x + e^{-x}}{2} \ , \qquad \frac{e^x - e^{-x}}{2} \ .$$

Deshalb hat man den Funktionen $\frac{e^x + e^{-x}}{2}$ und $\frac{e^x - e^{-x}}{2}$ besondere Namen gegeben. Die erstgenannte heißt der *Hyperbelkosinus, die zweite der Hyperbelsinus*. Man bezeichnet sie wie folgt:

$$\frac{e^x + e^{-x}}{2} = \cosh x \ , \qquad \frac{e^x - e^{-x}}{2} = \sinh x \ .$$

Die Funktionen $\cosh x$ und $\sinh x$ sind für alle x-Werte definiert.
Wir untersuchen die Funktion $y = \cosh x$. Das Kurvenbild schneidet die y-Achse: Für $x = 0$ erhalten wir $y = \cosh 0 = \frac{e^0 + e^0}{2} = 1$. Die Funktion

cosh x ist gerade, denn es gilt

$$\cosh(-x) = \frac{e^{-x} + e^{x}}{2} = \frac{e^{x} + e^{-x}}{2} = \cosh x .$$

Das Kurvenbild von cosh x ist symmetrisch zur y-Achse. Bei unbegrenztem Wachsen von x werden die Werte von e^{-x} beliebig klein und die Werte der Funktion cosh x werden annähernd gleich den Werten der Funktion $\frac{1}{2} e^{x}$.

Wir konstruieren eine Hilfskurve der Funktion $y = \frac{1}{2} e^{x}$. Das Kurvenbild von $y = \cosh x$ liegt oberhalb des Kurvenbildes von $y = \frac{1}{2} e^{x}$, denn es ist

$$\frac{e^{x} + e^{-x}}{2} > \frac{e^{x}}{2} .$$

Für große positive Werte von x nähern sich die beiden Kurven einander (Abb. 125).

Analog untersuchen wir die Funktion $y = \sinh x$.

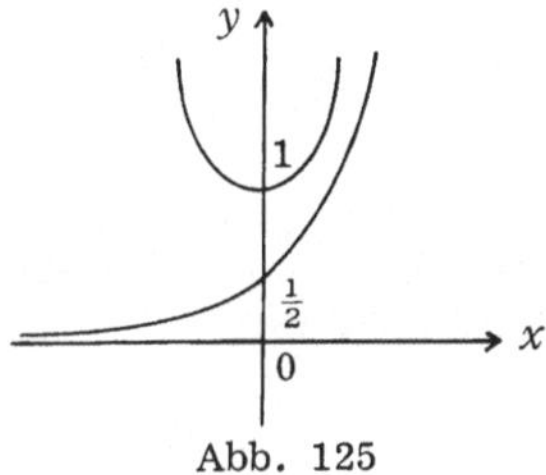

Abb. 125

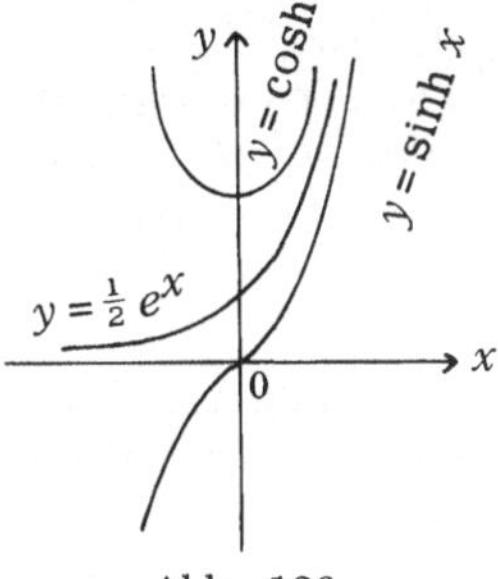

Abb. 126

Da $\dfrac{e^{0} - e^{0}}{2} = 0$ ist, ist sinh $0 = 0$, d. h. das Kurvenbild geht durch den Koordinatenursprung hindurch (Abb. 126). Die Funktion ist ungerade, da sie bei Änderung des Vorzeichens von x auch ihr Vorzeichen wechselt:

$$\sinh(-x) = \frac{e^{-x} - e^{x}}{2} = - \frac{e^{x} - e^{-x}}{2} = - \sinh x .$$

Wenn x-Werte groß sind, dann wird e^{-x} klein und es gilt sinh $x \approx \frac{1}{2} e^{x}$. Das Kurvenbild von $y = \sinh x$ liegt unterhalb der Kurve von $y = \frac{1}{2} e^{x}$, denn es ist

$$\frac{e^{x} - e^{-x}}{2} < \frac{1}{2} e^{x} .$$

Man kann leicht nachprüfen, daß der Hyperbelsinus und der Hyperbelkosinus durch die folgende Beziehung miteinander verknüpft sind:

$$\cosh^2 x - \sinh^2 x = 1 .$$

III. DIE LINEARISIERUNG DER ELEMENTAREN FUNKTIONEN

§ 1. DER VERGLEICH INFINITESIMAL KLEINER FUNKTIONEN

Es seien $\alpha(x)$ und $\beta(x)$ zwei Funktionen, beide infinitesimal klein in der Nähe des Punktes x_0.

Definition. Die zwei infinitesimal kleinen Funktionen heißen infinitesimal klein *von gleicher Ordnung*, wenn

$$\lim_{x \to x_0} \frac{\alpha(x)}{\beta(x)} = A \neq 0 \ .$$

Insbesondere heißen die zwei infinitesimal kleinen Funktionen *äquivalent*, wenn der Grenzwert ihres Quotienten für $x \to x_0$ gleich eins ist:

$$\lim_{x \to x_0} \frac{\alpha(x)}{\beta(x)} = 1 \ .$$

Seien $\alpha(x)$ und $\beta(x)$ äquivalente infinitesimal kleine Funktionen, so schreibt man:

$$\alpha(x) \sim \beta(x)$$

(und liest: $\alpha(x)$ äquivalent $\beta(x)$).

Definition. $\alpha(x)$ heißt infinitesimal klein von *höherer Ordnung als* $\beta(x)$, wenn

$$\lim_{x \to x_0} \frac{\alpha(x)}{\beta(x)} = 0 \ .$$

Wenn also

$$\lim_{x \to x_0} \frac{\alpha(x)}{\beta(x)} = \begin{cases} 0, & \text{so ist } \alpha(x) \text{ infinitesimal klein von höherer Ordnung als} \\ & \beta(x); \\[4pt] A, & \text{so sind } \alpha(x) \text{ und } \beta(x) \text{ infinitesimal klein von gleicher Ord-} \\ & \text{nung;} \\[4pt] 1, & \text{so sind } \alpha(x) \text{ und } \beta(x) \text{ äquivalente infinitesimal kleine Funk-} \\ & \text{tionen.} \end{cases}$$

1.1. DIE EIGENSCHAFTEN VON FUNKTIONEN, DIE VERGLICHEN MIT EINER GEGEBENEN FUNKTION INFINITESIMAL KLEIN VON HÖHERER ORDNUNG SIND

$1°$. *Die Summe zweier Funktionen, die verglichen mit einer gegebenen Funktion infinitesimal klein von höherer Ordnung sind, ist wieder infinitesimal klein von höherer Ordnung als die gegebene Funktion.*

$\alpha_1(x)$ und $\alpha_2(x)$ seien infinitesimal klein von höherer Ordnung als $\beta(x)$, d. h.

$$\lim_{x \to x_0} \frac{\alpha_1(x)}{\beta(x)} = 0 \quad \text{und} \quad \lim_{x \to x_0} \frac{\alpha_2(x)}{\beta(x)} = 0 \ .$$

Wegen

$$\lim_{x \to x_0} \frac{\alpha_1(x) + \alpha_2(x)}{\beta(x)} = \lim_{x \to x_0} \frac{\alpha_1(x)}{\beta(x)} + \lim_{x \to x_0} \frac{\alpha_2(x)}{\beta(x)} = 0 \ ,$$

ist die Eigenschaft bewiesen.

$2°$. *Das Produkt aus einer Funktion, die verglichen mit einer gegebenen Funktion infinitesimal von höherer Ordnung ist, und einer beschränkten Funktion, ist wieder infinitesimal klein von höherer Ordnung als die gegebene Funktion.*

Wir überlassen den Beweis für diese Behauptung dem Leser.

Wir vergleichen nun einige infinitesimal kleine Funktionen miteinander.

1. Es sei $\alpha(x) = \sin x$, $\beta(x) = x$ und $x_0 = 0$.

Wegen $\lim_{x \to 0} \dfrac{\sin x}{x} = 1$ sind $\sin x$ und x zwei äquivalente infinitesimal kleine Funktionen: $\sin x \sim x$.

Äquivalente unendlich kleine Funktionen sind auch $\tan x$ und x sowie $\arcsin x$ und x.

2. Es sei $\alpha(x) = 1 - \cos x$, $\beta(x) = x^2$, $x_0 = 0$.

Es gilt

$$\lim_{x \to 0} \frac{1 - \cos x}{x^2} = \lim_{x \to 0} \frac{2 \sin^2 \frac{x}{2}}{x^2} = \lim_{x \to 0} \frac{2 \frac{x^2}{4}}{x^2} = \tfrac{1}{2} \ ,$$

d. h.: $1 - \cos x$ und x^2 sind infinitesimal klein von gleicher Ordnung.

1.2. DER HAUPTSATZ FÜR ÄQUIVALENTE INFINITESIMAL KLEINE FUNKTIONEN

Satz. *Sind zwei infinitesimal kleine Funktionen äquivalent, so ist ihre Differenz infinitesimal klein von höherer Ordnung als jede der beiden Funktionen. Ist umgekehrt die Differenz zweier infinitesimal kleiner Funktionen infinitesimal klein von höherer Ordnung als eine der beiden, so sind diese infinitesimal kleinen Funktionen äquivalent.*

Es sei $\alpha(x) \sim \beta(x)$, d. h. $\lim\limits_{\to\,0} \dfrac{\alpha(x)}{\beta(x)} = 1$. Wir zeigen, daß $\alpha(x) - \beta(x)$ infinitesimal klein von höherer Ordnung als z. B. $\beta(x)$ ist.

Es gilt nämlich

$$\lim_{x \to x_0} \frac{\alpha(x) - \beta(x)}{\beta(x)} = \lim_{x \to x_0} \frac{\alpha(x)}{\beta(x)} - 1 = 1 - 1 = 0 \;.$$

Das bedeutet gerade, daß $\alpha(x) - \beta(x)$ infinitesimal klein von höherer Ordnung als $\beta(x)$ ist.

Wir beweisen nun die Umkehrung. Es sei

$$\lim_{x \to x_0} \frac{\alpha(x) - \beta(x)}{\beta(x)} = 0 \;.$$

Wir zeigen, daß dann $\alpha(x)$ und $\beta(x)$ äquivalent sind:

$$\lim_{x \to x_0} \frac{\alpha(x) - \beta(x)}{\beta(x)} = \lim_{x \to x_0} \left[\frac{\alpha(x)}{\beta(x)} - 1 \right] = \lim_{x \to x_0} \frac{\alpha(x)}{\beta(x)} - 1 \;.$$

Da der erste Grenzwert nach Voraussetzung null ist, folgt $\lim\limits_{x \to x_0} \dfrac{\alpha(x)}{\beta(x)} = 1$, d. h. $\alpha(x)$ und $\beta(x)$ sind äquivalente infinitesimal kleine Funktionen.

Wir bezeichnen die Differenz $\alpha(x) - \beta(x)$ mit $\gamma(x)$: $\alpha(x) - \beta(x) = \gamma(x)$. Dann gilt

$$\alpha(x) = \beta(x) + \gamma(x) \;.$$

Auf Grund des bewiesenen Satzes können wir aus der Äquivalenz von $\alpha(x)$ und $\beta(x)$ ($\alpha(x) \sim \beta(x)$) folgern, daß $\gamma(x)$ infinitesimal klein von höherer Ordnung als $\beta(x)$ (bzw. $\alpha(x)$) ist.

§ 2. LINEARISIERUNG IN DER NÄHE VON $x = 0$

Wir wollen nun die Linearisierung von Funktionen in der Nähe der Stelle $x = 0$ durchführen und stützen uns dabei auf den Satz über äquivalente infinitesimal kleine Funktionen. Ist die Funktion $f(x)$ in der Nähe von $x = 0$ infinitesimal klein und äquivalent der Funktion kx, so unterscheidet sich $f(x)$ auf Grund des Satzes über äquivalente infinitesimal kleine Funktionen von kx um eine von höherer Ordnung infinitesimal kleine Funktion:

$$f(x) = kx + \gamma(x) \;.$$

Wir benutzen die Gleichung $f(x) = kx + \gamma(x)$ und definieren: Die Ersetzung einer Funktion durch eine lineare Funktion, die sich von ihr durch eine von höherer Ordnung als x infinitesimal kleine Funktion unterscheidet, heißt man

Linearisierung der Funktion in der Nähe der Stelle $x = 0$.
Die Linearisierung der elementaren Funktionen in der Nähe von $x = 0$.

2.1. LINEARISIERUNG DER FUNKTION $y = (1+x)^n$

Wie schon bewiesen gilt

$$(1 + x)^n \approx 1 + nx$$

mit einer Genauigkeit bis auf Glieder mit x-Potenzen von höherem als erstem Grad. Diese vernachlässigten Glieder erweisen sich als infinitesimal klein von höherer Ordnung als x. Sei z. B. das vernachlässigte Glied von der Form ax^2, so gilt $\lim\limits_{x \to 0} \dfrac{ax^2}{x} = a \lim\limits_{x \to 0} x = 0$, d. h. ax^2 ist infinitesimal klein von höherer Ordnung als x. Es gilt also

$$(1 + x)^n = 1 + nx + \gamma \,,$$

wobei γ infinitesimal klein von höherer Ordnung als x ist.

2.2. LINEARISIERUNG DER FUNKTION $y = \dfrac{1}{1 + x}$

Die Funktion $\dfrac{1}{1 + x}$ ist in der Nähe von $x = 0$ nicht infinitesimal klein, weshalb wir die Hilfsfunktion $\dfrac{1}{1 + x} - 1$ betrachten, die diese Eigenschaft hat.

Wir vergleichen die beiden infinitesimal kleinen Funktionen $\dfrac{1}{1 + x} - 1$ und x:

$$\lim_{x \to 0} \frac{\dfrac{1}{1 + x} - 1}{x} = \lim_{x \to 0} \frac{1 - 1 - x}{x(1 + x)} = -1 \,.$$

Aus der gewonnenen Gleichung folgt, daß diese infinitesimal kleinen Funktionen nicht äquivalent sind. Vergleicht man jedoch die Funktionen $\dfrac{1}{1 + x} - 1$ und $-x$, so ist der Grenzwert ihres Quotienten für $x \to 0$ gleich eins, d. h. $\dfrac{1}{1 + x} - 1$ und $-x$ sind äquivalent. Es gilt dann auf Grund des bewiesenen Satzes $\dfrac{1}{1 + x} - 1 = -x + \gamma$, wobei γ eine von höherer Ordnung als infinitesimal kleine Größe ist.

Es gilt somit

$$\frac{1}{1 + x} = 1 - x + \gamma \,.$$

2.3. LINEARISIERUNG DER FUNKTION $y = \sqrt{1 + x}$

Die Funktion $\sqrt{1 + x}$ ist in der Nähe von $x = 0$ nicht infinitesimal klein. Wir betrachten deshalb die Funktion $\sqrt{1 + x} - 1$, die bei $x = 0$ jetzt infinitesimal klein ist, und vergleichen sie mit der infinitesimal kleinen Funktion x:

$$\lim_{x \to 0} \frac{\sqrt{1 + x} - 1}{x} = \lim_{x \to 0} \frac{1 + x - 1}{x(\sqrt{1+x}+1)} = \lim_{x \to 0} \frac{1}{\sqrt{1 + x} + 1} = \tfrac{1}{2} \ .$$

Die infinitesimal kleinen Funktionen sind nicht äquivalent. Vergleichen wir jedoch $\sqrt{1 + x} - 1$ und $\frac{x}{2}$, so ist der Grenzwert ihres Quotienten gleich eins, d. h. $\sqrt{1 + x} - 1 \sim \frac{x}{2}$, oder

$$\sqrt{1 + x} = 1 + \frac{x}{2} + \gamma \ .$$

2.4. LINEARISIERUNG DER FUNKTION $y = \sin x$

Wir vergleichen $\sin x$ und x in der Nähe von $x = 0$ und erhalten den bekannten Grenzwert $\lim\limits_{x \to 0} \dfrac{\sin x}{x} = 1$, d. h. $\sin x \sim x$ oder $\sin x = x + \gamma$.

2.5. LINEARISIERUNG DER FUNKTION $y = \cos x$

Die Funktion $\cos x$ ist in der Nähe von $x = 0$ nicht infinitesimal klein, weshalb wir die Funktion $\cos x - 1$ betrachten, die die gewünschte Eigenschaft besitzt.

Durch Vergleich von $\cos x - 1$ und x erhalten wir

$$\lim_{x \to 0} \frac{\cos x - 1}{x} = \lim_{x \to 0} \frac{- \sin^2 x}{x(\cos x + 1)} = 0 \ .$$

$\cos x - 1$ ist also infinitesimal klein von höherer Ordnung als x. Wir setzen $\cos x - 1 = \gamma$ und haben

$$\cos x = 1 + \gamma \ ,$$

wobei γ eine von höherer Ordnung als x infinitesimal kleine Funktion ist.

2.6. LINEARISIERUNG DER FUNKTIONEN $y = e^x$ UND $y = a^x$

An Stelle der Funktionen e^x und a^x betrachten wir die in der Nähe der Stelle $x = 0$ infinitesimal kleinen Funktionen $e^x - 1$ und $a^x - 1$.

Auf Grund der Definition der Zahl e gilt $\lim\limits_{x \to 0} \dfrac{e^x - 1}{x} = 1$, d.h. $e^x - 1 \sim x$

$$e^x = 1 + x + \gamma \, .$$

Wie früher bewiesen gilt $\lim\limits_{x \to 0} \dfrac{a^x - 1}{x} = \ln a$. Daraus folgt $\lim\limits_{x \to 0} \dfrac{a^x - 1}{x \ln a} = 1$,

d.h. $a^x - 1 \sim x \ln a$ oder

$$a^x = 1 + x \ln a + \gamma \, .$$

2.7. LINEARISIERUNG DER FUNKTION $y = \log_a (1 + x)$

Die Funktion $\log_a(1 + x)$ ist in der Nähe von $x = 0$ infinitesimal klein. Es wurde schon früher bewiesen, daß $\lim\limits_{x \to 0} \dfrac{\log_a(1 + x)}{x} = \dfrac{1}{\ln a}$. Es folgt

$$\lim\limits_{x \to 0} \dfrac{\log_a(1 + x)}{\dfrac{x}{\ln a}} = 1 \, , \quad \text{d.h.} \quad \log_a(1 + x) \sim \dfrac{x}{\ln a} \quad \text{oder}$$

$$\log_a(1 + x) = \dfrac{x}{\ln a} + \gamma \, .$$

Für die Funktion $y = \ln (1 + x)$ gilt also

$$\ln (1 + x) = x + \gamma \, .$$

Wir weisen darauf hin, daß die Funktionen $\log_a x$ und $\ln x$ in der Nähe von $x = 0$ nicht linearisiert werden können, weil sie in der Nähe von $x = 0$ nicht beschränkt sind.

2.8. FORMELN FÜR DIE LINEARISIERUNG IN DER NÄHE DER STELLE $x = 0$

1. $(1 + x)^n = 1 + nx + \gamma$;

2. $\dfrac{1}{1 + x} = 1 - x + \gamma$;

3. $\sqrt{1 + x} = 1 + \dfrac{x}{2} + \gamma$;

4. $\sin x = x + \gamma$;

5. $\cos x = 1 + \gamma$;

6. $e^x = 1 + x + \gamma$;

7. $a^x = 1 + x \ln a + \gamma$;

8. $\log_a(1 + x) = \dfrac{x}{\ln a} + \gamma$;

9. $\ln (1 + x) = x + \gamma$.

2.9. ANWENDUNGSBEISPIELE FÜR DIE LINEARISIERUNG

1°. Es sei $\sqrt{82}$ näherungsweise zu berechnen. Wir stellen die Zahl 82 als Summe $81 + 1$ dar. Dann gilt

$$\sqrt{82} = \sqrt{81 + 1} = 9\sqrt{1 + \frac{1}{81}} \approx 9\left(1 + \frac{1}{2.81}\right) \approx 9.056 \; .$$

$2°$. Es sei $\sin 10°$ zu berechnen. Der entsprechende Wert für $10°$ im Bogenmaß ist $\frac{\pi}{18}$. Das ist eine kleine Größe; es gilt deshalb

$$\sin 10° = \sin \frac{\pi}{18} \approx \frac{\pi}{18} \approx 0.1745 \; .$$

In vierstelligen Tafeln finden wir: $\sin 10° = 0.1736$.

$3°$. In der Atomphysik betrachtet man eine Formel, die den Zusammenhang zwischen der Verteilung der Strahlungsenergie und der Frequenz gibt:

$$du_\nu = A \; \frac{1}{e^{\frac{h\nu}{kT}} - 1} \; d\nu \; .$$

In dieser Gestalt ist die Formel kompliziert, weshalb man bei niederen Frequenzen ν, d. h. solange der Ausdruck $\frac{h\nu}{kT}$ klein ist, die Größe $e^{\frac{h\nu}{kT}}$ linearisiert und durch $1 + \frac{h\nu}{kT}$ ersetzt. Man erhält so die einfachere Formel

$$du_\nu = A \; \frac{kT}{h\nu} \; d\nu \; ,$$

die man Rayleigh-Jeanssche Strahlungsformel nennt.

§ 3. LINEARISIERUNG EINER FUNKTION IN DER NÄHE EINER VOR-GEGEBENEN STELLE

Wir betrachten die Funktion $y = f(x)$ in der Nähe des Punktes x_0, d. h. bei $x = x_0 + \Delta x$. Die Größe Δx ist in der Nähe der Stelle x_0 infinitesimal klein.

Definition. Man sagt, die Funktion $y = f(x)$ *lasse sich in der Nähe der Stelle x_0 linearisieren*, wenn man sie *durch eine lineare Funktion ersetzen kann*, wobei *der Fehler infinitesimal klein von höherer Ordnung als* $\Delta x = x - x_0$ ist.

Läßt sich eine Funktion linearisieren, so kann man sie auf folgende Art darstellen:

$$f(x_0 + \Delta x) = b + k\Delta x + \gamma \; ,$$

wobei die Größe γ infinitesimal klein von höherer Ordnung als Δx ist.

Wir werden nun die Formeln zur Berechnung von k und b herleiten. Unter der Voraussetzung, daß obige Formel für $\Delta x = 0$ richtig ist *), finden

*) Diese Voraussetzung ist äquivalent mit der Forderung, daß $f(x)$ bei x_0 stetig sei.

wir $b = f(x_0)$. Wir können jetzt schreiben:

$$f(x_0 + \Delta x) = f(x_0) + k\Delta x + \gamma \; ,$$

oder

$$f(x_0 + \Delta x) - f(x_0) = k\Delta x + \gamma \; .$$

Auf der linken Seite der letzten Gleichung steht der Zuwachs der Funktion. Wir schreiben deshalb in abgekürzter Schreibweise:

$$\Delta y = k\Delta x + \gamma \; .$$

Aus dieser Formel ist zu ersehen, daß der Zuwachs der Funktion aus zwei Teilen besteht: aus dem linearen Anteil $k\Delta x$ und der Funktion γ, die infinitesimal klein von höherer Ordnung als Δx ist.

D e f i n i t i o n . Der lineare Anteil $k\Delta x$ des Zuwachses heißt *Differential* der Funktion und wird mit dy bezeichnet: $dy = k\Delta x$.

Der Zuwachs einer linearisierbaren Funktion unterscheidet sich von ihrem Differential um eine Funktion, die infinitesimal klein von höherer Ordnung als Δx ist. Dieser Sachverhalt kommt in der Schreibweise

$$\Delta y = dy + \gamma$$

zum Ausdruck.

Aus der Gleichung $\Delta y = k\Delta x + \gamma$ finden wir:

$$k = \frac{\Delta y}{\Delta x} - \frac{\gamma}{\Delta x} \; .$$

In dieser Gleichung bilden wir den Grenzwert für $\Delta x \to 0$ und erhalten:

$$k = \lim_{\Delta x \to 0} \left(\frac{\Delta y}{\Delta x} - \frac{\gamma}{\Delta x} \right) = \lim_{\Delta x \to 0} \frac{\Delta y}{\Delta x} - \lim_{\Delta x \to 0} \frac{\gamma}{\Delta x} \; .$$

Da die Größe γ infinitesimal klein von höherer Ordnung als Δx ist, gilt

$$\lim_{\Delta x \to 0} \frac{\gamma}{\Delta x} = 0$$

und folglich

$$k = \lim_{\Delta x \to 0} \frac{\Delta y}{\Delta x} \; .$$

Dieser Grenzwert heißt Ableitung.

D e f i n i t i o n . Der Grenzwert des Quotienten aus dem Zuwachs der Funktion und dem Zuwachs des Arguments, wenn dieser gegen null geht, heißt *Ableitung* der Funktion in einem gegebenen Punkt.

Man bezeichnet diesen Grenzwert mit $f'(x_0)$ oder y', also

$$\lim_{\Delta x \to 0} \frac{\Delta y}{\Delta x} = \lim_{\Delta x \to 0} \frac{f(x_0 + \Delta x) - f(x_0)}{\Delta x} = f'(x_0) = y' \; .$$

Die grundlegende Formel für die Linearisierung einer Funktion kann man jetzt so anschreiben:

$$f(x_0 + \Delta x) = f(x_0) + f'(x_0)\, \Delta x + \gamma \ .$$

Entsprechend lauten die Formeln für den Zuwachs der Funktion und ihr Differential nunmehr

$$\Delta y = f'(x_0)\, \Delta x + \gamma \qquad \text{und} \qquad dy = f'(x_0)\, \Delta x \ .$$

Das Differential einer Funktion an einer gegebenen Stelle ist gleich dem Produkt aus der Ableitung (an dieser Stelle) und dem Zuwachs des Arguments.

Die linearisierbaren Funktionen heißen *differenzierbar*.

3.1. DIE ABLEITUNG UND DAS DIFFERENTIAL DER LINEAREN FUNKTION AN EINER GEGEBENEN STELLE

Es sei die lineare Funktion $f(x) = b + kx$ gegeben. Wir setzen $x = x_0 + \Delta x$ und erhalten

$$f(x_0 + \Delta x) = b + k(x_0 + \Delta x) = b + kx_0 + k\Delta x = f(x_0) + k\Delta x \ .$$

Wie wir schon wissen, liefert der Koeffizient bei Δx die Ableitung. Die Ableitung der linearen Funktion ist also gleich ihrem Steigungskoeffizienten:

$$(b + kx)' = k \ .$$

Das Differential der linearen Funktion ist gleich ihrem Zuwachs:

$$dy = k\Delta x \ .$$

Wir betrachten die Spezialfälle der linearen Funktionen. Sei $k = 0$, d. h. $f(x) = b$, dann ist die Ableitung an einer beliebigen Stelle x gleich null.

Es gilt also: *Die Ableitung und das Differential einer konstanten Funktion sind gleich null.*

Sei nun $f(x) = x$, also $k = 1$, dann ist die Ableitung gleich eins und das Differential gleich Δx:

$$dx = \Delta x \ .$$

Es gilt somit: *Das Differential der Funktion x ist gleich dem Zuwachs Δx.*

Diese Tatsache erlaubt es, für das Differential und die Ableitung einer beliebigen Funktion eine andere Schreibweise einzuführen. Wir ersetzen Δx durch dx und erhalten $dy = f'(x)\, dx$ und daraus

$$f'(x) = \frac{dy}{dx} \ .$$

§ 4. LINEARISIERUNGSFORMELN FÜR DIE WICHTIGSTEN ELEMENTAREN FUNKTIONEN. ABLEITUNGEN

Um für konkrete elementare Funktionen Linearisierungsformeln zu erhalten, werden wir den Ausdruck $f(x_0 + \Delta x)$ so umformen, daß wir auf ihn eine der Formeln für die Linearisierung in der Nähe der Stelle $x = 0$ anwenden können. Dabei ist zu beachten, daß als infinitesimal kleine Vergleichsgröße Δx genommen wird.

4.1. DIE LINEARISIERUNG DER POTENZEN $f(x) = x^n$ FÜR POSITIVE GANZE n

Es gilt

$$f(x_0 + \Delta x) = (x_0 + \Delta x)^n = x_0^n \left(1 + \frac{\Delta x}{x_0}\right)^n .$$

Da die Größe $\frac{\Delta x}{x_0}$ infinitesimal klein ist, erhalten wir mit Hilfe der ersten Formel für die Linearisierung in der Umgebung von $x = 0$ (indem wir $x = \frac{\Delta x}{x_0}$ setzen):

$$f(x_0 + \Delta x) = x_0^n \left(1 + \frac{\Delta x}{x_0}\right)^n = x_0^n \left(1 + n\,\frac{\Delta x}{x_0} + \gamma\right) = x_0^n + nx_0^{n-1} \Delta x + \gamma_1 .$$

Der Koeffizient bei Δx gibt die Ableitung $f'(x_0) = nx_0^{n-1}$. Die Herleitung gilt zunächst für $x_0 \neq 0$. Ist $x_0 = 0$, so gilt $f(x_0 + \Delta x) = \Delta x^n$, der Koeffizient bei Δx ist gleich null und damit $f'(0) = 0$. Dieser Wert der Ableitung ergibt sich aber auch aus der vorigen Formel. Es gilt somit

$$(x^n)' = nx^{n-1} \qquad \text{und} \qquad d(x^n) = nx^{n-1}\,dx .$$

4.2. LINEARISIERUNG DER FUNKTION $f(x) = \frac{1}{x}$

Es gilt

$$f(x_0 + \Delta x) = \frac{1}{x_0 + \Delta x} = \frac{1}{x_0 \left(1 + \frac{\Delta x}{x_0}\right)} = \frac{1}{x_0} \frac{1}{1 + \frac{\Delta x}{x_0}} .$$

Die Größe $\frac{\Delta x}{x_0}$ ist infinitesimal klein. Wir setzen in der zweiten Formel für Linearisierung in der Umgebung der Stelle null $x = \frac{\Delta x}{x_0}$ und erhalten

$$f(x_0 + \Delta x) = \frac{1}{x_0} \left(1 - \frac{\Delta x}{x_0} + \gamma\right) = \frac{1}{x_0} - \frac{\Delta x}{x_0^2} + \frac{\gamma}{x_0} = \frac{1}{x_0} - \frac{1}{x_0^2} \Delta x + \gamma_1 .$$

Der Koeffizient bei Δx gibt die Ableitung $f'(x_0) = -\dfrac{1}{x_0^2}$.

Die Herleitung gilt für beliebiges x_0 mit Ausnahme von $x_0 = 0$. Die Formeln

$$\left(\frac{1}{x}\right)' = -\frac{1}{x^2} \qquad \text{und} \qquad d\left(\frac{1}{x}\right) = -\frac{dx}{x^2}$$

gelten damit für alle x aus dem Definitionsbereich der Funktion $\dfrac{1}{x}$.

4.3. DIE LINEARISIERUNG DER FUNKTION $f(x) = \sqrt{x}$

Wir verwenden die dritte Formel für Linearisierung in der Nähe von $x = 0$, setzen $x = \dfrac{\Delta x}{x_0}$ und erhalten

$$f(x_0 + \Delta x) = \sqrt{x_0 + \Delta x} = \sqrt{x_0}\,\sqrt{1 + \frac{\Delta x}{x_0}} =$$

$$= \sqrt{x_0}\left(1 + \frac{\Delta x}{2x_0} + \gamma\right) = \sqrt{x_0} + \frac{\Delta x}{2\sqrt{x_0}} + \gamma_1 .$$

Der Koeffizient bei Δx liefert die Ableitung $f'(x_0) = \dfrac{1}{2\sqrt{x_0}}$.

Bei der Herleitung der Formel haben wir den Ausdruck unter der Wurzel durch x_0 dividiert, d.h. $x_0 \neq 0$ vorausgesetzt. Es gilt also für beliebiges $x \neq 0$

$$(\sqrt{x})' = \frac{1}{2\sqrt{x}} \qquad \text{und} \qquad d(\sqrt{x}) = \frac{dx}{2\sqrt{x}} .$$

4.4. LINEARISIERUNG DER FUNKTION $f(x) = \sin x$

Unter Verwendung der vierten und fünften Linearisierungsformel erhalten wir $f(x_0 + \Delta x) = \sin(x_0 + \Delta x) = \sin x_0 \cos \Delta x + \cos x_0 \sin \Delta x =$
$= \sin x_0 (1 + \gamma_1) + \cos x_0 (\Delta x + \gamma_2) = \sin x_0 + \cos x_0 \Delta x + \gamma.$
Der Koeffizient bei Δx gibt wieder die Ableitung, nämlich

$$(\sin x)' = \cos x \qquad \text{und} \qquad d(\sin x) = \cos x\, dx .$$

4.5. LINEARISIERUNG DER FUNKTION $f(x) = \cos x$

Analog zum Vorigen erhalten wir

$$f(x_0 + \Delta x) = \cos(x_0 + \Delta x) = \cos x_0 \cos \Delta x - \sin x_0 \sin \Delta x =$$

$$= \cos x_0 (1 + \gamma_1) - \sin x_0 (\Delta x + \gamma_2) = \cos x_0 - \sin x_0 \Delta x + \gamma .$$

Der Koeffizient bei Δx ist die Ableitung und es gilt somit

$$(\cos x)' = -\sin x \qquad \text{und} \qquad d\,(\cos x) = -\sin x\, dx .$$

4.6. LINEARISIERUNG DER EXPONENTIALFUNKTION $f(x) = a^x$

Mit Hilfe der sechsten Linearisierungsformel für die Umgebung der
Stelle $x = 0$ erhalten wir:

$$f(x_0 + \Delta x) = a^{x_0 + \Delta x} = a^{x_0}\, a^{\Delta x} = a^{x_0}\,(1 + \Delta x \ln a + \gamma) =$$
$$= a^{x_0} + a^{x_0} \ln a\, \Delta y + \gamma_1 .$$

Der Koeffizient bei Δx gibt die Ableitung, also

$$(a^x)' = a^x \ln a \qquad \text{und} \qquad d\,(a^x) = a^x \ln a\, dx .$$

Im speziellen Fall der Funktion e^x erhalten wir

$$(e^x)' = e^x \qquad \text{und} \qquad d\,(e^x) = e^x\, dx .$$

(Wir erinnern, daß $\ln e = 1$).

4.7. LINEARISIERUNG DER LOGARITHMISCHEN FUNKTION $f(x) = \log_a x$

Mit Hilfe der achten Linearisierungsformel für die Umgebung der Stelle
$x = 0$ erhalten wir, indem wir $x = \dfrac{\Delta x}{x_0}$ setzen:

$$f(x_0 + \Delta x) = \log_a (x_0 + \Delta x) = \log_a\left[x_0\left(1 + \frac{\Delta x}{x_0}\right)\right] =$$
$$= \log_a x_0 + \log_a\left(1 + \frac{\Delta x}{x_0}\right) = \log_a x_0 + \frac{\Delta x}{x_0 \ln a} + \gamma .$$

Es gilt deshalb

$$(\log_a x)' = \frac{1}{x \ln a} \qquad \text{und} \qquad d\,(\log_a x) = \frac{dx}{x \ln a} .$$

Im speziellen Fall des natürlichen Logarithmus $\ln x$ ergibt sich

$$(\ln x)' = \frac{1}{x} \qquad \text{und} \qquad d\,(\ln x) = \frac{dx}{x} .$$

Aus der Betrachtung der grundlegenden elementaren Funktionen kann
man ersehen, daß die Ableitung aller dieser Funktionen für alle Punkte des
Definitionsbereiches existiert, evtl. mit Ausnahme gewisser Punkte (z. B.
$x_0 = 0$ bei der Funktion $\sqrt{x}$). Man kann deshalb die Ableitung als eine Funktion $f'(x)$ auffassen. Die Ableitungen der elementaren Funktionen sind wieder elementare Funktionen.

§ 5. ALLGEMEINE EIGENSCHAFTEN DER ABLEITUNGEN

Gegeben seien zwei Funktionen $g(x)$ und $h(x)$, für welche die Formel für die Linearisierung in der Nähe der Stelle x_0 bekannt sei.

5.1. DIE ABLEITUNG EINER SUMME

Wir schreiben die Linearisierungsformeln an:

$$g(x_0 + \Delta x) = g(x_0) + g'(x_0)\,\Delta x + \gamma_1 \; ,$$

$$h(x_0 + \Delta x) = h(x_0) + h'(x_0)\,\Delta x + \gamma_2 \; .$$

Durch Addition der beiden Gleichungen erhalten wir

$$g(x_0 + \Delta x) + h(x_0 + \Delta x) = g(x_0) + h(x_0) + [g'(x_0) + h'(x_0)]\,\Delta x + \gamma \; .$$

Der Koeffizient bei Δx ist die Ableitung der Summe $g(x) + h(x)$ an der Stelle x_0.

Es gilt also: *Die Ableitung der Summe zweier Funktionen ist gleich der Summe ihrer Ableitungen*:

Beispiel. $(x^3 + \sin x)' = 3x^2 + \cos x$.

5.2. DIE ABLEITUNG EINES PRODUKTS

Es sei wieder

$$g(x_0 + \Delta x) = g(x_0) + g'(x_0)\,\Delta x + \gamma_1$$

und

$$h(x_0 + \Delta x) = h(x_0) + h'(x_0)\,\Delta x + \gamma_2 \; .$$

Durch Multiplikation dieser Gleichungen erhalten wir

$$g(x_0 + \Delta x)\,h(x_0 + \Delta x) = g(x_0)\,h(x_0) + [g'(x_0)\,h(x_0) + g(x_0)\,h'(x_0)]\,\Delta x + \gamma \; .$$

Der Koeffizient bei Δx ist die Ableitung des Produkts $g(x)\,h(x)$ im Punkt x_0, also

$$[g(x)\,h(x)]' = g'(x)\,h(x) + g(x)\,h'(x) \; .$$

Die Ableitung eines Produkts ist gleich der Summe der Produkte aus der Ableitung der ersten Funktion multipliziert mit der unveränderten zweiten und aus der Ableitung der zweiten mit der unveränderten ersten Funktion.

Beispiel. $y = x^2 \cos x + \ln x$,

$$y' = 2x \cos x - x^2 \sin x + \frac{1}{x} \; .$$

Wir betrachten den Spezialfall, wo eine der beiden Funktionen identisch gleich einer Konstanten ist: $g(x) \equiv c$. Wegen $c' = 0$ gilt

$$[ch(x)]' = c'h(x) + ch'(x) = ch'(x) \ .$$

Es gilt damit: *Einen konstanten Faktor kann man vor das Ableitungssymbol ziehen.*

5.3. DIE ABLEITUNG EINES QUOTIENTEN

Wir betrachten zunächst den Spezialfall, wo der Zähler des Bruches gleich eins und der Nenner $g(x)$ eine linearisierbare Funktion ist:

$$g(x_0 + \Delta x) = g(x_0) + g'(x_0) \, \Delta x + \gamma \ .$$

Wir setzen $g(x_0) \neq 0$ voraus. Dann gilt

$$\frac{1}{g(x)} = \frac{1}{g(x_0 + \Delta x)} = \frac{1}{g(x_0) + g'(x_0) \, \Delta x + \gamma} =$$

$$= \frac{1}{g(x_0)\left[1 + \dfrac{g'(x_0) \, \Delta x + \gamma}{g(x_0)}\right]} = \frac{1}{g(x_0)} \ \frac{1}{1 + \dfrac{g'(x_0) \, \Delta x + \gamma}{g(x_0)}} \ .$$

Der Quotient $\dfrac{g'(x_0) \, \Delta x + \gamma}{g(x_0)}$ ist infinitesimal klein von derselben Ordnung wie Δx. Man kann deshalb auf den Bruch $\dfrac{1}{1 + \dfrac{g'(x_0) \, \Delta x + \gamma}{g(x_0)}}$ die zweite Formel für Linearisierung in der Nähe der Stelle $x = 0$ anwenden, wobei wir $x = \dfrac{g'(x_0) \, \Delta x + \gamma}{g(x_0)}$ setzen.

Wir erhalten dann

$$\frac{1}{1 + \dfrac{g'(x_0) \, \Delta x + \gamma}{g(x_0)}} = 1 - \frac{g'(x_0) \, \Delta x + \gamma}{g(x_0)} + \gamma_1 = 1 - \frac{g'(x_0)}{g(x_0)} \, \Delta x + \gamma_2 \ .$$

Durch Einsetzen dieses Ausdrucks in die ursprüngliche Gleichung ergibt sich

$$\frac{1}{g(x_0 + \Delta x)} = \frac{1}{g(x_0)}\left[1 - \frac{g'(x_0)}{g(x_0)} \, \Delta x + \gamma_2\right] = \frac{1}{g(x_0)} - \frac{g'(x_0)}{g^2(x_0)} \, \Delta x + \gamma_3 \ .$$

Der Koeffizient bei Δx liefert die Ableitung:

$$\left[\frac{1}{g(x)}\right]' = -\frac{g'(x)}{g^2(x)} \ .$$

Betrachten wir nun den allgemeinen Fall: $f(x) = \dfrac{h(x)}{g(x)}$. Diesen Quotienten kann man auch als Produkt $h(x) \dfrac{1}{g(x)}$ auffassen. Es gilt dann

$$\left[\frac{h(x)}{g(x)}\right]' = \left[h(x)\,\frac{1}{g(x)}\right]' = h'(x)\,\frac{1}{g(x)} - \frac{g'(x)}{g^2(x)}\,h(x) = \frac{h'(x)\,g(x) - g'(x)\,h(x)}{g^2(x)}\ .$$

Die Ableitung eines Quotienten ist wieder ein Quotient: im Zähler steht die Differenz der mit dem Nenner multiplizierten Ableitung des Zählers und der mit dem Zähler multiplizierten Ableitung des Nenners, im Nenner steht das Quadrat des ursprünglichen Nenners.

Wir verwenden diese Regel zur Berechnung der Ableitungen der Funktionen $\tan x$ und $\cot x$:

$$(\tan x)' = \left(\frac{\sin x}{\cos x}\right)' = \frac{\cos x \cos x - (-\sin x)\sin x}{\cos^2 x} =$$

$$= \frac{\cos^2 x + \sin^2 x}{\cos^2 x} = \frac{1}{\cos^2 x}\ .$$

Es gilt also

$$(\tan x)' = \frac{1}{\cos^2 x} = \sec^2 x$$

und

$$d\,(\tan x) = \sec^2 x\ dx\ .$$

Analog erhalten wir

$$(\cot x)' = -\frac{1}{\sin^2 x} = -\operatorname{cosec}^2 x$$

und

$$d\,(\cot x) = -\operatorname{cosec}^2 x\ dx\ .$$

5.4. DIE ABLEITUNG UND DAS DIFFERENTIAL EINER ZUSAMMENGESETZTEN FUNKTION

Wir betrachten die Funktion

$$f(x) = F[\varphi(x)]\ .$$

Eine Funktion dieser Gestalt nennt man *zusammengesetzte* Funktion. Das Zeichen φ bestimmt die *innere*, das Zeichen F die *äussere* Funktion.

Um den Wert der Funktion $f(x)$ für $x = x_0$ zu berechnen, muß man zuerst $\varphi(x_0)$ bestimmen. Diesen Wert bezeichnen wir mit u_0 (also $u_0 = \varphi(x_0)$). Dann berechnet man $F(u_0)$ und hat damit $f(x_0) = F(u_0)$.

Wir setzen nun $x = x_0 + \Delta x$. Es gilt dann:

$$\varphi(x_0 + \Delta x) = u_0 + \Delta u \qquad \text{und} \qquad f(x_0 + \Delta x) = F(u_0 + \Delta u)\ .$$

Auf die äußere Funktion wenden wir nun die Linearisierungsformel an und erhalten

$$f(x_0 + \Delta x) = F(x_0 + \Delta u) = F(u_0) + F'(u_0)\,\Delta u + \gamma\ .$$

In dieser Formel ist $u_0 = \varphi(x_0)$ und $\Delta u = \varphi(x_0 + \Delta x) - \varphi(x_0)$. Die Anwendung der Linearisierungsformel auf die innere Funktion $\varphi(x)$ liefert

$$\Delta u = \varphi(x_0) + \varphi'(x_0) \, \Delta x + \gamma_1 - \varphi(x_0) = \varphi'(x_0) \, \Delta x + \gamma_1 \;.$$

Indem wir in der Formel für $f(x_0 + \Delta x)$ für u_0 und Δu die entsprechenden Ausdrücke einsetzen, erhalten wir

$$f(x_0 + \Delta x) = F[\varphi(x_0)] + F'[\varphi(x_0)][\varphi'(x_0) \, \Delta x + \gamma_1] + \gamma =$$
$$= F[\varphi(x_0)] + F'[\varphi(x_0)] \, \varphi'(x_0) \, \Delta x + \gamma_2 \;.$$

Der Koeffizient bei Δx liefert die Ableitung:

$$(F[\varphi(x)])' = F'[\varphi(x)] \, \varphi'(x) \;.$$

Es gilt also: *Die Ableitung einer zusammengesetzten Funktion ist gleich der Ableitung der äusseren Funktion multipliziert mit der Ableitung der inneren Funktion.*

Als Differential einer zusammengesetzten Funktion erhalten wir

$$\mathrm{d}y = F'[\varphi(x)] \, \varphi'(x) \, \mathrm{d}x \;.$$

Wir führen die Hilfsvariable $u = \varphi(x)$ ein. Dann ist $\mathrm{d}u = \varphi'(x) \, \mathrm{d}x$, und die Formel für das Differential läßt sich in der Gestalt

$$\mathrm{d}y = F'(u) \, \mathrm{d}u$$

schreiben.

Damit läßt sich also das *Differential einer zusammengesetzten Funktion unter Einführung einer Hilfsvariablen in der üblichen Form schreiben* (als Produkt aus der Ableitung und dem Differenital der Variablen).

Beispiele:

1) $f(x) = \sqrt{\sin x}$. Die Funktion ist zusammengesetzt: die Quadratwurzel ist dabei die äußere, der Sinus die innere Funktion

$$f'(x) = \frac{1}{2\sqrt{\sin x}} \cos x \;.$$

2) $f(x) = \ln \cos x$. Die äußere Funktion ist hier der Logarithmus, die innere Funktion der Kosinus

$$f'(x) = \frac{1}{\cos x} \, (- \sin x) = - \tan x \;.$$

3) $f(x) = \cos 2x$. Hier ist der Kosinus die äußere Funktion und die lineare Funktion $2x$ die innere

$$f'(x) = - 2 \sin 2x \;.$$

4) $f(x) = e^{-x}$. Die äußere Funktion ist die Exponentialfunktion, die innere die lineare Funktion $- x$

$$f'(x) = - e^{-x} \;.$$

5) Die Ableitungen der hyperbolischen Funktionen:

$$f(x) = \cosh x = \frac{e^x + e^{-x}}{2} \qquad \text{und} \qquad f(x) = \sinh x = \frac{e^x - e^{-x}}{2} \, ,$$

$$(\cosh x)' = \frac{e^x - e^{-x}}{2} = \sinh x \, ; \qquad\qquad (\sinh x)' = \frac{e^x + e^{-x}}{2} = \cosh x \, .$$

5.5. DIE ABLEITUNG DER POTENZFUNKTION MIT BELIEBIGEM EXPONENTEN

Es sei $f(x) = x^\alpha$. Aus der Identität $x = e^{\ln x}$ folgt $x^\alpha = (e^{\ln x})^\alpha = e^{\alpha \ln x}$. Es gilt dann

$$f'(x) = e^{\alpha \ln x} \frac{\alpha}{x} = x^\alpha \frac{\alpha}{x} = \alpha x^{\alpha-1}$$

($\frac{\alpha}{x}$ ist die Ableitung der inneren Funktion $\alpha \ln x$) und damit

$$(x^\alpha)' = \alpha x^{\alpha-1} \, , \qquad d\,(x^\alpha) = \alpha x^{\alpha-1} \, dx \, .$$

Diese Formel stimmt mit der Formel überein, die früher für die Ableitung der Potenzfunktion mit positivem, ganzzahligem Exponenten abgeleitet wurde.

5.6. DIE ABLEITUNGEN DER INVERSEN FUNKTIONEN

$y = f^{-1}(x)$ sei die inverse Funktion zu $y = f(x)$. Wir setzen $x = x_0$ und berechnen $y_0 = f^{-1}(x_0)$. Es gilt dann $x_0 = f(y_0)$.

Setzen wir $x = x_0 + \Delta x$, so erhalten wir $y_0 + \Delta y = f^{-1}(x_0 + \Delta x)$ oder $x_0 + \Delta x = f(y_0 + \Delta y)$.

Wir wenden die Linearisierungsformel auf die Funktion $f(y)$ an und erhalten

$$x_0 + \Delta x = f(y_0 + \Delta y) = f(y_0) + f'(y_0) \, \Delta y + \gamma = x_0 + f'(y_0) \, \Delta y + \gamma \, ,$$

und daraus

$$\Delta x = f'(y_0) \, \Delta y + \gamma \, .$$

Unter der Voraussetzung $f'(y_0) \neq 0$ finden wir

$$\Delta y = \frac{\Delta x}{f'(y_0)} + \gamma_1 \, .$$

Die Größe γ_1 ist infinitesimal klein von höherer Ordnung als Δy. Bei linearisierbaren Funktionen verschwinden aber die Größen Δx und Δy in den Punkten, wo die Ableitung ungleich null ist, von gleicher Ordnung. γ_1 ist deshalb auch infinitesimal klein von höherer Ordnung als Δx. Folglich liefert der Koeffizient bei Δx in der vorigen Formel die Ableitung

$$[f^{-1}(x)]' = \frac{1}{f'(y)} \; .$$

5.7. DIE ABLEITUNGEN DER INVERSEN TRIGONOMETRISCHEN FUNKTIONEN

Es sei $y = f^{-1}(x) = \arcsin x$, also $x = f(y) = \sin y$. Auf Grund der abgeleiteten Formel gilt

$$(\arcsin x)' = \frac{1}{\sin' y} = \frac{1}{\cos y} = \frac{1}{\sqrt{1 - \sin^2 y}} = \frac{1}{\sqrt{1 - x^2}} \; .$$

Es ist somit

$$(\arcsin x)' = \frac{1}{\sqrt{1 - x^2}} \qquad \text{und} \qquad d\,(\arcsin x) = \frac{dx}{\sqrt{1 - x^2}} \; .$$

Analog kann man zeigen, daß

$$(\arccos x)' = -\frac{1}{\sqrt{1 - x^2}} \qquad \text{und} \qquad d\,(\arccos x) = -\frac{dx}{\sqrt{1 - x^2}} \; .$$

Es sei nun $y = f^{-1}(x) = \arctan x$, also $x = f(y) = \tan y$. Die Formel für die Ableitung der inversen Funktion liefert

$$(\arctan x)' = \frac{1}{\tan' y} = \frac{1}{\sec^2 y} = \frac{1}{1 + \tan^2 y} = \frac{1}{1 + x^2} \; .$$

Somit gilt

$$(\arctan x)' = \frac{1}{1 + x^2} \qquad \text{und} \qquad d\,(\arctan x) = \frac{1}{1 + x^2} \; .$$

Analog ergibt sich

$$(\text{arccot } x)' = -\frac{1}{1 + x^2} \qquad \text{und} \qquad d\,(\text{arccot } x) = -\frac{1}{1 + x^2} \; .$$

§ 6. DIE GEOMETRISCHE DEUTUNG DER ABLEITUNG UND DES DIFFERENTIALS

6.1. DIE GEOMETRISCHE DEUTUNG DER ABLEITUNG

Die Funktion $y = f(x)$ sei so beschaffen, daß ihr Kurvenbild in einem gegebenen Punkt eine Tangente besitzt. Der Richtungsfaktor der Tangente ist gleich

$$k_t = \lim_{\Delta x \to 0} k_{s,r} = \lim_{\Delta x \to 0} k_{s,l} = \lim_{\Delta x \to 0} \frac{\Delta y}{\Delta x} = \lim_{\Delta x \to 0} \frac{f(x_0 + \Delta x) - f(x_0)}{\Delta x} \; .$$

wie schon früher hergeleitet wurde.

Definitionsgemäß ist die Ableitung der Grenzwert des Quotienten aus dem Zuwachs der Funktion und dem Zuwachs des Arguments für $\Delta x \to 0$.

Der Wert der Ableitung $f'(x_0)$ im Punkt x_0 liefert also den Tangens des Winkels, den die Tangente an das Kurvenbild der Funktion $y = f(x)$ in diesem Punkt mit der x-Achse einschliesst (Abb. 127).

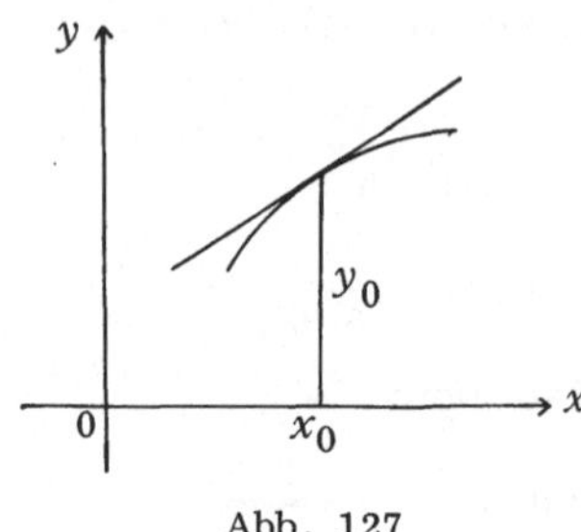

Abb. 127

6.2. DIE GLEICHUNG DER TANGENTE AN DIE KURVE $y = f(x)$ IM PUNKT (x_0, y_0)

Die Gleichung der Tangente an eine Kurve im Punkt (x_0, y_0) kann man in Form der Gleichung einer Geraden schreiben, die in gegebener Richtung durch einen vorgegebenen Punkt hindurchgeht: $y - y_0 = k\,(x - x_0)$. Da die Richtung der Tangente durch $k = f'(x_0)$ festgelegt ist, ergibt sich als Tangentengleichung

$$y - y_0 = f'(x_0)\,(x - x_0) \; .$$

Hier bedeutet y_0 den Wert der Funktion im Punkt x_0: $y_0 = f(x_0)$.

Beispiel. Zu bestimmen sei die Gleichung der Tangente an die Parabel $y = x^2$ im Punkt $x_0 = 2$.

Wir berechnen den Funktionswert $y_0 = 2^2 = 4$ und bestimmen die Ableitung $f'(x) = 2x$. An der Stelle x_0 ergibt sich speziell $f'(x_0) = f'(2) = 4$.

Und damit gilt

$$y - 4 = 4\,(x - 2) \; , \qquad \text{oder} \qquad y = 4x - 4 \; .$$

Definition. Die Gerade, die im Berührungspunkt der Tangente mit der Kurve auf der Tangente senkrecht steht, heißt die *Normale* der Kurve in diesem Punkt.

Der Richtungsfaktor der Normalen ist gleich dem reziproken Wert des Richtungsfaktors der Tangente versehen mit dem entgegengesetzten Vorzeichen, also gleich $-\dfrac{1}{f'(x_0)}$. Die Gleichung der Normalen hat somit die Gestalt

$$y - y_0 = -\frac{1}{f'(x_0)}\,(x - x_0) \; .$$

6.3. DIE GEOMETRISCHE DEUTUNG DES DIFFERENTIALS

Wir betrachten die Funktion $y = f(x)$, deren Kurvenbild in Abb. 128 dargestellt ist. Durch den Punkt $A(x_0, y_0)$ ziehen wir die Tangente. Den Neigungswinkel der Tangente bezüglich der x-Achse bezeichnen wir mit α, es gilt dann: $k_t = \tan \alpha = f'(x_0)$.

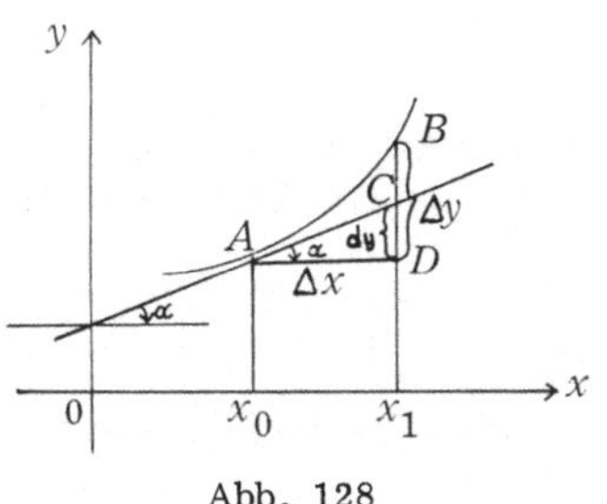

Abb. 128

Aus dem rechtwinkligen Dreieck ACD ergibt sich $CD = AD \tan \alpha = \Delta x f'(x_0)$. Das Produkt der Ableitung und des Argumentzuwachses ist das Differential der Funktion: $f'(x_0)\, \Delta x = dy$.

Geometrisch bedeutet das Differential also *die Änderung der Ordinate des Kurvenpunktes bei einer Verschiebung auf der zugehörigen Tangente.*

Zur Erinnerung: der Funktionszuwachs Δy gibt die Änderung der Ordinate des Kurvenpunktes bei einer Verschiebung auf der Kurve.

Der Zuwachs der Funktion unterscheidet sich vom Differential um eine von höherer Ordnung als Δx infinitesimal kleine Größe: $\Delta y = dy + \gamma$. In der Zeichnung wäre γ die Strecke BC.

Ersetzt man in einem bestimmten Kurvenpunkt den Funktionszuwachs durch das Differential der Funktion, so ist dies geometrisch gleichbedeutend mit der Ersetzung der Kurve durch ihre Tangente in diesem Punkt.

§ 7. DER BEGRIFF DER ABLEITUNGEN UND DIFFERENTIALE HÖHERER ORDNUNG

Da die Ableitung einer Funktion ihrerseits wieder eine Funktion ist, kann man auch für sie wieder eine Ableitung berechnen. Die Ableitung einer Ableitung heißt *zweite Ableitung* oder *Ableitung zweiter Ordnung* und wird mit y'' bezeichnet: $(y')' = y''$.

Analog nennt man die Ableitung der zweiten Ableitung dritte Ableitung und schreibt dafür y''': $(y'')' = y'''$.

B e i s p i e l e .

1. $y = x^3 + 5x^2 + 1$, $y' = 3x^2 + 10x$, $y'' = 6x + 10$, $y''' = 6, y^{IV} = 0$.
2. $y = \sin x$, $y' = \cos y$, $y'' = -\sin x$, $y''' = -\cos x$, $y^{IV} = \sin x$.

Allgemein heißt die Ableitung der Ableitung $(n-1)$-ter Ordnung *Ableitung n-ter Ordnung*. Man schreibt dafür

$$(y^{(n-1)})' = y^{(n)} \, .$$

Das Produkt der Ableitung n-ter Ordnung mit der n-ten Potenz des Argumentzuwachses heißt *Differential n-ter Ordnung*:

$$d^n y = y^{(n)} (\Delta x)^n = y^{(n)} \, dx^n \, .$$

Daraus erhält man eine andere Schreibweise für die n-te Ableitung:

$$y^{(n)} = \frac{d^n y}{dx^n} \, .$$

§ 8. DIE DEUTUNG DER ABLEITUNG IN DER MECHANIK

Wir lassen einen Punkt irgendeine Bewegung ausführen. Die vom Punkt durchlaufene Weglänge ändert sich in Abhängigkeit von der Zeit, ist also eine Funktion der Zeit: $s = s(t)$.

Zur Zeit t habe der Punkt den Weg s, zum Zeitpunkt $t + \Delta t$ den Weg $s + \Delta s$ zurückgelegt. In der Zeit Δt hat der Punkt also den Weg Δs durchlaufen. Der Quotient $\dfrac{\Delta s}{\Delta t}$ gibt in folgendem Sinne ein Maß für die Geschwindigkeit des Punktes auf dieser Wegstrecke: wäre die Bewegung gleichförmig, so wäre die Geschwindigkeit gleich dem Quotienten aus dem zurückgelegten Weg Δs und der Zeit Δt. Der Quotient $\dfrac{\Delta s}{\Delta t}$ heißt *mittlere Geschwindigkeit* auf der Strecke Δs.

Handelt es sich jedoch um eine ungleichförmige Bewegung, so wird die mittlere Geschwindigkeit längs einer gewissen Strecke nicht die Geschwindigkeit des Punktes in einem beliebigen Moment charakterisieren.

Die wahre Geschwindigkeit wird sich umso weniger von der mittleren Geschwindigkeit unterscheiden, je kleiner das Zeitintervall Δt ist.

Um die Geschwindigkeit v in einem gegebenen Zeitpunkt zu erhalten, betrachten wir den Grenzwert $\dfrac{\Delta s}{\Delta t}$ für $\Delta t \to 0$: $\lim\limits_{\Delta t \to 0} \dfrac{\Delta s}{\Delta t} = v$.

Andererseits ist dieser Limes der Grenzwert des Quotienten aus dem Zuwachs der Funktion $s(t)$ und dem Zuwachs des Arguments t, d. h. genau die Ableitung der Funktion $s(t)$.

Die Geschwindigkeit ist also *die Ableitung der Weglänge nach der Zeit*

$$v = \frac{\mathrm{d}s}{\mathrm{d}t}\ .$$

Beispiel. Es sei $s = \dfrac{at^2}{2}$. Die Geschwindigkeit ist dann $v = s' = at$.

Die Geschwindigkeit ist verknüpft mit der Änderung der Länge des zurückgelegten Weges in der Zeit. Der Geschwindigkeitsbegriff wird jedoch auch für andere Prozesse eingeführt, die sich in der Zeit abspielen. Wenn sich bei einem solchen Prozeß eine gewisse Größe ändert, so nennt man ihre Ableitung nach der Zeit Änderungsgeschwindigkeit. Die Ableitung der Geschwindigkeit nach der Zeit heißt natürlich Beschleunigung:

$$\omega = \frac{\mathrm{d}v}{\mathrm{d}t} = \frac{\mathrm{d}^2 s}{\mathrm{d}t^2}\ .$$

Die Beschleunigung ist die zweite Ableitung der Weglänge nach der Zeit.

Im vorigen Beispiel ist $\omega = s'' = a$. Es handelt sich also um eine gleichförmig beschleunigte Bewegung.

IV. ANWENDUNG DER ABLEITUNG FÜR DIE UNTERSUCHUNG VON FUNKTIONEN

§ 1. DAS VERHALTEN EINER FUNKTION IN DER NÄHE EINES VORGEGEBENEN PUNKTES

1.1. BEDINGUNG FÜR DAS WACHSEN UND FALLEN EINER FUNKTION IN EINEM PUNKT

Eine Funktion wächst in einem gegebenen Punkt, wenn ihre Funktionswerte an den Stellen, die rechts vom Punkt, jedoch nahe bei ihm liegen, größer sind als der Funktionswert an dieser Stelle selbst, die Funktionswerte für die entsprechenden Stellen links vom gegebenen Punkt hingegen kleiner (Abb. 129). Eine Funktion fällt im Punkt x_0, wenn ihre Funktionswerte an den rechts von x_0 und nahe bei ihm gelegenen Stellen kleiner sind als der Funktionswert in diesem Punkt, für die entsprechenden links gelegenen Punkte jedoch größer (Abb. 130).

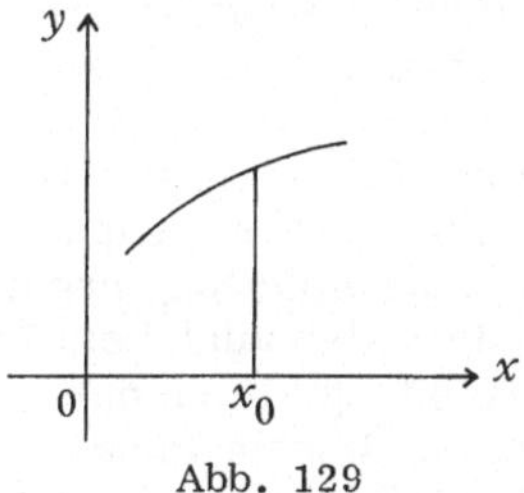

Abb. 129

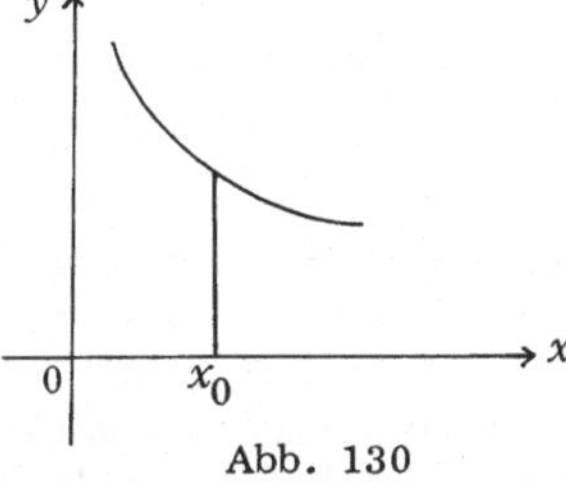

Abb. 130

S a t z . *Ist in einem gegebenen Punkt die Ableitung positiv (negativ), so wächst (fällt) die Funktion in diesem Punkt.*

Es sei also die Ableitung der Funktion $f(x)$ im Punkt x_0 positiv: $f'(x_0) > 0$. Wir werden zeigen, daß dann die Funktion in diesem Punkt wächst.

Für den Vergleich der Funktionswerte von $f(x)$ rechts und links vom Punkt x_0 wenden wir auf diese Funktion die Linearisierungsformel an:

$$f(x_0 + \Delta x) = f(x_0) + f'(x_0)\,\Delta x + \gamma .$$

Es sei nun $\Delta x > 0$. Voraussetzungsgemäß ist $f'(x_0) > 0$, und deshalb $f'(x_0)\,\Delta x > 0$. Weil γ infinitesimal klein von höherer Ordnung als Δx ist, ist auch die Summe $f'(x_0)\,\Delta x + \gamma$ für kleine Δx positiv.

Folglich ist der Funktionswert $f(x_0 + \Delta x)$ gleich der Summe aus $f(x_0)$ und der positiven Größe $f'(x_0)\,\Delta x + \gamma$. Daraus folgt, daß $f(x_0 + \Delta x) > f(x_0)$, das heißt: die Funktion $f(x)$ nimmt rechts von x_0 größere Werte an als im Punkt x_0 selbst.

Unter der Annahme $\Delta x < 0$ ist $f'(x_0)\,\Delta x < 0$ und die Summe $f'(x_0)\,\Delta x + \gamma$ negativ. Daraus ergibt sich $f(x_0 + \Delta x) < f(x_0)$.

Die Funktion $f(x)$ nimmt also rechts vom Punkt x_0 größere und links davon kleinere Werte an als im Punkt x_0 selbst, sie wächst also.

B e i s p i e l. Es sei $y = x^3 + 3x - 1$, und damit an beliebigen Stellen $y' = 3x^2 + 3 > 0$. Die Ableitung ist positiv, die Funktion also überall wachsend.

1.2. EXTREMSTELLEN

Wir erinnern daran, daß eine Funktion in einem gegebenen Punkt ein Maximum (Minimum) besitzt, wenn ihr Funktionswert in diesem Punkt größer (kleiner) ist als alle Werte, die in der Nähe dieses Punktes angenommen werden. Punkte, in denen die Funktion ein Maximum oder ein Minimum hat, heißen Extremalpunkte (Extremstellen).

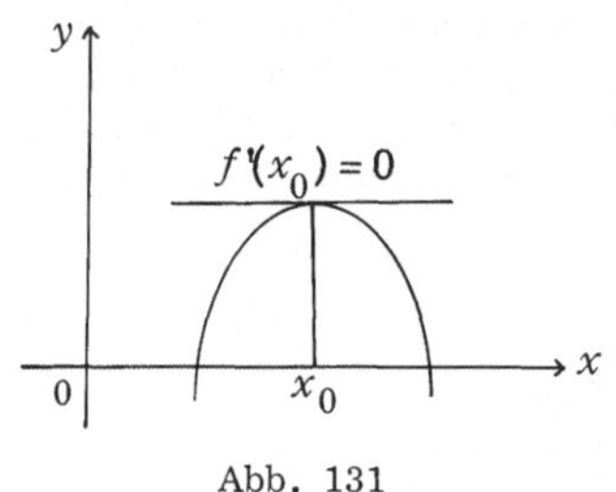

Abb. 131

S a t z. *Hat eine Funktion in einem bestimmten Punkt ein Extremum, so ist dort die Ableitung null oder sie existiert überhaupt nicht.* Die Funktion $f(x)$ habe also in einem gewissen Punkt x_0 ein Extremum. Wenn die Ableitung in diesem Punkt existiert, dann ist sie entweder positiv oder negativ oder gleich null. Wäre die Ableitung an der Stelle x_0 positiv, so würde die Funktion in diesem Punkt wachsen, hätte dort also kein Extremum. Wäre die Ableitung negativ, so würde die Funktion in diesem Punkt fallen, hätte dort also auch kein Extremum. Es bleibt einzig die Möglichkeit, daß die Ableitung gleich null ist.

Ist x_0 also ein Extremalpunkt, so ist die Ableitung in diesem Punkt (wenn sie existiert) gleich null: $f'(x) = 0$ (Abb. 131).

Bei einer differenzierbaren Funktion ist die *Bedingung* $f'(x_0) = 0$ *notwendig* für das Vorliegen eines *Extremums*.

Die geometrische Bedeutung der notwendigen Bedingung für ein Extremum besteht darin, daß in den Extremalpunkten die Tangente parallel zur x-Achse ist.

Die Extremalpunkte einer Funktion können auch Punkte sein, in denen das Kurvenbild einen Knick hat. An diesen Stellen existiert die Ableitung nicht (Abb. 132).

B e i s p i e l. Es seien die Extremalpunkte der Funktion $y = x^3 - 3x$ gesucht.

Die notwendige Bedingung sagt aus, daß eine Funktion nur in jenen Punkten ein Minimum oder ein Maximum haben kann, wo die Ableitung null ist.

Wir ermitteln diese Punkte: $y' = 3x^2 - 3$, $3x^2 - 3 = 0$, $x^2 - 1 = 0$, $x = \pm 1$ und berechnen den Wert der Funktion an der Stelle $x = 1$, sowie ihre Werte links und rechts von diesem Punkt.

Wir erhalten $x = 0$ und $x = 2$ und damit $y = 0$ und $y = 2$. Bei $x = 1$ erhalten wir $y = 1 - 3 = -2$. Links und rechts vom Punkt $x = 1$ nimmt die Funktion also größere Werte an als bei $x = 1$ selbst. Bei $x = 1$ ist also ein Minimum vorhanden. Auf analoge Weise leiten wir her, daß an der Stelle $x = -1$ ein Maximum vorliegt (Abb. 133).

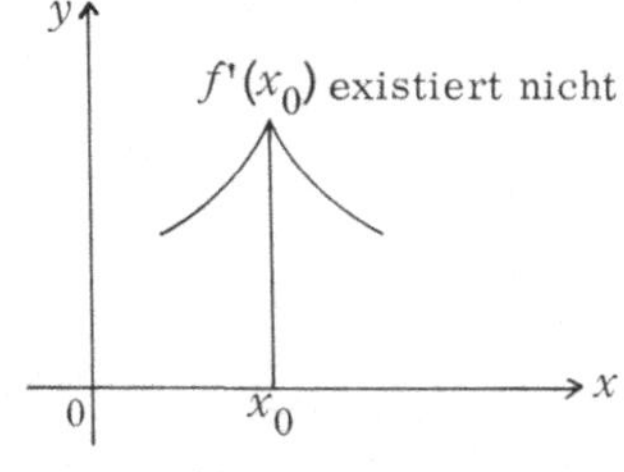

Abb. 132

Die abgeleitete notwendige Bedingung für ein Extremum ist nicht hinreichend. Man kann Beispiele für Funktionen angeben, deren Ableitung im Punkt x_0 gleich null ist, ohne daß sie in diesem Punkt ein Extremum haben. Es sei nämlich $f(x) = x^3$. Dann ist $f'(x) = 3x^2$ und die Ableitung bei $x_0 = 0$ also $f'(x_0) = 0$. Es ist jedoch bekannt, daß die kubische Funktion überall wächst und folglich keinen Extremalpunkt haben kann (Abb. 134).

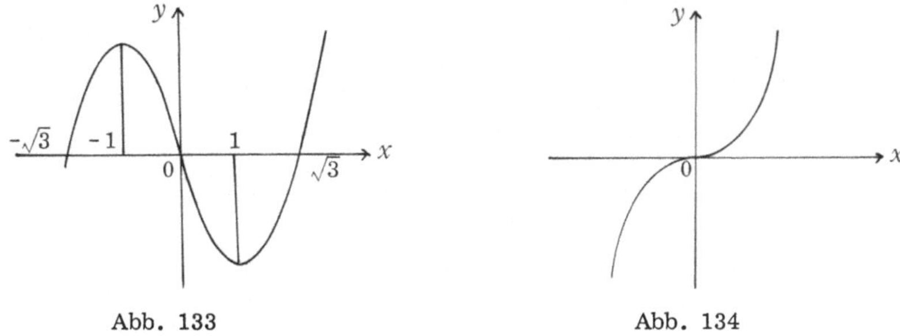

Abb. 133   Abb. 134

Punkte, in denen die erste Ableitung gleich null ist, heißen *stationäre Punkte.*

1.3. DAS AUFSUCHEN DES GRÖSSTEN UND DES KLEINSTEN FUNKTIONSWERTES IN EINEM INTERVALL

Ist die Funktion $f(x)$ in allen Punkten eines Intervalls $[a, b]$ stetig, dann gibt es einen Punkt im Intervall, in dem die Funktion ihren grössten, und einen, wo sie den kleinsten Wert annimmt.

Ist eine Funktion unstetig, so muß diese Behauptung nicht gelten. (Abb. 135).

Wir betrachten einige der möglichen Fälle. Auf der Abb. 136 ist eine Funktion dargestellt, die ihren größten Wert am rechten und ihren kleinsten am linken Intervallende annimmt.

Die in Abb. 137 wiedergegebene Funktion nimmt ihren größten Wert im Punkt x_0 im Innern des Intervalls an.

Auf der Abb. 138 ist eine Funktion dargestellt, die sowohl ihren größten,

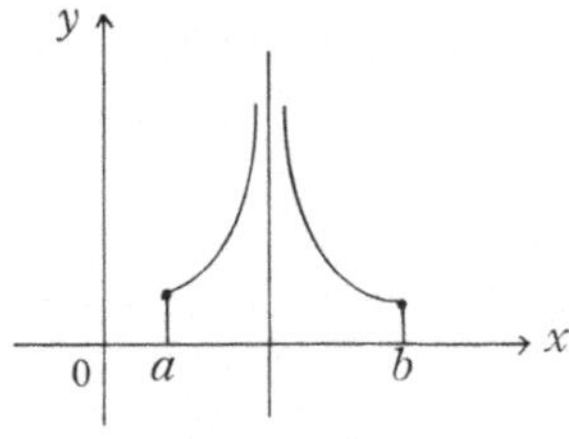

Abb. 135

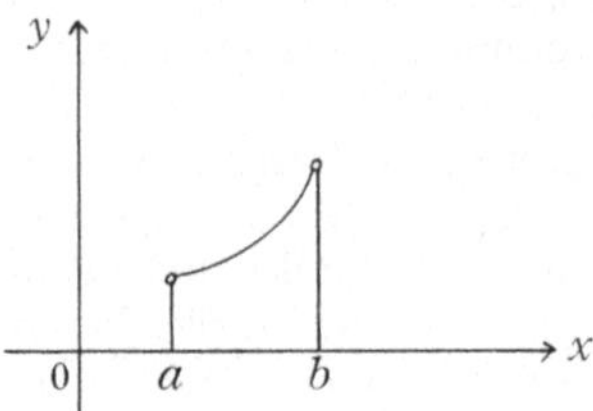

Abb. 136

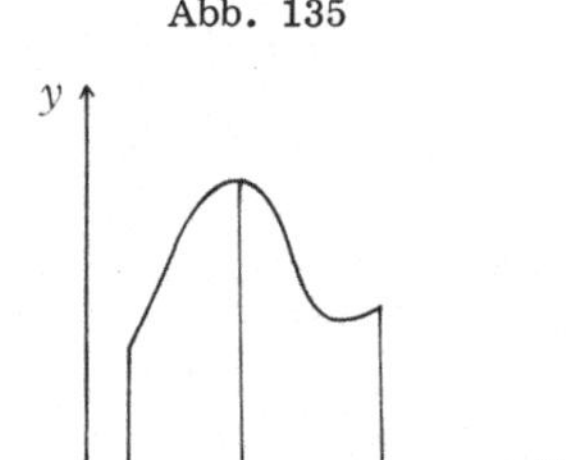

Abb. 137

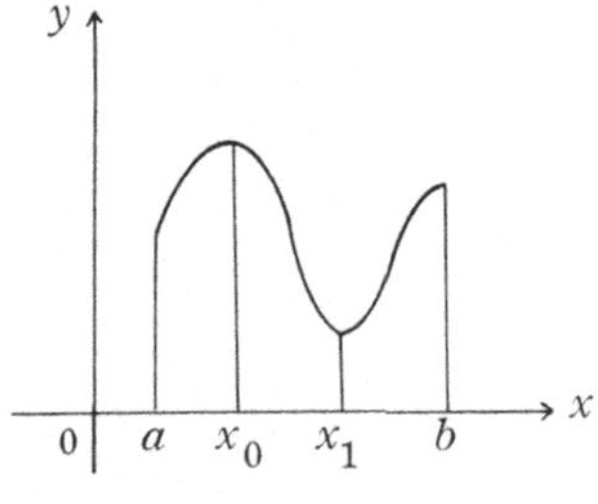

Abb. 138

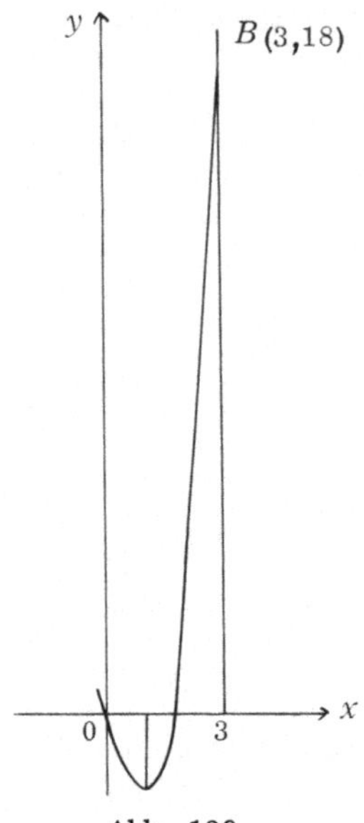

Abb. 139

als auch ihren kleinsten Wert im Innern des Intervalls annimmt. Tritt der größte (kleinste) Wert einer Funktion im Innern des Intervalls auf, dann haben wir an dieser Stelle ein Maximum (Minimum) liegen. Die größten (kleinsten) Funktionswerte können also entweder an den Stellen, wo ein Maximum (Minimum) auftritt, oder an den Intervallenden angenommen werden. Daraus ergibt sich für die Bestimmung des größten und kleinsten Wertes der Funktion folgende Regel:

Um den grössten und den kleinsten Funktionswert in einem Intervall zu finden, muss man den Wert der Funktion in den Punkten, wo ein Maximum, bzw. Minimum auftritt, sowie in den Endpunkten des Intervalls bestimmen. Die grösste unter den so gewonnenen Zahlen ist dann der grösste Funktionswert im Intervall, die kleinste dieser Zahlen der kleinste Funktionswert.

Beispiel. Gesucht ist der größte, bzw. kleinste Funktionswert von $y = x^3 - 3x$ im Intervall $[0, 3]$ (Abb. 139). Wie früher gezeigt wurde, hat diese Funktion ein Maximum bei $x = -1$ und ein Minimum bei $x = 1$. Im Intervall $[0, 3]$ liegt nur bei $x = 1$ ein Minimum. Dort nimmt die Funktion den Wert $y_{min} = -2$ an. Wir berechnen nun die Funktionswerte in den Endpunkten des Intervalls: bei $x = 0$ ist $y = 0$ und bei $x = 3$ $y = 18$. Durch Vergleich der gewonnenen Funktionswerte - 2, 0, 18 stellen wir fest, daß der größte Funktionswert 18, der kleinste hingegen - 2 ist.

§ 2. DER MITTELWERTSATZ UND SEINE ANWENDUNGEN

2.1. DER MITTELWERTSATZ

Die Funktion $f(x)$ sei im Intervall $[a, b]$ definiert, und im ganzen Intervall stetig. In allen inneren Punkten des Intervalls existiert eine Ableitung.

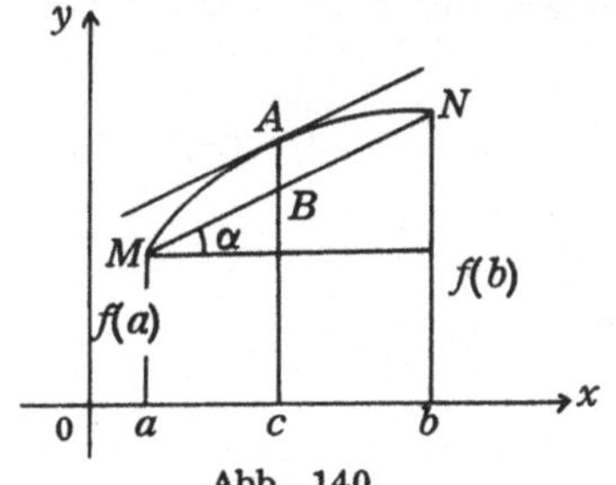

Abb. 140

Dann gibt es im Intervall $[a, b]$ wenigstens einen Punkt c, für den die Gleichung

$$f'(c) = \frac{f(b) - f(a)}{b - a} \quad (a < c < b) .$$

gilt.

Wir erläutern zunächst die geometrische Bedeutung des Mittelwertsatzes. Der in Abb. 140 dargestellte Kurvenbogen sei das Bild der Funktion $y = f(x)$ im Intervall $[a, b]$. Die Funktion nimmt an den Intervallenden die Werte $f(a)$ und $f(b)$ an. Wir zeichnen die zum gegebenen Kurvenbogen gehörige Sekante MN ein und berechnen den Tangens des Neigungswinkels der Sekante bezüglich der x-Achse:

$$\tan \alpha_S = \frac{f(b) - f(a)}{b - a} .$$

Die rechte Seite der Gleichung $f'(c) = \frac{f(b) - f(a)}{b - a}$ stellt also den Tangens des Neigungswinkels der Sehne dar. Auf der linken Seite dieser Gleichung steht die Ableitung $f'(c)$, der Tangens des Neigungswinkels der Tangente an das Bild der Kurve im Punkt $x = c$ bezüglich der x-Achse.

$$f'(c) = \tan \alpha_t .$$

Aus der Gleichung $f'(c) = \frac{f(b) - f(a)}{b - a}$ folgt somit, daß $\tan \alpha_t = \tan \alpha_S$.

Geometrisch besagt der Mittelwertsatz also, daß sich auf dem Kurvenbogen wenigstens ein Punkt befindet, für welchen die Tangente parallel ist zur Sehne, die den Kurvenbogen durchsetzt.

Wir gehen daran, den Mittelwertsatz zu beweisen.

Zunächst schreiben wir die Gleichung der Sehne MN als Gleichung der Geraden, die durch die beiden gegebenen Punkte $(a, f(a))$ und $(b, f(b))$ geht, an:

$$\frac{y - f(a)}{f(b) - f(a)} = \frac{x - a}{b - a} .$$

Durch Auflösung dieser Gleichung nach y erhalten wir:

$$y = f(a) + \frac{f(b) - f(a)}{b - a} (x - a) .$$

Wir führen in die Betrachtung die neue Funktion $\varphi(x)$ ein, die als die Differenz der Ordinate der Punkte auf der Kurve $y = f(x)$ und derer auf der Sehne definiert ist.

$$\varphi(x) = y_{\text{Kurve}} - y_{\text{Sek.}} = f(x) - f(a) - \frac{f(b) - f(a)}{b - a} (x - a) .$$

($\varphi(x)$ stellt die Länge der vertikalen Strecke dar, die von der Kurve und der Sehne begrenzt wird).

Wir leiten nun Eigenschaften der Hilfsfunktion $y = \varphi(x)$ her.

1) In den Endpunkten des Intervalls wird $\varphi(x)$ gleich null: $\varphi(a) = 0$, $\varphi(b) = 0$. Es ist nämlich:

$$\varphi(a) = f(a) - f(a) - \frac{f(b) - f(a)}{b - a} (a - a) = 0 ,$$

$$\varphi(b) = f(b) - f(a) - \frac{f(b) - f(a)}{b - a} (b - a) = 0 .$$

2) Die Funktion $\varphi(x)$ ist stetig, da sie sich aus der Differenz zweier stetiger Funktionen (nämlich $f(x)$ und einer linearen Funktion) ergibt.

3) Die Funktion $\varphi(x)$ nimmt ihren größten oder ihren kleinsten Wert im Innern des Intervalls $[a, b]$ an. Die Funktion ist ja in den Endpunkten des Intervalls gleich null. Wenn sie nicht identisch verschwindet, tritt ihr größter oder kleinster Wert nicht in den Intervallenden, sondern im Innern auf.

Falls $\varphi(x) \equiv 0$, fällt die Kurve mit der Sehne zusammen, die Funktion $f(x)$ ist linear, der Mittelwertsatz gilt dann trivialerweise.

Wir bezeichnen mit c einen Punkt im Innern des Intervalls ($a < c < b$), in dem die Funktion $\varphi(x)$ den größten oder kleinsten Wert annimmt. Bei c hat die Funktion $\varphi(x)$ ein Maximum oder ein Minimum, d. h.: c ist ein Extremalpunkt der Funktion $\varphi(x)$. In Extremalpunkten ist die Ableitung gleich null, es gilt folglich bei $x = c$: $\varphi'(c) = 0$.

Wir berechnen die Ableitung $\varphi'(x)$:

$$\varphi'(x) = f'(x) - \frac{f(b) - f(a)}{b - a}$$

und ersetzen x durch c. So erhalten wir:

$$f'(c) - \frac{f(b) - f(a)}{b - a} = 0 \, ,$$

oder

$$f'(c) = \frac{f(b) - f(a)}{b - a} \, .$$

Damit ist der Mittelwertsatz bewiesen.

Die letzte Gleichung kann man noch anders anschreiben, wenn man ihre beiden Seiten mit $b - a$ multipliziert. Wir erhalten dann

$$f(b) - f(a) = f'(c)(b - a) \, .$$

Diese Formel liefert den *Zuwachs der Funktion*.

Nach dieser Formel ist der *Zuwachs der Funktion also gleich dem Zuwachs des Arguments, multipliziert mit dem Wert der Ableitung in einem bestimmten Zwischenpunkt.*

2.2. DAS WACHSEN UND FALLEN EINER FUNKTION IN EINEM INTERVALL

S a t z . *Wenn die Ableitung einer Funktion in allen inneren Punkten eines Intervalls positiv (negativ) ist, so wächst (fällt) die Funktion im Intervall.*

Wir nehmen an, daß $f'(x)$ in allen Punkten eines Intervalls positiv ist. Wir wählen dann zwei Argumentwerte x_1 und x_2, $x_2 > x_1$ in diesem Intervall, berechnen die zugehörigen Funktionswerte $f(x_1)$ und $f(x_2)$ und betrachten die Differenz $f(x_2) - f(x_1)$. Unter Verwendung der Formel, die den Zuwachs liefert (wobei wir $b = x_2$ und $a = x_1$ setzen), erhalten wir:

$$f(x_2) - f(x_1) = f'(c)(x_2 - x_1) \, .$$

Das Vorzeichen dieser Differenz hängt nur vom Vorzeichen von $f'(c)$ ab, da $x_2 - x_1 > 0$ ist. Nach Voraussetzung ist die Ableitung in jedem beliebigen Punkt des Intervalls positiv und damit speziell $f'(c) > 0$.

Das heißt also: $f(x_2) - f(x_1) > 0$, die Funktion wächst.

Analog wird man zeigen, daß die Funktion für $f'(x) < 0$ fällt.

2.3. KLASSIFIZIERUNG DER ISOLIERTEN STATIONÄREN PUNKTE

Wir erinnern daran, daß Punkte, in denen die erste Ableitung verschwindet, *stationäre Punkte* heißen. Das heißt geometrisch, daß die Tangente an das Kurvenbild der Funktion in einem stationären Punkt parallel zur x-Achse ist.

Ein stationärer Punkt heißt *isoliert*, wenn es in seiner Umgebung keine anderen stationären Punkte gibt. Links und rechts von einem solchen stationären Punkt ist die Ableitung verschieden von null.

Wir betrachten das Vorzeichen der Ableitung links und rechts von einem isolierten stationären Punkt.

Zunächst sei das Vorzeichen links und rechts vom stationären Punkt po-

sitiv. Das bedeutet, daß die Funktion sowohl links als auch rechts davon
wächst. Ein solcher Punkt heißt *Punkt mit schwachem Wachstum* (Abb. 141).

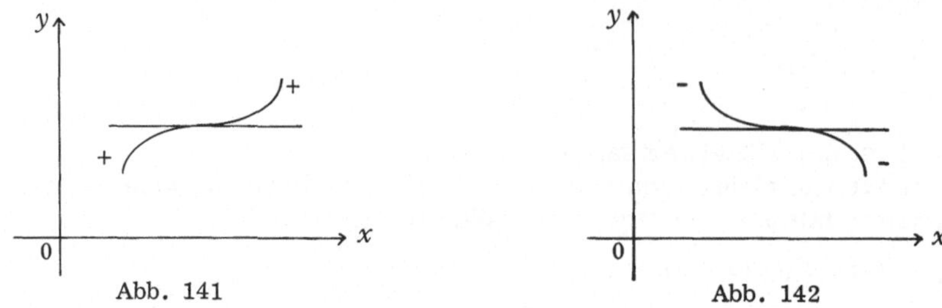

Abb. 141   Abb. 142

Ist die Ableitung links und rechts vom stationären Punkt negativ, so
fällt die Funktion, der Punkt heißt *Punkt mit schwacher Abnahme* (Abb. 142).

Wenn die Ableitung links vom stationären Punkt positiv, rechts davon
hingegen negativ ist, dann handelt es sich um einen Punkt, bei dem ein Maximum auftritt. Die Funktion wächst nämlich links vom stationären Punkt,
ihr Funktionswert ist deshalb in diesem Punkt größer als alle Werte, die
links davon angenommen werden. Rechts fällt die Funktion, ihr Funktionswert im stationären Punkt ist deshalb auch größer als alle Werte, die rechts
davon angenommen werden. Der Funktionswert im stationären Punkt ist damit größer als alle Funktionswerte in der Umgebung dieses Punktes. Die
Funktion hat ein Maximum (Abb. 143).

Abb. 143   Abb. 144

Ist die Ableitung links vom stationären Punkt negativ und rechts davon
positiv, so fällt die Funktion links und wächst rechts. Analog zum Vorhergehenden schließen wir, daß die Funktion in diesem Punkt ein Minimum hat
(Abb. 144).

Die Betrachtung, die wir über die isolierten stationären Punkte ange-
stellt haben, gestattet es, folgende hinreichende Bedingung für
ein Extremum zu formulieren: *wenn die erste Ableitung beim Durchgang durch einen vorgegebenen Punkt das Vorzeichen ändert, dann hat die
Funktion in diesem Punkt ein Extremum. Ändert sich dabei das Vorzeichen
von Plus auf Minus, so hat die Funktion ein Maximum, ändert es sich von
Minus auf Plus, so hat sie ein Minimum.*

Beispiel. Gesucht sind Lage und Charakter der stationären Punkte
der Funktion $y = \frac{3}{8} x^4 - x^3 + 2$.

Wir ermitteln die erste Ableitung

$$y' = \frac{3}{2} x^3 - 3x^2 \, .$$

Diese setzen wir gleich null: $\frac{3}{2} x^3 - 3x^2 = 0$ oder $x^2 (x - 2) = 0$. Hieraus folgt $x_1 = 0$, $x_2 = 2$.

Wir prüfen, ob die erste Ableitung beim Durchgang durch die Stelle $x_1 = 0$ ihr Vorzeichen ändert. Für $x < 0$ ist $y' < 0$ und für $x > 0$ ist $y' < 0$. Der Punkt x_1 ist somit eine Stelle, an der die Funktion schwach fällt. An dieser Stelle nimmt die Funktion den Wert 2 an.

Analog untersuchen wir die Stelle $x_2 = 2$. Für $x < 2$ ist $y' < 0$ und für $x > 0$ ist $y' > 0$. Folglich liegt an der Stelle x_2 ein Minimum. An dieser Stelle ergibt sich $y = 0$.

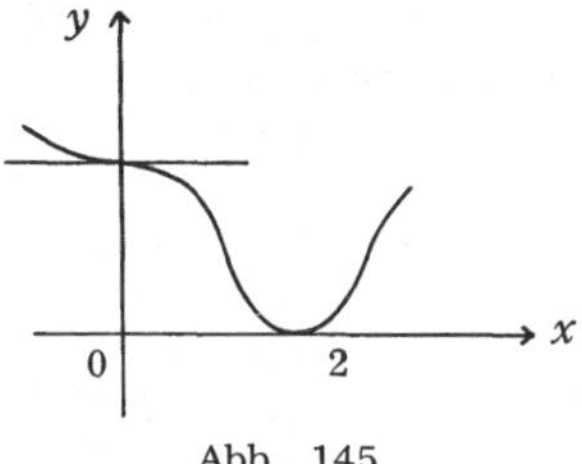

Abb. 145

Das Kurvenbild der Funktion $y = \frac{3}{8} x^4 - x^3 + 2$ ist in Abb. 145 dargestellt.

2.4. EINE HINREICHENDE BEDINGUNG FÜR DIE EXISTENZ EINES EXTREMWERTES UNTER VERWENDUNG DER ZWEITEN ABLEITUNG

Wenn an einer gewissen Stelle x_0 die erste Ableitung verschwindet, während die zweite Ableitung verschieden von null ist, liegt an dieser Stelle ein Extremwert. Wenn die zweite Ableitung positiv ist, dann liegt an der Stelle x_0 ein Minimum; wenn aber die zweite Ableitung negativ ist, ein Maximum.

Tatsächlich, die erste Ableitung sei an der Stelle x_0 gleich null: $f'(x_0) = 0$, während die zweite Ableitung größer als null sei: $f''(x_0) > 0$. Die zweite Ableitung ist die Ableitung der ersten Ableitung. Wenn daher die zweite Ableitung positiv ist, dann steigt die erste Ableitung. An der Stelle x_0 ist aber die erste Ableitung $f'(x_0) = 0$. Deshalb ist links von dieser Stelle die erste Ableitung $f'(x)$ negativ, während sie rechts hiervon positiv ist, d. h. an der Stelle x_0 liegt ein Minimum. Analog zeigt man, daß an der Stelle x_0 ein Maximum liegt, wenn $f''(x_0) < 0$ ist.

Beispiel. Man untersuche die stationären Punkte der Funktion $y = e^x + e^{-x}$.

Wir bestimmen die erste und die zweite Ableitung: $y' = e^x - e^{-x}$ und $y'' = e^x + e^{-x}$. Die erste Ableitung verschwindet für $x = 0$. Die zweite Ableitung hat an dieser Stelle den Wert 2, ist also positiv. An der Stelle $x = 0$ besitzt daher die Funktion $y = e^x + e^{-x}$ ein Minimum.

Wenn sich bei der Untersuchung eines stationären Punktes herausstellt, daß in diesem Punkt die zweite Ableitung verschwindet, dann kann man aus der zweiten Ableitung keinerlei Rückschlüsse auf die Art des stationären Punktes ziehen.

2.5. KONVEXITÄT UND KONKAVITÄT EINES KURVENBOGENS

Satz. *Wenn in jedem Punkt eines Intervalls die zweite Ableitung positiv (negativ) ist, dann ist das Kurvenbild der Funktion in diesem Intervall konkav (konvex).*

Es sei $f''(x) > 0$ in allen Punkten des betrachteten Intervalls. Wir zeigen, daß in diesem Intervall das Kurvenbild der Funktion konkav ist.

Es sei $x_2 > x_1$ gegeben. Wir betrachten nun die Differenz

$$\frac{f(x_1) + f(x_2)}{2} - f\left(\frac{x_1 + x_2}{2}\right) = \tfrac{1}{2}\left[f(x_1) + f(x_2) - 2f\left(\frac{x_1 + x_2}{2}\right)\right] =$$

$$= \tfrac{1}{2}\left[f(x_2) - f\left(\frac{x_1 + x_2}{2}\right)\right] - \tfrac{1}{2}\left[f\left(\frac{x_1 + x_2}{2}\right) - f(x_1)\right].$$

aus deren Vorzeichen wir die Konvexität bzw. Konkavität des Kurvenbildes der Funktion bestimmen können.

Wir wenden auf jede Differenz in den eckigen Klammern den Mittelwertsatz an und erhalten

$$\frac{f(x_1) + f(x_2)}{2} - f\left(\frac{x_1 + x_2}{2}\right) =$$

$$= \tfrac{1}{2} f'(c_2)\left(x_2 - \frac{x_1 + x_2}{2}\right) - \tfrac{1}{2} f'(c_1)\left(\frac{x_1 + x_2}{2} - x_1\right) =$$

$$= \frac{1}{4} f'(c_2)(x_2 - x_1) - \frac{1}{4} f'(c_1)(x_2 - x_1) = \frac{1}{4}(x_2 - x_1)[f'(c_2) - f'(c_1)].$$

Der Punkt c_2 liegt zwischen den Punkten $\dfrac{x_1 + x_2}{2}$ und x_2, während der Punkt c_1 zwischen den Punkten x_1 und $\dfrac{x_1 + x_2}{2}$ liegt (Abb. 146).

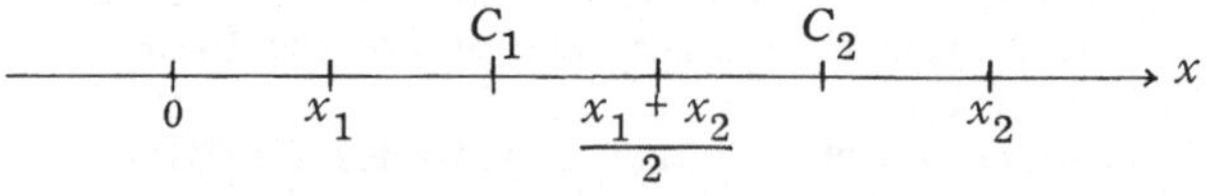

Abb. 146

Indem wir noch einmal den Mittelwertsatz anwenden, erhalten wir

$$\frac{f(x_1) + f(x_2)}{2} - f\left(\frac{x_1 + x_2}{2}\right) = \frac{1}{4}(x_2 - x_1)(c_2 - c_1) f''(c_3).$$

Wegen $x_2 > x_1$ ist $c_2 > c_1$. Hieraus folgt $x_2 - x_1 > 0$ und $c_2 - c_1 > 0$. Nach Voraussetzung $f''(c_3) > 0$ ist folglich das Produkt $\frac{1}{4}(x_2 - x_1)(c_2 - c_1) f''(c_3)$ positiv. Es gilt daher

$$\frac{f(x_1) + f(x_2)}{2} - f\left(\frac{x_1 + x_2}{2}\right) > 0.$$

Das Kurvenbild der Funktion ist also konkav.

Nun formulieren wir die Definition des Wendepunktes genauer.

Ein Punkt, der den Konvexitätsbereich des Kurvenbildes von dem Konkavitätsbereich trennt und keine Bruchstelle des Kurvenbildes der eindeutigen Funktion ist, heißt *Wendepunkt*. Aus dem letzten Satz ergibt sich die folgende hinreichende Bedingung für die Existenz eines Wendepunktes: *Wenn die zweite Ableitung beim Durchgang durch einen gegebenen Punkt ihr Vorzeichen ändert, dann ist dieser Punkt ein Wendepunkt.*

Wenn das Vorzeichen der zweiten Ableitung aus dem negativen in das positive übergeht, dann ist links die Kurve konvex und rechts konkav (Abb. 147). Wenn hingegen das Vorzeichen der zweiten Ableitung aus dem positiven in das negative übergeht, dann ist links die Kurve konkav und rechts konvex (Abb. 148).

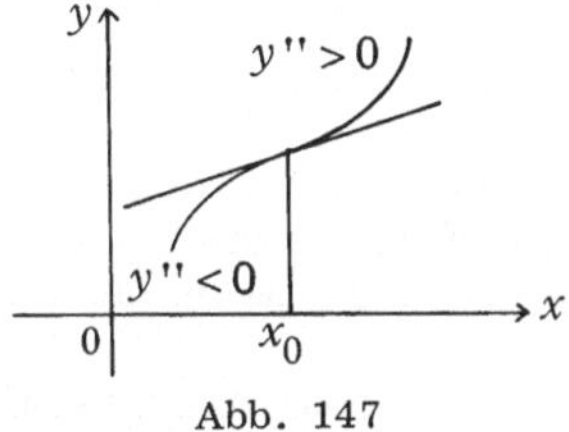

Abb. 147

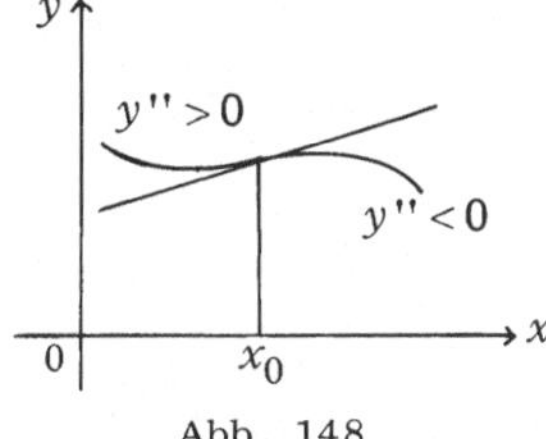

Abb. 148

Wenn im Wendepunkt die zweite Ableitung existiert, dann ist sie dort null. Zur Ermittlung der Wendepunkte muß man daher die Punkte aufsuchen, in denen die zweite Ableitung null wird.

Beispiel. Man bestimme die Wendepunkte des Kurvenbildes der Funktion $y = \frac{3}{8} x^4 - x^3 + 2$ (vgl. Abb. 145).

Wir bestimmen die zweite Ableitung:

$$y' = \frac{3}{2} x^3 - 3x^2 , \qquad y'' = \frac{9}{2} x^2 - 6x .$$

Diese setzen wir gleich null: $\frac{9}{2} x^2 - 6x = 0$. Die Wurzeln dieser Gleichung sind $x_1 = 0$ und $x_2 = \frac{4}{3}$: Nun überprüfen wir, ob die zweite Ableitung beim Durchgang durch die Stelle $x_1 = 0$ ihr Vorzeichen wechselt. Für $x < 0$ ist $y'' > 0$ und für $x > 0$ ist $y'' < 0$. Analog untersuchen wir die Stelle $x_2 = \frac{4}{3}$. Für $x < \frac{4}{3}$ ist $y'' < 0$ und für $x > \frac{4}{3}$ ist $y'' > 0$. Daher sind die Punkte $x_1 = 0$ und $x_2 = \frac{4}{3}$ Wendepunkte. Links vom Punkt $x_1 = 0$ ist das Kurvenbild konkav. Zwischen den Punkten x_1 und x_2 ist das

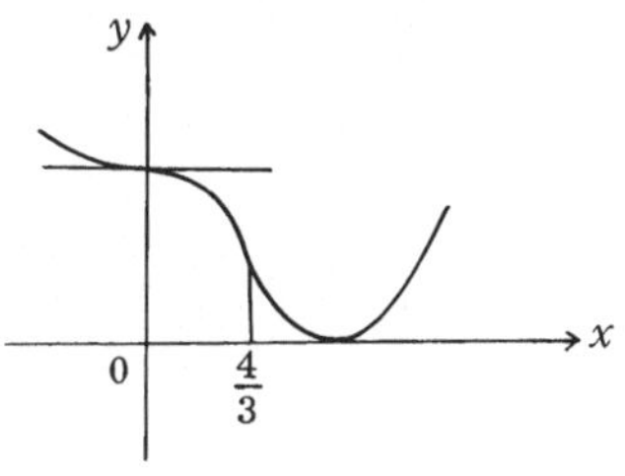

Abb. 149

Kurvenbild konvex und rechts vom Punkt $x_2 = \frac{4}{3}$ wieder konkav (Abb. 149).

2.6. EIN BEISPIEL. DIE UNTERSUCHUNG DER FUNKTION $y = 6x^2 e^{-x^2}$

Die Funktion $y = 6x^2 e^{-x^2}$ ist für alle x definiert, ihr Kurvenbild liegt symmetrisch zur y-Achse und geht durch den Koordinatenursprung hindurch. Wir bestimmen die stationären Punkte und berechnen die Ableitungen y' und y'':

$$y' = 6(2x - 2x^3)\, e^{-x^2} = 12(x - x^3)\, e^{-x^2},$$

$$y'' = 12(1 - 3x^2 - 2x^2 + 2x^4)\, e^{-x^2} = 12(1 - 5x^2 + 2x^4)\, e^{-x^2}.$$

Die erste Ableitung verschwindet an den Stellen $x_1 = -1$, $x_2 = 0$ und $x_3 = 1$.

Für $x = -1$ oder $x = 1$ ist $y'' = -24\, e^{-1} < 0$ und daher besitzt die Funktion an diesen Stellen ein Maximum. Der Funktionswert ist an diesen Stellen $6e^{-1}$. Für $x = 0$ ist $y'' = 12 > 0$ und folglich besitzt die Funktion ein Minimum. Der Funktionswert ist an dieser Stelle null.

Wir untersuchen das Verhalten der Funktion für die großen Argumentswerte. Für $x \to \infty$ wächst der Faktor x^2 unbeschränkt, während $e^{-x^2} = \dfrac{1}{e^{x^2}}$ gegen null strebt. Wie wir später zeigen, wächst die Exponentialfunktion rascher als beliebige Potenzen und es ist daher $\lim\limits_{x \to \infty} \dfrac{x^2}{e^{x^2}} = 0$. Dies bedeutet, daß das Kurvenbild der Funktion die horizontale Asymptote $y = 0$ besitzt.

Um die Wendepunkte des Kurvenbildes zu bestimmen, muß man die Nullstellen der zweiten Ableitung kennen. Setzen wir $y'' = 0$, so erhalten wir

$$2x^4 - 5x^2 + 1 = 0.$$

Die Wurzeln dieser biquadratischen Gleichung sind

$$x_1 = -\frac{\sqrt{5} + \sqrt{17}}{2} \approx -1.51, \qquad x_2 = -\frac{\sqrt{5} - \sqrt{17}}{2} \approx -0.47,$$

$$x_3 \approx 0.47 \qquad \text{und} \qquad x_4 \approx 1.51.$$

Diese Wurzeln sind auch die Wendepunkte (Abb. 150).

Die betrachtete Funktion findet man in der Theorie der Molekularbewegung bei der Untersuchung des Verteilungsgesetzes für die Geschwindigkeiten der Gasmoleküle.

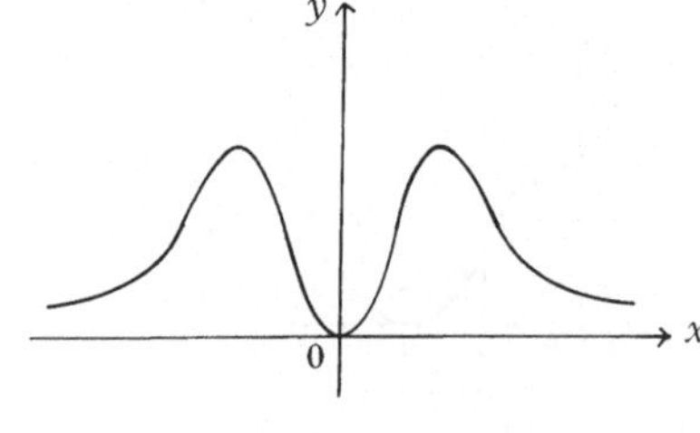

Abb. 150

§ 3. ANWENDUNG DER ABLEITUNGEN ZUR BERECHNUNG VON GRENZWERTEN

3.1. DER VERALLGEMEINERTE MITTELWERTSATZ

In einem Intervall $[a,\ b]$ *seien zwei Funktionen* $f(x)$ *und* $\varphi(x)$ *gegeben, die den Bedingungen des Mittelwertsatzes genügen, wobei an keiner Stelle im Innern dieses Intervalls die Ableitungen dieser Funktionen gleichzeitig verschwinden. Dann gibt es im Intervall wenigstens eine Stelle* c, *für die die Gleichung gilt*

$$\frac{f'(c)}{\varphi'(c)} = \frac{f(b) - f(a)}{\varphi(b) - \varphi(a)}.$$

Der Mittelwertsatz ist ein Spezialfall des verallgemeinerten Mittelwertsatzes, denn für $\varphi(x) = x$, $\varphi'(x) = 1$ folgt $f'(c) = \dfrac{f(b) - f(a)}{b - a}$.

Der Beweis des verallgemeinerten Mittelwertsatzes ist dem Beweis des Mittelwertsatzes ähnlich und wird hier nicht behandelt.

3.2. DIE L'HOSPITALSCHE REGEL

Es seien zwei Funktionen $f(x)$ *und* $\varphi(x)$ *gegeben, die den Bedingungen des verallgemeinerten Mittelwertsatzes genügen. Auch sei an der Stelle* a *sowohl* $f(a) = 0$ *als auch* $\varphi(a) = 0$. *Dann ist der Grenzwert des Quotienten dieser Funktionen an der Stelle* a *gleich dem Grenzwert des Quotienten aus ihren Ableitungen, falls der obengenannte Grenzwert existiert.*

$$\lim_{x \to a} \frac{f(x)}{\varphi(x)} = \lim_{x \to a} \frac{f'(x)}{\varphi'(x)}.$$

Es sei also $f(a) = 0$, $\varphi(a) = 0$ und $\lim\limits_{x \to a} \dfrac{f'(x)}{\varphi'(x)} = A$. Wir wollen beweisen, daß dann $\lim\limits_{x \to a} \dfrac{f(x)}{\varphi(x)} = A$ gilt, und betrachten den Quotienten der Funktionen $\dfrac{f(x)}{\varphi(x)}$. Wegen $f(a) = 0$ und $\varphi(a) = 0$ gilt

$$\frac{f(x)}{\varphi(x)} = \frac{f(x) - f(a)}{\varphi(x) - \varphi(a)}.$$

Nach dem verallgemeinerten Mittelwertsatz läßt sich zwischen den Stellen a und x eine Stelle c derart finden, daß

$$\frac{f(x)}{\varphi(x)} = \frac{f'(c)}{\varphi'(c)} \qquad (a < c < x)$$

ist.

Nun betrachten wir den Grenzwert für $x \to a$. Für $x \to a$ geht auch $c \to a$, und es ist daher

$$\lim_{x \to a} \frac{f(x)}{\varphi(x)} = \lim_{c \to a} \frac{f'(c)}{\varphi'(c)} \ .$$

Nach Voraussetzung gilt

$$\lim_{c \to a} \frac{f'(c)}{\varphi'(c)} = A \ ,$$

und es ist folglich

$$\lim_{x \to a} \frac{f(x)}{\varphi(x)} = A \ .$$

Die l'Hospitalsche Regel gestattet, die Berechnung des Grenzwertes eines Quotienten zweier Funktionen, die bei der Grenzwertbildung verschwinden, durch die Berechnung des Grenzwertes für den Quotienten der Ableitungen dieser Funktionen zu ersetzen.

B e i s p i e l . Man berechne $\lim_{x \to 0} \dfrac{\sin x - x}{x^3}$.

Für $x = 0$ verschwinden in dieser Funktion sowohl der Zähler als auch der Nenner. Nach der l'Hospitalschen Regel erhalten wir daher für den gesuchten Grenzwert $\lim_{x \to 0} \dfrac{\cos x - 1}{3x^2}$. In diesem Grenzwert verschwinden wiederum der Zähler und der Nenner für $x = 0$. Indem wir noch einmal die l'Hospitalsche Regel anwenden, erhalten wir

$$\lim_{x \to 0} \frac{-\sin x}{6x} = -\frac{1}{6} \ .$$

Es gilt also

$$\lim_{x \to 0} \frac{\sin x - x}{x^3} = -\frac{1}{6} \ .$$

Mit entsprechenden Abänderungen läßt sich die l'Hospitalsche Regel auch dann anwenden, wenn Zähler und Nenner in einem gewissen Punkt gegen Unendlich gehen. Außerdem wendet man die l'Hospitalsche Regel zur Berechnung von Grenzwerten für $x \to \infty$ an.

3. 3. DIE GRENZWERTE DER POTENZFUNKTION x^n , DER EXPONENTIAL-
FUNKTION e^x UND DER LOGARITHMISCHEN FUNKTION $\ln x$ IM UN-
ENDLICHEN

Alle diese Funktionen wachsen für $x \to \infty$ unbeschränkt. Wir wollen feststellen, welche von ihnen rascher wächst.

Wir untersuchen den Grenzwert des Quotienten der Exponentialfunktion und der Potenzfunktion. Den Grenzwert berechnen wir nach der l'Hospitalschen Regel:

$$\lim_{x \to \infty} \frac{e^x}{x^n} = \lim_{x \to \infty} \frac{e^x}{nx^{n-1}} = \lim_{x \to \infty} \frac{e^x}{n(n-1)\,x^{n-2}} = \ldots = \lim_{x \to \infty} \frac{e^x}{n!} = \infty \; .$$

Somit *wächst die Exponentialfunktion e^x rascher als die Potenzfunktion x^n.*

Nun vergleichen wir die logarithmische Funktion $\ln x$ mit der Potenzfunktion x^n:

$$\lim_{x \to \infty} \frac{\ln x}{x^n} = \lim_{x \to \infty} \frac{\frac{1}{x}}{nx^{n-1}} = \lim_{x \to \infty} \frac{1}{nx^n} = 0 \; .$$

Somit *wächst die logarithmische Funktion langsamer als eine beliebige positive Potenz ihres Arguments.*

§ 4. DARSTELLUNG VON FUNKTIONEN MIT HILFE DES TAYLORSCHEN SATZES

4.1. DER TAYLORSCHE SATZ

Der Taylorsche Satz läßt sich als eine Weiterentwicklung der Linearisierungsformel

$$f(x_0 + \Delta x) = f(x_0) + f'(x_0)\,\Delta x + \gamma_1 \; .$$

auffassen.

In vielen Fällen ist das Ersetzen einer Funktion durch eine lineare Funktion nicht hinreichend genau. Diese Tatsache führt zur Frage, ob es möglich ist, die Linearisierungsformel zu präzisieren indem man die Größe γ_1 genauer untersucht. Hierbei spaltet man von γ_1 einen Teil ab, der dem Zuwachs proportional ist, sodaß der verbleibende Teil von höherer Ordnung als Δx^2 verschwindet. Die Größe γ_1 erscheint dann in der Form $\gamma_1 = A\,\Delta x^2 + \gamma_2$ wobei A eine Konstante ist, während γ_2 die Eigenschaft besitzt, daß

$$\lim_{\Delta x \to 0} \frac{\gamma_2}{\Delta x^2} = 0$$

gilt. Aus der Linearisierungsformel folgt dann

$$f(x_0 + \Delta x) = f(x_0) + f'(x_0)\,\Delta x + A\,\Delta x^2 + \gamma_2 \; .$$

Wir bestimmen den noch unbekannten Koeffizienten A.

Aus der letzten Gleichheit erhalten wir

$$A = \frac{f(x_0 + \Delta x) - f(x_0) - f'(x_0)\,\Delta x}{\Delta x^2} - \frac{\gamma_2}{\Delta x^2}$$

Diesen Ausdruck für A darf man nicht als endgültig ansehen, da er die unbekannte Funktion γ_2 enthält. Um sich von dieser unbekannten Funktion zu befreien, bilden wir den Grenzwert für $\Delta x \to 0$:

$$A = \lim_{\Delta x \to 0} \left(\frac{f(x_0 + \Delta x) - f(x_0) - f'(x_0)\, \Delta x}{\Delta x^2} - \frac{\gamma_2}{\Delta x^2} \right).$$

Der Grenzwert des letzten Bruches ist null, und wir erhalten somit

$$A = \lim_{\Delta x \to 0} \frac{f(x_0 + \Delta x) - f(x_0) - f'(x_0)\, \Delta x}{\Delta x^2}.$$

Setzen wir nun anstelle von Δx den Grenzwert ein, so werden Zähler und Nenner des Bruches null. Wir wenden die l'Hospitalsche Regel an. Hierbei ist zu beachten, daß x_0 konstant und Δx variabel ist. Die Ableitung des Zählers nach der Variablen Δx ist $f'(x_0 + \Delta x) - f'(x_0)$, während die des Nenners $2\Delta x$ ergibt.

Folglich gilt

$$A = \lim_{\Delta x \to 0} \frac{f'(x_0 + \Delta x) - f'(x_0)}{2\Delta x}.$$

Im Zähler steht der Zuwachs der Funktion $f'(x)$. Der Grenzwert des Quotienten aus dem Zuwachs der Funktion $f'(x)$ und dem Zuwachs des Arguments ist die Ableitung von $f'(x)$, d. h. die zweite Ableitung. Wir erhalten somit

$$A = \frac{f''(x_0)}{1 \cdot 2}.$$

Setzen wir anstelle von A den gefundenen Ausdruck ein, so folgt

$$f(x_0 + \Delta x) = f(x_0) + f'(x_0)\, \Delta x + \frac{f''(x_0)}{2!}\, \Delta x^2 + \gamma_2.$$

Diese Formel stellt eine Erweiterung der Linearisierungsformel dar und wird als die *Taylorsche Formel für* $n = 2$ bezeichnet.

Wenn die zuletzt gewonnene Formel noch nicht genau genug ist, dann spaltet man von γ_2 ein Glied ab, das dem Zuwachs Δx^3 proportional ist, daß der verbliebene Teil γ_3 von höherer Ordnung als Δx^3 verschwindet. Dann ist $\gamma_2 = B\Delta x^3 + \gamma_3$, wobei B eine Konstante ist. γ_3 hat die Eigenschaft, daß

$$\lim_{\Delta x \to 0} \frac{\gamma_3}{\Delta x^3} = 0$$

gilt.

Die Formel für die Darstellung der Funktion nimmt dann folgende Form an:

$$f(x_0 + \Delta x) = f(x_0) + f'(x_0)\, \Delta x + \frac{f''(x_0)}{2!}\, \Delta x^2 + B\Delta x^3 + \gamma_3.$$

Wie vorhin erhalten wir aus dieser Gleichung

$$B = \lim_{\Delta x \to 0} \left(\frac{f(x_0 + \Delta x) - f(x_0) - f'(x_0)\,\Delta x - \dfrac{f''(x_0)}{2!}\,\Delta x^2}{\Delta x^3} - \frac{\gamma_3}{\Delta x^3} \right).$$

Der Grenzwert des letzten Bruches ist null. Für die Berechnung des Grenzwertes des ersten Bruches wenden wir die l'Hospitalsche Regel an und erhalten

$$B = \lim_{\Delta x \to 0} \frac{f'(x_0 + \Delta x) - f'(x_0) - f''(x_0)\,\Delta x}{3\Delta x^2} =$$

$$= \lim_{\Delta x \to 0} \frac{f''(x_0 + \Delta x) - f''(x_0)}{3 \cdot 2\,\Delta x} = \frac{f'''(x_0)}{3!}.$$

Indem wir anstelle von B den gefundenen Wert einsetzen, erhalten wir

$$f(x_0 + \Delta x) = f(x_0) + f'(x_0)\,\Delta x + \frac{f''(x_0)}{2!}\,\Delta x^2 + \frac{f'''(x_0)}{3!}\,\Delta x^3 + \gamma_3 .$$

Diese Formel bezeichnet man als die *Taylorsche Formel für* $n = 3$.

Den Prozeß der sukzessiven Abspaltung der Glieder, die Potenzen von Δx enthalten, kann man fortsetzen. Für ein beliebiges n erhält die Taylorsche Formel die Form

$$f(x_0 + \Delta x) = f(x_0) + f'(x_0)\,\Delta x + \frac{f''(x_0)}{2!}\,\Delta x^2 + \ldots + \frac{f^{(n)}(x_0)}{n!}\,\Delta x^n + \gamma_n ,$$

wobei γ_n von höherer Ordnung verschwindet als Δx^n, d. h.

$$\lim_{\Delta x \to 0} \frac{\gamma_n}{\Delta x^n} = 0 .$$

Bei der Herleitung der Taylorschen Formel haben wir vorausgesetzt, daß alle Ableitungen, die an der Bildung der Formel beteiligt sind, auch existieren.

Wir schreiben nun die Taylorsche Formel in einer etwas abgeänderten Form, indem wir $x_0 + \Delta x$ durch x ersetzen: $x_0 + \Delta x = x$. Dann ist $\Delta x = x - x_0$ und die Formel nimmt die folgende Form an:

$$f(x) = f(x_0) + f'(x_0)\,(x - x_0) + \frac{f''(x_0)}{2!}\,(x - x_0)^2 + \ldots$$

$$\ldots + \frac{f^{(n)}(x_0)}{n!}\,(x - x_0)^n + \gamma_n .$$

Diese Gleichheit zeigt, daß der Taylorsche Satz es gestattet, eine Funktion durch ein Polynom vom Grade n derart zu ersetzen, daß der Fehler γ_n eine infinitesimale Größe höherer Ordnung ist als die Größe $(x - x_0)^n$.

Indem man in der Taylorschen Formel $x_0 = 0$ setzt, erhält sie die Form

$$f(x) = f(0) + f'(0)\, x + \frac{f''(0)}{2!}\, x^2 + \ldots + \frac{f^{(n)}(0)}{n!}\, x^n + \gamma_n\,.$$

Diese Formel zur Darstellung einer Funktion in der Nähe des Nullpunktes heißt die *MacLaurinsche Formel*. Wenn man sich in dieser Formel mit den ersten beiden Gliedern begnügt, dann ergibt sich die Linearisierungsformel in der Nähe des Nullpunktes.

4.2. DIE GEOMETRISCHE DEUTUNG DES TAYLORSCHEN SATZES FÜR $n = 2$

Wir schreiben die Taylorsche Formel für $n = 2$:

$$f(x) = f(x_0) + f'(x_0)\,(x - x_0) + \frac{f''(x_0)}{2!}\,(x - x_0)^2 + \gamma_2\,.$$

Wir vernachlässigen γ_2 und betrachten die quadratische Funktion:

$$y = f(x_0) + f'(x_0)\,(x - x_0) + \frac{f''(x_0)}{2!}\,(x - x_0)^2\,.$$

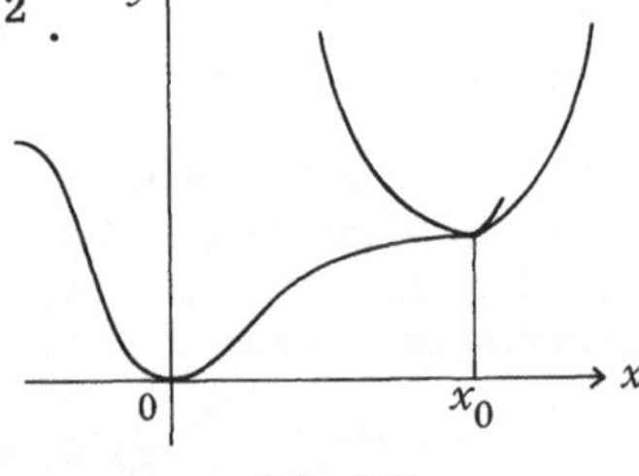

Abb. 151

Die Parabel erscheint als die graphische Darstellung dieser Funktion (Abb. 151). Folglich besteht die geometrische Deutung des Taylorschen Satzes für $n = 2$ darin, daß sie es gestattet, die graphische Darstellung in der Nähe des gegebenen Punktes durch eine Parabel mit der Genauigkeit bis auf eine unendlich kleine Größe von höherer als zweiter Ordnung zu ersetzen. Die Parabel, die man dabei erhält heißt *Schmiegungsparabel*. Im Punkt x_0 haben die Kurve $y = f(x)$ und die Parabel eine gemeinsame Tangente.

§ 5. DIE DARSTELLUNG DER ELEMENTAREN FUNKTIONEN NACH DEM TAYLORSCHEN SATZ IN DER NÄHE DES NULLPUNKTES

Bei der Anwendung des Taylorschen Satzes für die Darstellung einer konkreten Funktion in der Nähe des Nullpunktes muß man die Werte der Funktion $f(x)$ selbst und ihrer Ableitungen $f'(x)$, $f''(x)$, $\ldots$, $f^{(n)}(x)$ bei $x = 0$ berechnen und die ermittelten Zahlen $f(0)$, $f'(0)$, $f''(0)$, $\ldots$, $f^{(n)}(0)$ in die Koeffizienten des Taylorschen Satzes einsetzen. Wir werden das für die wichtigsten elementaren Funktionen durchführen.

5.1. DIE DARSTELLUNG DES POLYNOMS

Es sei ein Polynom gegeben

$$f(x) = a_0 + a_1 x + a_2 x^2 + \ldots + a_m x^m .$$

Seine Darstellung nach dem Taylorschen Satz für $n = 2$ wird:

$$f(x) = f(0) + f'(0)\, x + \frac{f''(0)}{2!}\, x^2 + \gamma_2 .$$

Wir finden, daß bei $x = 0$ $f(0) = a_0$. Wir berechnen nun die Ableitungen

$$f'(x) = a_1 + 2a_2 x + 3a_3 x^2 + \ldots + m a_m x^{m-1} ,$$

$$f''(x) = 2a_2 + 3 \cdot 2a_3 x + \ldots + m(m - 1)\, a_m x^{m-2} .$$

Indem wir $x = 0$ setzen, bekommen wir $f'(0) = a_1$, $f''(0) = 2a_2$. Daraus folgt

$$f(x) = a_0 + a_1 x + a_2 x^2 + \gamma_2 .$$

Man erhält also die Darstellung des Polynoms nach dem Taylorschen Satz für $n = 2$, wenn man im Ausdruck γ_2 alle Glieder zusammenfaßt in denen x in höherer als zweiter Potenz vorkommt.

Analog erhält man die Darstellung des Polynoms nach dem Taylorschen Satz für beliebiges n. Insbesondere bei $n \geq m$

$$f(x) = a_0 + a_1 x + a_2 x^2 + \ldots + a_m x^m .$$

Hier gibt der Taylorsche Satz die genaue Darstellung des Polynoms: $\gamma_n = 0$.

5.2. DIE DARSTELLUNG DER FUNKTION $(1 + x)^m$
DER BINOMISCHE LEHRSATZ

Die Funktion $f(x) = (1 + x)^m$ ist ein Polynom vom Grad m und daher liefert für sie der Taylorsche Satz für $n = m$ eine genaue Darstellung. Wir finden $f(0) = 1$. Wir berechnen die Ableitungen der Funktion $(1 + x)^m$ und ihre Werte für $x = 0$

$$f'(x) = m(1 + x)^{m-1} , \qquad f'(0) = m ,$$
$$f''(x) = m(m - 1)(1 + x)^{m-2} , \qquad f''(0) = m(m - 1) ,$$

$$\cdots \cdots \cdots \cdots \cdots \cdots \cdots \cdots \cdots \cdots \cdots \cdots \cdots \cdots$$

$$f^{(m)}(x) = m(m - 1)(m - 2) \ldots 2 \cdot 1 , \qquad f^{(m)}(0) = m! .$$

Indem wir die Ausdrücke für $f'(0)$, $f''(0)$, $\ldots$, $f^{(m)}(0)$ in die Taylorsche Formel für $n = m$ einsetzen, erhalten wir

$$f(x) = (1 + x)^m = 1 + \frac{m}{1}\, x + \frac{m(m - 1)}{2!}\, x^2 + \ldots$$

$$\ldots + \frac{m(m - 1)(m - 2) \ldots 3 \cdot 2 \cdot 1}{m!}\, x^m .$$

In dieser Formel wird der Koeffizient für x^k als $\binom{m}{k}$ bezeichnet:

$$\binom{m}{k} = \frac{m(m-1)(m-2)\ldots[m-(k-1)]}{k!}.$$

Aus der Formel geht hervor, daß $\binom{m}{m} = 1$ und $\binom{m}{m-1} = m$ gilt. Für beliebiges k gilt $\binom{m}{m-k} = \binom{m}{k}$.

Die erhaltene Darstellung für $(1+x)^m$ ist ein Spezialfall des binomischen Lehrsatzes, den man hieraus leicht herleiten kann.

Wir betrachten $(a+b)^m = a^m\left(1+\frac{b}{a}\right)^m$. Indem wir in der Darstellung für $(1+x)^m$ $x = \frac{b}{a}$ setzen, erhalten wir

$$(a+b)^m = a^m\left(1 + \binom{m}{1}\frac{b}{a} + \binom{m}{2}\frac{b^2}{a^2} + \ldots + \frac{b^m}{a^m}\right) =$$

$$= a^m + \binom{m}{1}a^{m-1}b + \binom{m}{2}a^{m-2}b^2 + \ldots + b^m.$$

Das ist aber genau der *binomische Lehrsatz*.

5.3. DIE DARSTELLUNG DER FUNKTION $\dfrac{1}{1+x}$

Wir finden: $f(0) = 1$. Wir berechnen die Ableitungen und ihre Werte für $x = 0$:

$$f'(x) = -(1+x)^{-2}, \qquad\qquad f'(0) = -1,$$
$$f''(x) = 1\cdot 2\,(1+x)^{-3}, \qquad\qquad f''(0) = 1\cdot 2 = 2!,$$
$$f'''(x) = -1\cdot 2\cdot 3\,(1+x)^{-4}, \qquad\qquad f'''(0) = -1\cdot 2\cdot 3 = -3!,$$

$$\ldots\ldots\ldots\ldots\ldots\ldots\ldots\ldots\ldots\ldots\ldots\ldots\ldots\ldots$$

$$f^{(n)}(x) = (-1)^n\,1\cdot 2\cdot 3\ldots n(1+x)^{-n-1}, \qquad f^{(n)}(0) = (-1)^n\,n!.$$

Nach dem Taylorschen Satz erhalten wir

$$\frac{1}{1+x} = 1 - x + \frac{2!}{2!}x^2 - \frac{3!}{3!}x^3 + \ldots + (-1)^n\frac{n!}{n!}x^n + \gamma =$$

$$= 1 - x + x^2 - x^3 + \ldots + (-1)^n x^n + \gamma.$$

Das Polynom, das wir erhalten haben, kann man als die geometrische Reihe auffassen, wo x durch $-x$ ersetzt wurde.

5.4. DIE DARSTELLUNG DER FUNKTION $\sqrt{1+x}$

Wir finden $f(0) = 1$. Wir berechnen die Ableitungen und ihre Werte für $x = 0$:

$$f'(x) = \frac{1}{2}\,(1+x)^{-\frac{1}{2}}\,, \qquad\qquad f'(0) = \frac{1}{2}\,,$$

$$f''(x) = -\frac{1}{2}\cdot\frac{1}{2}\,(1+x)^{-\frac{3}{2}}\,, \qquad\qquad f''(0) = -\frac{1}{2}\cdot\frac{1}{2}\,,$$

$$f'''(x) = \frac{1}{2}\cdot\frac{1}{2}\cdot\frac{3}{2}\,(1+x)^{-\frac{5}{2}}\,, \qquad\qquad f'''(0) = \frac{1}{2}\cdot\frac{1}{2}\cdot\frac{3}{2}\,,$$

$$f^{IV}(x) = -\frac{1}{2}\cdot\frac{1}{2}\cdot\frac{3}{2}\cdot\frac{5}{2}\,(1+x)^{-\frac{7}{2}}\,, \qquad f^{IV}(0) = -\frac{1}{2}\cdot\frac{1}{2}\cdot\frac{3}{2}\cdot\frac{5}{2}\,.$$

Allgemein haben wir für $n > 1$:

$$f^{(n)}(x) = (-1)^{n+1}\,\frac{1\cdot 3\cdot 5\ldots (2n-3)}{2^n}\,(1+x)^{-\frac{2n-1}{2}}\,,$$

$$f^{(n)}(0) = (-1)^{n+1}\,\frac{1\cdot 3\cdot 5\ldots (2n-3)}{2^n}\,.$$

Nach dem Taylorschen Satz erhalten wir

$$\sqrt{1+x} = 1 + \tfrac{1}{2}\,x - \frac{1}{2^2\cdot 2!}\,x^2 + \frac{1\cdot 3}{2^3\cdot 3!}\,x^3 - \frac{1\cdot 3\cdot 5}{2^4\cdot 4!}\,x^4 + \ldots$$

$$\ldots + (-1)^{n+1}\,\frac{1\cdot 3\cdot 5\ldots (2n-3)}{2^n n}\,x^n + \gamma\,.$$

5.5. DIE DARSTELLUNG DER FUNKTION sin x UND cos x

Wir finden:

$$f(0) = \sin 0 = 0\,;$$

$$f'(x) = \cos x\,, \qquad\qquad f'(0) = \cos 0 = 1\,,$$

$$f''(x) = -\sin x\,, \qquad\qquad f''(0) = -\sin 0 = 0\,,$$

$$f'''(x) = -\cos x\,, \qquad\qquad f'''(0) = -\cos 0 = -1\,,$$

$$f^{IV}(x) = \sin x\,, \qquad\qquad f^{IV}(0) = \sin 0 = 0\,,$$

$$\cdots\cdots\cdots\cdots\cdots\cdots\cdots\cdots\cdots\cdots\cdots\cdots\cdots$$

Im Weiteren werden sich die Werte der Ableitungen 1, 0, -1, 0 periodisch wiederholen. Daraus erhalten wir

$$\sin x = x - \frac{x^3}{3!} + \frac{x^5}{5!} - \ldots + (-1)^{n+1}\,\frac{x^{2n-1}}{(2n-1)!} + \gamma\,.$$

Analog erhalten wir für die Funktion cos x

$$\cos x = 1 - \frac{x^2}{2!} + \frac{x^4}{4!} - \ldots + (-1)^n\,\frac{x^{2n}}{(2n)!} + \gamma\,.$$

Die erhaltenen Formeln für sin x und cos x werden verwendet, wenn man die Werte dieser Funktionen mit hoher Genauigkeit berechnen will.

5.6. DIE DARSTELLUNG DER FUNKTIONEN e^x UND a^x

Wir finden: $f(0) = e^0 = 1$;

$$f'(x) = e^x , \qquad f'(0) = e^0 = 1 ,$$
$$f''(x) = e^x , \qquad f''(0) = e^0 = 1 ,$$
$$\cdots\cdots\cdots\cdots\cdots\cdots$$
$$f^{(n)}(x) = e^x , \qquad f^{(n)}(0) = e^0 = 1 .$$

Nach dem Taylorschen Satz erhalten wir:

$$e^x = 1 + x + \frac{x^2}{2!} + \frac{x^3}{3!} + \ldots + \frac{x^n}{n!} + \gamma .$$

Für die Funktion a^x haben wir $a^x = e^{x \ln a}$, und folglich

$$a^x = 1 + x \ln a + \frac{x^2}{2!} \ln^2 a + \frac{x^3}{3!} \ln^3 a + \ldots + \frac{x^n}{n!} \ln^n a + \gamma .$$

5.7. DIE DARSTELLUNG DER FUNKTIONEN $\ln (1 + x)$ UND $\log_a (1 + x)$

Wir finden: $f(0) = \ln 1 = 0$;

$$f'(x) = \frac{1}{1 + x} = (1 + x)^{-1} , \qquad f'(0) = 1 ,$$
$$f''(x) = - 1 (1 + x)^{-2} , \qquad f''(0) = - 1 ,$$
$$f'''(x) = 1 \cdot 2 (1 + x)^{-3} , \qquad f'''(0) = 1 \cdot 2 ,$$
$$\cdots\cdots\cdots\cdots\cdots\cdots\cdots\cdots\cdots\cdots\cdots\cdots$$
$$f^{(n)}(x) = (- 1)^{n-1} (n - 1)! (1 + x)^{-n} , \qquad f^{(n)}(0) = (- 1)^{n-1} (n - 1)!$$

Nach dem Taylorschen Satz erhalten wir

$$\ln (1 + x) = x - \frac{x^2}{2!} + \frac{1 \cdot 2}{3!} x^3 - \frac{1 \cdot 2 \cdot 3}{4!} x^4 + \ldots + (- 1)^{n-1} \frac{(n - 1)!}{n!} x^n + \gamma =$$
$$= x - \frac{x^2}{2} + \frac{x^3}{3} - \frac{x^4}{4} + \ldots + (- 1)^{n-1} \frac{x^n}{n} + \gamma .$$

Für die Funktion $\log_a (1 + x)$ haben wir $\log_a (1 + x) = \dfrac{\ln (1 + x)}{\ln a}$ und folglich $\log_a (1 + x) = \dfrac{1}{\ln a} \left(x - \dfrac{x^2}{2} + \dfrac{x^3}{3} - \ldots + (- 1)^{n-1} \dfrac{x^n}{n} + \gamma \right) .$

5.8. TABELLE DER ERSTEN GLIEDER DER TAYLORSCHEN FORMELN FÜR DIE WICHTIGSTEN ELEMENTAREN FUNKTIONEN

1. $(1 + x)^m \;\;= 1 + mx + \dfrac{m(m-1)}{2!}\, x^2 + \gamma$,

2. $\dfrac{1}{1 + x} \;\;= 1 - x + x^2 + \gamma$,

3. $\sqrt{1 + x} \;\;= 1 + \dfrac{1}{2}\, x - \dfrac{1}{8}\, x^2 + \gamma$,

4. $\sin x \;\;= x - \dfrac{x^3}{3!} + \gamma$,

5. $\cos x \;\;= 1 - \dfrac{x^2}{2!} + \gamma$,

6. $e^x \;\;= 1 + x + \dfrac{x^2}{2!} + \gamma$,

7. $a^x \;\;= 1 + x \ln a + \dfrac{x^2}{2!} \ln^2 a + \gamma$,

8. $\ln (1 + x) \;\;= x - \dfrac{x^2}{2} + \gamma$,

9. $\log_a (1 + x) = \dfrac{1}{\ln a} \left(x - \dfrac{x^2}{2} \right) + \gamma$.

In jeder dieser Formeln ist das Glied angeschrieben, das nach dem linearen Hauptanteil der Funktion folgt. Die Größe γ verschwindet von höherer Ordnung als das ihr vorangehende Glied.

V. IMPLIZIT GEGEBENE FUNKTIONEN EINER VARIABLEN

§ 1. DER BEGRIFF DER IMPLIZITEN FUNKTION

Definition. Ist die Gleichung, die eine Funktion bestimmt, nach y aufgelöst, dann sagt man, die Funktion sei *explizit gegeben*. Ist die Gleichung der Funktion jedoch nicht nach y aufgelöst, so spricht man von einer *implizit gegebenen* Funktion.

Die Gleichung, die eine Funktion implizit definiert, kann man in der Form $F(x,y) = 0$ anschreiben. Will man die explizite Darstellung einer durch $F(x,y) = 0$ implizit gegebenen Funktion erhalten, so muß man die Gleichung nach y auflösen, d. h. sie in die Form $y = f(x)$ bringen. Ersetzen wir dann in der ursprünglichen Gleichung $F(x,y) = 0$ y durch $f(x)$, so geht diese in die Identität über

$$F(x, f(x)) \equiv 0 \; .$$

Es sei z. B. eine Funktion durch $x^2 + y^2 - 4 = 0$ gegeben. Um die explizite Darstellung der Funktion zu finden, lösen wir die Gleichung nach y auf und erhalten $y = \pm \sqrt{4 - x^2}$.

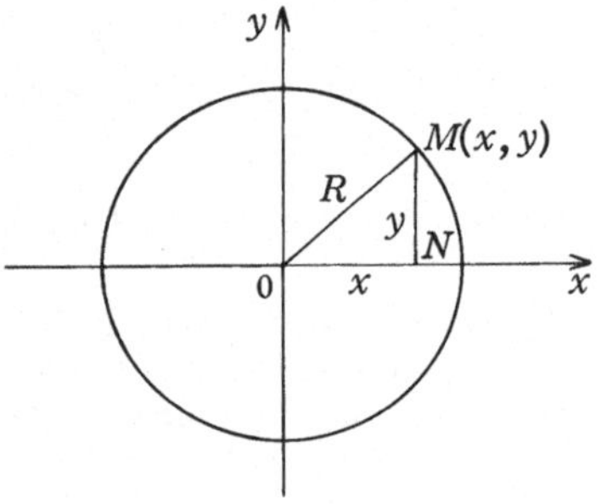

Die Gleichung $Ax + By + C = 0$ definiert implizit eine lineare Funktion. Durch Auflösung nach y erhalten wir nämlich $y = -\dfrac{A}{B} x - \dfrac{C}{B}$ und das bestimmt eine lineare Funktion mit $k = -\dfrac{A}{B}$ und $b = -\dfrac{C}{B}$.

Abb. 152

Betrachten wir ein geometrisches Beispiel.

Gegeben sei ein Kreis mit dem Mittelpunkt im Koordinatenursprung und dem Radius R (Abb. 152). Gesucht ist die Gleichung des Kreises, das ist jene Gleichung, die den Zusammenhang zwischen den beiden Koordinaten eines beliebigen Punktes auf dem Kreis ausdrückt.

Dazu wählen wir auf dem Kreis einen Punkt M mit den Koordinaten x, y, fällen von M aus das Lot auf die x-Achse und zeichnen den Radius OM ein. Aus dem rechtwinkligen Dreieck OMN finden wir

$$x^2 + y^2 = R^2 \; .$$

Und das ist eben die Gleichung eines Kreises mit dem Mittelpunkt im Koordinatenursprung.

Sei nun der Punkt $O_1(x_0, y_0)$ der Mittelpunkt eines Kreises mit dem Radius R (Abb. 153) und die Gleichung des Kreises gesucht. Wir wählen wieder einen willkürlichen Punkt M auf dem Kreis, zeichnen den Radius O_1M und konstruieren das rechtwinklige Dreieck O_1MN. Aus diesem lesen wir ab

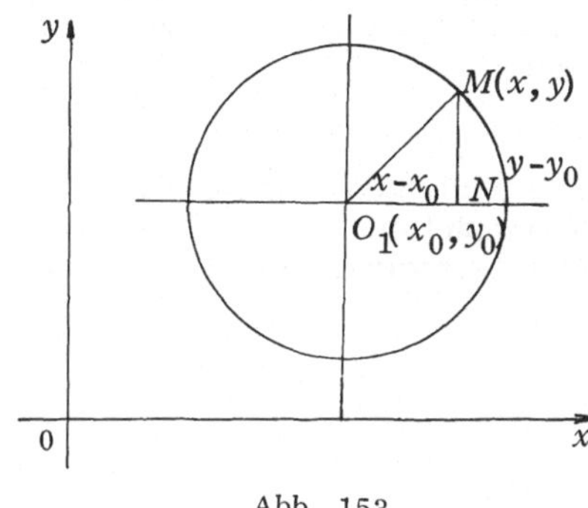

Abb. 153

$$(x - x_0)^2 + (y - y_0)^2 = R^2$$

und haben damit die Gleichung des Kreises mit Radius R und dem Punkt (x_0, y_0) als Mittelpunkt. Durch Ausrechnen der Klammerausdrücke in der Kreisgleichung erhalten wir eine Gleichung zweiten Grades in x und y. Allgemein hat eine Gleichung zweiten Grades in x und y die Form

$$Ax^2 + Bxy + Cy^2 + 2\,Dx + 2\,Ey + F = 0$$

(wobei die Ausdrücke $2\,B$, $2\,D$, $2\,E$ aus rechentechnischen Gründen eingeführt werden).

Wir werden uns in diesem Buch auf das Studium von Funktionen beschränken, die implizit durch Gleichungen zweiten Grades gegeben sind, und beginnen bei speziellen Fällen.

§ 2. DIE DURCH $Ax^2 + Cy^2 = 1$ $(A > 0,\ C > 0)$ IMPLIZIT GEGEBENE FUNKTION

2.1. UNTERSUCHUNG DER GLEICHUNG $Ax^2 + Cy^2 = 1$

Für die Untersuchung der Funktion ermitteln wir zunächst ihre explizite Gestalt. Dazu lösen wir die Gleichung $Ax^2 + Cy^2 = 1$ nach y auf und erhalten $y = \pm\sqrt{\dfrac{1-Ax^2}{C}}$. Diese Funktion ist für Werte x definiert, für welche der Ausdruck unter der Wurzel die Bedingung $1-Ax^2 \geq 0$ erfüllt. Durch Lösen dieser Ungleichung finden wir $x^2 \leq \dfrac{1}{A}$ oder $-\dfrac{1}{\sqrt{A}} \leq x \leq \dfrac{1}{\sqrt{A}}$, d. h. die Funktion ist im Intervall $-\dfrac{1}{\sqrt{A}}$ bis $\dfrac{1}{\sqrt{A}}$ definiert. In den Schnittpunkten der Kurve mit der x-Achse gilt $y = 0$, d. h. $\sqrt{\dfrac{1-Ax^2}{C}} = 0$ und damit $x = \pm\dfrac{1}{\sqrt{A}}$. Ebenso gilt in den Schnittpunkten mit der y-Achse $x = 0$ und damit $y = \pm\dfrac{1}{\sqrt{C}}$.

Die Funktion $y = \pm \sqrt{\dfrac{1-Ax^2}{C}}$ ist gerade und deshalb ihr Kurvenbild symmetrisch in bezug auf die y-Achse. Da vor der Wurzel zwei Vorzeichen stehen, entsprechen jedem Wert x zwei y-Werte, die ihrem Absolutbetrag nach gleich sind, sich im Vorzeichen jedoch unterscheiden. Das Kurvenbild der Funktion ist also auch bezüglich der x-Achse symmetrisch, und damit symmetrisch in bezug auf beide Koordinatenachsen.

Die zu untersuchende Funktion ist beschränkt, denn $|y| = \sqrt{\dfrac{1-Ax^2}{C}} \leq \sqrt{\dfrac{1}{C}}.$

Aus diesem Grunde und weil sie nur auf einem endlichen Intervall definiert ist, hat das Kurvenbild der Funktion keine Asymptoten.

Zum Auffinden der stationären Punkte ermitteln wir die erste Ableitung der Funktion $y = \sqrt{\dfrac{1-Ax^2}{C}} = \dfrac{1}{\sqrt{C}} \sqrt{1-Ax^2}$:

$$y' = -\frac{1}{\sqrt{C}} \frac{2Ax}{2\sqrt{1-Ax^2}} = -\frac{Ax}{\sqrt{C}\sqrt{1-Ax^2}}.$$

Die Ableitung y' verschwindet für $x = 0$.

Wir stellen eine Tabelle zusammen, um das Verhalten im stationären Punkt näher zu erläutern.

x	y	y'
< 0		> 0
0	$\dfrac{1}{\sqrt{C}}$	0
> 0		< 0

Weil das Vorzeichen von y' beim Durchgang durch $x = 0$ von Plus auf Minus wechselt, hat die Funktion dort ein Maximum.

Da die Kurvenbilder der Funktionen $y = \sqrt{\dfrac{1-Ax^2}{C}}$ und $y = -\sqrt{\dfrac{1-Ax^2}{C}}$ bezüglich der x-Achse zueinander symmetrisch sind, hat die Funktion $y = -\sqrt{\dfrac{1-Ax^2}{C}}$ bei $x = 0$ ein Minimum. Für die Bestimmung der Konvexität, bzw. Konkavität des Kurvenbildes der Funktion $y = \dfrac{1}{\sqrt{C}} \sqrt{1-Ax^2}$ berechnen wir

$$y'' = -\frac{A}{\sqrt{C}} \frac{\sqrt{1-Ax^2} + \dfrac{Ax^2}{\sqrt{1-Ax^2}}}{1-Ax^2} = -\frac{A}{\sqrt{C}} \frac{1-Ax^2 + Ax^2}{(1-Ax^2)\sqrt{1-Ax^2}} = -\frac{A}{\sqrt{C}} \frac{1}{(1-Ax^2)^{\frac{3}{2}}} < 0 .$$

Die zweite Ableitung ist also überall negativ, das Kurvenbild von $y = \sqrt{\dfrac{1-Ax^2}{C}}$ demnach konvex. Das Kurvenbild der betrachteten Funktion, das ist die durch $Ax^2 + Cy^2 = 1$ $(A > 0,\ C > 0)$ definierte Kurve, heißt *Ellipse* (Abb. 154). Die Schnittpunkte der Ellipse mit den Symmetrieachsen nennt man *Scheitel* der

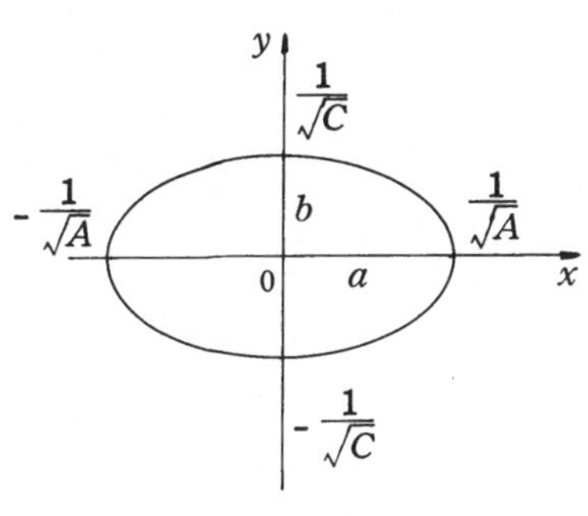

Abb. 154

Ellipse. Die Entfernungen zwischen den Scheiteln heißen *Achsen*. Sie werden mit $2a$ und $2b$ bezeichnet.

Im vorliegenden Fall ist $\dfrac{1}{\sqrt{A}} = a$, $\dfrac{1}{\sqrt{C}} = b$ und damit $A = \dfrac{1}{a^2}$, $C = \dfrac{1}{b^2}$.

Durch Einsetzen dieser Ausdrücke für A und C in der Ausgangsgleichung erhalten wir

$$\frac{x^2}{a^2} + \frac{y^2}{b^2} = 1 .$$

Diese Gleichung heißt *Hauptachsengleichung* der Ellipse.

Im Spezialfall, wo $a = b$, gilt $\dfrac{x^2}{a^2} + \dfrac{y^2}{a^2} = 1$ oder $x^2 + y^2 = a^2$, d. h. die Ellipse geht in den Kreis über.

2.2. DIE ELLIPSE ALS GEOMETRISCHER ORT

Die Ellipse ist der geometrische Ort aller Punkte, für die die Summe der Abstände von zwei gegebenen Punkten, die man Brennpunkte nennt, konstant ist. Das ist zu beweisen. Wir bezeichnen die Abstände der Punkte des geometrischen Ortes von den Brennpunkten F_1 und F mit d_1 und d (Abb. 155). Nach Voraussetzung ist die Summe $d_1 + d$ konstant. Wir bezeichnen sie mit $2a$: $d_1 + d = 2a$. Wir wählen ein rechtwinkliges Koordinatensystem, wobei wir als x-Achse die Gerade durch die Brennpunkte F_1 und F und als y-Achse die Gerade durch den Mittelpunkt der Strecke $F_1 F$ nehmen. Benennen wir den Abstand

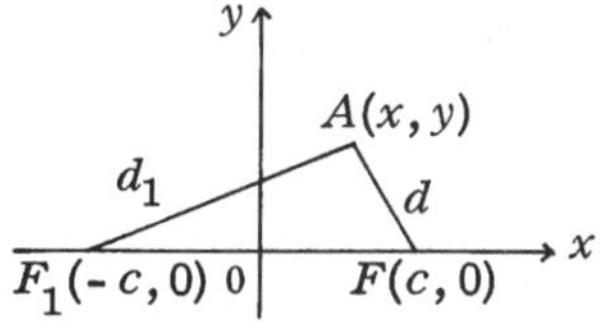

Abb. 155

der beiden Brennpunkte voneinander mit $2c$, dann erhalten diese die Koordinaten $(-c, 0)$ und $(c, 0)$.

Der Punkt A habe die Koordinaten x und y. Wir berechnen die Abstände von A zu den Punkten F_1 und F: $d_1 = \sqrt{(x+c)^2 + y^2}$, $d = \sqrt{(x-c)^2 + y^2}$. Also gilt

$$\sqrt{(x+c)^2 + y^2} + \sqrt{(x-c)^2 + y^2} = 2a .$$

Damit haben wir die Gleichung der zu untersuchenden Kurve. Wir formen sie um, indem wir ein Glied auf die rechte Seite bringen und beide Seiten der Gleichung quadrieren:

$$\sqrt{(x+c)^2 + y^2} = 2a - \sqrt{(x-c)^2 + y^2} ,$$

$$(x+c)^2 + y^2 = 4a^2 - 4a\sqrt{(x-c)^2 + y^2} + (x-c)^2 + y^2 .$$

Durch Zusammenfassung gleicher Glieder erhalten wir

$$4cx = 4a^2 - 4a \sqrt{(x-c)^2 + y^2}$$

oder

$$a \sqrt{(x-c)^2 + y^2} = a^2 - cx \ .$$

Wir quadrieren die beiden Seiten der Gleichung noch einmal:

$$a^2(x-c)^2 + a^2 y^2 = a^4 - 2a^2 cx + c^2 x^2 \ .$$

Daraus erhält man

$$a^2 x^2 - 2a^2 cx + a^2 c^2 + a^2 y^2 = a^4 - 2a^2 cx + c^2 x^2$$

oder

$$(a^2 - c^2)\, x^2 + a^2 y^2 = a^2\, (a^2 - c^2) \ .$$

Nach einer Division der beiden Seiten durch $a^2(a^2 - c^2)$ erhalten wir

$$\frac{x^2}{a^2} + \frac{y^2}{a^2 - c^2} = 1.$$

In einem Dreieck ist die Summe der Längen zweier Seiten größer als die der dritten. $F_1 A + AF = 2a$, $F_1 F = 2c$ und deshalb $2a > 2c$ oder $a > c$. Folglich ist $a^2 - c^2 > 0$ und $a^2 - c^2$ kann als b^2 geschrieben werden: $a^2 - c^2 = b^2$. Die Gleichung der Kurve erhält damit die Gestalt

$$\frac{x^2}{a^2} + \frac{y^2}{b^2} = 1 \ .$$

Wir haben die Gleichung einer Ellipse erhalten.

D e f i n i t i o n . Das Verhältnis des Brennpunktabstandes $2c$ zur Länge $2a$ der größeren Achse der Ellipse heißt *Exzentrizität* der Ellipse und wird mit ϵ bezeichnet:

$$\epsilon = \frac{c}{a} \ .$$

Für die Exzentrizität einer Ellipse gilt stets die folgende Ungleichung:

$$0 < \epsilon < 1 \ .$$

Wenn $\epsilon = 0$, gilt auch $c = 0$. Da $c^2 = a^2 - b^2$, sind in diesem Fall a und b gleich und die Ellipse $\frac{x^2}{a^2} + \frac{y^2}{b^2} = 1$ geht in den Kreis $x^2 + y^2 = a^2$ über.

Falls $\epsilon \to 1$, dann $c \to a$. Aus der Gleichung $a^2 - c^2 = b^2$ folgt, daß $b \to 0$, d. h. die Ellipse zieht sich auf das Intervall $[-a,\, a]$ der x-Achse zusammen.

Die Größe der Exzentrizität gibt einen Hinweis auf den Grad der "Strekkung" einer Ellipse. Ist die Größe ϵ nahe null, so ist die Ellipse fast ein Kreis. Ist ϵ nahe bei eins, ist die Ellipse stark auseinandergezogen.

2.3. DIE ELLIPSE ALS KREISPROJEKTION

Auf der geneigten $(x, \bar{y})$-Ebene sei ein Kreis gegeben mit der Gleichung $x^2 + \bar{y}^2 = r^2$. Gesucht ist die Gleichung der Projektion dieses Kreises auf die (x,y)-Ebene. Der Winkel zwischen den sich schneidenden Ebenen sei gleich φ. A sei ein Punkt auf dem Kreis und B dessen Projektion auf die (x,y)-Ebene (Abb. 156).

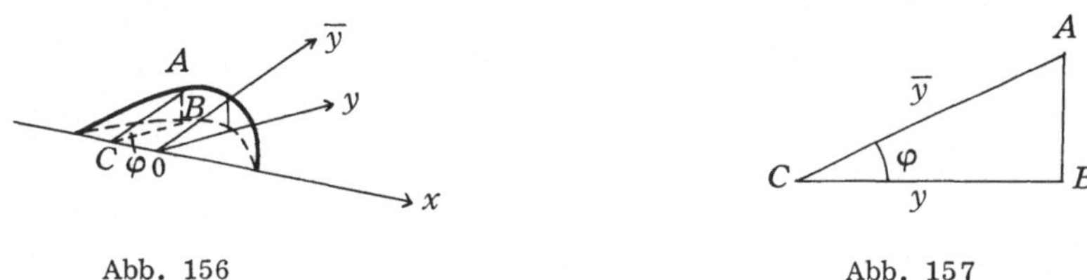

Abb. 156   Abb. 157

Aus dem rechtwinkligen Dreieck CAB finden wir $y = \bar{y} \cos \varphi$ und daraus $\bar{y} = \dfrac{y}{\cos \varphi}$ (Abb. 157).

Indem wir in die Kreisgleichung an Stelle von $\bar{y}$ den Ausdruck in y einsetzen, erhalten wir

$$x^2 + \frac{y^2}{\cos^2\varphi} = r^2 \qquad \text{oder} \qquad \frac{x^2}{r^2} + \frac{y^2}{r^2 \cos^2 \varphi} = 1 \; .$$

Diese Gleichung ist die Gleichung der Ellipse $\dfrac{x^2}{a^2} + \dfrac{y^2}{b^2} = 1$ mit $a = r$, $b = r$ $b = r \cos \varphi$.

Damit erweist sich die Ellipse als Projektion eines Kreises. Wir berechnen die Exzentrizität dieser Ellipse:

$$c^2 = a^2 - b^2 = r^2 - r^2 \cos^2 \varphi = r^2 \sin^2 \varphi \, , \qquad c = r \sin \varphi \; ;$$

$$\epsilon = \frac{r \sin \varphi}{r} = \sin \varphi \; .$$

Die Exzentrizität der durch Projektion eines Kreises gewonnenen Ellipse ist gleich dem Sinus des Projektionswinkels.

2.4. DIE GLEICHUNG EINER ELLIPSE MIT ZENTRUM IN EINEM VORGEGEBENEN PUNKT

Das Zentrum einer Ellipse befinde sich im Punkt $A(x_0, y_0)$ (Abb. 158).

Wählen wir ein neues Koordinatensystem $x'Ay'$ so, daß sich sein Ursprung in Punkt $A(x_0, y_0)$ befindet und die x'-Achse bzw. y'-Achse parallel

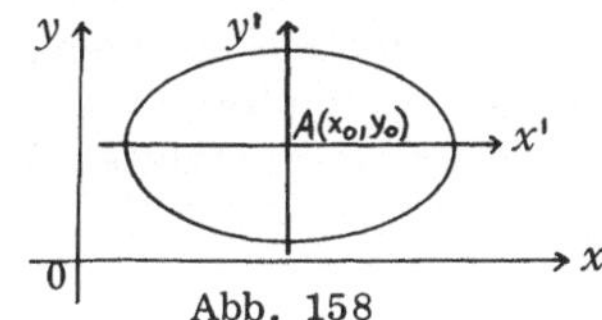

Abb. 158

zur x-Achse bzw. y-Achse ist, dann lautet die Gleichung der Ellipse in diesem Koordinatensystem

$$\frac{x'^2}{a^2} + \frac{y'^2}{b^2} = 1 \, .$$

Im ursprünglichen Koordinatensystem ergibt sich dann als Gleichung dieser Ellipse

$$\frac{(x-x_0)^2}{a^2} + \frac{(y-y_0)^2}{b^2} = 1 \, ,$$

weil $x' = x - x_0$ und $y' = y - y_0$.

§ 3. DIE DURCH $Ax^2 - Cy^2 = 1$ IMPLIZIT GEGEBENE FUNKTION
$(A > 0, \; C > 0)$

3.1. UNTERSUCHUNG DER GLEICHUNG $Ax^2 - Cy^2 = 1$

Für die Untersuchung der Funktion ermitteln wir aus der Gleichung $Ax^2 - Cy^2 = 1$ ihre explizite Gestalt: $y = \pm\sqrt{\dfrac{Ax^2 - 1}{C}}$. Die Funktion ist für diejenigen Werte x definiert, für welche der Ausdruck unter der Wurzel die Bedingung $Ax^2 - 1 = 0$ erfüllt. Durch Auflösen dieser Ungleichung finden wir, daß $x^2 \geq \dfrac{1}{A}$, d.h. $x \leq -\dfrac{1}{\sqrt{A}}$ oder $x \geq \dfrac{1}{\sqrt{A}}$ sein muß. Damit setzt sich der Definitionsbereich der untersuchten Funktion aus zwei Intervallen zusammen:

$$- \infty < x \leq -\frac{1}{\sqrt{A}} \qquad \text{und} \qquad \frac{1}{\sqrt{A}} \leq x < \infty \, .$$

Die y-Achse schneidet das Kurvenbild der Funktion nicht, da $x = 0$ nicht in den Definitionsbereich fällt.

Indem wir $y = 0$ setzen, ermitteln wir die Schnittpunkte des Kurvenbildes der Funktion mit der x-Achse:

$$x = \pm\frac{1}{\sqrt{A}} \, .$$

Das Kurvenbild der Funktion ist symmetrisch bezüglich der Koordinatenachsen.

Da die Zweige des Kurvenbildes auf unendlichen Intervallen definiert sind, können Asymptoten vorhanden sein.

Wir werden die geneigten Asymptoten $y = kx + b$ finden. Den Formeln gemäß berechnen wir k und b:

$$k = \lim_{x \to \infty} \frac{f(x)}{x} = \lim_{x \to \infty} \pm\sqrt{\frac{Ax^2 - 1}{Cx^2}} = \pm\sqrt{\frac{A}{C}} \, .$$

Für $k = +\sqrt{\dfrac{A}{C}}$

$$b = \lim_{x \to \infty} [f(x) - kx] = \lim_{x \to \infty}\left[\sqrt{\frac{Ax^2 - 1}{C}} - \sqrt{\frac{A}{C}}\, x\right] =$$

$$= \lim_{x \to \infty} \frac{1}{\sqrt{C}} \frac{(\sqrt{Ax^2 - 1} - \sqrt{A}x)(\sqrt{Ax^2 - 1} + \sqrt{A}x)}{\sqrt{Ax^2 - 1} + \sqrt{A}x} =$$

$$= \lim_{x \to \infty} \frac{Ax^2 - 1 - Ax^2}{\sqrt{C}\,(\sqrt{Ax^2 - 1} + \sqrt{A}x)} = 0 \, .$$

In analoger Weise ergibt sich b gleich null für $k = -\sqrt{\dfrac{A}{C}}$. Folglich werden die Asymptoten die Geraden

$$y = \sqrt{\frac{A}{C}}\, x \qquad \text{und} \qquad y = -\sqrt{\frac{A}{C}}\, x$$

sein.

Wir suchen die stationären Punkte der Funktion $y = \sqrt{\dfrac{Ax^2 - 1}{C}} = \dfrac{1}{\sqrt{C}}\sqrt{Ax^2 - 1}$.

Wir ermitteln die Ableitung

$$y' = \frac{1}{\sqrt{C}}\, \frac{2Ax}{2\sqrt{Ax^2 - 1}} = \frac{Ax}{\sqrt{C}\,\sqrt{Ax^2 - 1}} \, .$$

$y' = 0$ gilt nur für $x = 0$. Da die Funktion aber bei $x = 0$ nicht definiert ist, existieren keine stationären Punkte.

Für $x > 0$ ist $y' > 0$: die Funktion wächst.

Für $x < 0$ ist $y' < 0$: die Funktion nimmt ab.

Für die Bestimmung der konvexen und konkaven Stellen des Kurvenbildes ermitteln wir

$$y'' = \frac{A}{\sqrt{C}}\, \frac{\sqrt{Ax^2 - 1} - \dfrac{2Ax^2}{2\sqrt{Ax^2 - 1}}}{Ax^2 - 1} = \frac{A}{\sqrt{C}}\, \frac{Ax^2 - 1 - Ax^2}{(Ax^2 - 1)^{\frac{3}{2}}} < 0 \, .$$

Die zweite Ableitung ist negativ, das Kurvenbild der Funktion deshalb konvex.

Das Kurvenbild der untersuchten Funktion, das ist die durch die Gleichung $Ax^2 - Cy^2 = 1$ $(A > 0, C > 0)$ definierte Kurve, heißt *Hyperbel*

(Abb. 159).

Der Schnittpunkt der Asymptoten heißt *Zentrum* der Hyperbel. Die Schnittpunkte der Hyperbel mit der Symmetrieachse (der x-Achse) heißen ihre Scheitel. Der Abstand zwischen den Scheiteln der Hyperbel heißt *reelle Achse* der Hyperbel und wird mit $2a$ bezeichnet. Aus dem Vorhergehenden folgt, daß $a = \dfrac{1}{\sqrt{A}}$.

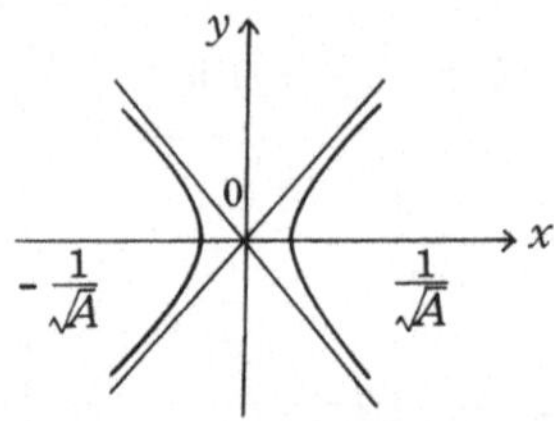

Abb. 159

Wir setzen $C = \dfrac{1}{b^2}$ und erhalten die Hyperbelgleichung in den neuen Bezeichnungen:

$$\frac{x^2}{a^2} - \frac{y^2}{b^2} = 1 \ .$$

Diese Gleichung heißt *Hauptachsengleichung* der Hyperbel. Die Größe b heißt *imaginäre Halbachse*. Die Asymptotengleichung $y = \pm \sqrt{\dfrac{A}{C}}\, x$ erhält in den neuen Bezeichnungen die Gestalt $y = \pm \dfrac{b}{a}\, x$.

Betrachten wir analog zum Vorhergehenden die Gleichung $- Ax^2 + Cy^2 = 1$ $(A > 0,\ C > 0)$, so kann man wieder die zugehörige Hauptachsengleichung

$$- \frac{x^2}{a^2} + \frac{y^2}{b^2} = 1 \ .$$

ermitteln. Dies ist die Gleichung einer Hyperbel, deren Scheitel auf der y-Achse liegen. Die Asymptoten dieser Hyperbel sind auch die Geraden $y = \pm \dfrac{b}{a}\, x$ (Abb. 160).

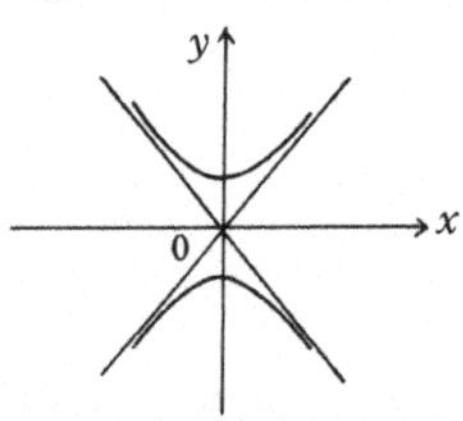

Abb. 160

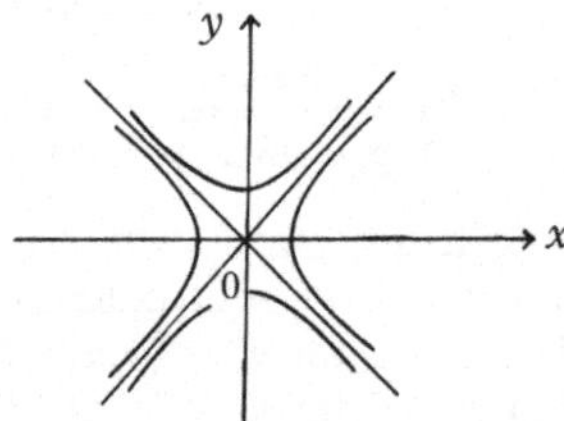

Abb. 161

Die Hyperbeln $- \dfrac{x^2}{a^2} + \dfrac{y^2}{b^2} = 1$ und $\dfrac{x^2}{a^2} - \dfrac{y^2}{b^2} = 1$ heißen *konjugiert* (Abb. 161).

3.2. DIE HYPERBEL ALS GEOMETRISCHER ORT

Die Hyperbel ist der geometrische Ort aller Punkte, für die die Differenz der Abstände von zwei gegebenen Punkten, die man Brennpunkte nennt, konstant ist. Das ist zu beweisen. Wir bezeichnen den Abstand zwischen den

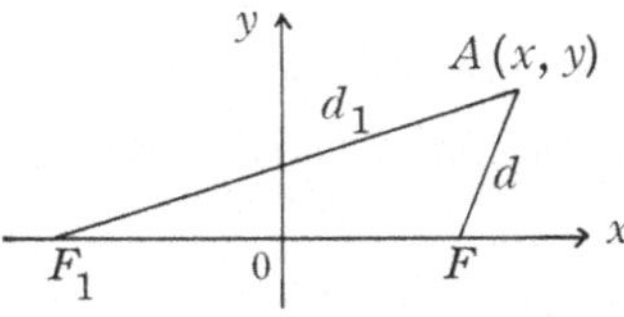

Abb. 162

Brennpunkten F_1 und F mit $2c$ und den Abstand der Punkte des geometrischen Ortes von den Brennpunkten F_1 und F mit d_1 bzw. d. Nach Voraussetzung ist die Größe $d_1 - d$ konstant. Wir heißen sie $2a$: $d_1 - d = 2a$ (Abb. 162).

Wir berechnen d_1 und d:

$$d_1 = \sqrt{(x+c)^2 + y^2} \,, \qquad d = \sqrt{(x-c)^2 + y^2} \,,$$

und haben damit

$$\sqrt{(x+c)^2 + y^2} - \sqrt{(x-c)^2 + y^2} = 2a \,.$$

Wir formen die erhaltene Gleichung um:

$$\sqrt{(x+c)^2 + y^2} = 2a + \sqrt{(x-c)^2 + y^2} \,,$$

quadrieren beide Seiten:

$$(x+c)^2 + y^2 = 4a^2 + 4a\sqrt{(x-c)^2 + y^2} + (x-c)^2 + y^2$$

und fassen gleiche Ausdrücke zusammen

$$a\sqrt{(x-c)^2 + y^2} = cx - a^2 \,.$$

Wir quadrieren noch einmal und erhalten

$$a^2(x-c)^2 + a^2 y^2 = c^2 x^2 - 2a^2 cx + a^4 \,,$$
$$a^2 x^2 - 2a^2 cx + a^2 c^2 + a^2 y^2 = c^2 x^2 - 2a^2 cx + a^4 \,,$$
$$(a^2 - c^2)\, x^2 + a^2 y^2 = a^2\, (a^2 - c^2) \,,$$

oder

$$\frac{x^2}{a^2} + \frac{y^2}{a^2 - c^2} = 1 \,.$$

Die Größe $a^2 - c^2$ ist negativ, weil $2c > 2a$ (in einem Dreieck ist eine Seite immer größer als die Differenz der beiden anderen). Mit der Festsetzung $a^2 - c^2 = -b^2$ gelangen wir zur Hyperbelgleichung:

$$\frac{x^2}{a^2} - \frac{y^2}{b^2} = 1 \,.$$

Die Größe $\epsilon = \dfrac{c}{a}$ heißt *Exzentrizität* der Hyperbel. Bei der Hyperbel ist die Exzentrizität größer als eins: $\dfrac{c}{a} > 1$.

3.3. DIE GLEICHSEITIGE HYPERBEL

Eine Hyperbel heißt *gleichseitig*, wenn $a = b$. In diesem Fall gilt

$\dfrac{x^2}{a^2} - \dfrac{y^2}{a^2} = 1$ oder $x^2 - y^2 = a^2$. Die Asymptoten der gleichseitigen Hyperbel sind die Geraden $y = x$ und $y = -x$. Sie stehen aufeinander senkrecht.

3.4. DIE GLEICHUNG EINER HYPERBEL MIT ZENTRUM IN EINEM VORGEGEBENEN PUNKT

Das Zentrum einer Hyperbel befinde sich im Punkt $A(x_0, y_0)$ (Abb. 163). Wir nehmen das Zentrum der Hyperbel als Ursprung eines neuen Koordinatensystems und ermitteln ihre Gleichung

$$\dfrac{x'^2}{a^2} - \dfrac{y'^2}{b^2} = 1 \quad \text{oder} \quad \dfrac{(x - x_0)^2}{a^2} - \dfrac{(y - y_0)^2}{b^2} = 1,$$

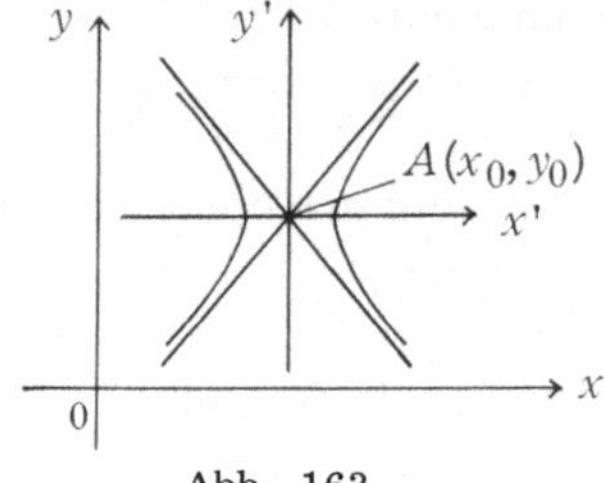

Abb. 163

§ 4. DIE DURCH EINE ALLGEMEINE GLEICHUNG ZWEITEN GRADES IMPLIZIT GEGEBENE FUNKTION

4.1. UNTERSUCHUNG DER GLEICHUNG ZWEITEN GRADES IM FALLE $B = 0$

Wir untersuchen die Gleichung

$$Ax^2 + Cy^2 + 2Dx + 2Ey + F = 0 \, .$$

Man kann $A > 0$ annehmen. Andernfalls kann man das Vorzeichen aller Glieder der Gleichung ändern.

Wir fassen die Gleichung mit Hilfe der früher betrachteten Methode der Bildung vollständiger Quadrate zusammen und erhalten

$$A \left(x^2 + 2\,\frac{D}{A}\,x + \frac{D^2}{A^2} \right) + C \left(y^2 + 2\,\frac{E}{C}\,y + \frac{E^2}{C^2} \right) + F - \frac{D^2}{A} - \frac{E^2}{C} = 0 \, ,$$

oder

$$A \left(x + \frac{D}{A} \right)^2 + C \left(y + \frac{E}{C} \right)^2 = F_1 \, ,$$

wobei $F_1 = \dfrac{D^2}{A} + \dfrac{E^2}{C} - F.$

Wir betrachten die möglichen Fälle:

I. $A > 0, \ C > 0$

1. Wenn $F_1 > 0$, dann definiert die Gleichung

$$\frac{\left(x + \frac{D}{A}\right)^2}{\frac{F_1}{A}} + \frac{\left(y + \frac{E}{C}\right)^2}{\frac{F_1}{C}} = 1$$

eine Ellipse. Das Zentrum der Ellipse befindet sich im Punkt $x_0 = -\frac{D}{A}$, $y_0 = -\frac{E}{C}$, ihre Halbachsen sind $a = \sqrt{\frac{F_1}{A}}$, $b = \sqrt{\frac{F_1}{C}}$. Im speziellen Fall, wo $A = C$, erhalten wir einen Kreis.

2. Für $F_1 = 0$ hat die Gleichung die Gestalt $A(x - x_0)^2 + C(y - y_0)^2 = 0$. Das ist nur für $x = x_0$ und $y = y_0$ möglich. In diesem Fall wird nur ein Punkt bestimmt.

3. Wenn $F_1 < 0$, dann steht links eine Summe von Quadraten, rechts hingegen eine negative Zahl. In diesem Fall bestimmt die Gleichung keine Kurve.

II. $A > 0$, $C < 0$.

1. Wenn $F_1 > 0$, bestimmt die Gleichung $\dfrac{\left(x + \frac{D}{A}\right)^2}{\frac{F_1}{A}} - \dfrac{\left(y + \frac{E}{C}\right)^2}{-\frac{F_1}{C}} = 1$ eine Hyperbel mit Zentrum im Punkt $x_0 = -\frac{D}{A}$, $y_0 = -\frac{E}{C}$.

2. Wenn $F_1 < 0$, dann kann die Gleichung in der Form

$$-\frac{\left(x + \frac{D}{A}\right)^2}{-\frac{F_1}{A}} + \frac{\left(y + \frac{E}{C}\right)^2}{\frac{F_1}{C}} = 1 \ .$$

angeschrieben werden. Auch diese Gleichung definiert eine Hyperbel, die denselben Punkt als Zentrum hat, wobei ihre Scheitel jedoch auf einer zur y-Achse parallelen Achse liegen.

3. Für $F_1 = 0$ gilt $A(x - x_0)^2 + C(y - y_0)^2 = 0$ oder $A(x - x_0)^2 = -C(y - y_0)^2$. Hier ist $-C > 0$, weil $C < 0$. Indem wir aus beiden Seiten dieser Gleichung die Quadratwurzel ziehen $\pm\sqrt{A}(x - x_0) = \sqrt{-C}(y - y_0)$, erhalten wir zwei lineare Gleichungen. In diesem Fall definiert die Gleichung ein Geradenpaar durch den Punkt (x_0, y_0).

III. $A > 0$, $C = 0$.

1. Die Gleichung

$$Ax^2 + 2Dx + 2Ey + F = 0$$

kann man nach y auflösen (wenn $E \neq 0$). Damit ergibt sich

$$y = -\frac{A}{2E}x^2 - \frac{D}{E}x - \frac{F}{2E} \ .$$

Diese Gleichung bestimmt eine Parabel mit zur y-Achse paralleler Symmetrieachse.

2. Falls $E = 0$, hat man $Ax^2 + 2Dx + F = 0$.

Durch Auflösen dieser Gleichung erhalten wir $x = x_1$ und $x = x_2$. In diesem Falle bestimmt die Gleichung entweder ein Paar von Geraden, die zur y-Achse parallel sind (wenn x_1 und x_2 reell und verschieden sind), eine einzige Gerade (wenn $x_1 = x_2$), oder überhaupt keine Kurve (falls die Wurzeln komplex sind).

IIIa. $C > 0$, $A = 0$.

Für die Gleichung $Cy^2 + 2Dx + 2Ey + F = 0$ finden wir analog zum vorigen:

1. Wenn $D \neq 0$, bestimmt die Gleichung eine Parabel mit zur x-Achse paralleler Symmetrieachse.

2. Wenn $D = 0$, bestimmt die Gleichung entweder ein Paar von Geraden, die zur x-Achse parallel sind, eine einzige Gerade oder überhaupt keine Kurve.

Die betrachteten Fälle kann man in drei Hauptgruppen einteilen.

Die erste Gruppe ist die mit $AC > 0$. Weil $A > 0$ angenommen werden kann, folgt aus der Bedingung $AC > 0$ auch $C > 0$. In diesem Falle bestimmt die Gleichung entweder eine Ellipse (im speziellen Fall einen Kreis), einen Punkt oder sie definiert überhaupt keine Kurve (Abb. 164 bis 166).

Die zweite Gruppe ist die mit $AC < 0$. Wegen $A > 0$ ist $C < 0$. Die Gleichung definiert entweder eine Hyperbel, deren reelle Achse parallel zur x-Achse liegt, oder eine Hyperbel, deren reelle Achse parallel ist zur y-Achse, oder ein Paar sich schneidender Geraden (Abb. 167 bis 169).

Die dritte Gruppe ist die mit $AC = 0$. In diese Gruppe gehören die oben betrachteten Fälle III und IIIa. Die Gleichung bestimmt entweder eine Parabel, deren Achse parallel zu einer der Koordinatenachsen liegt, ein Paar von Geraden, die parallel sind zu einer der Koordinatenachsen, nur eine solche Gerade, oder sie definiert keine Kurve (Abb. 170 bis 175).

Für die Bestimmung des Typs einer Kurve, die durch eine Gleichung zweiten Grades definiert ist, in der das Glied mit xy fehlt, muß man also das Produkt der Koeffizienten bei den quadratischen Gliedern x und y bilden. Die Kurve ist vom elliptischen Typ, falls dieses Produkt positiv ist, vom hyperbolischen Typ, falls es negativ, und vom parabolischen Typ, falls es null ist. Die Kurven aller drei Typen heißen Kurven zweiter Ordnung.

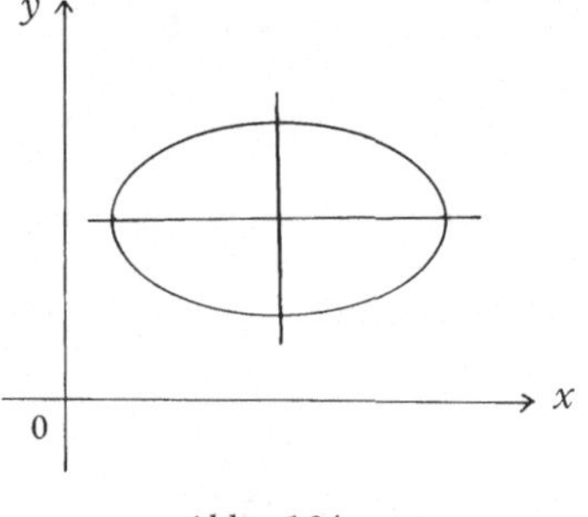

Abb. 164

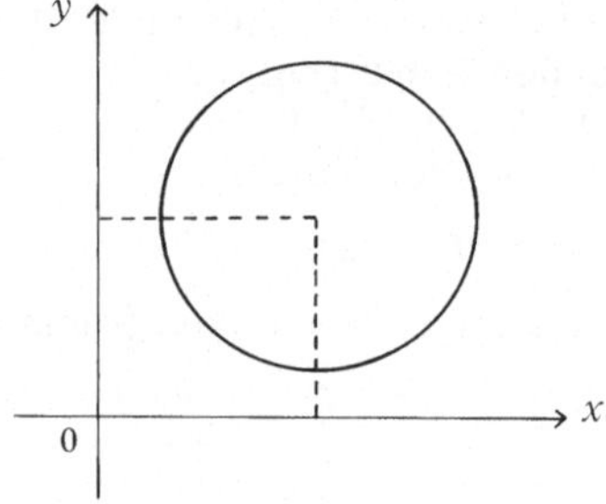

Abb. 165

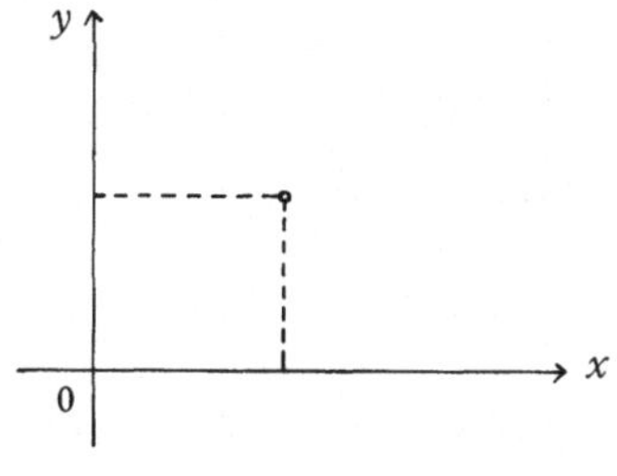

Abb. 166

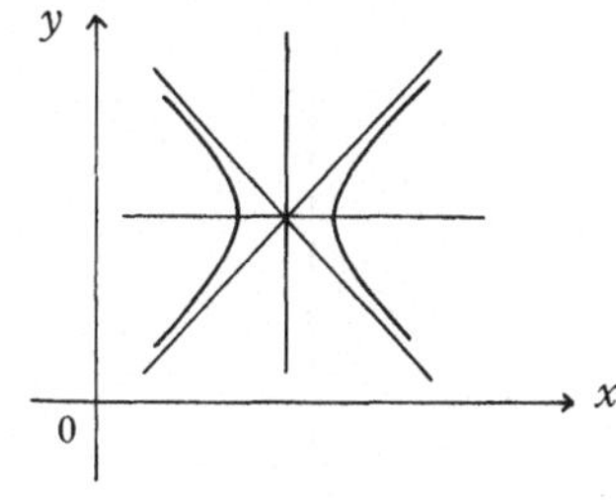

Abb. 167

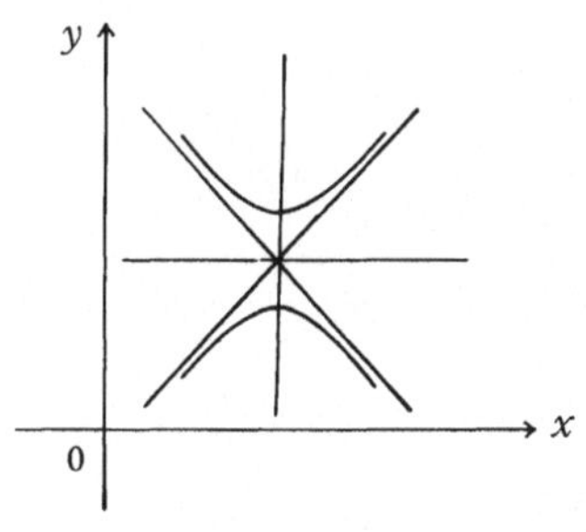

Abb. 168

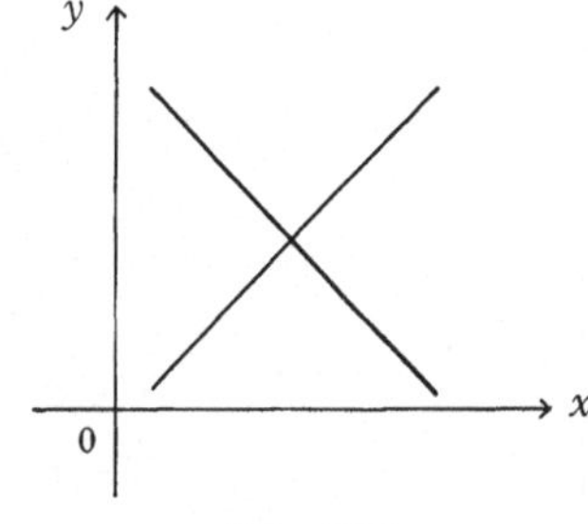

Abb. 169

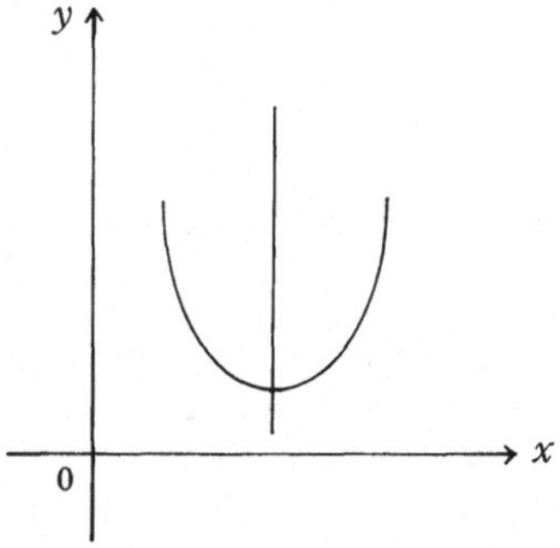

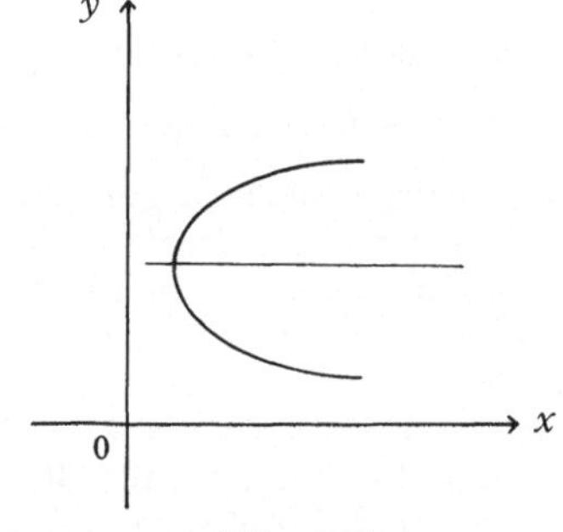

Abb. 170

Abb. 171

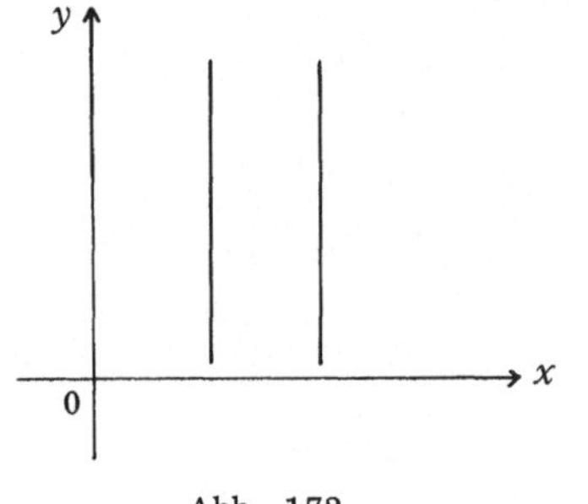

Abb. 172

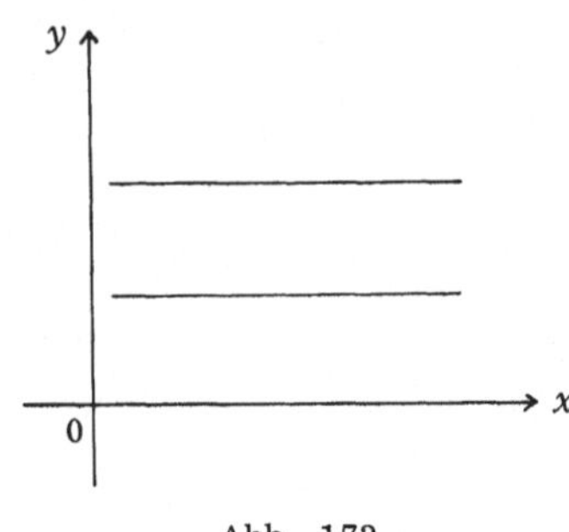

Abb. 173

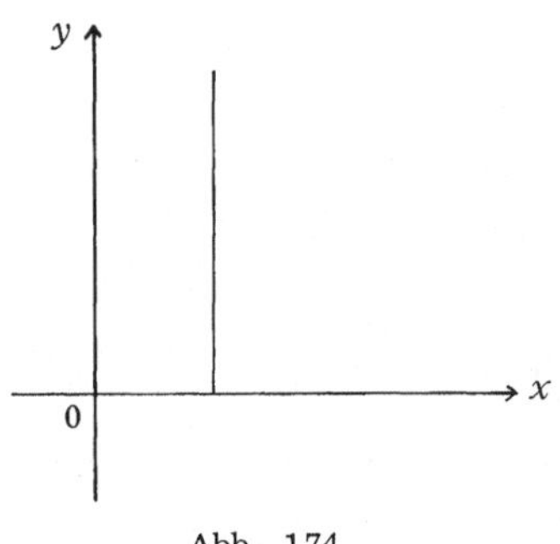

Abb. 174

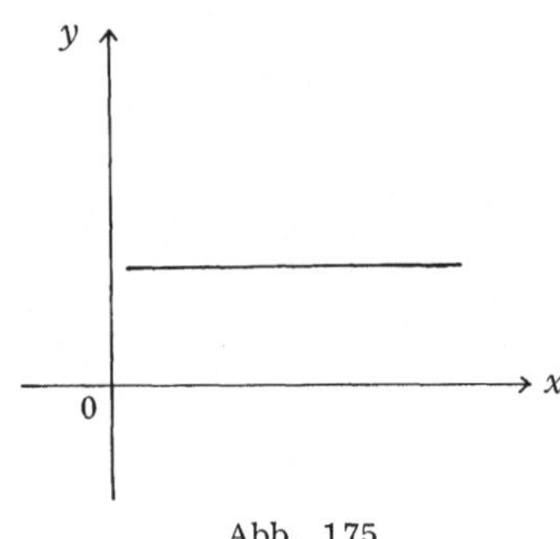

Abb. 175

4.2. UNTERSUCHUNG DER ALLGEMEINEN GLEICHUNG ZWEITEN GRADES

Wir untersuchen die Gleichung

$$Ax^2 + 2Bxy + Cy^2 + 2Dx + 2Ey + F = 0.$$

Diese Gleichung bestimmt genau wieder die schon oben betrachteten Kurven zweiter Ordnung. Zum Beweis dieser Tatsache werden wir zeigen, daß die allgemeine Gleichung in einem gewissen Koordinatensystem in eine Gleichung übergeht, die das Glied xy nicht mehr enthält. Dieses Koordinatensystem erhält man durch eine Drehung des ursprünglichen Systems um den Ursprung.

Wir leiten die Formeln für die Koordinatentransformation bei einer Drehung des Systems der Koordinatenachsen ab. Gegeben sei ein Koordinatensystem xOy (Abb. 176). Wir drehen die Achsen des Systems um den Winkel α und erhalten ein neues Koordinatensystem, das wir mit $x'Oy'$ bezeichnen. Seien x und y die Koordinaten eines Punktes A im ursprünglichen Koordinatensystem. Wir wollen die Koordinaten von A im neuen Koordinatensystem $x'Oy'$ ermitteln. Dazu fällen wir vom Punkt A aus das Lot AD auf die x'-Achse und ziehen durch den Punkt D zwei zu den Achsen des ursprünglichen Koordinatensystems parallele Gerade.

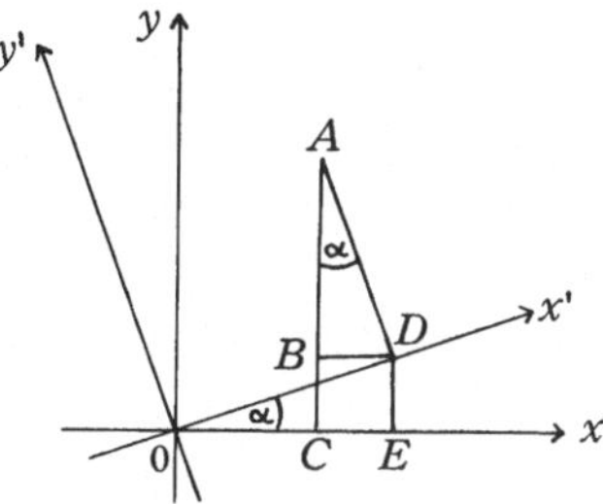

Abb. 176

Aus Abb. 176 ist zu ersehen, daß $x = OE - CE = OE - BD$, $y = BC + AB = DE + AB$.

Aus den Dreiecken OED und ABD finden wir

$$OE = OD \cos \alpha = x' \cos \alpha , \qquad BD = AD \sin \alpha = y' \sin \alpha ,$$

$$DE = OD \sin \alpha = x' \sin \alpha , \qquad AB = AD \cos \alpha = y' \cos \alpha ,$$

und daraus $x = x' \cos \alpha - y' \sin \alpha$, $y = x' \sin \alpha + y' \cos \alpha$.

Wir formen die Gleichung

$$Ax^2 + 2Bxy + Cy^2 + 2Dx + 2Ey + F = 0 ,$$

um, indem wir zum neuen Koordinatensystem $x'Oy'$ übergehen.

Wir ersetzen in der Gleichung x und y durch die entsprechenden Ausdrücke in x' und y' und erhalten

$$A(x' \cos \alpha - y' \sin \alpha)^2 + 2B(x' \cos \alpha - y' \sin \alpha) \times$$

$$\times (x' \sin \alpha + y' \cos \alpha) + C(x' \sin \alpha + y' \cos \alpha)^2 +$$

$$+ 2D(x' \cos \alpha - y' \sin \alpha) + 2E(x' \sin \alpha + y' \cos \alpha) + F = 0 .$$

Durch Auflösen der Klammern und Zusammenfassen gleicher Glieder erhält die Gleichung genau wieder die Gestalt der Ausgangsgleichung

$$A_1 x'^2 + 2B_1 x'y' + C_1 y'^2 + 2D_1 x' + 2E_1 y' + F = 0 .$$

Das konstante Glied ändert sich beim Übergang zum neuen Koordinatensystem nicht. Wir bestimmen die Koeffizienten bei x'^2, $x'y'$, y'^2 in der zuletzt erhaltenen Gleichung. Nach Auflösen der Klammern enthalten die Glieder x'^2: $Ax'^2 \cos^2\alpha$, $2Bx'^2 \sin \alpha \cos \alpha$ und $Cx'^2 \sin^2\alpha$. Durch Herausheben von x'^2 erhalten wir den Koeffizienten

$$A_1 = A \cos^2\alpha + 2B \sin \alpha \cos \alpha + C \sin^2\alpha ,$$

analog den Koeffizienten bei y'^2

$$C_1 = A \sin^2\alpha - 2B \sin \alpha \cos \alpha + C \cos^2\alpha$$

und bei $x'y'$

$$2B_1 = -2A \sin \alpha \cos \alpha + 2B(\cos^2\alpha - \sin^2\alpha) + 2C \sin \alpha \cos \alpha \ .$$

Bis jetzt war der Winkel α willkürlich. Wir werden ihn so festlegen, daß die Gleichung der Kurve in den neuen Koordinaten die schon studierte Gestalt hat, d. h. daß in ihr das Glied mit $x'y'$ nicht mehr vorkommt. Dazu muß man α so wählen, daß $2B_1 = 0$. Unter Verwendung des obigen Ausdrucks für $2B_1$ erhalten wir

$$-A \sin 2\alpha + 2B \cos 2\alpha + C \sin 2\alpha = 0 \ ,$$

oder

$$2B + (C - A)\tan 2\alpha = 0 \ , \qquad \text{und damit} \qquad \tan 2\alpha = \frac{2B}{A - C} \ .$$

Wenn man also den Winkel α aus der Formel $\tan 2\alpha = \dfrac{2B}{A - C}$ ermittelt und das Koordinatensystem um diesen Winkel dreht, dann wird die Gleichung im neuen System das Glied mit $x'y'$ nicht mehr enthalten. Aus dem früher Bewiesenen folgt, daß wir es mit einer Kurve des elliptischen, hyperbolischen oder parabolischen Typs zu tun haben. Es bestimmt deshalb eine Kurvengleichung zweiten Grades, in der das Glied mit xy vorhanden ist, genau dieselben Kurven wie eine Gleichung ohne dieses Glied. Ist das Glied mit xy in der Gleichung vorhanden, so sind die Achsen dieser Kurven bezüglich der Koordinatenachsen um einen bestimmten Winkel α gedreht, welcher nach der Formel $\tan 2\alpha = \dfrac{2B}{A - C}$ berechnet werden kann.

4.3. DIE BESTIMMUNG DES KURVENTYPS AUS DER GLEICHUNG

Es entsteht die Frage, wie man aus der ursprünglichen Gleichung den Typ einer Kurve zweiten Grades bestimmt. Für die Lösung dieser Frage berechnen wir die Hilfsgröße $A_1C_1 - B_1^2$ und zeigen, daß $A_1C_1 - B_1^2 = AC - B^2$.

Wir berechnen $A_1C_1 - B_1^2 = (A \cos^2\alpha + 2B \sin \alpha \cos \alpha + C \sin^2\alpha) \times (A \sin^2\alpha - 2B \sin \alpha \cos \alpha + C \cos^2\alpha) - [C \sin \alpha \cos \alpha + B(\cos^2\alpha - \sin^2\alpha) - A \sin \alpha \cos \alpha]^2$, und schreiben die Koeffizienten von A^2, B^2, C^2, AB, AC, BC im Ausdruck $A_1C_1 - B_1^2$ an:

$$
\begin{array}{c|l}
A^2 & \cos^2\alpha \, \sin^2\alpha - \cos^2\alpha \, \sin^2\alpha = 0 \\[4pt]
AB & -2 \sin \alpha \cos^3\alpha + 2 \sin^3\alpha \cos \alpha + 2 \sin \alpha \cos \alpha \, (\cos^2\alpha - \sin^2\alpha) = 0 \\[4pt]
AC & \cos^4\alpha + \sin^4\alpha + 2 \sin^2\alpha \cos^2\alpha = 1 \\[4pt]
BC & 2 \sin \alpha \cos^3\alpha - 2 \sin^3\alpha \cos \alpha - 2 \sin \alpha \cos \alpha \, (\cos^2\alpha - \sin^2\alpha) = 0 \\[4pt]
B^2 & -4 \sin^2\alpha \cos^2\alpha - (\cos^2\alpha - \sin^2\alpha)^2 = \\
 & \qquad\qquad = -\cos^4\alpha - 2 \sin^2\alpha \cos^2\alpha - \sin^4\alpha = -1 \\[4pt]
C^2 & \sin^2\alpha \cos^2\alpha - \sin^2\alpha \cos^2\alpha = 0 \ .
\end{array}
$$

Es gilt also $A_1 C_1 - B_1^2 = AC - B^2$. Die erhaltene Gleichung besagt, daß sich der Ausdruck $AC - B^2$ bei einer beliebigen Drehung des Koordinatensystems nicht ändert, weshalb man ihn *Invariante* nennt.

Werden die Koordinatenachsen um einen solchen Winkel α gedreht, daß $B_1 = 0$, dann erhält man in den neuen Koordinaten die Gleichung

$$A_1 x'^2 + C_1 y'^2 + 2D_1 x' + 2E_1 y' + F = 0 .$$

Für die Bestimmung des Typs der durch diese Gleichung bestimmten Kurve genügt es, das Vorzeichen des Produkts $A_1 C_1$ festzustellen. Es gilt aber $A_1 C_1 = AC - B^2$ wie bewiesen. Folglich ist die Kurve

    I. vom elliptischen Typ, wenn $AC - B^2 > 0$,

    II. vom hyperbolischen Typ, wenn $AC - B^2 < 0$,

    III. vom parabolischen Typ, wenn $AC - B^2 = 0$.

Der Typ der Kurve wird also durch das Vorzeichen von $AC - B^2$ festgelegt.

Beispiel. $2x^2 - 3xy + y^2 + 4x - 2y + 1 = 0$; $A = 2$, $B = - 3/2$, $C = 1$, $D = 2$, $E = - 1$; $AC - B^2 = 2 - 9/4 < 0$, die Kurve ist vom hyperbolischen Typ.

Beispiel. Untersuche und konstruiere das Kurvenbild zu

$$7x^2 - 6\sqrt{3}xy + 13y^2 - 4\sqrt{3}x - 4y - 12 = 0 .$$

1. Zunächst bestimmen wir den Typ der Kurve:

$$A = 7, \quad B = - 3\sqrt{3}, \quad C = 13 \ ; \quad AC - B^2 = 7 \cdot 13 - (- 3\sqrt{3})^2 > 0 .$$

Die Gleichung definiert eine Kurve vom elliptischen Typ.

2. Wir berechnen den Winkel, um den die Koordinatenachsen gedreht werden müssen:

$$\tan 2\alpha = \frac{2B}{A - C} = - \frac{6\sqrt{3}}{7 - 13} = \sqrt{3} ,$$

und daraus

$$2\alpha = 60°, \quad \alpha = 30°, \quad \cos 30° = \frac{\sqrt{3}}{2}, \quad \sin 30° = \tfrac{1}{2} .$$

3. Wir führen die Drehung der Koordinatenachsen aus:

$$x = x' \frac{\sqrt{3}}{2} - y' \tfrac{1}{2} = \frac{\sqrt{3}x' - y'}{2} , \qquad y = x' \tfrac{1}{2} + y' \frac{\sqrt{3}}{2} = \frac{x' + \sqrt{3}y'}{2} ,$$

$$\frac{7}{4} (\sqrt{3}x' - y')^2 - \frac{6\sqrt{3}}{4} (\sqrt{3}x' - y') (x' + \sqrt{3}y') +$$

$$+ \frac{13}{4} (x' + \sqrt{3}y')^2 - \frac{4\sqrt{3}}{2} (\sqrt{3}x' - y') - \frac{4}{2} (x' + \sqrt{3}y') - 12 = 0 ,$$

und finden die Koeffizienten

$$
\begin{array}{c|l}
x'^2 & \dfrac{21}{4} - \dfrac{18}{4} + \dfrac{13}{4} = \dfrac{16}{4} = 4 \\[3mm]
x'y' & -\dfrac{14\sqrt{3}}{4} + \dfrac{6\sqrt{3}}{4} - \dfrac{18\sqrt{3}}{4} + \dfrac{26\sqrt{3}}{4} = 0 \\[3mm]
y'^2 & \dfrac{7}{4} + \dfrac{18}{4} + \dfrac{39}{4} = \dfrac{64}{4} = 16 \\[3mm]
x' & -\dfrac{12}{2} - \dfrac{4}{2} = -8 \\[3mm]
y' & \dfrac{4\sqrt{3}}{2} - \dfrac{4\sqrt{3}}{2} = 0 \; .
\end{array}
$$

Wir haben damit $4x'^2 + 16y'^2 - 8x' - 12 = 0$. Durch Bilden eines vollständigen Quadrates erhalten wir $4\,(x' - 1)^2 + 16y'^2 - 16 = 0$, $\dfrac{(x' - 1)^2}{4} + \dfrac{y'^2}{1} = 1$.
Das Zentrum der Ellipse befindet sich bezüglich des neuen Koordinatensystems im Punkt $(1,\ 0)$ und $a = 2$, $b = 1$.

Die durch die Gleichung

$$7x^2 - 6\sqrt{3}xy + 13y^2 - 4\sqrt{3}x - 4y - 12 = 0 \, ,$$

definierte Kurve ist in Abb. 177 dargestellt.

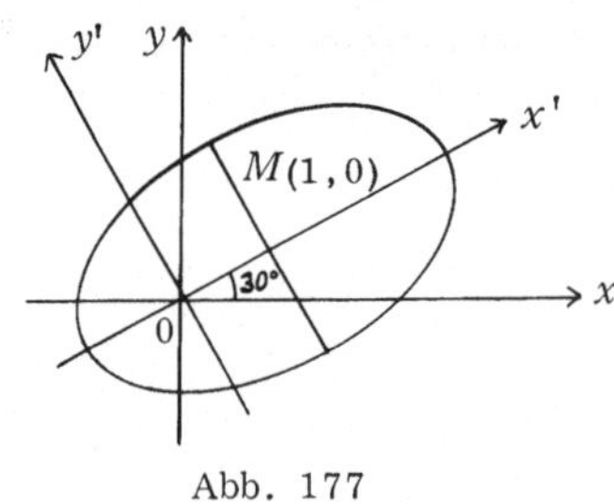

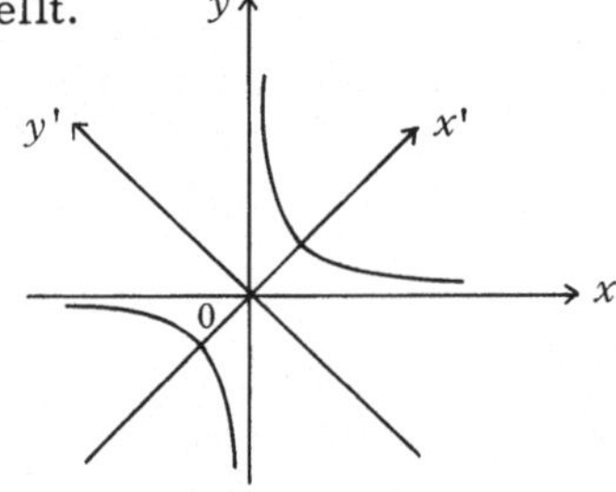

Abb. 177   Abb. 178

4.4. ALLGEMEINES VERFAHREN FÜR DIE UNTERSUCHUNG EINER GLEICHUNG ZWEITEN GRADES

1. Wir bestimmen den Kurventyp, indem wir das Vorzeichen des Ausdruckes $AC - B^2$ feststellen.

2. Wir berechnen nach der Formel $\tan 2\alpha = \dfrac{2B}{A - C}$ den Winkel für die Drehung des Koordinatensystems. Falls es gelingt, den Winkel α direkt zu bestimmen, berechnet man hiernach $\cos \alpha$ und $\sin \alpha$. Ohne den Winkel direkt zu bestimmen, finden wir $\tan \alpha$ aus der Gleichung

$$\tan 2\alpha = \frac{2 \tan \alpha}{1 - \tan^2 \alpha}$$

und daraus $\cos \alpha$ und $\sin \alpha$ mit Hilfe der Formeln

$$\cos \alpha = \frac{1}{\sqrt{1 + \tan^2 \alpha}} \, , \qquad \sin \alpha = \frac{\tan \alpha}{\sqrt{1 + \tan^2 \alpha}} \, .$$

3. Wir führen die Drehung um den Winkel α aus, indem wir die Ausdrük-ke $x = x'\cos \alpha - y'\sin \alpha$, $y = x'\sin \alpha + y'\cos \alpha$ in die Kurvengleichung ein-setzen. Dabei verschwindet das Glied mit $x'y'$.

4. Durch die Methode der Bildung vollständiger Quadrate schaffen wir die in x' und y' linearen Glieder weg und finden die Koordinaten des Zentrums der Ellipse oder der Hyperbel, bzw. des Scheitels der Parabel.

5. Wir bringen die Gleichung der Kurve in die Hauptachsenform.

6. Mit den so erhaltenen Angaben konstruieren wir die Kurve.

4.5. DIE GLEICHSEITIGE HYPERBEL $xy = k$

Wir betrachten die Gleichung $xy = k$. Für sie gilt $A = 0$, $B = \frac{1}{2}$, $C = 0$; $AC - B^2 = -\frac{1}{4} < 0$. Die Gleichung bestimmt eine Kurve von hyperbolischem Typ.

Wir finden $\cot 2\alpha = \frac{0}{1} = 0$, $2\alpha = 90°$, $\alpha = 45°$ und damit

$$\cos \alpha = \frac{\sqrt{2}}{2} \, , \qquad \sin \alpha = \frac{\sqrt{2}}{2} \, .$$

Wir führen neue Koordinaten ein:

$$x = \frac{x' - y'}{\sqrt{2}} \, , \qquad y = \frac{x' + y'}{\sqrt{2}} \, .$$

Durch Einsetzen in die Gleichung $xy = k$ erhalten wir

$$\frac{x'^2}{2} - \frac{y'^2}{2} = k \qquad \text{oder} \qquad \frac{x'^2}{2} - \frac{y'^2}{2} = 1 \, .$$

Das ist die Gleichung einer gleichseitigen Hyperbel, für die $a^2 = b^2 = 2k$ (Abb. 178).

uni—text

H. Dallmann / K.-H. Elster

Einführung in die höhere Mathematik

Lehrbuch für Naturwissenschaftler und Ingenieure ab 1. Semester.
736 Seiten mit 272 Abbildungen. 1968. Paperback. ca. DM 35,--.

Inhalt: Grundlagen — Funktionen einer unabhängigen Veränderlichen — Differentialrechnung für Funktionen einer unabhängigen Veränderlichen — Integralrechnung für Funktionen einer unabhängigen Veränderlichen — Reihen — Anschauliche Vektorrechnung und Analytische Geometrie.

Den angehenden Naturwissenschaftlern und Ingenieuren eine Grundausrüstung an mathematischen Kenntnissen zu vermitteln: Dieser Leitgedanke zieht sich als nie abreißender roter Faden durch das gesamte Lehrbuch. Die Verfasser, aufgrund ihrer langjährigen Vorlesungstätigkeit mit didaktischen Problemen aufs engste vertraut, haben deshalb konsequent jeden entbehrlichen Ballast beiseite gelassen, um dem Studenten das unbedingt Notwendige umso klarer darzubieten. Durch die zahlreichen, vollständig behandelten Beispiele und die relativ einfachen Übungsaufgaben eignet sich das Werk darüberhinaus auch gut zum Selbststudium.

Friedr. Vieweg & Sohn · Braunschweig

uni—text

Wolfgang Tutschke

Grundlagen der Funktionentheorie

Lehrbuch für Mathematiker, Physiker und Elektrotechniker
im 4. Semester. 168 Seiten mit 52 Abbildungen. DIN C 5. 1968.
Paperback. DM 12,80.

Inhalt: Die komplexen Zahlen — Komplexwertige Funktionen —
Taylor-Entwicklung — Potenzreihen — Residuentheorie — Die
Riemannsche Zahlenkugel — Geometrische Eigenschaften
regulärer Funktionen — Zusammenhänge der Funktionentheorie
mit der Topologie — Ausblick auf weitere Fragestellungen der
Funktionentheorie.

Eine umfassende Einführung in die Funktionentheorie, ganz
abgestimmt auf die Bedürfnisse des Studenten, der sich in dieses
wichtige mathematische Teilgebiet einarbeiten will, bietet
Wolfgang Tutschke mit seinem neuen Lehrbuch. Der Verfasser
hält seit Jahren an der Humboldt Universität, Berlin, Vorlesungen
über den entsprechenden Stoff und kennt deshalb von der Praxis
her genau die Klippen, deren Überwindung dem Studenten
erfahrungsgemäß am meisten Schwierigkeiten bereiten.

Friedr. Vieweg & Sohn · Braunschweig

uni—text

Studienbücher

K. Mathiak/P. Stingl, Gruppentheorie
für Chemiker, Physiko-Chemiker, Mineralogen (ab 5. Semester)

K.-A. Reckling, Mechanik I
für Studierende der Ingenieurwissenschaften (1. Semester)

Vorschau auf die nächsten Bände:

G. Frühauf, Elektrische Meßtechnik I, II
für Elektrotechniker (2. und 3. Semester), Physiker und Physiko-Chemiker
(ab 5. Semester)

G. Frühauf, Meßtechnisches Praktikum
für Elektrotechniker (3. Semester)

H. Glaser, Einführung in die Technische Wärmelehre
für Maschinenbauer und Technische Physiker (3. Semester)

G. Grawert, Quantenmechanik
für Mathematiker, Physiker und Physiko-Chemiker (4. und 5. Semester)

P. Guillery, Werkstoffkunde für Elektroingenieure
für Elektrotechniker (4. Semester)

R. Jötten/H. Zürneck, Einführung in die Elektrotechnik I, II
für Maschinenbauer und Wirtschaftsingenieure (3. und 4. Semester)

L. D. Landau/E. M. Lifschitz, Mechanik
für Mathematiker und Physiker (2. und 3. Semester)

W. Leonhard, Wechselströme und Netzwerke
für Elektrotechniker (3. Semester)

W. Leonhard, Grundlagen der Regelungstechnik
für Maschinenbauer und Elektrotechniker (5. Semester)

G. Ludwig, Festkörperphysik
für Physiker und Physiko-Chemiker (4. Semester)

W. Martienssen, Einführung in die Physik I: Kräfte und Felder
für Naturwissenschaftler und Mediziner (1. Semester)

W. Martienssen, Einführung in die Physik II: Materie und Strahlung
für Naturwissenschaftler (2. Semester)

K.-A. Reckling, Mechanik II, III
für Studierende der Ingenieurwissenschaften (2. und 3. Semester)

O. P. Spandl, Die Organisation der wissenschaftlichen Arbeit
für Studierende aller Fachrichtungen (ab 1. Semester)

K. Torkar/H. Krischner, Rechenseminar in Physikalischer Chemie
für Chemiker und Physiker (3. und 4. Semester)